国家出版基金项目
NATIONAL PUBLICATION FOUNDATION

"十三五"国家重点出版物出版规划项目

海洋机器人科学与技术丛书
封锡盛　李　硕　主编

无人水面机器人

苏玉民　张　磊　庄佳园　王　博等　著

科学出版社
龙门书局
北　京

内 容 简 介

　　无人水面机器人是水、陆、空机器人家族中的重要一员,在工业生产、科学考察和军事国防领域均扮演着重要角色,因此受到国内外学者的广泛关注。本书以无人水面机器人的核心技术为主体脉络,以作者十余年来无人水面机器人技术研究的收获为基础,广泛借鉴国内外的最新研究成果,力求系统、有层次地展示无人水面机器人的关键技术和研究方法。全书共 8 章,包括无人水面机器人的基本知识、通信导航技术、控制技术、目标感知技术、环境建模技术、决策规划技术、集群协同技术等。

　　本书可供学习与研究无人水面机器人相关技术的高校师生和广大学者阅读参考。

图书在版编目(CIP)数据

无人水面机器人 / 苏玉民等著. —北京:龙门书局,2020.12

(海洋机器人科学与技术丛书/封锡盛,李硕主编)

"十三五"国家重点出版物出版规划项目　国家出版基金项目

ISBN 978-7-5088-5893-7

Ⅰ. ①无… Ⅱ. ①苏… Ⅲ. ①水下作业机器人 Ⅳ. ①TP242.2

中国版本图书馆 CIP 数据核字(2020)第 255771 号

责任编辑:姜　红　张　震　张培静 / 责任校对:杨聪敏
责任印制:师艳茹 / 封面设计:无极书装

科学出版社 出版
龙门书局
北京东黄城根北街 16 号
邮政编码:100717
http://www.sciencep.com
中国科学院印刷厂 印刷

科学出版社发行　各地新华书店经销

*

2020 年 12 月第 一 版　开本:720 × 1000　1/16
2020 年 12 月第一次印刷　印张:22 1/2　插页:2
字数:454 000

定价:168.00 元
(如有印装质量问题,我社负责调换)

丛书前言一

浩瀚的海洋蕴藏着人类社会发展所需的各种资源，向海洋拓展是我们的必然选择。海洋作为地球上最大的生态系统不仅调节着全球气候变化，而且为人类提供蛋白质、水和能源等生产资料支撑全球的经济发展。我们曾经认为海洋在维持地球生态系统平衡方面具备无限的潜力，能够修复人类发展对环境造成的伤害。但是，近年来的研究表明，人类社会的生产和生活会造成海洋健康状况的退化。因此，我们需要更多地了解和认识海洋，评估海洋的健康状况，避免对海洋的再生能力造成破坏性影响。

我国既是幅员辽阔的陆地国家，也是广袤的海洋国家，大陆海岸线约 1.8 万千米，内海和边海水域面积约 470 万平方千米。深邃宽阔的海域内潜含着的丰富资源为中华民族的生存和发展提供了必要的物质基础。我国的洪涝、干旱、台风等灾害天气的发生与海洋密切相关，海洋与我国的生存和发展密不可分。党的十八大报告明确提出："提高海洋资源开发能力，发展海洋经济，保护海洋生态环境，坚决维护国家海洋权益，建设海洋强国。"[①]党的十九大报告明确提出："坚持陆海统筹，加快建设海洋强国。"[②]认识海洋、开发海洋需要包括海洋机器人在内的各种高新技术和装备，海洋机器人一直为世界各海洋强国所关注。

关于机器人，蒋新松院士有一段精彩的诠释：机器人不是人，是机器，它能代替人完成很多需要人类完成的工作。机器人是拟人的机械电子装置，具有机器和拟人的双重属性。海洋机器人是机器人的分支，它还多了一重海洋属性，是人类进入海洋空间的替身。

海洋机器人可定义为在水面和水下移动，具有视觉等感知系统，通过遥控或自主操作方式，使用机械手或其他工具，代替或辅助人去完成某些水面和水下作业的装置。海洋机器人分为水面和水下两大类，在机器人学领域属于服务机器人中的特种机器人类别。根据作业载体上有无操作人员可分为载人和无人两大类，其中无人类又包含遥控、自主和混合三种作业模式，对应的水下机器人分别称为无人遥控水下机器人、无人自主水下机器人和无人混合水下机器人。

---

① 胡锦涛在中国共产党第十八次全国代表大会上的报告. 人民网，http://cpc.people.com.cn/n/2012/1118/c64094-19612151.html

② 习近平在中国共产党第十九次全国代表大会上的报告. 人民网，http://cpc.people.com.cn/n1/2017/1028/c64094-29613660.html

无人水下机器人也称无人潜水器，相应有无人遥控潜水器、无人自主潜水器和无人混合潜水器。通常在不产生混淆的情况下省略"无人"二字，如无人遥控潜水器可以称为遥控水下机器人或遥控潜水器等。

世界海洋机器人发展的历史大约有 70 年，经历了从载人到无人，从直接操作、遥控、自主到混合的主要阶段。加拿大国际潜艇工程公司创始人麦克法兰，将水下机器人的发展历史总结为四次革命：第一次革命出现在 20 世纪 60 年代，以潜水员潜水和载人潜水器的应用为主要标志；第二次革命出现在 70 年代，以遥控水下机器人迅速发展成为一个产业为标志；第三次革命发生在 90 年代，以自主水下机器人走向成熟为标志；第四次革命发生在 21 世纪，进入了各种类型水下机器人混合的发展阶段。

我国海洋机器人发展的历程也大致如此，但是我国的科研人员走过上述历程只用了一半多一点的时间。20 世纪 70 年代，中国船舶重工集团公司第七〇一研究所研制了用于打捞水下沉物的"鱼鹰"号载人潜水器，这是我国载人潜水器的开端。1986 年，中国科学院沈阳自动化研究所和上海交通大学合作，研制成功我国第一台遥控水下机器人"海人一号"。90 年代我国开始研制自主水下机器人，"探索者"、CR-01、CR-02、"智水"系列等先后完成研制任务。目前，上海交通大学研制的"海马"号遥控水下机器人工作水深已经达到 4500 米，中国科学院沈阳自动化研究所联合中国科学院海洋研究所共同研制的深海科考型 ROV 系统最大下潜深度达到 5611 米。近年来，我国海洋机器人更是经历了跨越式的发展。其中，"海翼"号深海滑翔机完成深海观测；有标志意义的"蛟龙"号载人潜水器将进入业务化运行；"海斗"号混合型水下机器人已经多次成功到达万米水深；"十三五"国家重点研发计划中全海深载人潜水器及全海深无人潜水器已陆续立项研制。海洋机器人的蓬勃发展正推动中国海洋研究进入"万米时代"。

水下机器人的作业模式各有长短。遥控模式需要操作者与水下载体之间存在脐带电缆，电缆可以源源不断地提供能源动力，但也限制了遥控水下机器人的活动范围；由计算机操作的自主水下机器人代替人工操作的遥控水下机器人虽然解决了作业范围受限的缺陷，但是计算机的自主感知和决策能力还无法与人相比。在这种情形下，综合了遥控和自主两种作业模式的混合型水下机器人应运而生。另外，水面机器人的引入还促成了水面与水下混合作业的新模式，水面机器人成为沟通水下机器人与空中、地面机器人的通信中继，操作者可以在更远的地方对水下机器人实施监控。

与水下机器人和潜水器对应的英文分别为 underwater robot 和 underwater vehicle，前者强调仿人行为，后者意在水下运载或潜水，分别视为"人"和"器"，海洋机器人是在海洋环境中运载功能与仿人功能的结合体。应用需求的多样性使得运载与仿人功能的体现程度不尽相同，由此产生了各种功能型的海洋机器人，如观察型、作业型、巡航型和海底型等。如今，在海洋机器人领域 robot 和 vehicle 两词的内涵逐渐趋同。

信息技术、人工智能技术特别是其分支机器智能技术的快速发展，正在推动海洋机器人以新技术革命的形式进入"智能海洋机器人"时代。严格地说，前述自主水下机器人的"自主"行为已具备某种智能的基本内涵。但是，其"自主"行为泛化能力非常低，属弱智能；新一代人工智能相关技术，如互联网、物联网、云计算、大数据、深度学习、迁移学习、边缘计算、自主计算和水下传感网等技术将大幅度提升海洋机器人的智能化水平。而且，新理念、新材料、新部件、新动力源、新工艺、新型仪器仪表和传感器还会使智能海洋机器人以各种形态呈现，如海陆空一体化、全海深、超长航程、超高速度、核动力、跨介质、集群作业等。

海洋机器人的理念正在使大型有人平台向大型无人平台转化，推动少人化和无人化的浪潮滚滚向前，无人商船、无人游艇、无人渔船、无人潜艇、无人战舰以及与此关联的无人码头、无人港口、无人商船队的出现已不是遥远的神话，有些已经成为现实。无人化的势头将冲破现有行业、领域和部门的界限，其影响深远。需要说明的是，这里"无人"的含义是人干预的程度、时机和方式与有人模式不同。无人系统绝非无人监管、独立自由运行的系统，仍是有人监管或操控的系统。

研发海洋机器人装备属于工程科学范畴。由于技术体系的复杂性、海洋环境的不确定性和用户需求的多样性，目前海洋机器人装备尚未被打造成大规模的产业和产业链，也还没有形成规范的通用设计程序。科研人员在海洋机器人相关研究开发中主要采用先验模型法和试错法，通过多次试验和改进才能达到预期设计目标。因此，研究经验就显得尤为重要。总结经验、利于来者是本丛书作者的共同愿望，他们都是在海洋机器人领域拥有长时间研究工作经历的专家，他们奉献的知识和经验成为本丛书的一个特色。

海洋机器人涉及的学科领域很宽，内容十分丰富，我国学者和工程师已经撰写了大量的著作，但是仍不能覆盖全部领域。"海洋机器人科学与技术丛书"集合了我国海洋机器人领域的有关研究团队，阐述我国在海洋机器人基础理论、工程技术和应用技术方面取得的最新研究成果，是对现有著作的系统补充。

"海洋机器人科学与技术丛书"内容主要涵盖基础理论研究、工程设计、产品开发和应用等，囊括多种类型的海洋机器人，如水面、水下、浮游以及用于深水、极地等特殊环境的各类机器人，涉及机械、液压、控制、导航、电气、动力、能源、流体动力学、声学工程、材料和部件等多学科，对于正在发展的新技术以及有关海洋机器人的伦理道德社会属性等内容也有专门阐述。

海洋是生命的摇篮、资源的宝库、风雨的温床、贸易的通道以及国防的屏障，海洋机器人是摇篮中的新生命、资源开发者、新领域开拓者、奥秘探索者和国门守卫者。为它"著书立传",让它为我们实现海洋强国梦的夙愿服务,意义重大。

　　本丛书全体作者奉献了他们的学识和经验,编委会成员为本丛书出版做了组织和审校工作,在此一并表示深深的谢意。

　　本丛书的作者承担着多项重大的科研任务和繁重的教学任务,精力和学识所限,书中难免会存在疏漏之处,敬请广大读者批评指正。

中国工程院院士　封锡盛

2018 年 6 月 28 日

丛书前言二

改革开放以来，我国海洋机器人事业发展迅速，在国家有关部门的支持下，一批标志性的平台诞生，取得了一系列具有世界级水平的科研成果，海洋机器人已经在海洋经济、海洋资源开发和利用、海洋科学研究和国家安全等方面发挥重要作用。众多科研机构和高等院校从不同层面及角度共同参与该领域，其研究成果推动了海洋机器人的健康、可持续发展。我们注意到一批相关企业正迅速成长，这意味着我国的海洋机器人产业正在形成，与此同时一批记载这些研究成果的中文著作诞生，呈现了一派繁荣景象。

在此背景下"海洋机器人科学与技术丛书"出版，共有数十分册，是目前本领域中规模最大的一套丛书。这套丛书是对现有海洋机器人著作的补充，基本覆盖海洋机器人科学、技术与应用工程的各个领域。

"海洋机器人科学与技术丛书"内容包括海洋机器人的科学原理、研究方法、系统技术、工程实践和应用技术，涵盖水面、水下、遥控、自主和混合等类型海洋机器人及由它们构成的复杂系统，反映了本领域的最新技术成果。中国科学院沈阳自动化研究所、哈尔滨工程大学、中国科学院声学研究所、中国科学院深海科学与工程研究所、浙江大学、华侨大学、东华理工大学等十余家科研机构和高等院校的教学与科研人员参加了丛书的撰写，他们理论水平高且科研经验丰富，还有一批有影响力的学者组成了编辑委员会负责书稿审校。相信丛书出版后将对本领域的教师、科研人员、工程师、管理人员、学生和爱好者有所裨益，为海洋机器人知识的传播和传承贡献一份力量。

本丛书得到 2018 年度国家出版基金的资助，丛书编辑委员会和全体作者对此表示衷心的感谢。

"海洋机器人科学与技术丛书"编辑委员会

2018 年 6 月 27 日

前　言

机器人是一种能够半自主或全自主工作的智能机器，通常可以分为工业机器人和特种机器人两类。无人水面机器人(unmanned surface vehicle，USV)是特种机器人中的重要一员。近年来，随着人工智能、自动化、计算机等技术的发展，以及人类开发和利用海洋的需求与活动的增长，无人水面机器人在高危性、重复性、复杂性的海上任务中展现出优良的特性，使得无人水面机器人技术得到广泛的关注和快速的发展。

由于无人水面机器人是以水面船舶这类传统的交通工具为各类技术集成的依托，研究无人水面机器人必然要涉及船舶平台相关的专业技术知识。但本书侧重于机器人特性的技术领域，对于船舶平台相关的技术仅略作介绍，以方便广大读者更有针对性地了解无人水面机器人的关键技术。由于载人水面机器人较为少见，而且易于和水面船舶混淆，因此，一般情况下，无人水面机器人也可简称为水面机器人。

全书共 8 章，第 1 章由苏玉民撰写，主要介绍水面机器人的基本概念、研究现状、技术展望以及应用。第 2 章由庄佳园撰写，主要介绍水面机器人的系统构成、总体设计技术。第 3 章由张磊撰写，主要介绍水面机器人的通信和导航技术，包括无线电通信技术、卫星通信技术、卫星导航技术、天文导航技术、组合导航技术。第 4 章由张磊撰写，主要介绍水面机器人航行运动的仿真模型、无模型控制技术、抗干扰控制技术、容错控制技术。第 5 章由王博撰写，主要介绍雷达目标感知技术、光学目标感知技术。第 6 章由王博撰写，主要介绍水面局部环境建模方法以及多传感器数据融合方法。第 7 章由庄佳园撰写，主要介绍水面机器人的决策与规划技术，包括自主性概念、任务规划和路径规划技术。第 8 章由张磊撰写，主要介绍水面机器人协同技术的概况、水面机器人智能集群技术、水面机器人编队规划技术、水面机器人编队控制技术、跨域多平台协同技术展望。

本书之所以能够成稿，要感谢中央高校基金(3072020CFT0102)、国家自然科学基金(51509054)、863 计划(2014AA09A509)、973 计划等项目，为本书成果的前期技术研究提供支持。特别感谢国家出版基金(2018T-011)对本书出版的资助。本书的出版也得到了哈尔滨工程大学水下机器人技术国防科技重点实验室的大力支持，特别是实验室许多研究生的鼎力相助。此外，还得到了科学出版社的全力支持和协助。本书中有关章节的内容参考了其他单位和学者的研究成果，均已在参考文献中列出，在此一并致谢。

本书在撰写过程中恰逢几项重大科研项目的关键阶段，作者事务繁多，心力难免不济，再加上作者水平有限，书中内容涉及面较广，书中难免存在疏漏之处，欢迎广大读者批评指正。

张 磊

2020 年 6 月于哈尔滨

目　　录

1

绪　论

1.1　水面机器人概念

无人水面机器人(简称水面机器人)是指依靠载体传感器,以自主或半自主方式在水面航行的智能化平台,具有自主导航、自主避障以及自主探测目标区域环境信息的功能。其可广泛应用于海洋运输、海洋环境调查、海洋资源探测、海洋考古、水上搜救、情报搜集、海事训练测试、侦查取证、警戒巡逻、火力打击、舰艇护航、反水雷和反潜等任务[1]。

水面机器人是唯一可同时建立水上、水面、水下连接的无人特种平台,是网络化无人系统中的重要节点,将颠覆传统海战样式,催生全新海洋装备体系,对海洋资源开发和国家海洋权益维护具有重要的意义,受到世界各海洋强国的高度重视[2]。

相较传统的水面舰艇,水面机器人有其突出的优势[3]:水面机器人具有结构与功能模块化的特点,可根据任务要求组合相应的模块结构。作为攻击艇时,用于对陆上作战;作为反水雷艇时,用于清除水雷;作为反潜舰时,用于搜寻探测敌方潜艇;作为侦察艇时,用于海况监控;作为巡逻艇时,用于长时间巡航;作为运输艇时,用于运送物资和伤员;此外,水面机器人也可用于执行缉私、海盗打击等任务。水面机器人尺寸大多仅为数米左右,排水量在数吨至数十吨,体型轻便、操作灵活、设计优良,且具有更强的机动性能。由于一般不承载船员,上层建筑低矮平滑,艇体采用隐身材料或涂层,体积小,在海浪和岛礁环境中不易被探测,因此具有良好的隐蔽性能,生存力强,伤损概率小,可悄无声息地执行任务。水面机器人可替代人员完成危险任务,减少伤亡。水面机器人一般吃水仅为传统水面舰艇的几分之一,使得活动区域扩大,在港口、航道等对吃水要求苛刻的水域也可自由通行;加之其活动不受气候影响,不考虑人的适应能力,因而使用成本相对低廉。另外,通过多个水面机器人的联合部署,相互之间以及与其他舰船之间进行信息共享,可将战场信息空间扩大,以较小的代价加速海上网络中心站的实现。

1.2 水面机器人研究现状

与陆地机器人、水下机器人和无人飞机等无人平台相比，水面机器人的应用和发展所受的关注较少，但是发展迅速，目前已有多款水面机器人应用于军事领域。而我国也已将水面机器人的研究作为海洋战略的重要发展方向，并进行了卓有成效的研究。下面分别介绍水面机器人的关键技术研究现状和国内外较知名的水面机器人产品。

1.2.1 水面机器人的关键技术研究现状

针对水面机器人所面临的特殊挑战，从态势感知、路径规划、控制这三个方面来进行介绍。

1. 水面机器人的态势感知

水面机器人的态势感知可以描述为：依据需求，配置各种类型的传感器进行互补，实现水下和水上、近距和远距目标探测，并针对每种传感器的特性对目标进行检测、跟踪、识别等由粗至精的融合处理，从而提取目标的关键要素，并依据实际任务需求，构建出覆盖水上和水下的多尺度、多维度立体综合环境态势图，从而实现水面机器人对周围环境的自主、准确及有效的感知。水面机器人搭载的传感器一般有激光雷达、相机(红外和可见光)、雷达、声呐和自动识别系统等，其所获取的感知数据通过融合处理即可形成态势感知图。目前，基于陆地机器人和无人飞机态势感知的一些研究成果已经可以应用于水面机器人上，但是水面机器人本体和工作环境具有一定的特殊性，其在态势感知方面除了受光照、雾气等影响外，还面临特殊挑战，如海面目标可观性弱、艇体晃动剧烈、海杂波强和水下目标探测困难等。

世界各国机构及学者对该问题进行了深入研究：葡萄牙波尔图工程学会[3]在ROAZ II 号水面机器人上单独加装了商用航海雷达 Furuno、光电传感器(红外和可见光)及其对应的岸基控制命令系统，实现了对近距离和远距离障碍探测；圣迭戈空军海军战争系统中心[4]利用 Velodyne 公司的 64 线激光测距雷达对海上各种物体进行探测，并对探测数据进行了分析，采用径向最近邻方法实现了激光点云数据的目标检测；新加坡南洋理工大学的学者[5]利用可见光单目和双目视觉，在水面机器人上测试障碍检测跟踪系统，并指出由于海面反射和波浪涌动影响，故在障碍检测结果中会出现很多虚假障碍，为解决目标跟随过程中白浪花引起的虚警和目标遮挡等问题，采用立体数据估计海平面和其他物体的高度，并利用高度属性进行障碍物判定；中国的上海大学采用了 Velodyne 公司的 16 线激光雷达和 2.5D 栅格地图的障碍检测方法，将障碍表征为椭圆，实现了海面目标的跟踪。

2. 水面机器人的路径规划

水面机器人的路径规划过程可以描述为依据态势感知图,综合考虑任务需求、航行安全、航行空时效率、航行规则、水面机器人操纵性和环境不确定性等要素，在满足水面机器人航行安全性的前提下，发挥其效能。水面机器人的路径规划不仅同其他无人平台一样面临动态不确定环境感知问题，而且具有一些特殊挑战，如海事避碰规则多且具有多模糊属性，水面机器人艇体时滞性大、惯性强。水面机器人的路径规划分为全局路径规划和局部反应式路径规划。全局路径规划从全局可用信息角度来规划满足任务需求的安全高效航向和速度，而局部反应式路径规划以满足全局路径规划为目的，根据当前状态和局部环境信息进行局部调整，且同全局路径对接。

全局路径规划通常能高效安全地解决路径到达和路径覆盖这两个问题。首先，全局路径规划需定义路径规划的位姿空间，然后，根据搜索算法，如 A*、D* 和神经网络等，获取满足任务需求的安全优化路径。全局路径规划需针对水面机器人的机动特性和相关航线评价标准，利用直线和弧线等几何形状生成至少 2 阶可微的光滑路径，路径曲率的不连续将会导致水面机器人欠驱动系统的横向加速度的不连续，从而最终导致水面机器人艏向控制器的控制受到影响。Candeloro 等[6]基于费马螺旋线和 Voronoi 图方法规划生成曲率连续且满足避障要求的航线。Lekkas[7]从航线光滑程度、路径精度、可跟踪性和计算时间建立了路径评价标准，并以此标准采用单调 3 次 Hermite 样条插值方法生成光滑路径。

局部反应式路径规划分为路径跟踪和局部反应避障规划，二者相互融合形成最终的局部反应式路径，其中局部反应避障规划优先级高于路径跟踪。完成全局路径规划任务需分两步走，第一步证明局部反应式路径规划的稳定性和收敛性，第二步证明由制导律和控制器构成的级联系统的稳定性和收敛性。路径跟踪经常采用视线(line of sight，LOS)制导律、纯跟踪和方位不变制导思想[8]。Lekkas 等[9]提出了时变前向距离 LOS 方法，以提升 LOS 方法的稳定性。Fossen 等[10]提出了积分 LOS，以应对慢时变干扰条件下的导航。Kuang 等[11]指出，水面机器人避障的主要挑战为海事避碰规则的适应性和平台动力学的多样性。Shah[12]基于网格化和模型预测方法提出了一种自适应危险和偶然事件感知的自主避障方法，以实现在动态拥堵条件下的航行、目标追踪和围堵等动作。

3. 水面机器人的控制

水面机器人的控制是以导航输出作为期望输入，同导航律构成稳定的级联控制系统，解决航行过程中的动态定位、轨迹跟踪、路径跟踪等控制问题，使水面机器人能够稳定地做出各种航行所需动作。然而，水面机器人的控制面临模型高度非线性和不确定性、系统欠驱动、艇体本身和执行机构时滞性、执行机构饱和特性、不可预测的强外部干扰和系统故障等挑战。同其他控制系统一样，水面机器人的控制可以从动力学模型辨识、控制方法设计、故障诊断与容错控制等方面进行研究。

水面机器人的动力学研究可以分为两个基础领域：操纵性研究和耐波性研究。操纵性研究是指没有浪干扰条件下的平面运动性能的研究，操纵性模型通常用 3 或 4 自由度进行表征；耐波性研究是指存在浪干扰条件下的航速和航向保持能力的研究，耐波性模型需用 6 自由度进行表征。操纵性和耐波性的结合称为波浪中的操纵性。根据弗劳德数取值范围的不同，水面机器人的平台艇型一般分为排水型、半排水型和滑行艇型，其中滑行艇型的动力学模型最复杂。Yu 等[13]对水面机器人模型进行拓展，使其可应用于具有侧滑的运动场景。系统辨识属于一个很成熟的研究领域，Journée[14]对 1 阶和 2 阶 Nomoto 模型了进行辨识；Perera 等[15]将随机参数法同扩展卡尔曼法相结合，实现了非线性船模型辨识；Annamalai 等[16]采用加权最小二乘对水面机器人进行了模型辨识。

动力定位属于水面机器人的一个典型控制问题。Sørensen[17]对海洋动力定位系统进行了总括描述。通常情况下动力定位面向全驱动低速水面机器人，而大部分水面机器人属于欠驱动系统，欠驱动系统的非完整约束性会导致全驱动系统的控制方法无法直接应用于欠驱动水面机器人。Huang 等[18]采用反步法和 Lyapunov 直接法解决了路径跟随场景下的欠驱动问题，利用基于模型的抗干扰控制方法先对干扰进行估计，再设计自适应控制律对干扰进行抑制。Annamalai 等[16]基于模型预测控制方法解决了模型突变问题，另外，有些智能控制方法能同时解决水面机器人模型的不确定性、非线性和外界干扰问题，如面向水面机器人动力定位的自适应模糊控制器。

实体控制系统执行器存在各种约束，如响应速度、饱和性和耐用性等。在设计控制器时如果没有考虑控制与实际执行的差距，就会大大降低控制器的性能甚至导致发散。虽然很多控制器考虑了幅度和速率约束，但没有考虑驱动器和水面机器人整体系统的动态特性，Liu 等[19]采用基于模糊逻辑自适应联合卡尔曼方法的多传感数据融合方法实现了故障检测诊断。由于水面机器人面临运行环境的动态性和复杂性，实际应用过程中通常采用复合控制方法和结构优化来提升控制性能。将控制方法与态势感知结合，感知外部环境干扰和内部自身状态变化，从而对外部干扰和内部状态进行估计和预测，形成控制态势感知图；再将人工智能方法与传统控制方法结合，以满足各种任务对航行的需求。Breivik 等[20]分析了导航模块对于控制模块的重要影响，并指出水面机器人控制器应与其相结合。

1.2.2　国内外主要的水面机器人产品

1. 美国

美国从海洋战略需求出发，发展水面机器人。2007 年 7 月 23 日，美国海军发布了《海军水面机器人主计划》[21]，该计划从满足美国海军战略计划、舰队发展以及国防部到 2020 年部队转型的需求等方面，详细介绍了美国海军未来水面机器人的发展计划。

这份计划确定了水面机器人优先发展的 7 个任务领域，按照优先级排列，包括反水雷战、反潜作战、海上安全、水面作战、反支持特种部队作战、电子战、支持海上拦截作战。针对每一个任务领域，研究团队将开发一种水面机器人任务包，这个任务包包括平台尺寸类型、负载和可能的应用描述等。

该计划推荐了一个非标准级的水面机器人和三个标准级的水面机器人，这 4 种级别的水面机器人能够完全满足美国海军水面机器人优先发展的 7 个任务领域的能力需求，如图 1.1[21]所示，具体包括：

（1）"X"级水面机器人，是一种 3m 长或更小的非标准级水面机器人，采用非标准模块建造，能够支持特种部队作战以及海上拦截作战任务，具备较低层级的情报侦察和区域监视能力，其续航力、有效载荷能力和适航性均比较有限。

（2）"海港"级水面机器人，主要是在海军标准 7m 长刚性充气艇基础上研制的，具有中等续航力，主要用于执行海上安全任务，拥有较强的情报、侦察、监视能力，并装备了致命和非致命武器。该型水面机器人具有 7m 长充气艇的标准接口，可由多型现役水面舰艇搭载部署。

（3）"斯诺科勒"级水面机器人，是一种 7m 长的半潜式水面机器人，其在航行过程中除通气管之外，艇体其余部分均在水下，相对于其他艇型，通气管状态航行模式可在 7 级海况下提供更为稳定的平台。该型艇将支持反水雷战、反潜战，另外还可以充分利用相对隐蔽的外形支持特种作战任务。

（4）"舰队"级水面机器人，是一种 11m 长的滑行或半滑行艇，在拖曳扫雷具时具有中等航速/续航力，而在支持反潜战、水面战或电子战时，该型艇能够提供较长的续航力。

(a) "X" 级水面机器人

(b) "海港" 级水面机器人

(c) "斯诺科勒" 级水面机器人

(d) "舰队" 级水面机器人

图 1.1 美国海军各级水面机器人

　　美国海军研究办公室也已研制了两款全新的水面机器人，如图 1.2[22]所示。高速型 USSV-HS 主要用于非常复杂海况下的作战,艇型设计采用经过结构优化的水翼艇型。增强拖力型 USSV-HTF 主要用于拖拉外部的重型作战武器，艇型采用经过结构优化的半排水型，总长为 11～12m，空艇重 4100～6800kg。USSV-HTF 有效载荷达 1800kg，它除了配备一些基本装备外，还要装备艇载反水雷武器，随濒海战斗舰出海作战。通常条件下，在布雷区执行反水雷作战任务时，该型水面机器人将会配备磁性与声学复合扫雷系统。为了有效排除雷区中的水雷威胁，从长远考虑，美国海军计划设计 24 种用于反水雷作战的水面机器人。

(a) USSV-HS

(b) USSV-HTF

图 1.2 USSV-HS 和 USSV-HTF 水面机器人

　　美国国防高级研究计划局(Defense Advanced Research Projects Agency)计划支持研究一种持续跟踪反潜水面机器人(anti-submarine warfare continuous trail unmanned vessel，ACTUV），如图 1.3[23]所示，用于持续跟踪静音型潜艇，达到以建造潜艇 1/10 的成本消除敌方潜艇威胁的目的。其载体形式采用三体水面艇型，以确保其在大多数海况下可以完成跟踪潜艇的使命。

图 1.3　美国 ACTUV 型水面机器人

2. 以色列

以色列政府为防止海上袭击，开展了水面机器人的研制计划，并先后推出了多型水面机器人，如"保护者""银色马林鱼""海鸥"等，其中"保护者"系列是以色列的主要产品[24,25]。

"保护者"水面机器人由以色列拉斐尔武器发展局开发，如图 1.4[26]所示，以 9m 长的刚性充气艇为基础，喷水推进，航速超过 30kn，最大作战有效载荷 1000kg。其传感器载荷主要包括导航雷达和"托普拉伊特"光学系统，其中"托普拉伊特"光系统为多传感器光电载荷系统，包括第三代前视红外传感器（8～12μm）、电荷耦合器件（charge coupled device，CCD）摄像机、目视安全激光测距仪、先进关联跟踪器和激光指示器等，可在各种不利的天气条件下完成手动和自动昼夜观测及目标指示。该平台还配备了"微型台风"武器系统，该系统以拉斐尔武器发展局的"台风"遥控稳定武器系统为基础，可使用 12.7mm 口径机枪或 40mm 口径自动榴弹发射器。在吨位稍大的平台上还可选装一门 30mm 口径舰炮。此外，"微型台风"武器系统还配装有全自动火控系统和昼夜用照相机，形成了完整的水面机器人综合任务系统。该型水面机器人可由几十海里外的海岸控制站或海上指挥平台实施遥控指挥，昼夜执行作战任务。

图 1.4　"保护者"水面机器人

"银色马林鱼"水面机器人如图 1.5[27]所示，装备了一座 Elop 公司的紧凑型多功能高级稳定系统传感器转塔。转塔集成了 CCD 摄像机、第 3 代 3～5μm 前视红外热像仪、激光瞄准具，对眼安全的激光测距仪或二极管泵浦目标指示器，以及激光目标照射器。紧凑型多功能高级稳定系统可发现 6km 外的橡皮艇、16km 外的巡逻艇和 15km 外的飞机。"银色马林鱼"配备埃尔比特公司的 7.62mm 顶置遥控武器系统：一种轻型稳定机枪系统，携带 690 发子弹，能够昼夜在运动中开火。

图 1.5　"银色马林鱼"水面机器人

在以色列海军和国防部的技术支持下，以色列埃尔比特公司研制出世界上首个可执行反潜作战任务的"海鸥"水面机器人，如图 1.6[28]所示。该水面机器人配备了内置 C4I 网络和可操纵各种声呐、传感器的远程控制探头，能连续 4 天在深海执行任务，其瞄准覆盖范围最大可达 100km。除执行反潜作战任务外，"海鸥"装备反水雷组件(包括吊放式声呐和水下机器人)后还适用于搜寻水雷，识别并消除水下威胁。其任务模式非常丰富，包括电子战、海港保卫、防止石油管道和离岸能源平台受到潜水员及其他威胁力量的破坏。因此，"海鸥"水面机器人可以补充甚至取代目前被用于在海上搜寻潜艇的造价高昂且需要大量人力操作的护卫舰和反潜机。

图 1.6　"海鸥"水面机器人

3. 中国

目前，我国也已开展了一些水面机器人的相关研究，并研制了多型样机和产品。

上海大学研制了"精海 1 号"水面机器人，如图 1.7[29]所示。该平台长 6m、宽 3m，采用了抗倾覆能力的高性能艇型，具备一定的自主功能，艇上搭载了声呐测量设备。2013 年，"精海 1 号"参与了南海水域巡航任务。据报道，该水面机器人设计目标是：适应海洋、江河等不同水域的工作环境，并防水、防盐雾腐蚀；能够在风浪中精准测量、顺利回传数据；基于无线遥控操作，能按照既定路线避障前行。

图 1.7　"精海 1 号"水面机器人

2009 年，在 973 计划项目的支持下，哈尔滨工程大学牵头，联合国防科技大学、江苏科技大学等优势单位，系统深入地开展了水面机器人技术研究，突破了水面机器人的总体设计与系统集成、流体力学性能分析、自主决策与运动控制、海洋环境感知、系统仿真与外场试验等一系列关键技术，成功研制出"XL"水面机器人，如图 1.8[30]所示。该平台搭载了智能控制系统、航海雷达、光电探测系统、组合导航系统、无线通信、北斗等多种设备，具备了自主航行、自主危险规避、海面目标探测能力。

图 1.8　"XL"水面机器人

2014 年，哈尔滨工程大学在 863 计划项目的支持下，研制出一台具有复合动力的水面机器人"天行一号"，如图 1.9[31]所示。该平台全长 12.2m，满载排水量 7.5t，配有油电复合动力推进系统，最高航速超过 50kn，最大航程 1000km，具有手操、遥控、半自主、全自主四种工作模式，可实现复杂海洋环境中的静态和动态障碍物的自主避碰航行。其无人系统和任务系统采用模块化设计，可根据需要快速更换任务载荷，自主完成海洋水文气象信息监测、海底地形地貌扫描测绘、首末端观测等多种任务。

图 1.9　"天行一号"水面机器人

4. 其他国家

英国国防科学与技术实验室借鉴了美军研制水面机器人的成功经验，寻求与美军的合作，加上自己的模块化优势，研制了"芬里尔"水面机器人，取代传统的舰载刚性充气船执行高危任务，如图 1.10[30]所示。

图 1.10　"芬里尔"水面机器人

　　法国 Sirehna 公司开发了"Rodeur"水面机器人，是一款喷水滑行式高速无人航行器，如图 1.11[30]所示。此外，法国 ACSA 公司还建造了"Basil"水面机器人，用于对海上环境的调研，如图 1.11 所示。

(a) "Rodeur"水面机器人　　　　　(b) "Basil"水面机器人

图 1.11　"Rodeur"和"Basil"水面机器人

　　德国 Veers 公司一直在积极发展水面机器人。其为德国渔业部门开发了"STIPS"系列水面机器人，如图 1.12[32]所示。该系列水面机器人包括装备了夜视设备、核感应器、化学感应器、摄像机、不同的遥感勘测和遥控装置系统等。

(a) Veers STIPS水面机器人　　(b) Veers STIPS2水面机器人　　(c) Veers STIPS3水面机器人

图 1.12　"STIPS"系列水面机器人

　　加拿大的"梭鱼"水面机器人，如图 1.13[33]所示，是一种 11m 长的无人刚性充气艇(rigid inflatable boat，RIB)。其是用战术控制器(tectical controller，TC)把一艘船改装成一个由指令链操作的水面机器人。该 TC 是一个便携式、模块化、可兼容又可扩展的工具箱。

图 1.13　"梭鱼"水面机器人

1.3　水面机器人技术展望

在巨大的市场需求和技术发展需求牵引下，未来水面机器人的发展趋势是模块化、智能化、多型化和体系化。各项关键技术将以提高机器人的综合能力为目标不断进步。主要体现在以下几个方面：

(1)针对水面机器人的任务需求和海洋环境，研制出稳定高效的自主感知传感器，形成相应的理论体系和技术架构，提升环境感知和认知能力，是水面机器人态势感知的重点研究方向；

(2)水面机器人的路径规划和导航的相关研究应进一步提升其智能性，以人工智能技术的发展为牵引，发展水面机器人处理多任务、复杂任务的综合能力，使其贴近人的思维，具备任务决策向态势决策的跨越能力；

(3)运动控制技术研究将进一步解决复杂环境干扰带来的水面机器人航行误差问题，增强海洋环境适应性，提高控制的精度和自适应能力；

(4)多水面机器人协同技术将突破平台构型的限制，能够实现水陆空三维立体的异构无人平台协同。

1.4　水面机器人的应用

水面机器人会成为无人系统中连接空中、地面、水上和水下各节点的重要中继节点。随着各国对海洋越来越重视，其相应的海洋机器人公司及机构会根据实际使用需求研制水面机器人。水面机器人主要有两个应用领域——军用和民用，民用领域目前主要运用于科考，未来也将会运用于海运。

1.4.1　水面机器人民用领域的应用

在民用方面，随着海洋资源开发利用的逐步深入，以及人们对海洋安全、海洋环境保护的广泛重视，针对海洋环境的观测活动正在发生革命性的变化，主要体现在：海洋观测立体化，平台多样化，海洋观测系统化、网络化。因此，迫切需要海洋观测平台能长期、广域、经济、可靠、自主地执行海洋观测任务。水面机器人作为一个无人海洋运载平台，可以在海洋中承担长期、危险、艰难的作业任务，因此，在民用领域具有非常广阔的应用前景，如海洋测绘与科学调查、环境监测、水文调查、气象预报等。且随着保障航运安全及降低航运成本观念的提出，将水面机器人应用于海运的研究也在逐步展开。水面机器人在民用领域的应用有以下几方面的优势。

(1)减轻劳动强度，降低安全风险。水面机器人体积小、重量轻、吃水浅，无须人员随艇作业，非常适合替代传统海洋调查手段执行浅水区海洋观测任务。浅水海域受潮汐变化影响，作业时间窗口有限，作业方式面临环境恶劣、劳动强度高等困难。水面机器人的快速监测能力以及浅吃水、大持久力的特点能够有效改善这一局面。

除浅水区域问题外，在极地开展海域环境调查时，大船在缺少海底地形数据支持的海域航行，安全风险高，易发生触冰、搁浅等危险。此外，对于遭受石油泄漏、核辐射污染的海域，传统海洋调查手段难以开展，上述应用领域均对水面机器人提出了迫切需求。

(2)提高作业效率，节约调查成本。受台风、寒潮等天气因素的影响，近岸海域的海洋调查活动常常需要避风，日工作量有限，作业效率不高，且由避风产生的船舶和人员开销巨大，导致成本大幅上升。针对上述问题，利用水面机器人突出的环境适应性能力、易于精确定位和远程通信的能力，采用大船和水面机器人同步作业的方式，与天气抢占时间窗口，提高作业效率，以此节约调查成本。

(3)减少海上事故，节约海运成本。海运自古以来就是一个高风险的行业，而在高发的海上事故背后，人为失误的影响不可忽略，经学者研究，海运界60%～90%的事故由人为失误引起，且船员的费用已成为船舶在航运过程中仅次于燃料费的第二大支出项目。而随着船舶自动化水平的提高，由水面机器人代替传统航运船舶这一构想引起了海运界的极大兴趣，这一构想依托于水面机器人的智能化与灵活性，实现了海运的无人安全化，以此减少人工成本。目前，全球范围内、多个国家的科研机构、企业和高校正在开展水面机器人海上运输的相关研究测试工作。

1.4.2　水面机器人军用领域的应用

由于水面机器人具有航速高、续航力长、经济性好、隐身性好、吃水浅、体积小、易批量生产、布置方便等突出优势，因此非常适合作为一种通用化、无人化、智能化、信息化的经济性海洋武器装备。水面机器人的优点还在于可搭载多种传感器，能长期、隐蔽、自主地在海洋中执行使命任务，并可以批量投入战场，从而具备对水面水下海洋环境的立体、持续感知能力。在未来的海战中，水面机器人可以承担以下的作战功能[34,35]。

(1)海上安全警戒。水面舰船搭载的水面机器人可快速灵活地部署到警戒区域，执行保护航道、领海、港口、桥梁、码头、石油钻井平台和其他近海设施，防范各种可能的威胁，保障航海系统的整体安全等任务，同时，还可根据母船指令或主动完成狙击来犯之敌的任务。通过搭载不同的探测任务载荷，水面机器人即可在重要海上目标周围执行警戒巡逻、危险物搜索等特种任务。

(2)反潜。在近海复杂水文环境条件下，反潜面临的最大挑战是如何发现续航时间长、慢速水下航行的安静型常规潜艇或不依赖空气动力装置(air independent propulsion，AIP)潜艇。如图 1.14[36]所示，用装备反潜模块的水面机器人作为舰载的延伸平台，采用多艘分布式协同作业的方式(还可加入水下机器人)，可有效地提高探测安静型潜艇的能力。

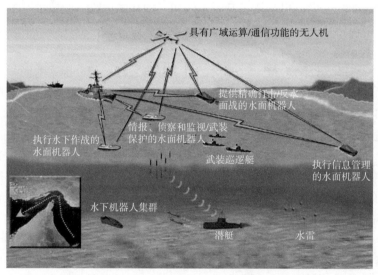

图 1.14　水面机器人与水下机器人协同反潜示意图

（3）反水雷。利用安装有反水雷模块的水面机器人担负反水雷任务，如图 1.15[37]所示，采用多艘水面机器人与水下机器人协同工作，可快速大范围地搜索、探测、识别、定位水雷，提高反水雷作业效率，避免人员伤亡，大大降低舰艇装备损伤概率，增强舰载的快速反应和机动作战能力。

图 1.15　水面机器人与水下机器人协同反水雷示意图

参 考 文 献

[1] 彭艳, 葛磊, 李小毛, 等. 无人水面艇研究现状与发展趋势[J]. 上海大学学报(自然科学版), 2019, 25(5): 645-654.

[2] 宋利飞. 水面无人艇路径规划及自主避障方法研究[D]. 武汉: 武汉理工大学, 2015.

[3] Almeida C, Franco T, Ferreira H, et al. Radar based collision detection developments on USV ROAZ II[C]. Oceans-Europe, 2009.

[4] Halterman R, Bruch M. Velodyne HDL-64E lidar for unmanned surface vehicle obstacle detection[C]. Proceeding of SPIE, The International Society for Optical Engineering, 2010.

[5] Wang H, Wei Z, Wang S, et al. A vision-based obstacle detection system for Unmanned Surface Vehicle[C]. Robotics, Automation & Mechatronics, 2011.

[6] Candeloro M, Lekkas A M, Sørensen A J, et al. Continuous curvature path planning using voronoi diagrams and Fermat's spirals[J]. IFAC Proceedings Volumes, 2013, 46(33): 132-137.

[7] Lekkas A M. Guidance and path-planning systems for autonomous vehicles[D]. Trondheim: Norwegian University of Science and Technology, 2014.

[8] Shneydor N A. Missile Guidance and Pursuit: Kinematics, Dynamics and Control[M]. Amsterdam: Elsevier, 1998.

[9] Lekkas A M, Fossen T I. A time-varying lookahead distance guidance law for path following[J]. IFAC Proceedings Volumes, 2012, 45(27): 398-403.

[10] Fossen T I, Pettersen K Y, Galeazzi R. Line-of-sight path following for dubins pathswith adaptive sideslip compensation of drift forces[J]. IEEE Transactions on Control Systems Technology, 2015, 23(2): 820-827.

[11] Kuang T C, Richard B, Alistair G. Review of collision avoidance and path planning methods for ships in close range encounters[J]. The Journal of Navigation, 2009, 62(3): 455-476.

[12] Shah B C. Planning for autonomous operation of unmanned surface vehicles[D]. College Park: University of Maryland, 2016.

[13] Yu Z Y, Bao X P, Nonami K, et al. Course keeping control of an autonomous boat using low cost sensors[J]. Journal of System Design and Dynamics, 2008, 2(1): 389-400.

[14] Journée J M J. A simple method for determining the manoeuvring indices K and T from zigzag trial data[J]. Translated Report, 1970, 267: 1-9.

[15] Perera L P, Oliveira P, Guedes S C, et al. System identification of nonlinear vessel steering[J]. Journal of Offshore Mechanics and Arctic Engineering, 2015, 137(3): 301-302.

[16] Annamalai A S K, Sutton R, Yang C. Robust adaptive control of an uninhabited surface vehicle[J]. Journal of Intelligent and Robotic Systems, 2015, 78(2): 319.

[17] Sørensen A J. A survey of dynamic positioning control systems[J]. Annual Views in Control, 2011, 35(1): 123-136.

[18] Huang J S, Wen C Y, Wang W, et al. Global stable tracking control of underactuated ships with input saturation[J]. Systems and Control Letters, 2015, 85: 1-7.

[19] Liu W, Motiwani A, Sharma S, et al. Fault tolerant navigation of USV using fuzzy multisensor fusion[R]. Technical Report, 2014.

[20] Breivik M, Fossen T I. Path following for marine surface vessels[C]. Oceans, 2004: 2282-2289.

[21] Department of the Navy. The navy unmanned surface vehicle(USV) master plan[R]. United States Navy, 2007.

[22] 自主航行的无人艇[EB/OL]. (2008-02-14) [2020-04-15]. http://www.defence.org.cn/article-14- 79271.html.

[23] 美测试无人驾驶猎潜艇 可捕获"超静音潜艇"[EB/OL]. (2016-04-01) [2020-04-15]. http://world.people.com. cn/GB/n1/2016/0401/c1002-28244658.html.

[24] 吴恭兴. 无人艇操纵性与智能控制技术研究[D]. 哈尔滨: 哈尔滨工程大学, 2011.

[25] 陈安文, 侯国祥, 赵金, 等. 无人水面艇的平台设计技术研究[J]. 广东造船, 2019, 38(6): 27-29.

[26] 吴岑, 秦平. 以色列开发"保护者"电子战型无人水面艇[J]. 国际电子战, 2013(6): 53.

[27] 临河. 以色列海军拟评估新型"银枪鱼"无人水面艇[J]. 舰船知识, 2010(11): 12.

[28] 中国指挥与控制学会. 以色列"海鸥"无人水面艇进行作战测试[EB/OL]. (2017-05-01) [2020-04-15]. https:// www.sohu.com/a/137527208_358040.

[29] "精海1号"无人艇介绍[EB/OL]. (2013-08-15) [2020-04-15]. http://www.jhai.shu.edu.cn/Default.aspx?tabid= 35148.

[30] 朱炜, 张磊. 现代水面无人艇技术[J]. 造船技术, 2017(2): 1-6.

[31] 霍萍. "天行一号"惊艳问世[EB/OL]. (2017-09-15) [2020-04-15]. http://hrbeu.cuepa.cn/show_more.php?doc_id= 2322376.

[32] Bertram V. Unmanned surface vehicles-a survey[J]. Skibsteknisk Selskab, Copenhagen, Denmark, 2008, 1: 1-14.

[33] 中国舰船研究. 国外海军无人系统[EB/OL]. (2019-04-02) [2020-04-15]. https://www.sohu.com/a/305551245_ 381202.

[34] 李楠. 无人艇装备技术发展与作战运用探析[J]. 舰船科学技术, 2019(12): 29-32.

[35] 金克帆, 王鸿东, 易宏, 等. 海上无人装备关键技术与智能演进展望[J]. 中国舰船研究, 2018, 13(6): 1-8.

[36] 新浪军事. 美部署"斯巴达侦察兵"海上反恐能力增强[EB/OL]. (2004-01-24) [2020-04-15]. http://mil.news. sina.com.cn/ 2004-01-24/1104178789.html.

[37] Красильников Р В. Системы борьбы с необитаемыми аппаратами-асимметричный ответ на угрозы XXI века[M]. СПб. : Инфо-да, 2013.

2

水面机器人总体技术

2.1 水面机器人系统构成与划分

目前，国内外尚没有水面机器人系统的统一划分方法，各分系统的名称也不一致。根据国外水面机器人的相关资料，借鉴无人机、水下机器人等系统划分方法，按照功能可以将整个水面机器人划分为载体、动力与推进系统、智能控制系统、环境感知系统、集成监控系统、通信与导航系统、任务载荷系统等，如图 2.1 所示。

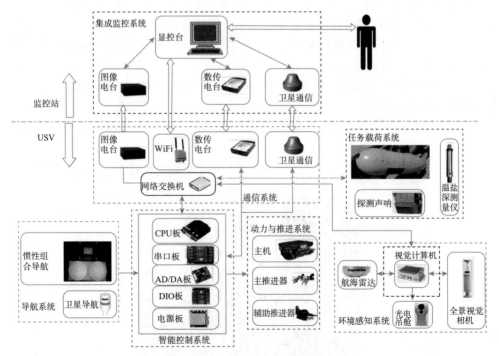

图 2.1 水面机器人系统总构成

CPU-中央处理器；AD/DA-模拟/数字信号转换；DIO-开关

2.1.1 动力与推进系统

动力系统是为水面机器人提供动力源，为设备和任务载荷提供电源的各种装置的集合，是限制水面机器人作战或作业的主要因素之一。推进系统是为水面机器人提供前进、回转、倒退等机动动作提供推力的各种装置的集合。动力与推进系统是水面机器人的基本系统，其选型正确与否对总体性能至关重要。

2.1.1.1 动力系统

目前水面机器人采用的动力系统主要分为以电池电力为能源的电力系统和以燃油为能源的发动机或发电机系统。下面分别加以介绍。

1. 电池动力

1) 铅酸电池

铅酸电池的优点是：

(1) 价格低廉。铅酸电池的原材料容易得到而且价格便宜、技术成熟、生产方便、产品一致性好，在世界范围内均可实现大规模生产，这也是铅酸电池得到广泛应用的主要原因之一。

(2) 比功率高。铅酸电池电势高，大电流放电性能优良。

(3) 浮充寿命长。在这方面，铅酸电池要远远高于镍氢电池和锂离子电池，其25℃下浮充状态寿命可达 20 年。

(4) 使用安全。铅酸电池易于识别电池荷电状态，可在较宽的温度范围内使用，而且电性能稳定可靠。

(5) 再生率高。铅酸电池再生率远远高于其他二次电池，是镍氢电池和锂离子电池的 5 倍。

鉴于上述优点，早期小型水面机器人多数选用铅酸电池作为动力源。图 2.2 是

图 2.2   "Charlie"号双体水面机器人[1]

意大利自动化智能系统研究所研制的"Charlie"号双体水面机器人，动力源为输出电压 12V、蓄电池容量 40A·h 的铅酸电池[1]。

然而，铅酸电池也存在如下缺点：

(1) 比能量低。铅酸电池的实际比能量较理论比能量要低很多，理论值为 170W·h/kg，但实际比能量只有 10～50W·h/kg。

(2) 循环寿命较短。虽然铅酸电池循环寿命比镍镉/镍氢电池要高很多，但还是低于锂离子电池，一般铅酸电池循环寿命低于 500 次(80%放电深度)。

(3) 自放电。铅酸电池过充电时有大量的气体产生，自放电比其他电池严重很多。

(4) 维护烦琐，污染严重。虽然铅酸电池优良的性价比使得它在二次电池领域中长时间占据统治地位，但随着电池新技术的不断发展、应用领域的不断开拓和深入、镍氢电池和锂离子电池成本的降低和能量性能的提高，使得铅酸电池面临着很大的挑战。目前大多数水面机器人不会采用铅酸电池作为动力源，但由于铅酸电池具有比较高的安全性，比较适合为水面机器人设备或载荷供电以及作为不间断电源。

2) 锂离子电池

锂离子电池是目前综合性能最好的电池体系。由于锂离子电池不含贵金属，降价空间很大，目前也是性价比较高的电池。与传统的二次电池相比，锂离子电池具有如下突出的优点：

(1) 工作电压高。锂离子电池的工作电压为 3.6V，是镍镉/镍氢电池工作电压的 3 倍。

(2) 比能量高。锂离子电池放电能量目前已达 140W·h/kg，是镍镉电池的 3 倍，镍氢电池的 1.5 倍。

(3) 循环寿命长。锂离子电池循环寿命在 1000 次以上，在低放电深度下可达几万次。

(4) 无记忆效应。锂离子电池可以根据要求随时充电，而不会降低电池性能。

(5) 对环境无污染。锂离子电池中不存在有害物质，是名副其实的"绿色电池"。

(6) 可快速充电。充电特性与铅酸电池相比，锂离子电池在充电前期充电效率较好，在充电后期充电效率较差。其在 1h 内可以充 80%的电池电量，2h 内可充 97%的电池电量。

(7) 工作温度范围广。锂离子电池可在 0～40℃正常工作。

(8) 维护费用低。锂离子电池的缺点是：安全性低、电池尺寸不能太大、线路复杂并且充放电电压有限制。但由于锂离子电池突出的性能优势，使其近几年在小型水面机器人中得到了较好的应用。如图 2.3 所示，英国 ASV 公司的"C-CAT"多用途双体水面机器人，可由艇载锂离子电池提供 8h 续航[2]。

图 2.3 "C-CAT" 多用途双体水面机器人[2]

2. 燃油动力

燃油动力一般包括汽油机和柴油机两种类型，燃油动力系统包括为水面机器人提供推进动力的主机和提供电力的发电机。

汽油发动机体积小、重量轻、噪声低、易检修、起动容易、加速反应快，但是马力小、安全性差，一般主要采用外挂机形式用于内河小艇上。柴油发动机马力大、故障少、使用寿命长，但是柴油发动机起动慢、加速反应慢。经过不断的改进，柴油发动机动力装置日臻完善，它的燃料消耗量较低，能使用廉价的渣油，可靠性较高，检修期间隔长达 3 万 h，热效率接近 50%，因此成为目前应用非常广的船舶动力装置，也是 6m 以上水面机器人首选动力装置。

高速船用柴油发动机可分为以下 3 类：

(1)普通自然吸气发动机。就是最普通的柴油发动机，在低端水面机器人上仍有使用。

(2)涡轮增压发动机。现在高速水面机器人用的大多数都是这种发动机。采用废气涡轮增压提高增压度，可进一步实现柴油发动机的轻量化、高速化、低油耗、低噪声和低污染，是近代柴油发动机的重要发展方向。

(3)电控高压共轨发动机。共轨喷射式供油系统由高压油泵、公共供油管、喷油器、电控单元(eletronic control unit，ECU)和一些管道压力传感器组成。系统中的每一个喷油器通过各自的专供油管与公共供油管相连，专供油管对喷油器起到液力蓄压作用。工作时，高压油泵将燃油输送到公共供油管。高压油泵、压力传感器和 ECU 组成闭环工作，对公共供油管内的油压实现精确控制，彻底改变了供油压力随发动机转速变化的现象，可以有效提高喷油压力，提高发动机控制精度并减少排放。

柴油发动机主要生产厂商有沃尔沃(Volvo)、康明斯(Cummins)、斯太尔

(Steyr)、洋马(Yanmar)、MTU 等。

瑞典沃尔沃发动机——优良的总体性能及燃油效率，完整的动力系统，设计轻巧、噪声低、振动小、易于安装维护，如图 2.4 所示。所生产的发动机功率范围为 10～2000ps(1ps=735W)。

图 2.4　沃尔沃柴油发动机[3]

美国康明斯发动机——将省油、耐用、可靠、重量轻和结构紧凑等特点完美地结合在一起，维修保养简便。康明斯发动机在我国重庆有工厂，提高了配件的国产化率，价格较为便宜。

奥地利斯太尔发动机——山东潍坊柴油机厂引进生产的斯太尔 WD615 系列柴油发动机有自然吸气、增压、增压中冷等机型，转速 2200～2600r/mim，功率范围为 147～226kW(200～310ps)，最低燃油消耗率达 194g/(kW·h)，具有体积小、重量轻、功率大、油耗低、排放指标先进、噪声低、通用性强等优点。

美国水星(Mercury)发动机——爆发性较好、油耗低、独特的橡胶避震安装系统。

日本雅马哈(Yamaha)发动机——性能稳定、功率强劲、油耗低、排污少、防锈防腐系统增加发动机的耐久性。

德国 MAN 发动机——运用最新技术，如通过多孔喷嘴进行高功率喷油可确保低污染燃烧过程。MAN 柴油发动机设计轻巧、功率强大、持久耐用、油耗低，还具有功率特性曲线丰满的优点。

美国卡特比勒(Caterpillar)发动机——工程机械常用的动力装置，其特点是耐用、可靠性高。转速可在负荷较小或无负荷时实现自动控制，自动降低发动机转速，减少油耗。具有噪声低、振动小、废气排放量小、环保高效、性能稳定可靠的优点。

日本洋马发动机——提供强大的动力和扭矩，同时保持较低的燃油消耗，操作简便、经久耐用。

德国 MTU 发动机——功率强劲、性能卓越、使用耐久，早期代表产品有 MTU 16V396TE94 型柴油发动机，广泛用于军用舰艇和高档游艇。其调速系统采用最新的电子控制的燃油共轨技术，对发动机控制精度高，瞬态特性好。采用整体灰色合金铸铁制造曲柄、曲轴和连杆机构，极大地增强机构运行强度，在降低噪声和振动的同时，减少维护成本，延长机组大修周期(大修周期长达 3 万 h)。该公司在我国苏州设有配件工厂和维修中心。

近年来，柴油发电机组在水面机器人上的应用越来越多。除了作为常规供电的机组外，还越来越广泛地用于电力推进。由于其独特的优点，采用全电力或半电力推进已成为未来水面机器人的发展趋势。船用柴油发电机主要生产厂商有康明斯奥南（Cummins Onan）、科勒（KOHLER）、费希尔熊猫（Fischer Panda）等。

美国康明斯奥南发电机——康明斯奥南发电机组具有先进的故障诊断和远程监控系统，支持远程遥控起停与状态监控，可提供 4~99kW、50Hz 交流电，适用于水面机器人多样化电力需求，具有高可靠、低噪声、低振动的技术特点，如图 2.5 所示。

图 2.5　康明斯奥南船用发电机[4]

美国科勒发电机——科勒发电机组可以作为水面机器人主动力电源和备用应急电源，机组有优异的起动性能和承载能力，具有低噪声、低废气排放、监控方便、运行成本低等显著特点，可提供 5~125kW、50Hz 交流电，同时符合最新排放标准，如图 2.6 所示。每一台发电机组可配隔音罩，超静音运行。

图 2.6　科勒船用发电机[5]

德国费希尔熊猫发电机——熊猫发电机具有紧凑、小型化和低噪声等技术特点。其生产的 5～10kW 的小型发电机在尺寸、重量方面具有明显优势，适用于重量要求较高的中小型高速水面机器人，如图 2.7 所示。

图 2.7　费希尔熊猫船用发电机[6]

2.1.1.2　推进系统

水面机器人推进系统按不同的推进方式可分为螺旋桨推进、喷水推进、自然能推进等，下面分别加以介绍。

1. 螺旋桨推进

1) 舵桨联合推进

舵桨联合推进主要是通过艉部单个或多个螺旋桨推进器配合螺旋桨后方安装的舵来实现水面机器人的前进与回转，如图 2.8 所示。

图 2.8　舵桨联合推进[7]

螺旋桨安装在水面机器人艉部水线以下的桨轴上，由主机带动桨轴一起转动，螺旋桨吸收主机功率，产生推力推动水面机器人前进。

螺旋桨分为固定螺距螺旋桨和可调螺距螺旋桨。①固定螺距螺旋桨由桨毂和桨叶组成。桨叶临近桨毂部分称叶根，外端称叶梢，正车运转时在前的一边称导边，在后的一边称随边。在固定螺距螺旋桨外缘加装一圆形导管，即为导管螺旋桨。导管螺旋桨又可分为固定式和可转式。②可调螺距螺旋桨可通过桨毂内的传动机构带动桨叶转动，在不改变桨轴的转速和运转方向的情况下，改变桨叶的螺距角，即可适应水面机器人不同的工作状态。螺旋桨构造简单、工作可靠、效率较高，是水面机器人的主要推进器。现代船艇的螺旋桨多采用大盘面比、适度侧斜、径向不等螺距和较多桨叶等结构形式，以降低在艉部不均匀伴流场中工作时可能产生的空泡、剥蚀、噪声和过大的激振力。

2) 表面桨推进

表面桨，又称半浸桨，工作时螺旋桨并不全在水面下旋转，部分叶片在水面以上。表面桨通常应用于高速水面机器人，当水面机器人高速航行时（大于40kn），常规螺旋桨可能受到空化空蚀的影响造成严重缺陷。而表面桨推进系统最大的优势在于其能避免螺旋桨空泡现象的影响、减少附体阻力、推进效率高、船桨匹配适应性强和浅水适应性强等。与传统螺旋桨所有部件均浸没在水中相比，应用表面桨推进系统的水面机器人在航行时其水线在桨轴附近，大部分支架在水面以上，减少了附体阻力，并且改善了流经螺旋桨的水流，如图2.9所示。

图 2.9   表面桨推进

表面桨较常规螺旋桨具有以下优势：

(1)可垂直调整的螺旋桨轴。螺旋桨轴是在铅垂面调节的，可以匹配水面机器人的航行姿态，改善其航行性能，如图2.10所示。

(2)灵敏的操纵性。螺旋桨轴可在水平面内左右调整，可以通过直接改变推力方向实现水面机器人快速回转，如图2.11和图2.12所示。

(3)浅水区航行能力强。表面桨推进系统不包含舵等附体,且桨轴可垂直调整,可以提高水面机器人的浅水区航行能力,如图 2.13 所示。

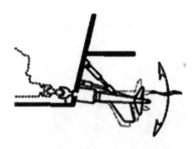

图 2.10　可垂直调整的螺旋桨轴[8]

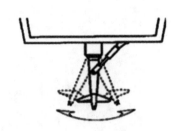

图 2.11　可左右调整的螺旋桨轴[8]

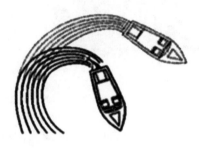

图 2.12　灵敏的操纵性[8]

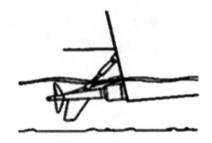

图 2.13　浅水区航行[8]

表面桨的典型代表为美国 Twin Disc 公司的 ASD 系列表面桨(图 2.14)、法国 Helices 公司的 SDS 系列表面桨(图 2.15),中国船舶重工集团第七〇二研究所与武汉劳雷绿湾船舶科技有限公司也有相关表面桨产品。

图 2.14　ASD 表面桨[8]

图 2.15　SDS 表面桨[9]

2. 喷水推进

喷水推进装置是一种新型的特种动力装置，与常见的螺旋桨推进方式不同，喷水推进的推力是通过推进泵喷出水流的反作用力来获得的，并通过转舵与倒车斗分配和改变喷流的方向来实现水面机器人的操纵，如图 2.16 所示。

图 2.16　喷水推进装置[10]

喷水推进的优点：

(1)喷水推进装置在加速和制动方面性能卓越，回转时直接改变喷流方向可有效减小回转半径。

(2)吃水浅、浅水效应小、附件阻力小、保护性能好。

(3)日常保养及维护较为容易。

喷水推进的缺点：

(1)航速较低时(低于 20kn 时)，喷水推进的效率比螺旋桨要低一些。

(2)在水草或杂物较多的水域，进口容易出现堵塞现象而影响水面机器人的航速。

(3)机械传动机构比较复杂，体积庞大。由于增加了外壳的保护，推进泵叶轮的拆换比螺旋桨复杂。

(4)在航行过程中产生的噪声较大。

世界著名的喷水推进器生产厂家主要有瑞典的 Kamewa 公司，新西兰的 Hamilton 公司，荷兰的 Lips Jet 公司，日本的川崎公司、三菱重工公司等。

3. 自然能推进

1)风帆推进

从远古时代至 19 世纪初期，风帆一直是船舶主要的推进器。风帆推进器虽然可以利用无代价的风力，但其所能得到的推力依赖于风向和风力，以致船的速度和操纵性能都受到限制。故自蒸汽机作为船舶主机以后，帆就被其他形式的推进器所代替，仅在游艇、教练船和小渔船上仍有采用。目前"绿色船舶"成为未来船舶和水面机器人的发展方向，国内外也在研究风力的利用，提出了风帆助推方案，并已在一些水面机器人上实施。

美国 Virginia Based 公司开发了完全依赖于混合能源推进的自主水面机器人——Ocean Cruiser 和 Ocean Explorer[11]，如图 2.17 所示。

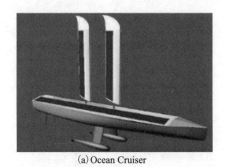

(a) Ocean Cruiser   (b) Ocean Explorer

图 2.17　美国 Virginia Based 公司的混合能源推进自主水面机器人[11]

美国 Ocean Aero 公司开发出了利用风能和太阳能供电的水面/水下机器人。航行器名为 Submaran，如图 2.18 所示。相对于其他无人系统，Submaran 具有执行水面和水下任务的能力，近乎无限的航程，风能和太阳能混合动力推进系统，更大的载重量，高隐蔽性，复杂海况下的作业和生存能力，便携性和可扩展性。

图 2.18　Submaran[12]

2) 波浪能推进

波浪滑翔机 (unmanned wave glider, UWG) 作为一种新型波浪能推进水面机器人，具有超长航时、自主、零排放、经济等突出优点。波浪推进器 (wave glide propulsor, WGP) 装有若干对铰接的水翼。在持续波浪环境中，当浮体随波浪下降时，WGP 受重力下沉，使水翼后端向上翻起；反之，浮体随波浪上升时 WGP 被柔链拉起而上升，水翼后端下翻。水翼随波浪的上下交替拍动就像一条鱼的尾鳍摆动那样推动 WGP 前进，并通过柔链拉动浮体前进，从而实现 UWG 的向前航行，其工作原理如图 2.19 所示。

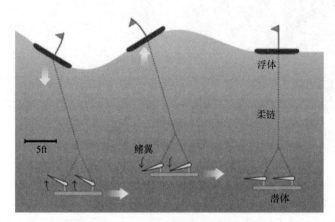

图 2.19 波浪滑翔机的工作原理图[13]
1ft=0.3048m

波浪滑翔机的研究始于 2005 年，当时它被开发用于监听和记录鲸的叫声。在 2007 年，Hine 等成立了 Liquid Robotics 公司，波浪滑翔机被确定为科研、商业和军事的多功能平台[14]，如图 2.20 所示。由于它能够将海洋中无穷无尽的波浪能

(a) SV2   (b) SV3

图 2.20 Liquid Robotics 公司的 SV2、SV3 型波浪滑翔机[14]

转化为自身前进的推力，为部署海洋仪器提供了一种全新的解决方法。目前波浪滑翔机已广泛地用于各种与海洋有关的科学研究和考察活动。波浪滑翔机所具有大范围、长航时、智能、清洁的突出航行优势，有着广阔的应用前景，并引起世界范围内科研工作者极大的研究兴趣。

2.1.1.3 动力推进一体化系统

为提高动力与推进装置的集成化程度与可靠性，近年来动力推进一体化装置在水面机器人上的应用逐渐增多，根据安装位置可分为舷外机与舷内外机。

1. 舷外机

舷外机是指安装在船体(船舷)外侧的推进用发动机，通常悬挂于艉板的外侧，又称船外机。舷外机集成度高、安装选购简单，回转时通过液压与电动机构整体旋转发动机与螺旋桨，控制性能较好。发动机多采用两冲程汽油发动机，少数为柴油发动机和电动机，功率范围为 0.74～221kW，质量 10～256kg。

舷外机可分为燃油类舷外机和电动舷外机，其中燃油类舷外机按燃油类型可分为汽油舷外机、柴油舷外机、液化石油气舷外机及煤油舷外机。

(1)汽油舷外机(图 2.21)。舷外机的主流燃料为汽油，具有用途广泛、技术成熟、功率范围广等优势。从燃烧技术上讲，分为两冲程、四冲程及两冲程直喷三种类型。两冲程加速性好(因为曲轴每转一圈就做功一次)，但污染排放较严重；四冲程相对要环保一些，但曲轴需转两圈才做功一次，加速能力较差；两冲程直喷能够将两者的优点结合起来，是在两冲程的基础上实现

图 2.21　汽油舷外机[15]

汽油缸内直接喷射，而不是通过化油器和空气混合。目前主要的汽油舷外机厂商如雅马哈、水星等拥有这三种技术，而美国的喜运来(Evinrude)更加专注于两冲程直喷技术。

(2)柴油舷外机。柴油发动机的技术特性决定了柴油舷外机不可能广泛应用。即便高压共轨技术大行其道，压燃式的工作原理也注定其工作时振动及噪声会更大。这对于安装在舱内的舷内机不是问题，但对悬挂在艉板上的舷外机来说却是致命的。柴油发动机通常扭矩较大，传递大扭矩也给齿轮箱带来更大的挑战。柴油舷外机的吸引力来自柴油，一是更安全(比汽油安全)；二是对于安放在以柴油作为燃料的大船上的交通艇来说，无须另配(汽油)燃料箱。

(3)液化石油气舷外机。它的诞生只有一个理由——环保。随着各个国家对环境保护重视程度日益提高，汽油/柴油舷外机已无法满足很多水域的环保要求，于是液化石油气舷外机诞生了。实质上它是传统的汽油舷外机稍做改装而来的，就像国内汽车改为液化石油气汽车一样。液化石油气舷外机在美国占相当大的份额，国内也早已开始使用，只是由于太容易挥发泄漏，笼罩于人们头顶的安全疑虑始终不能挥去。

(4)煤油舷外机。在东南亚和南亚市场庞大，使用低品质的煤油作为燃料。其优点是省钱，缺点是污染大。

电动舷外机以可以循环使用的蓄电池作为能量源，通过电动机将电能转换为动能。根据电机位置的不同，可分为电机下置式、电机上置式。

(1)电机下置式，顾名思义是将电机安放在舷外机的下部，电机输出轴直接带动螺旋桨轴旋转。常用的电机为直流无刷电机，能量转化率高；转换后的动能直接传递给螺旋桨，能量损耗达到最低；中间连接体不涉及动力传递，外形设计完全从流体力学角度考虑，最大限度降低阻力系数，所以此结构能量利用率较高。电机转子及轴系是唯一的旋转部件，整台舷外机结构简单，故障率低，可靠性高。但因为下部空间限制，电机尺寸不可能太大，所以此结构通常应用于较小马力的电动舷外机上。如Torqeedo公司所有8ps以下的舷外机都采用此结构，Torqeedo 3ps舷外机如图2.22所示。

(2)电机上置式，即将电机安放在舷外机的顶端。电机动能输出通过齿轮箱中的传动轴传递到螺旋桨上。齿轮箱的结构设计和传统的燃油舷外机没有本质不同。这种设计的优点是上部电机受空间限制较小，体积可以相对较大，适合较大马力的舷外机。Torqeedo公司的20ps、40ps、80ps舷外机就是采用此设计，Torqeedo 80ps深蓝舷外机如图2.23所示。

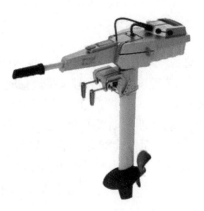

<table>
</table>

图 2.22　Torqeedo 3ps 舷外机[16]　　　　图 2.23　Torqeedo 80ps 深蓝舷外机[16]

另外根据蓄电池位置不同，电动舷外机分为电池内置式、外置式，通常较小马力舷外机对电池容量要求较低，可以做成电池内置式，这样用户使用更加方便；较大马力舷外机对电池容量要求较高，通常需要外置电池。

电动舷外机的厂商代表是德国的 Torqeedo 公司。2012 年推出 80ps 的深蓝（DeepBlue）舷外机，也是当时马力最大的量产电动舷外机。在此基础上，Torqeedo公司又研发出 40ps、20ps 舷外机，结合已经成熟的 1～8ps 产品，组成了相当丰富完整的电动舷外机产品线。

2. 舷内外机

舷内外机的全称是舷内机舷外推进装置，即发动机放在舷内，联动的艇尾传动装置（含推进器）固定在艇尾板上或者艇底板上，如图 2.24 所示。舷内外机组中的发动机采用柴油发动机，经济性和可靠性大大优于舷外汽油挂机，结构同样紧凑，是中小型高速水面机器人理想的动力装置，其功率范围从 100ps（73.5kW）到250ps（183.8kW），适合长度 8～16m 的各种水面机器人。

图 2.24　舷内外机[3]

舷内外机主要有美国的飞驰(MerCruiser)艇尾机和宙斯(Zeus)推进系统、日本的雅马哈舷内外机、瑞典的 VolvoPenda 舷内外机等。

1)飞驰艇尾机

美国水星公司以生产游艇动力推进产品而闻名。除了舷外机,也生产舷内四冲程柴油发动机和飞驰牌舷内外机。舷内外机可区分为舷内发动机和舷外推进总成(艇尾机)两个独立的组成部分,通过传动轴联结成一体,构成一个集成的艇尾驱动装置。

水星公司生产的艇尾机不仅仅与本公司生产的柴油发动机配套组成飞驰牌舷内外机产品,而且还供应其他的船用柴油发动机厂商作为配套产品,如荷兰的Vetus、美国的康明斯等柴油机生产商均采用飞驰艇尾机作为其舷内外机产品的部件。康明斯公司还与水星公司组建了一家合资公司,利用各自的优势从事舷内外推进装置的开发。

飞驰艇尾机有 4 种型号:Alpha、BravoI、BravoII 和 BravoIII。其中 Alpha 型采用机械传动,结构紧凑、重量轻,适用于赛艇、平底高速艇,匹配 170ps 以下的柴油发动机和 260ps 以下的汽油发动机;BravoI 采用液压传动,能适应恶劣的航行环境,使用功率可达 600ps;BravoII 的减速比较大,允许采用更大直径的螺旋桨以提高推进效率,适合重载艇型,最大功率达 450ps;BravoIII 适用于对转桨,推进效率更高、更节油。

2)宙斯推进系统

CMD 公司是由康明斯公司和水星公司共同投资成立的合资公司,其所开发的宙斯推进系统由舷内柴油发动机、驱动模块和水下全回转推进悬体(又称吊舱)组成。柴油发动机布置在艇尾,驱动模块分为上下两部分。上半部分装在艇底板的上方,与柴油发动机功率输出轴连接,通过减速齿轮成直角传动艇底下的一对螺旋桨,这种传动方式也叫 Z 形传动。宙斯推进系统如图 2.25 所示。

图 2.25　宙斯推进系统[17]

装在艇底下的推进组合体能够独立回转,通过驾驶台的手柄操纵实现前进、倒退、侧移或原地回转。即使没有驾驶经验,也可以轻松停靠与驾离码头。两个同轴相反旋转的螺旋桨(对转桨)提高了推进效率,更加省油。

3) 雅马哈舷内外机

日本生产的雅马哈船用柴油发动机有带舷外推进装置的和不带舷外推进装置两种形式。舷外的推进装置固定在艇尾板上,在艇尾板上开孔与艇内的柴油发动机联结。在舷外的推进装置也具有左右转向和向上翻起的功能,由驾驶台进行操纵。不管采用何种型号的柴油发动机,其外部安装尺寸都是相同的,仅内部安装尺寸略有变化。匹配的柴油发动机持续功率可在 112~183kW 选择。

4) VolvoPenda 舷内外机

瑞典沃尔沃公司以生产汽车闻名,它开发的小艇舷内外机在高速艇和游艇上应用也很普遍。我国在 20 世纪 90 年代曾大批引进 VolvoPenta 舷内外机用于国产的高速艇上。VolvoPenda 舷内外机共有 8 档 13 种型号,螺旋桨轴功率为 90~248kW。

近年来,沃尔沃又推出一种称为 IPS 的舷内外推进装置。它的出现可能会对小艇的设计和制造带来全新的改变。IPS 推进装置位于艇体的底部,而且采用的是双推进配置(图 2.26)。推进装置为对转螺旋桨,效率比单桨高。由于小艇一般在较为清洁的水域航行,试验表明牵引模式比推进模式要好,所以 IPS 推进装置的螺旋桨朝向艇首,依靠推进装置产生的向首拉力(牵引力)牵引艇前进,这样有利于提高推进效率。目前 IPS 适配柴油发动机的功率为 257~367kW(350~500ps)。采用 IPS 推进装置的小艇,其航速可以突破 40kn。目前航速超过 40kn 的小艇,其推进装置一般采用价格较为昂贵的表面桨。与表面桨推进装置相比,IPS 舷内外推进装置更为紧凑和简洁,取消了艉部密封装置和轴托架,降低了成本和附体阻力。IPS 与水接触的运动部件均由不锈钢材料制成,螺旋桨由镍铝青铜合金材料制成,不易腐蚀。

图 2.26　IPS 推进装置[3]

2.1.2 智能控制系统

智能控制系统(简称控制系统)是水面机器人的"大脑",其作用相当于舰艇上的舰长、航海长和轮机长三者职能之和,主要用于对水面机器人进行使命和任务规划,控制水面机器人上的动力、推进等执行机构和探测声呐等任务载荷,按照要求完成航行机动、实施正确动作并完成相应的任务。智能控制系统由硬件系统和软件系统两部分组成,下面分别加以介绍。

2.1.2.1 硬件系统

控制系统主要硬件设备包括嵌入式工业控制计算机、动力与推进系统自动控制装置等。控制计算机一方面处理导航系统获得的关于水面机器人艇体运动状态相关的信息,一方面接收环境感知计算机获得的关于环境障碍物目标的信息。自主决策系统基于环境障碍物目标信息和任务决策规划结果进行路径规划和避碰规划,并将规划指令交给运动控制系统,运动控制系统参考规划指令,结合当前获得的水面机器人运动状态信息生成执行系统指令,即用于操纵水面机器人前进和转向的推进及转舵装置的指令,控制系统工作原理如图 2.27 所示。

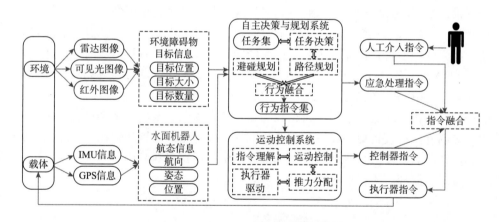

图 2.27 控制系统工作原理
IMU-惯性测量单元;GPS-全球定位系统

2.1.2.2 软件系统

按照智能、信息、控制、行为的时空分布模式,并借鉴三层结构的思想,可将水面机器人智能控制系统分为控制层、通信层、感知层和执行层,如图 2.28 所示。

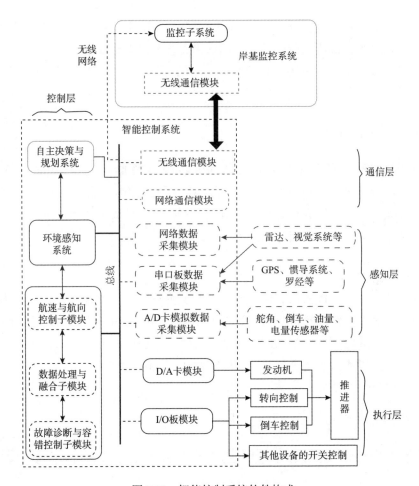

图 2.28　智能控制系统软件构成

(1)控制层：可分为运动控制子层和智能决策子层，其中运动控制子层负责处理环境和位姿信息，并根据目标指令生成所需的控制指令，它包含航速与航向控制、数据处理与融合、故障诊断与容错控制等子模块，是控制系统的核心；智能决策子层负责维护环境和自体认知模型，受目标驱动决策行为意图，并规划出动作序列，综合考虑水面机器人的环境和自身状态生成目标指令。考虑到未来扩展需要，可将目标探测与模式识别、特殊使命任务等模块嵌入到控制层中，由智能决策子层来协调控制。

(2)通信层：主要负责整个系统的通信，包含串口的无线通信接口、TCP/IP协议的网络通信接口。

(3)感知层：即环境与运动感知模块，它由 A/D 卡、串口板和网络等采集模块组成，负责水面机器人所处环境、位置和姿态等传感器数据的采集。

(4)执行层：即执行模块，负责控制指令的理解和执行，以完成执行机构和各类设备的控制。

2.1.3　环境感知系统

环境感知系统(简称感知系统)是水面机器人的"眼睛"，主要用于对水面机器人所处周围环境进行感知与认知，通过雷达、可见光相机、红外相机等传感器对水面机器人周围障碍物和可疑目标进行检测与识别。环境感知系统由硬件系统和软件系统两部分组成，下面分别加以介绍。

2.1.3.1　硬件系统

环境感知系统硬件由视觉计算机、光电吊舱及雷达等设备构成。光电吊舱包含了可见光相机和红外相机。雷达、可见光相机和红外相机实时采集海洋环境中的图像信息，并将不同类型的图像数据进行融合，进而得出前方障碍物信息，然后将此信息通过通信系统进行共享给控制系统，如图 2.29 所示。

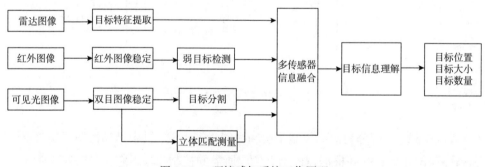

图 2.29　环境感知系统工作原理

2.1.3.2　软件系统

基于环境感知系统中传递的数据信息，可按水面机器人软件数据结构的抽象程度划分为由低至高五个层次，如图 2.30 所示。

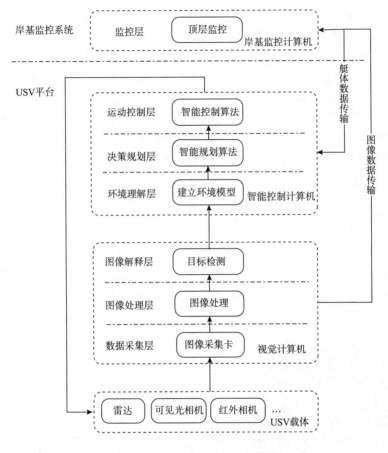

图 2.30　环境感知系统软件构成

（1）数据采集层，主要通过图像采集卡采集环境感知传感器的数据。其基本原理是将雷达接收机输出的雷达图像视频流、可见光相机视频流、红外相机视频流以及双目相机视频流采集到视觉计算机中，并存入特定缓存区，再在缓存区读取单帧图像。

（2）图像处理层，是图像处理的基本阶段，完成对单帧图像的预处理，其目的是在最大限度地降低图像噪声的同时，进行适当的图像信息增强，为后续信息的提取提供有效的图像。由于每种传感器的功能不尽相同，虽然获取信息的最终表现形式均为数字图像，但各类图像都具有自身的特点，所以采取的预处理方法也不同。

（3）图像解释层，对预处理后的各类图像进行相应的处理，对于雷达来说，即提取目标，得到目标的方位及半径；对于可见光摄像机和红外热像仪来说，即提取水天线和目标，得到水天线方程及目标的位置；对于双目相机来说，即提取同一目标的特征，并匹配、计算出目标到水面机器人的距离。

(4)环境理解层，在复杂的海洋环境下，环境感知传感器容易受各方面环境因素等综合作用的影响，单一传感器难以获得对水面环境和水面目标的准确、全面、可靠的感知和辨识，若将上述环境感知传感器的信息做融合处理，能够加深水面机器人对环境的理解，扩展时间上和空间上的可观测范围，增强数据的可信度，系统的整体能力也将得到提高。

(5)数据传输层，一方面需要将经过图像处理层处理后的图像作为水面机器人远程控制的依据，通过高速无线电台将数据传输至岸基监控计算机；另一方面需要经过环境理解层处理后的目标信息作为水面机器人自主完成任务的依据，通过网络通信将数据传输至智能控制计算机。

2.1.4　集成监控系统

集成监控系统的作用是通过通信、定位手段，监视水面机器人的位置、获得水面机器人采集的数据及反馈回来的状态信息、向水面机器人发送控制及任务指令等。其核心是安装有监控软件的监控计算机，在其基础上同时配备岸端通信设备、定位设备及电源等。

图 2.31　集成监控系统

2.1.4.1　硬件系统

集成监控系统硬件主要由无线网卡、工控机核心处理模块、显卡、键盘、摇杆、多串口卡及显示屏等工控机相关设备，以及图像电台、数传电台、北斗等岸基通信设备构成。其中显示屏有两块，一块用来作为监控显示设备，与工控机相连，另一块用来作为图像电台的终端显示设备。所有设备被集成在一个可开启式箱体内，如图 2.31 所示。

2.1.4.2　软件系统

集成监控系统软件所实现的功能主要包括四大类：第一类是界面显示功能，主要包括位置、航速航向等水面机器人状态信息显示，观察区域缩放、平移、旋转；第二类是控制相关参数功能，主要包括控制权切换、自动/人工切换、控制参数调整、航行指令下达、设备开关指令下达等；第三类是任务控制相关的指令功能，主要包括二维地图生成读取、航行区域指令下达、航行参考轨迹下达等；第四类是后期数据处理功能，包括航行数据回放、目标数据回放以及航行/目标数据同步，如图 2.32 所示。

图 2.32　集成监控系统软件功能

2.1.5　通信与导航系统

2.1.5.1　通信系统

水面机器人通信系统可包括无线电通信、卫星通信和以太网通信等，主要用于水面机器人与其他平台的通信，实现信息的双向传输。

1. 无线电通信

无线电通信是利用无线电波传递信息而完成的通信，用于传递语言、文字、图像和数据等。无线电通信能与运动中的、方位不明的、受自然障碍阻隔的对象进行通信联络，建立迅速，便于机动。但信号易被敌方截收、测向和干扰，某些波段信道不够稳定，易受天气和其他干扰的影响。海洋环境和使用条件对无线电通信设备和天线等提出了特殊的性能要求。

水面机器人无线电通信主要使用超短波通信，主要用于水面机器人与母船（艇）、飞机、其他水面机器人的信息空中传输，以实现数据、信息和情报的空中无线传输。无线电通信方式传输数据量很大，可以实时传输静止图像信息。信息传输速率为 2.4～9.6KB/s，甚至更高，通信距离与通信频率和发射功率有关。采用超短波无线电通信时，通信距离为几千米到几十千米。

2. 卫星通信

卫星通信是卫星地球站(简称地球站)之间利用人造地球卫星转发信号的无线电通信，属微波通信，可传送电话、电报、传真、电视和数据等信息，是海上无线电通信的重要方式。卫星通信具有通信距离远，容量大，质量高，覆盖面广，受地形地貌影响小，组网灵活，能在广阔的陆、海、空域实现全天候的固定与移动的多址通信等优点；但其传播损耗大，时延长，卫星寿命有限，信号易被干扰、截获。

水面机器人卫星通信主要用于水面机器人与岸上指挥中心、母船、飞机、其他水面机器人之间大信息量和短时间快速信息的空中传输，以实现数据、信息和情报的空中无线传输。水面机器人上装备卫星发射机和接收机及相应天线，利用现有的卫星通信资源，可实现水面机器人与其他用户的信息传输。目前，国内外水面机器人主要使用大型低轨道铱星通信和北斗卫星 1 代卫星通信。

3. 以太网通信

水面机器人以太网通信通过无线网络(WiFi)传输数据，主要用于母船监视水面机器人和下水前的检查、下载使命规划和根据使命规划修改故障响应表及数据。也可将水面机器人数据记录系统上和传感器获得的大量原始数据下载到母船上，使用人员利用专用数据分析处理软件对原始数据进行后处理，以得到有价值的信息和结论，为作战使用提供决策。以太网通信的信息传输速率大，一般信息传输速率为 1GB/s。采用以太网通信方式时水面机器人一般已经回收到母船上或在母船附近。

2.1.5.2 导航系统

水面机器人导航系统为水面机器人提供位置、航向、速度和姿态等信息，以保障机器人安全航行、作战或作业。主要导航系统和设备包括卫星导航系统、惯性导航系统、组合导航系统等。

1. 卫星导航

卫星导航是指采用导航卫星对地面、海洋、空中和空间用户进行导航定位的技术。世界范围内目前仅有美国的全球定位系统(global positioning system，GPS)、中国的北斗、俄罗斯的格洛纳斯和欧盟的伽利略四种商用卫星导航系统。

1)GPS

GPS 是由美国研制的卫星导航与定位系统，1994 年建成。GPS 由导航卫星、地面站、用户接收设备三部分组成，采用双频、被动时间测距定位体制。用户接收设备需要精确测量 4 颗卫星信号的传播时间，由此获得高精度的三维定位数据。

2) 北斗卫星导航系统

中国的北斗卫星导航系统是中国自行研制的全球卫星导航系统。北斗卫星导航系统由空间段、地面段和用户段三部分组成，可在全球范围内全天候、全天时为各类用户提供高精度、高可靠定位、导航、授时服务，并具有短报文通信能力，定位精度 10m，测速精度 0.2m/s，授时精度 10ns。

3) 格洛纳斯导航卫星系统

格洛纳斯导航卫星系统最早开发于苏联时期，后由俄罗斯继续该计划。俄罗斯 1993 年开始独自建立本国的导航卫星系统。该系统于 2007 年开始运营，当时只开放俄罗斯境内卫星定位及导航服务。到 2009 年，其服务范围已经拓展到全球。该系统主要服务内容包括确定陆地、海上及空中目标的坐标及运动速度信息等。

4) 伽利略卫星导航系统

伽利略卫星导航系统是由欧盟研制和建立的全球卫星导航定位系统，由欧洲委员会和欧洲航天局共同负责。系统由 30 颗卫星组成，其中 27 颗工作星，3 颗备份星。

2. 惯性导航

惯性导航系统(inertial navigation system，INS)也称作惯性参考系统，是一种不依赖于外部信息，也不向外部辐射能量(如无线电导航)的自主式导航系统。其工作环境不仅包括空中、地面，还可以在水下。惯性导航的基本工作原理是以牛顿力学定律为基础，通过测量载体在惯性参考系的加速度，将它对时间进行积分并变换到导航坐标系中，得到测量载体在导航坐标系中的速度、偏航角和位置等信息。

惯性导航系统有如下优点：

(1)由于它是不依赖于任何外部信息，也不向外部辐射能量的自主式系统，故隐蔽性好，也不受外界电磁干扰的影响。

(2)可全天候、全天时地工作于空中、地球表面乃至水下。

(3)能提供位置、速度、航向和姿态数据，所产生的导航信息连续性好而且噪声低。

(4)数据更新率高、短期精度和稳定性好。

但其存在以下缺点：

(1)由于导航信息经过积分而产生，定位误差随时间而增大，长期精度差。

(2)每次使用之前需要较长的初始对准时间。

(3)设备的价格较昂贵。

(4)不能给出时间信息。

3. 组合导航

惯性导航的精度随时间而变化，长时间工作会累积较大误差，这使惯性导航系统不宜做长时间导航。而全球卫星定位系统具有较高的导航精度，但由于运动载体的机动变化，接收机不易捕获和跟踪卫星的载波信号，甚至对已跟踪的信号失锁。为发挥两种技术的优势，更有效、全面地提高导航系统的性能，增强系统的可靠性、可用性和动态性，采用多传感器数据融合技术将卫星导航与惯性导航相结合，称为姿态方位组合导航系统。

相比较单一导航系统，组合导航系统具有以下优点：

(1)能有效利用各导航子系统的导航信息，提高组合系统定位精度。例如，INS/GPS 组合导航系统能有效利用 INS 短时的精度保持特性，以及 GPS 长时的精度保持特性，其输出信息特性均优于单一 INS 或 GPS。

(2)允许在导航子系统工作模式间进行自动切换，从而进一步提高系统工作可靠性。由于各导航子系统均能输出水面机器人的运动信息，因此组合导航系统有足够的量测冗余度，当测量信息的某一部分出现故障，系统可以自动切换到另一种组合模式继续工作。

(3)可实现对各导航子系统及其元器件误差的校准，从而放宽了对导航子系统技术指标的要求。例如，INS 和 GPS 采用松耦合模式进行组合时，组合输出的位置、速度和姿态将反馈到 INS 和 GPS，对 INS 和 GPS 的相应误差量进行校准。

2.1.6 任务载荷系统

水面机器人任务载荷是指为满足水面机器人使命任务、实现作战或作业功能而配置的水声、电子和光学等设备，以及水中武器、水面/水下作业工具等。水面机器人的使命任务决定其应具备的作战或作业功能，作战或作业功能决定其应配置的任务载荷。使命任务不同，对任务载荷的功能和性能要求不同，对任务载荷的类别和数量要求也不同。一个使命任务可配置多种任务载荷，一种任务载荷可支持完成多个使命任务。水面机器人的排水量级别不同，任务载荷能力和空间不同，所能担负的使命任务有所不同，即使担负同样性质的使命任务，其执行任务时的作战范围、持续时间和能力也不一样。

按使命任务划分水面机器人的任务载荷，通常包括侦察探测设备、海洋测量设备、武器等。按照水面机器人使用工作状态，可将任务载荷分为水面用任务载荷和水下用任务载荷。水面用任务载荷主要为电子、光电设备和水面武器，水下用任务载荷主要为声学、光学、电磁学设备，以及水中武器等。

2.1.6.1 侦察探测设备

水面侦察探测设备主要包括雷达和光电探测设备，用于探测水面和近岸目标。水下侦察探测设备主要包括主被动探测声呐和水下摄像机等，用于对水下障碍物、水雷、沉船等水下固定目标的探测、分类、识别和定位，以及海上石油和天然气田调查、水下结构物和水下设备检查等。

1. 雷达

应用于水面机器人的雷达包括航海雷达和激光雷达。航海雷达主要对机器人周围的大范围海域进行周期性扫描，对海面障碍物和典型目标进行及时探测、定位、跟踪，使任务规划系统可以利用光电探测系统对其中的可疑目标进行精确识别、跟踪、查证，或者用于运动控制系统进行航迹规划、危险躲避等行为，如图 2.33 所示。激光雷达则作为航海雷达盲区的补充，对近距离障碍物和目标进行精确探测与定位，如图 2.34 所示。

图 2.33 Raymarine 航海雷达[18]

图 2.34 Velodyne VLP-16 激光雷达[19]

2. 光电探测设备

光电探测设备是应用光电技术对目标进行侦察、搜索、识别和瞄准跟踪的探测设备。探测海上目标的舰艇光电探测设备主要包括激光测距仪、红外热像仪、微光夜视仪、高清可见光摄像机、全景相机等。这些探测设备一般集成于带有伺服稳定机构的光电吊舱中，如图 2.35 和图 2.36 所示。

图 2.35　FLIR 光电吊舱[20]　　　　图 2.36　PHITITANS 全景相机[21]

水下光电探测系统主要包括水下摄像机、水下探照灯、控制器、视频监视器和电缆等。工作原理与工业电视系统基本相同。水下摄像机通过控制器控制摄像机镜头旋回俯仰和水下探照灯的亮度、图像清晰度等，以摄取所需的景物图像。录像机可随时录下所摄取的图像，供事后分析研究。水面机器人使用水下电视系统时，控制器和录像机将安装在水面机器人下方。水下电视系统用于水下侦察、探雷、防险救生、沉船打捞、水中武器试验、海道测量、海洋资源调查和勘探等。

主被动探测声呐主要用于探测水下机器人、潜艇等机动目标，测定目标的距离和方位。按声呐阵在水面机器人上的安装方式，分为球鼻艏阵和拖曳阵声呐等。按照声呐工作原理，分为主动探测声呐和被动探测声呐。图 2.37 为艏部搭载探测声呐的水面机器人。

2.1.6.2　海洋测量设备

海洋测量设备包括测量海底地形地貌、海洋水文气象等的仪器。海底地形地貌测量设备包括侧扫声呐、多波束测深声呐等设备；海洋水文气象测量设备包括

图 2.37 搭载探测声呐的水面机器人[22]

温盐深测量仪和气象站等设备。海洋测量设备用于海洋调查、海洋科学研究、海上航道和港湾的勘测等。有部分设备与侦察探测设备功能相同。

1. 侧扫声呐

侧扫声呐由换能器基阵、收发机和记录器组成，如图 2.38 所示，通常装备在测量船、拖鱼和水面机器人上。工作时，换能器基阵向载体两侧下方发射扇形波束的声脉冲，遇海底（或障碍物）产生反射波，接收换能器按回波到达的时间先后依次接收。经信号处理后，在记录纸上形成许多平行又密集的线，从而构成二维声图。距离近的信号较强，记录黑度大，反之则黑度较小。若海底有一局部隆起的航行障碍物，则隆起物正面反射信号较强，记录黑度大，而其背面无回波信号，形成白色影区。从声图上可概略判读目标的位置、形状和高度。

图 2.38 Edgetech 侧扫声呐[23]

2. 多波束测深声呐

多波束测深声呐是可同时获得与舰船等载体航迹相垂直的面内数十个深度值

的回声测深声呐，如图 2.39 所示。原理和工作频率与回声测深仪相同，由窄波束测深设备(换能器基阵、载体姿态传感器、收发机装置等)和回声处理设备(计算机、磁带机、打印机、横向测深剖面显示器、实时等深线数字绘图仪等)两大部分组成。发射换能器收发装置发射一束扇形立体波束，垂直于前进方向的开角一般为 120°，平行于航迹方向开角为 30°～50°。接收换能器接收海底回波信号后，经过延时叠加，形成数十个相邻的窄波束，垂直于航迹方向的波束开角为 30°～50°，平行于航迹方向的开角为 100°～300°。组合发射和接收波束形成几十个窄的测深波束，通过计算机实时处理后，可获得全覆盖海底地形图及航行障碍物的位置和深度等资料。多波束测深声呐所覆盖海底横向宽度约为水深的 3 倍，是一种高效能、全覆盖的测深系统。适用于海上工程施工、重要航道、港湾、锚地和航行障碍物的精测，也可用于海底地形测量工作。多波束测深声呐为高频主动探测声呐，测深范围为几米至几百米，其测深数据可用于水下自主地形匹配导航。水面机器人的多波束测深声呐主要用于海洋学调查、海上搜救、管线检查、管线铺设监视、港口外围检查等。

图 2.39　Kongsberg 多波束声呐[24]

3. 温盐深测量仪

温盐深测量仪用于测量海水的温度、盐度和深度，这类仪器根据力学、热学、流体力学等原理制成，一般由电导率传感器、温度传感器、压力传感器组成。Valeport mini CTD 如图 2.40 所示。

图 2.40　Valeport mini CTD[25]

4. 气象站

气象站可综合测量风速风向、大气压、温度、风寒温度、露点、热指数、位置、姿态等数据。采用超声传感器测量风速风向，可避免传统机械风速计轴承磨损等问题。在水面机器人运动时，可自动抵消水面机器人运动产生的风速，得出真实的风速。AIRMAR 气象站如图 2.41 所示。

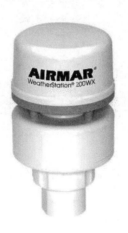

图 2.41　AIRMAR 气象站[26]

2.1.6.3　武器

水面机器人使用的武器主要包括水面武器和水中武器，其中水面武器包括遥控武器站、轻型导弹、反蛙人火箭炮、非致命综合拒止系统等，水中武器包括微型和轻型鱼雷、水雷、水下炸弹和灭雷炸弹等，主要用于毁伤舰船目标、水下工程设施、水雷等。

1. 水面武器

1）遥控武器站

遥控武器站可以用于对水面目标进行全天时探测、警戒、跟踪和解算，实施对目标的自动打击，可极大提升水面机器人的近程防御和执法能力。遥控武器站具有直观成像、全天时工作、自动化程度高、遥控操作和适装性好等特点。遥控武器站由显控台、挂壁箱和武器平台三部分组成，具有自动射击模式、半自动射击模式和手动射击模式。系统采用陀螺自主稳定，可消除平台摇摆，实现瞄准线稳定，可在维权执法、反恐、护航防御等非战争对抗冲突或低强度作战等任务执行中广泛使用。图 2.42 为搭载遥控武器站的水面机器人。

图 2.42　搭载遥控武器站的水面机器人[27]

2）反蛙人火箭炮

在舰艇驻泊、锚泊时，水面机器人可执行警戒巡逻任务，采用单射、组射或齐射方式，有效歼灭蛙人等水下近区小型运动目标，保证舰艇安全。反蛙人火箭炮系统主要由反蛙人火箭炮、发射控制设备、反蛙人杀伤弹等组成。系统采用模块化设计，面积小，适装性好。各部件采用快速组装技术，装拆方便。该系统采用数字控制技术，响应速度快，精度高，且具有一定的故障诊断能力，智能化程度高，维修性能好，如图 2.43 所示。

图 2.43　反蛙人火箭炮

3) 非致命综合拒止系统

该系统集成激光炫目器、定向声波器、强光照射器、爆震弹、催泪弹等多种非致命武器,可有效对威胁目标进行警告、阻止、驱离、打击等,同时搭载高精度伺服稳定平台,配备红外、电视、激光测距等辅助传感器,可实现自主探测目标、准确锁定目标、精确打击目标。

4) 轻型导弹

轻型导弹具有体积小、重量轻、射程近等特点,是水面机器人近距离精确打击的主要武器。这种导弹的制导方式一般比较简单,因弹体太小,无法装设雷达和微处理机等复杂的制导设备,故多采用光学、红外和复合制导等方式。图 2.44 为搭载轻型导弹的水面机器人。

图 2.44　搭载轻型导弹的"瞭望者 II"水面机器人[28]

2. 水中武器

1）鱼雷

鱼雷是非常主要的水中武器。微型和轻型鱼雷是水面机器人进行水下攻击的主要武器。美国的 MK46-5 轻型反潜鱼雷，质量 231kg，装药量 44kg，直径 324mm，长度约 2.6m，航速 36kn 时航程 16.5km，可用于水面机器人。以色列的"海鸥"水面机器人可搭载发射鱼雷，如图 2.45 所示。

图 2.45　进行鱼雷发射测试的"海鸥"水面机器人[29]

2）水下炸弹

水面机器人携带水下炸弹，可用于对水下目标或设施进行摧毁破坏。水下炸弹与水下作业工具结合，常用于猎雷和灭雷等，以消除水雷威胁。

2.1.7　水面机器人的布放回收

水面机器人可以通过布放回收装置快速、安全地部署到水面并高效、可靠地回收到母船。水面机器人的布放回收装置按照其在母船搭载的位置，分为船尾布放回收方式和船舷布放回收方式；按照布放回收工作原理，分为吊放式、滑道式、坞舱式[30]。

2.1.7.1　吊放式布放回收

吊放式布放回收是依靠母船上的起吊装置将水面机器人吊入（出）母船，为适应风浪条件下的布放回收，起吊装置需有一定的波浪补偿装置。但该方式布放回收作业速度慢，作业时间长，且受母船摇摆角度限制，当遇到较大风浪时，无法正常操作作业，所以技术难度较大，对海况条件要求也较高。

吊艇架一般安装于船只甲板的两侧，非工作时，艇身及布放回收装置处于甲板上，工作时布放回收装置摆出船舷外，将工作艇下放或吊起，按照起吊方式分为单点式和浮动托架式。

1. 单点式

由于单点布放回收装置可靠性高，操作简单，受到越来越多的重视。大型舰艇上较常见的 3 种吊臂式布放回收均属于单点式，其最左侧为回转式吊架，中间为 C 型吊架，右侧为伸缩式吊架；以最常见的 C 型吊架为例，见图 2.46，通常采用单点起吊波浪补偿装置，同时配备刚性对接连接器和防摆机构，可解决水面机器人单点起吊在空中运行时的晃动问题。然而其中刚性对接连接器需要人工辅助安装连接，如图 2.46 所示。图 2.47 为单点式吊放回收"斯巴达侦察兵"水面机器人。图 2.48 为濒海战斗舰伸缩吊放回收水面机器人。

图 2.46　单点式吊放[31]

图 2.47　吊放回收"斯巴达侦察兵"水面机器人[32]

图 2.48　濒海战斗舰伸缩吊放回收水面机器人[33]

2. 浮动托架式

水面机器人布放时，利用吊艇架将浮动托架和水面机器人一起吊下母船，当浮动托架与水面机器人入水后，松开锁定装置完成水面机器人与浮动托架的脱离，控制水面机器人行驶出浮动托架。脱离过程中需实时调整水面机器人和浮动托架的相对位置和姿态，克服海浪影响。待水面机器人完全移出浮动托架后，吊艇架回收缆绳，并将浮动托架吊上母船，完成布放过程。

水面机器人回收时，母船将浮动托架放入水中，让水面机器人驶入浮动托架中。在水面机器人进入浮动托架过程中，需对水面机器人和浮动托架的相对位置和姿态进行实时控制，克服海浪影响。当水面机器人进入浮动托架后，利用锁定装置将水面机器人与浮动托架锁定。最后利用吊艇架将浮动托架和水面机器人一起吊上母船，完成回收过程，如图 2.49 所示。

图 2.49　浮动托架吊放式自主回收过程[34]

2.1.7.2　滑道式布放回收

为适应高海况，新型的艉滑道式水面机器人快速布放回收方式是应用最多的技术。回收作业时，水面机器人以高于母船的航速冲进艉滑道，由滑道前方的绞车用钢缆把水面机器人拉离水面，回收到要求的位置，并可靠固定。释放水面机器人时，去掉固定的钢缆后，释放快速脱钩，水面机器人靠重力快速自动下滑到水面上，必要时，可用绞车将水面机器人缓慢下放到水面上，如图 2.50 所示。

图 2.50 "海上猫头鹰"滑道式布放回收装置[30]

美国海岸警卫队、法国的 Gowind 级护卫舰、荷兰的 Holland 级巡逻护卫舰、意大利 FREMM 级护卫舰等护卫舰均已装备艉滑道式小艇布放回收系统,如图 2.51 所示。在回收速度、反应能力以及航行中的布放回收方面,滑道式布放回收较吊放式布放回收均具有优势。

图 2.51 艉滑道式布放回收系统[35]

2.1.7.3 坞舱式布放回收

坞舱式布放回收具有受航速与海况影响小、布放回收时间短的优势,包括坞舱托架式和坞舱滑道式。

坞舱托架式布放回收系统是将水面机器人存放在坞舱内的托架上,出舱前先打开舱门向舱内注水,此时托架上的水面机器人浮起,然后再打开锁定装置,遥控其驶离托架便可完成布放,而回收过程与此相反。坞舱滑道式布放回收系统则是在坞舱内设置倾斜滑道，回收时打开舱门向舱内注水，水面机器人只需驶入倾斜滑道便可通过牵引绞车等多种方式实现回收，而布放过程则仅需从滑道滑入水中即可。该布放回收系统可借鉴载人小艇布放回收装置，其布放回收设备布置在舱内，可用艉门遮挡存放，如图 2.52 所示。

图 2.52　坞舱式布放回收系统[30]

2.2　水面机器人总体设计技术

　　水面机器人总体设计技术包括设计原则、方法与流程，艇型设计，结构设计等。总体设计作为水面机器人研制的关键环节，直接影响着水面机器人的综合性能[36]。水面机器人总体设计以水面机器人任务需求为出发点，综合考虑平台本身的性能及设备的关键性能，将各个分离的系统设备、功能及信息等进行集成，通过反复修改、优化、循环，得到最终目标方案。

2.2.1　设计原则、阶段划分、方法与流程

2.2.1.1　设计原则

　　水面机器人作为典型的小型化、高航速、高机动性和高动力-重量比载体，总体设计是解决多项矛盾的复杂过程。在水面机器人的总体设计过程中应遵循"设备服从系统，系统服从总体，总体服从大局"的基本原则，在满足任务需求的前提下应尽可能达到以下要求。

1. 便于布放回收

由于水面机器人具有体积小、航速高等特点，可搭载于母船，合理的布放回收则是水面机器人发挥这些优势的基础。

在设计过程中，应针对水面机器人的舾装设备布置，考虑其使命要求，除系泊设备外，要合理安装起吊装置，方便出勤。

2. 智能化、自主化

智能化、自主化程度是衡量无人系统先进性的核心指标。水面机器人按自主程度可分为遥控型、半自主型和全自主型三类。由于全自主控制方式对智能化程度要求较高，目前，各国水面机器人多采用半自主型。但是，从国外已服役或在研的水面机器人主要型谱看，全自主型水面机器人是未来水面机器人的发展方向。

3. 具有较强的生存能力，可全天候执行任务

在水面机器人设计过程中必须考虑如何提高水面机器人在海上的自持力和恶劣环境中的生存能力，最大限度地发挥各种装置和仪器的技术性能，以保证水面机器人完成各项任务指标，且安全返航。

例如，在安装红外相机、可见光相机等视觉传感器时要考虑前方无遮挡，具有良好的视线；在安装雷达、罗经等导航传感器时要避免相互干扰和影响；在舱室划分时要考虑破舱稳性及抗沉性。

4. 平台结构简单，便于建造及维护

综合考虑平台流体及结构特性，在满足快速性、耐波性等要求的前提下，要求平台载体结构能够承受正常使用时的各种载荷作用，且结构简单，便于建造、修理、检查、保养以及设备的安装、使用和更换。

例如，在考虑主机布置时，不仅要考虑设备自身占据的空间，还要给予操纵、检查、维修等作业必要的空间；在确定机舱开口时，要考虑机器零件更换时吊入和吊出所需要的空间。

5. 高航速、高耐波、高机动性能

高航速、高耐波、高机动性能是对水面机器人航行性能的基本要求。未来的大型作战舰艇的航速普遍达到 30kn 以上，这就要求水面机器人的巡航速度必须大于此航速，且可在高海况下机动灵活的执行各种任务，才能发挥出其不意、攻其不备的"尖兵"效果。

6. 严格控制重量、重心

重量、重心对水面机器人性能的影响尤为突出。在总体设计中，应对水面机器人的安全性能、航海性能、结构性能有整体把握，保证重量与浮力布置合理，重心、浮心能够在中纵剖面内并具有一定的稳心高度。综合考虑各设备的安装要求，并严格控制各部件的重量，尽量保证重心位置在中纵剖面上，最大限度地消除横倾，保证纵倾角在1°～3°。

7. 联合控制航行姿态，提高控制精度

处于气液两相流中的水面机器人周围流场环境较水下机器人及无人机更为复杂。尤其恶劣海况将给水面机器人带来姿态难以确定等问题，影响其目标瞄准。

为了满足水面机器人在各种海况下都能够可靠地跟踪、瞄准目标并实施攻击的任务要求，可通过压浪板、截流板、水翼等附体的自动控制调节水面机器人航行姿态。对水面机器人航行姿态进行联合控制还可以有效提高航速及耐波性。

8. 模块化设计，可执行多种任务

通过模块化设计，可快速切换任务载荷，集多功能于一体的水面机器人是未来水面机器人的发展方向。

在水面机器人的设计过程中，基于模块化设计方法，在平台载体上设置不同任务模块的接口，通过植入不同的任务模块执行不同的任务，提高水面机器人的系统兼容性，以应对战场上实时的作战需求。

9. 数据通信标准化，可支持协同作战

为将无人系统潜能最大化，未来各类无人系统必须实现无缝互操作技术。相比于其他无人平台，水面机器人兼具无人机执行水面任务和无人潜水器执行水下任务的优势，使其可作为跨水面网络的关键节点，用于收集、处理和传递信息，单独或协同其他有人/无人平台执行作战任务。

在水面机器人总体设计的过程中，应考虑无人系统之间的数据传递以及多艇之间的自主、协同作业，通过先进的信号处理和通信技术设计具备自适应能力的水面机器人。

2.2.1.2　设计阶段划分

在水面机器人的总体设计中，首先需要明确总体任务和目标，包括水面机器人要执行的使命、主要装备、排水量和主尺度及主要技术性能(航速、续航力、自持力、航区、航行状态等)，然后根据任务需求确定水面机器人平台形式及型线、主尺度、航速、所需主机功率等，最后进行总布置及性能计算。对于不同的应用功能和不同种类，水面机器人的艇型、系统构成、总布置也各具特色，甚至可以在基本性能的基础上以开放的柔性模块化设计来满足不同的任务需求。一般来说，水面机器人的设计可以分为编制设计任务书、概念设计、方案设计、详细设计、生产设计、完工设计六个阶段[37]。

1. 编制设计任务书阶段

设计任务书是开展水面机器人设计的依据，应全面地反映对所设计水面机器人的任务需求、技术性能、主要装备及限制条件。设计任务书中各项技术要素的确定必须经过充分的调查论证，一般水面机器人的设计任务书应包括以下内容。

1）航区

由于水面机器人的特殊性，一般主要航行于遮蔽水域，即海岸与岛屿围成的遮蔽条件较好、风浪较小的海域，且该海域内岛屿之间、岛屿与海岸之间横跨距离不超过 10n mile；或者作为舰载武器航行于母船周围海域。

2）使命任务

按照所搭载的任务载荷，水面机器人的使命任务主要有：情报、侦察和监视，水雷战，反潜战，反舰战，力量保护，港口安全，精确打击，海上拦截和封锁，特种作战支持，海洋环境监测，海洋管理，通信中继等[38]。

3）平台载体

水面机器人不受人员的居住限制，为了达到性能要求，可以采用复合式的高新艇型，包括滑行艇、水翼艇、单体艇、多体艇等形式，为了改进隐身性能和平台稳定性，甚至可以设计为半潜式[39,40]。

4）规则规范

目前还没有针对水面机器人的规则规范，一般在进行水面机器人的设计时遵守相应的船舶规范，如《海上高速船入级与建造规范》与《沿海小船入级与建造规范》[41-43]。

5）主尺度

水面机器人为了获得所需要的使用性能和航行性能，需具有一定的几何尺度及排水体积，形成一定的空间及浮力，以容纳和支持各种负载。水面机器人的主尺度包括长度、宽度、吃水深度、型深、排水量等，主要受任务需求、搭载设备、航行区域以及是否搭载于母船上等条件限制。

6）动力与推进装置

水面机器人的动力与推进方式很多，可用传统的舵桨联合装置、喷水推进器，也有全电力推进，甚至有太阳能、风帆和海洋能等新型环保的推进方式，当然，不同的推进方式直接影响它的速度。

7）航速及续航力

航速及续航力的确定应考虑水面机器人的使用要求，如承担长时间、大范围、低成本的海洋科研与工程任务应优先保证续航力；而执行军事任务时，由于水面机器人一般体积较小，更适合作为突击兵力在敌方尚未做出反应时迅速出击，达到出其不意、攻其不备的目的。考虑到目前主流作战舰艇的航速普遍达到了30kn以上，因此建议此类水面机器人的航速应大于40kn。

8）结构

水面机器人必须具有坚固的艇体结构，以保证使用和航行安全，与此同时，对水面机器人结构进行轻量化设计意味着更高的载重能力、更好的兼容性能。因此，水面机器人平台载体一般采用玻璃钢或碳纤维等复合材料，并根据使命任务选用防火、抗爆、雷达波隐身等功能型材料。

9）性能指标

水面机器人性能包括航行性能及使用性能，航行性能是指水面机器人在规定海域，以一定的航速，安全而准确地到达目的地的过程中应具备的能力，主要包括浮性、稳性、抗沉性、快速性、耐波性、操纵性、隐身性、电磁兼容性、安全性等，航行性能指标应满足相应的规范要求及使用要求；使用性能是指水面机器人执行任务时应具备的能力，主要包括导航定位、通信距离、艏向控制、航速控制、路径规划等性能指标。

2. 概念设计阶段

概念设计是指按照水面机器人的任务需求，通过研究国内外水面机器人技术发展的现状和趋势，从水面机器人的总体、性能、结构、材料、机电、武器、设备制造、技术构成、生产条件、管理体系等方面进行需求分析、技术分析和经济分析；以任务需求为核心，通过概念设计，确定水面机器人的初步方案，凝练关键技术，给出水面机器人的概念图像。

3. 方案设计阶段

方案设计是针对水面机器人概念设计初步方案，选定主要系统、设备和材料，开展总体方案设计，落实各项指标要求。方案设计往往也要做多方案比较，经多次反复分析、修改。主要包括以下工作：

（1）通过模型试验、必要的原理性样机试制解决重大的关键技术问题，确定总体方案。

（2）根据方案设计结果，通过进一步的计算和试验，对水面机器人的相关性能进一步核准，完成技术文件。

（3）进行接口协调、分系统测试等工作，落实主要系统、设备、材料等的论证选型，完成方案设计图样。

方案设计阶段应完成权威机构或专家审核认可的总体方案、设计图样和技术文件。

4. 详细设计阶段

详细设计应依据审查认可后的总体方案开展，应在方案设计的基础上，对局部问题进行深入分析，完成详细设计计算及绘图，主要工作包括：

(1)进一步深化设计和模型(模拟)试验、验证，解决设计中的各种主要技术问题，确定水面机器人的各项技术指标及总体技术状态。

(2)确定系统、设备的订货清单，完成详细的设备及材料规格明细。

(3)进一步协调，并基本固化机器人总体与系统、设备间的接口要求、精度分配等。

(4)运用可靠性技术、维修性技术和优化设计技术进行水面机器人及其系统设计。

详细设计阶段所提出的技术文件及图纸应能满足检验部门审查、用户认可、建造单位订购原材料及设备的需求。

5. 生产设计阶段

在详细设计的基础上，根据建造单位的工艺装备条件、工艺水平、施工区域和集成单元，确定水面机器人的建造方案、施工要求、生产图纸及进度安排，编制工艺文件及绘制总体施工图样，同时解决总布置、建造中的各种技术细节问题。

6. 完工设计阶段

完工设计是根据建造、试验、试航和交付过程中的实际情况，将完工状态反映到图纸和文件中，与总体使用文件一起形成完整的完工文件。

2.2.1.3 设计方法

水面机器人的总体设计方法可以分为基于经验的设计方法、基于优化理论的设计方法、基于仿真及试验的设计方法三大类，这三种方法各有优缺点，在水面机器人的总体设计过程中应根据实际情况对三种方法进行综合应用[44]。

1. 基于经验的设计方法

基于经验的设计方法是指在水面机器人总体设计中，选择以往成功设计、建造并经过服役考验的同类型机器人作为母型，并利用各种统计数据、经验公式和图表等资料，同时考虑国际和国内有关方面的规范或公约作为准则进行总体设计的方法。其主要包括母型设计法、资料统计法。

母型设计法是指在设计过程中，选择一至几个已经经过服役考验的与设计目标接近的优秀水面机器人作为"蓝本"，吸收优点，克服缺点，设计出技术先进且现实可靠，性能优良，可满足设计任务书要求的水面机器人。该方法可借鉴性能优良的水面机器人，简化设计流程，结果可靠，但具有一定的局限性。

资料统计法包括两方面：一是统计与设计对象相近的水面机器人的主尺度、各项性能指标等，作为设计参考；二是利用以往的同类型水面机器人的经验公式或图表等作为初次近似计算时决定设计对象主尺度、系数及性能的参考。该方法建立在已知资料的基础上，虽然比较粗糙，但是可靠性较好。

2. 基于优化理论的设计方法

基于优化理论的设计方法以逐次近似法、优选方法、多学科优化方法等为特征，对水面机器人总体诸多性能进行权衡与折中，体现了多学科间耦合效应的处理原则及方法。

逐次近似法的实质是：将复杂的设计任务分成若干个近似步骤，初次近似时只考虑少数主要因素，忽略一些次要因素，使问题大为简化；而再次近似计算时，则计入更多的因素，对前一次结果进行补充、修正和发展，获得更符合要求的结果；如此反复近似，直到获得满意的设计方案。

优选方法是指根据水面机器人设计需求确定设计变量、目标函数及约束条件，构造描述战术、技术和经济性能的数学模型，并给定变量的初始值及约束条件，选定评估方法，建立优选程序，对多个水面机器人设计方案进行评估优选。

多学科设计优化（multidisciplinary design optimization，MDO）方法是一种通过充分探索和利用系统中相互作用的协同机制来设计复杂工程系统和子系统的方法。其基本思想是在复杂系统的设计过程中利用分布式计算机网络技术来集成各个学科的知识、分析方法和求解工具，应用有效的优化策略来组织和管理整个优化设计过程。对水面机器人进行多学科优化设计可充分考虑水面机器人系统中各学科之间的耦合效应，利用各学科之间相互作用所产生的协同效应，挖掘设计的潜力，获得系统的整体最优解；通过各个学科的并行设计，缩短设计周期，减少设计成本。

由于各设计阶段的目标任务不同，优化设计的侧重点也不一样。在水面机器人的完整设计过程中将涉及两类优化问题：总体综合优化和学科细节优化。一般，在方案设计阶段应偏重总体综合优化，而在详细设计阶段基于丰富设计知识的学科细节优化则更有用。因此，三种基于优化理论的设计方法各有长短，应根据设计需求进行选择。

3. 基于仿真及试验的设计方法

基于仿真及试验的设计方法以仿真设计法、数值计算法、试验验证法等为特征，采用仿真分析、模型试验验证及缩比或 1:1 演示验证为手段，通过仿真或试验预报评估水面机器人的总体性能并指导设计。该方法具有设计依据充分、结果可信度高的特点，但成本较高。

仿真设计法以水面机器人的试验数据和相关经验为基础，建立水面机器人的数学和物理模型，是研究水面机器人复杂系统动态特性的定量试验分析技术及设计技术。按照仿真所使用的硬件可分为半实物半计算机仿真系统和全计算机仿真系统。随着计算机仿真技术的发展，虚拟现实技术在水面机器人总体集成、控制系统仿真、操纵运动预报等研究中得到了广泛应用。

数值计算法是指采用有限元分析法、有限差分法、边界元法、组合法等方法，将水面机器人总体或部件实体以及周围环境物理场进行离散，然后在满足物理控制方程和边界约束条件下进行整体求解，得到实体或物理场主要离散点的物理量和各点的分布规律。该方法用于计算或仿真水面机器人总体、系统和部件等的力学特性、机械性能、电学性能、声学性能、光学性能及理化性能等。

试验验证法是通过模型试验、缩比或 1∶1 演示验证试验对水面机器人的总布置或局部设计、物理性能等进行试验或考核。

2.2.1.4　设计流程

在水面机器人的各设计阶段，基于不同的设计方法，开展设计工作，具体流程如图 2.53 所示。

水面机器人总体设计的一般流程可表述如下：

(1)明确任务书中给定的总体任务和目标。包括水面机器人要执行的使命、主要设备、排水量和主尺度、主要技术性能(航速、续航力、航区)、使用条件、使用范围、保障要求等。

(2)主要设备选型。根据设计任务书功能和指标要求，同时兼顾性能和经济性，对控制系统、导航与定位系统、通信系统、任务载荷等的设备进行选型。

(3)方案设计。方案设计是确定水面机器人总体方案的关键阶段，该阶段的主要工作是根据设计任务书及概念设计草图开展总布置设计、主要艇型参数确定、艇型设计、型线设计、结构形式及主要构件尺寸确定、舱室划分、控制系统构建、主要任务载荷布置等工作，落实主要技术指标。方案设计将直接影响水面机器人的综合性能，并决定着后续总体、系统设计的技术方向。

(4)技术设计。技术设计则是总体设计中固化技术状态的重要阶段，该阶段将在基本确定的艇型方案、总布置方案基础上全面落实技术指标，进行总体综合性能核算，编制详细的技术文件及图纸，固化设备、系统和总体技术状态。

在设计时，上述步骤往往需要反复迭代以得到最优的方案，如图 2.53 所示。

2.2.2　艇型设计

2.2.2.1　艇体选型

一般来讲，水面机器人的艇型可以分为低速艇型和高速艇型。低速艇型由于相对简单,这里不做详细介绍。高速艇型一般包括滑行艇、M 型艇、水翼艇、气垫船、掠海地效翼艇、小水线面双体艇等。下面对几种高速艇型的主要特点进行简要的介绍和分析。

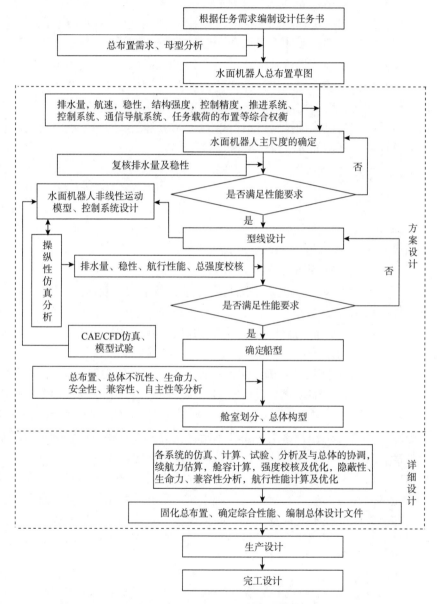

图 2.53 水面机器人设计流程图

CAE-计算机辅助工程;CFD-计算流体力学

有统计资料显示，国外海军装备的水面机器人主要采用了半潜式艇、常规滑行艇、半滑行艇、水翼艇等艇型。但在研型号多采用常规滑行和半滑行两种艇型。半潜式水面机器人的大部分艇体在水下，与常规艇体设计相比，兴波阻力较小，平台稳定性高，速度在 25kn 以下。常规滑行水面机器人通常采用 V 型、深 V 型或 M 型，综合性能好，拖曳能力强，速度超过 20kn，但其艇体阻力对负载分布非常敏感，稳性较差。半滑行水面机器人与常规滑行水面机器人相比，具有较低的阻力和较高的适航性，耐波性好，是一种效费比高、稳定的无人水面平台，航速超过 30kn。水翼艇在所有艇型中阻力最小、适航性最好，是中等海况下比较稳定的平台，航速超过 40kn，但缺点是不适合拖曳且成本较高。其他艇体类型主要包括纯排水型、小水线面双体艇、穿浪型和多体艇型等，这些艇型适合特定需求，通用性较差。表 2.1 给出了几种高速艇型的比较[45]。

表 2.1　几种高速艇型的比较

	三体滑行艇(M 型艇)	常规滑行艇	双体高速艇	水翼艇	气垫船
航速范围/kn	40～80	20～50	25～43	40～60	40～70
航行原理	静止时，由浮力抬升艇体；高速时艇体由水动升力和空气动升力共同支撑	静止时，由浮力抬升艇体；高速时艇体由水动升力支撑	由两个细长的单体艇通过上层建筑连成一体，无论静止还是高速运行都由浮力支撑	高速运动时由水翼所产生的水动力将艇体托离水面	利用在艇底和支撑面之间形成"空气垫"使艇体离开水面，通过减少与水的摩擦阻力提高航速
艇型优点	(1)速度快、稳性好 (2)耐波性好 (3)海况适应能力强 (4)兴波、喷溅小	(1)建造工艺相对简单，易于实现，风险小 (2)技术成熟，成本低	(1)高速时，阻力性能好 (2)甲板面积大，便于布置 (3)良好的操纵性和稳定性	(1)阻力性能优良 (2)航行平稳 (3)一定范围内受波浪影响较小	(1)具有两栖性 (2)能够用于地理位置复杂、常规艇难以达到的航线
艇型缺点	(1)排水航行状态阻力较大 (2)艇型有待进一步优化	应用受风浪影响很大，多海况应用能力差	(1)采用的铝合金结构耐冲击性较差 (2)吃水大，不利于浅水区域航行 (3)高海况下晃动大、续航能力差	(1)航速超过 60kn时水翼产生空泡，性能急剧恶化 (2)操控复杂，静吃水较深 (3)水翼容易被撞伤甚至遭到破坏	(1)操纵复杂，成本较高 (2)高速时稳性差

由于机器人对艇型的航速、耐波性、适航行、平台稳性、效费比、可搭载性、布放回收等都有一定的特殊需求，综合上述关于高速艇型的分析可知，滑行艇比较符合这些要求，是一种较为通用的艇型。

2.2.2.2　艇型设计参数

单体滑行艇航行状态与一般排水型艇有较大差别，因而艇型有其相应特殊之处，在确定主尺度和设计型线时，要综合考虑阻力、稳性、波浪冲击、飞溅、航向稳性等技术性能，并根据艇本身的大小、航速、用途、航行水域特点等不同，设计艇型参数，使其满足各项性能指标要求。滑行艇的主要艇型参数包括长度、宽度、吃水、折角线宽度、横向斜升角、重心纵向位置等[46-48]。

1. 长度 L

长度的选择应在满足总布置要求下尽量缩短，以减轻总重量，降低造价。另外，长度与排水量的关系对于推进性能具有重要意义，在一定排水量和航速下有一最佳长度，此时所耗功率最小。从阻力观点出发，长度仅对低速航行有影响，对高速滑行时的阻力没有直接影响。

2. 宽度 B

对滑行艇来说，宽度选择比长度选择更为重要，它是提供有效动升力的一个重要参数，如果重心位置允许相应后移以保持纵倾角处于有利的角度，在排水量一定的情况下，增大艇宽相当于增大滑行面的展弦比，可以提高滑行效率，使滑行艇获得较大的流体动升力，提高升力系数，而且湿表面积也随之减小，对阻力性能是有利的。如果重心位置固定不变，则在增加宽度的同时，浸湿长度几乎不变，则由于浸湿表面积增加而使摩擦阻力增加，与此同时，艉部浮力增大，浮心后移，使纵倾角减小，剩余阻力也减小，因此将存在着一个与纵倾角相对应的有利宽度。然而，过宽的折角线宽度会使航行纵倾角过小及浸湿面积加大，特别当艉板处的宽度过大时，会使摩擦阻力增加很多，艇的加宽还会使艇体重量相应增加，会影响航速。

3. 长宽比 L/B

长宽比对排水型艇和滑行艇阻力都极为重要。对滑行艇而言，L/B 在 2～7 为宜，具体数值根据不同的设计要求选定。一般说来，过小的长宽比会出现较大的阻力峰，且在高速时容易产生纵向颠簸。长宽比对静水阻力的影响还与航速密切相关，按体积弗劳德数 Fr_∇ 的不同大致可以分为以下 3 种情况：

(1)较低速度。Fr_∇=1.0～2.0 时，阻力值随 L/B 的增大而显著下降。此时，滑行艇处于排水航行阶段，其流体动力特性与高速排水艇完全相同，因此，艇体长宽比对阻力影响十分显著。当 L/B 增大时，使剩余阻力，特别是兴波阻力明显减小，因此阻升比(即阻力与排水量之间的比值)显著下降。

(2)较高速度。2.0<Fr_∇<3.0 时，随 L/B 增大，阻力值减小的趋势变得缓慢，甚至会出现阻力值随 L/B 增大而略有增大的趋势。此时，滑行艇处于过渡"起滑"或开始滑行的情况。由于此时艇体所受到的水动升力已占艇体所受支撑力的较大部分，相对来说静浮力作用逐渐减小。因而通过增加艇体长宽比来减小艇体阻力中的兴波阻力的收效并不明显，故继续增大长宽比，其阻力值的减小缓慢，甚至不再减小。

(3)很高速度。$Fr_\nabla \geqslant 3.0$ 时，L/B 对阻力影响将发生根本的变化。主要表现在：过分增大 L/B，则其相应的阻升比反而增大，这说明过大的 L/B 对滑行艇来说不可取；这不但与常规排水型艇，而且与高速排水艇(即过渡型快艇)亦有根本的区别。因为此时艇底水动升力很大，艇体被抬出水面，处于"滑水前进"的状态，其阻力性能的优劣完全取决于水动升力的大小。因此如果取适当小的 L/B，则相当于增大了艇底滑行面的展弦比，升力作用大。另外，艇体取较大的 L/B，其相应的摩擦阻力亦较大；即使在全滑行时，艇体的摩擦阻力在总阻力中仍占有相当大的比例。基于这两方面的原因以及高速滑行艇的飞溅作用，速度极高的滑行艇的 L/B 宜取适当小的值，以便能确保其阻力较小。

4. 折角线宽度

滑行艇的艇底与舷侧以折角线连接，以使艇底水流在舷侧处抛出，减少湿表面积，并使艇底成为一个滑行面。折角线的设计参数对艇的性能有重要影响。折角线最大宽度一般在离艏部 40%L 处，在艉板处宽度与最大折角线宽度的比值为 0.65~0.80。减小艉部折角线宽度有利于改善滑行性能，但是过分窄的艉部不但不能满足实艇布置的要求，而且还可能由于艉部压力过小，航行纵倾角过大，以致超过最佳纵倾角，使滑行性能反而变坏。对于实际艇体，在滑行过程中，来自艇底和两舷的高速水流，将形成艉部"鸡尾流"。采用较宽的艉部可适当减小航行纵倾角，改善艉部流动。

5. 横向斜升角

艇底横向斜升角的大小对滑行艇升力面的效率起到决定性的作用。选取合适的艇底横向斜升角是型线设计的关键。原则上讲，艇底横向斜升角越小，升力作用越大，滑行面效率(升阻比)越高。但过小的横向斜升角将导致波浪中拍击加重，使航向稳定性变差，艏部拍击导致产生严重的纵摇，故一般都设计成带有明显折角的 V 型剖面，V 型的程度可用横向斜升角 β 来表征。

虽然艉部的横向斜升角减小有利于提高水动升力，使阻力减小，但也带来其他方面的影响。具体表现在：①艏部的横向斜升角较大，在波浪中航行易出现"叩首"现象，即艇体对纵向摇摆敏感，导致航行的纵倾角时大时小，适航性较差，同时也产生不稳定的伴流，引起波浪失速；②由于艉部横向斜升角趋向 0°，龙骨线从艏部至艉部过渡时必须要有一定纵向向上的斜升，根据平板滑行的理论，其航向稳定性较差，因此这种艇型只能适合在风浪较小的内河中使用。

对于海上滑行艇，艏部 β 一般为 13°～23°，艉部 β 为 10°～16°；内河滑行艇由于波浪不大，艏部 β 以 8°～12° 为宜，艉部 β 为 0°～2°。

6. 重心纵向位置

滑行艇的重心纵向位置是影响阻力性能的重要参数，这点与排水型艇有很大差别。因此对滑行艇来说，不但对排水量要严格控制，且对艇体重量分布也有一定限制，在给定排水量情况下，重心位置、航速、艇宽构成滑行艇滑行的 3 个重要参数。因此在滑行艇设计中应当使艇体的重量、重心分布得当，综合考虑机舱、油水舱及相关舱室的布置，使得在滑行时获得预期的纵倾状态。

从阻力观点来看，重心后移，则纵倾角增大，可以减小浸湿长度，如果艇体原纵倾角较小，显然对阻力性能是有利的，能使阻力下降。如果艇原来处于最佳纵倾状态，则在重心后移的同时，可以改用较大的艇宽，这样既可保持有利纵倾角，又增大了展弦比，无疑会提高滑行性能。但如果重心过于偏后，对避免海豚运动和波浪中的运动响应以及冲击加速度都有不利影响；重心过于偏前，往往会使在设计航速时的纵倾角偏小，阻力增大，但使阻力峰及其纵倾角降低。纵倾减小，虽然对在波浪中的运动响应及冲击加速度有利，但低速航行阻力增加，航向稳定性也将恶化。迎浪时甲板易上浪，随浪中易失速，对某些艇横稳性还会变差。因此，对一定的滑行速度而言，应有一个最佳的重心纵向位置(longitudinal center of gravity，LCG)。速度越高，则重心可再略后移些，此时航行纵倾角会增加，对阻力仍有利，但以不产生纵向颠簸运动为限。

7. 排水量

滑行艇的排水量是重要的艇型参数之一，滑行艇的排水量对阻力和耐波性的影响极为敏感。当排水量增大时，艇体的剩余阻力将增大，体积弗劳德数 Fr_∇ 下降。阻力变化几乎与排水量呈线性变化，随着排水量的增大而增大。因此，在设计和建造时，应严格控制艇的重量。

2.2.3 结构设计

水面机器人结构设计包括结构布置及设计、结构材料及应用、结构优化等。水面机器人的结构设计需要采用和建立适宜的结构设计方法、试验方法，并采用良好的结构材料，在确保机器人结构强度的基础上，尽量减少结构的尺寸和重量[49]。

2.2.3.1 结构材料

目前，水面机器人常用的结构材料有船用钢、铝合金、玻璃钢和碳纤维。以上材料的性能比较见表 2.2。

表 2.2　水面机器人艇体材料的性能比较

材料	密度 /(t/m³)	抗拉强度/MPa	抗压强度 /MPa	屈服应力 /MPa	弹性模量/GPa	单位质量强度/(MPa/t)	单位质量刚度/(GPa/t)
钢	7.80	413.7	413.7	206.8	206.8	53.04	26.51
NP5 可焊铝合金	2.70	214	—	110	68.7	79.26	25.44
5086 铝合金	2.66	262	179.3	124	71.0	98.50	26.69
毡+布玻璃钢积层板	1.54	196.2	151.7	159	9.81	127.4	6.37
粗纱布玻璃钢积层板	1.65	206.8	179.3	—	13.8	125.3	8.36
碳纤维+玻纤维积层板	1.45	298.2	—	—	16.48	205.6	11.37

注：数据因材料牌号的不同而有所出入，该表仅作为一般性参考。

1. 钢材

钢材是传统的金属材料，具有成本低、便于维修、耐碰撞等优势，但钢材的重量对水面机器人而言代价过高，因此应用较少。但为了降低建造和使用成本，部分执行水文信息收集、海上巡逻等任务的水面机器人采用钢制结构。

2. 铝材

铝材具有较高的强度-重量比、维护要求低等优势，广泛应用于高速水面机器人领域。焊接带来的铝板变形将影响艇体表面光滑度及型线精度，需要高质量的施工将这种变形降至最低，以及相对较少的拼接以产生平滑的表面。但由于铝材的模压成型技术应用范围较窄，因此铝材在复杂曲面艇体上的应用受到限制，如果采用较多的焊接对曲面进行拼接，则将抵消部分重量优势。

3. 复合材料

玻璃钢材料的物理力学性能及工艺性能与金属材料不同。钢材的物理力学性能在出厂时是已决定的，并在质保书中标明。而玻璃钢的物理力学性能则在成型过程中形成，且具有可设计性，它本身不仅仅是材料，也是结构，这就使得玻璃钢在结构设计上具有与钢制结构不同的独特之处。

玻璃钢、碳纤维等复合材料相对于船用钢、铝合金等金属材料，具有重量轻、比强度和比刚度高、耐化学腐蚀、抗疲劳、耐磨、绝缘、无磁以及吸波/透波性好等一系列优势，能够满足未来水面机器人在隐身性、减重等方面的发展需求；另外，复合材料耐化学腐蚀、抗疲劳等特性也较传统金属材料更好，更适用于水面机器人的运行环境。因此，若无特殊要求，采用复合材料是未来水面机器人的发展趋势。

2.2.3.2 结构设计方法

水面机器人结构设计是指依据机器人所承受的载荷与能力，对载体结构的构件尺寸进行计算和校核。目前，水面机器人的结构设计采用的主要方法有以下两种。

1. 规范设计法

根据水面机器人主尺度、使用要求、结构材料、施工方法及工艺要求，按照船级社制定的船舶建造规范中的有关规定，确定结构形式、构件布置和尺度，再进行总强度与局部强度、结构稳定性等校核。

但是由于艇型及构件布置等要素的不同，规范中的简化公式未能充分考虑结构的详细应力分布、边界条件、结构布置，而实际结构破坏模式是多种多样、复杂又相互关联的。因此，使用规范设计法时，抵抗破坏的安全裕度是未知的，设计者无法确切知道所得到的设计结果是恰当的还是偏于保守的。

对于水面机器人而言，必须以"斤两计较"的态度严格控制结构重量。因此，规范设计法可用于水面机器人的初步设计阶段，但后期应对该设计结果进行进一步的优化。

2. 直接计算法

该方法基于结构力学的知识，按各种构件和受力情况，直接进行强度计算以求得构件尺度。这种方法具有较高的力学合理性，而且可以预先选择目标函数，进行优化设计，可更好地实现轻量化目标。

然而，直接计算方法有时难以估计施工的工艺性或者使用上的特殊要求，如树脂流动的不均匀性、舱容、腐蚀、维修和航运要求等，因此，优化的结果可能陷入局部最优。

2.2.3.3 结构优化技术

在水面机器人的结构设计过程中，为了得到理想的设计方案，传统上会采用逐次逼近的方法进行设计。首先，根据同类型结构的已有经验，加上设计者的判断，拟定初步设计方案，然后进行结构的强度、刚度和稳定性的计算分析，再通过设计人员进行修改、分析，但是这样反复的"计算分析—修改—计算分析"的设计过程效率较低，且最终设计方案的经济性和合理性往往伴随着设计者的主观性。

随着智能算法的发展，有限元分析技术的成熟与计算机技术的飞速发展，结构优化技术经历了从产生到发展，并且逐步走向成熟的过程，完成了从经验到理性的转变。虽然初始的设计方案还需要设计人员的参与，但优化设计的过程由计算机自动完成，节省了大量的人力物力，缩短了设计周期，设计质量也可大幅提高。

水面机器人的结构优化设计是指在满足某种规范或某些特定使用要求的条件下，使结构的某种性能指标(如重量、造价、刚度等)达到最佳状态，也就是说，在可行的设计方案中，按照某种特定的标准找到最佳设计方案。其结构优化过程大体可分为以下三个阶段。

1. 建立数学模型

水面机器人结构优化设计遵循的原则与目的，是使设计方案达到最优。为了达到这一目的，就需要建立一个能够正确反映设计问题的数学模型。建立数学模型的过程是指根据水面机器人具体的结构形式、受力特点及结构变形条件，将该工程结构问题转变成一个可用于优化设计的数学问题。

2. 选定合理、有效的优化方法

优化方法的选取要根据所要设计的具体工程而定，如构件尺寸优化过程中的变量是离散变量或是连续变量；优化问题是否有约束等，这些都是选择优化方法的参考依据。我们需要根据优化问题的性质及特点进行合理的选择。

结构优化设计过程中所使用的方法包括传统的数值优化方法或现代智能优化算法，这些方法都会使计算机按照设计者的意图，向着使方案变得更好的方向自动调整设计变量，从而得到一个最优化设计方案或者近似最优设计方案。

其中，数值优化方法具有坚实的理论基础和广泛的适应性，例如，序列型线规划方法、求解约束优化方法的可行方向法都在艇体结构优化中得到了大量的应用。数值优化方法具有理论严谨、适用面广、收敛性有保证等优点，但是计算量大、收敛慢，尤其是对多变量的优化问题更加明显。水面机器人的结构优化设计一般都属于混合变量优化设计问题，智能优化算法不需要利用目标函数的导数值信息，在求解这类复杂结构优化问题时具有相当的优越性。目前主要用于艇体结构优化设计的智能优化算法有遗传算法、模拟退火算法、人工蚁群算法、粒子群优化算法等。目前，遗传算法在艇体结构优化设计中的应用最为广泛。

3. 编制通用计算程序

计算机程序是优化设计的手段，可以通过自编程序或现有通用软件的优化模块进行水面机器人载体结构优化。

一般来讲，水面机器人载体的结构优化设计按其实现方法可分为两大类：一是基于规范的结构优化设计。该方法基于水面机器人设计经验及规范设计结果，首先确定问题的约束条件，其次根据相应的载体类型和结构特点确定问题的设计变量和目标函数，最后通过高效的优化算法对载体结构进行优化设计。二是基于计算的结构优化设计。该方法是对水面机器人进行有限元分析，直接提取与结构相应的应力响应作为约束条件，并确定设计变量和目标函数，选择一定的优化策略，进行载体结构优化设计。

目前，基于规范的结构优化设计方法的可靠性和适用性更好，在水面机器人的结构优化设计应用较多。

2.2.4　设计与应用实例

这里以哈尔滨工程大学研制的"天行一号"水面机器人为设计实例，如图2.54所示，具体讲述水面机器人总体设计流程。

图 2.54　"天行一号"水面机器人

2.2.4.1　设计要求

本设计旨在开发一种智能化、能够高速航行于水面，具有较大的作战半径和良好的隐身性能，能够根据任务需求搭载多种模块，通过大中型舰艇或岸基布放装置，布放到水面，进行自主导航、自主避障，在指定时间自主航行到指定的地点或区域完成指定的任务，并能顺利返回的小型水面机器人。其使命任务要求水面机器人具有智能、高速、隐身、高生命力、高抗颠覆性、多功能模块化等特点。根据世界各国的发展情况，结合实际需求，确定实艇的用途、主尺度及性能。

1. 用途

本艇主要用于沿海遮蔽航区，可完成海洋科研、海洋开发、海洋环境监测等任务，为智能高速水面机器人。

本艇设计建造应满足《沿海小型船舶法定检验技术规则》(2007)和《沿海小船入级与建造规范》(2005)。

2. 航速及续航力

本艇在满载排水量、海况为0～1级、水深大于3m、主机在最大功率工作时，最高速度不小于50kn。

在满载排水量时，以巡航速度计算其续航力不小于1000km。

3. 不沉性

本艇不沉性满足中华人民共和国海事局《沿海小型船舶法定检验技术规则》(2007)第5章第3节对沿海航区的要求，满足全船进水不沉。

4. 稳性

本艇完整稳性满足中华人民共和国海事局《沿海小型船舶法定检验技术规则》(2007)第5章第2节对遮蔽航区的要求。

本艇按照中华人民共和国海事局《沿海小型船舶法定检验技术规则》(2007)第5章第4节要求核算干舷。

5. 操纵性

主机驱动表面桨推进系统，在不同的工况下，通过控制与监测系统驱动液压系统，来改变主机油门和操舵机构的角度和位置，最终满足船的快速性和操纵性要求。控制与监测系统对两套表面桨推进装置能实现联合控制和单独控制，其中一套推进装置出现故障时，不影响另一套推进装置的正常工作，本艇仍能航行。

方向舵从左满舵至右满舵或反向操纵时间≤6s。

6. 有效载荷能力

本艇有效载荷能力为350kg。

综合考虑平台可靠性和建造成本，选择某型高速滑行艇为母型，采用双舷内柴油发动机、双表面桨动力与推进方式。

2.2.4.2　航速及续航力计算

深圳海斯比船艇科技有限公司提供艇体数据，委托表面桨供应商法国 Helices

公司进行机桨匹配计算和续航力计算，计算所需艇型及主机参数如表 2.3 所示。

表 2.3　"天行一号"主要参数

参数	内容	参数	内容	参数	内容
总长	12.17m	型深	1.485m	设计水线长	9.69m
总宽	2.57m	型宽	2.08m	设计吃水	0.8m
排水量	7.54t	重心纵向位置	3.33m	设计航速	50kn
主机数量	2	主机最大马力	480ps	主机最小马力	60ps
齿轮箱减速比	1.719	主机最大转速	3300r/min	主机最小转数	1200

康明斯QSB6.7主机功率转速特性和SDS 2表面桨功率转速特性如图2.55所示。

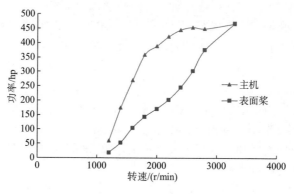

图 2.55　功率转速曲线

航速-阻力曲线、航速-续航力曲线、航速-有效马力曲线分别如图2.56~图2.58所示。

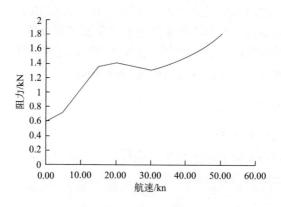

图 2.56　航速-阻力曲线

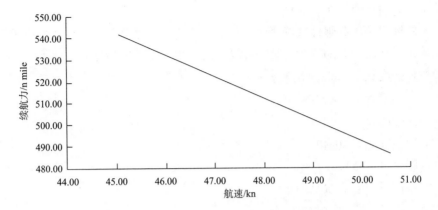

图 2.57　航速-续航力曲线

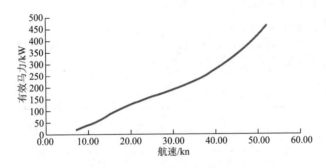

图 2.58　航速-有效马力曲线

由图 2.56～图 2.58 可知，航速续航力估算结果表明，本艇最大航速 50.5kn，巡航速度为 45kn 时续航力为 541.77n mile，约 1003km。

2.2.4.3　结构强度计算

本艇结构按照中国船级社《沿海小船入级与建造规范》(2005)进行计算。

1. 计算参数

艇长度 L：9.69m。

艇最大宽度 B：2.85m。

水线宽 B_{WL}：2.57m。

型深 D：1.50m。

吃水 d：0.68m。

满载排水量 Δ：7.54t。

航速 V：50kn。

重心处横向斜升角 β：18°。

本艇铺层采用高强玻璃纤维和高性能纤维为主要增强材料，胶接树脂采用船用间苯树脂和乙烯基酯树脂，结构计算中的层板力学性能指标取值如下：

抗拉强度 σ_t：100MPa。

抗弯强度 σ_b：300MPa。

压缩强度 σ_c：90MPa。

剪切强度 τ_u：80MPa。

树脂含量：55%。

抗拉模量 E_t：7000MPa。

抗弯模量 E_b：7000MPa。

压缩模量 E_c：7000MPa。

巴氏硬度：50HBa。

本艇结构夹芯板主要选用轻木（Balsa）、聚氨酯泡沫（PU）和聚丙烯（PP）塑料蜂窝芯材，力学性能指标如表 2.4 所示。

表 2.4　结构芯材力学性能

名称	密度/(kg/m³)	剪切强度/MPa	剪切模量/MPa
Balsa	155	3.00	166
PU	100	0.60	8.7
PP	80	0.50	15

2. 艇体结构

全艇机舱前为双层底结构，按单层底设计板厚度。艇底 0-5# 肋位为 Balsa 夹层结构，其他为单板结构。艇体结构采用纵骨架式，艇底机舱区分别设 4 道纵桁和 3 道纵骨，机舱区后设 3 道纵桁和 4 道纵骨，艇侧设有两道纵骨。甲板结构均采用纵骨架式。

1）结构设计载荷

（1）重心处的垂向加速度。

重心处的设计垂向加速度为

$$a_{cg} = \frac{1}{426}\left(\frac{V_H}{\sqrt{L}}\right)^{1.4}\left(\frac{H_{1/3}}{B_{WL}} + 0.07\right)(50 - \beta)\left(\frac{L}{B_{WL}} - 2\right)\frac{B_{WL}^{\,3}}{\Delta}g$$

$$= 0.0611\left(\frac{H_{1/3}}{2.57} + 0.07\right)V_h 1.4g$$

式中，g 为重力加速度，取 9.81m/s²；V_h 为艇在有义波高 $H_{1/3}$ 的波浪中航行的航速，kn；$H_{1/3}$ 为有义波高，m，对遮蔽航区营运限制，取 $H_{1/3\max} = 2.0\mathrm{m}$。

本艇取 $a_{cg} = 4.0g$，现提供一组有义波高 $H_{1/3}$ 和限速值 V_h（表 2.5）。

表 2.5　V_h 和 $H_{1/3}$ 数据表

$H_{1/3}$ /m	V_h /kn
0.5	51.3
1.0	34.6
1.5	26.9
2.0	19.2

（2）艇底波浪冲击压力。

艇底波浪冲击压力为

$$P_{sl} = 1.16 K_{l1} \left(\frac{\Delta}{A} \right)^{0.3} a_{cg} d \quad (\mathrm{kN/m^2})$$

式中，A 为受力点计算面积，$\mathrm{m^2}$（$A \leqslant 2.5S^2$，S 为骨材间距，m）；a_{cg} 为设计垂向加速度，$\mathrm{m/s^2}$；K_{l1} 为纵向压力分布系数，如图 2.59 所示。

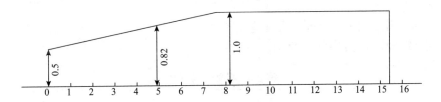

图 2.59　纵向压力分布系数图

艇底波浪冲击压力部分计算结果如表 2.6 所示。

表 2.6　艇底波浪冲击压力部分计算结果

构件名称	K_{l1}	Δ /t	S/m	L/m	A/m^2	2.5S^2/m^2	a_{cg} /(m/s^2)	d/m	P_{sl} /(kN/m^2)
0-5#底板	0.82	7.54	0.24	0.61	0.15	0.14	39.24	0.68	83.22
0-5#纵桁	0.82	7.54	0.55	3.25	1.79	—	39.24	0.68	39.09
0-5#纵骨	0.82	7.54	0.31	0.61	0.19	—	39.24	0.68	76.69

（3）舷侧计算压力。

舷侧波浪冲击压力为

$$P_s = 9.81h + 0.15P_{sl} \quad (\mathrm{kN/m^2})$$

式中，h 为从舷侧板最低点到舷侧处干舷甲板上缘的垂直距离，m；P_{sl} 为该处艇底的冲击压力，$\mathrm{kN/m^2}$。

舷侧波浪冲击压力部分计算结果如表 2.7 所示。

表 2.7　舷侧波浪冲击压力部分计算结果

序号	构件名称	h/m	P_{sl}/(kN/m²)	P_s/(kN/m²)
1	0-5#舷侧压力	1.03	83.22	22.59
2	5-10#舷侧压力	1.02	99.03	24.86

（4）甲板计算压力。

露天甲板：$P_d = 0.25L + 4.6 = 6.32(\mathrm{kN/m^2})$。

非露天甲板：$P_d = 0.1L + 4.6 = 5.57(\mathrm{kN/m^2})$。

乘员甲板：$P_d = 4.5(\mathrm{kN/m^2})$。

（5）舱壁计算压力。

水密舱壁、防撞舱壁压力为

$$P_h = 10h \quad (\mathrm{kN/m^2})$$

式中，h 为压力计算点到舱壁顶的垂直距离。

舱壁计算压力如表 2.8 所示。

表 2.8　舱壁计算压力

序号	构件名称	h/m	P_h/(kN/m²)
1	5#水密舱壁	1.50	15.00
2	10#水密舱壁	1.50	15.00
3	14#防撞舱壁	1.50	15.00

（6）上层建筑甲板室的计算压力。

前端壁压力：$P = 0.9 \times (5 + 0.3L) = 7.12(\mathrm{kN/m^2})$（遮蔽航区）。

侧壁、后壁压力：$P = 2.5 + 0.2L = 4.44(\mathrm{kN/m^2})$。

顶板压力：$P = 3.0(\mathrm{kN/m^2})$。

2）最低要求

（1）单板结构层板。

单板结构层板的最小厚度为 $t_{\min} = K_0\sqrt{L}(\mathrm{mm})$，$K_0$ 由表 2.9 查取。

表 2.9 单板最小厚度

	艇底外板	舷侧板	甲板板	甲板室			舱壁	
				前端壁	侧后壁	顶板	水密舱	防撞舱
K_0	1.45	1.25	1.10	1.10	0.95	0.90	1.20	1.30
t_{min} / mm	4.51	3.89	3.42	3.42	2.96	2.80	3.74	4.05

(2)夹层板面板。

夹层面板的最小厚度(单面)为 $t_{min} = K_0\sqrt{L}(\text{mm})$,且不小于 2.0mm(外露面板);$t_{min} = K_0\sqrt{L} - 0.5(\text{mm})$,且不小于 1.5mm(被保护面板)。

夹层板最小厚度如表 2.10 所示。

表 2.10 夹层板最小厚度

		艇底板	舷侧板	甲板板	舱壁		甲板室		
					水密舱	防撞舱	顶板	前壁	侧后壁
K_0		0.70	0.60	0.50	0.45	0.55	0.40	0.50	0.40
t_{min} / mm	外露面板	2.18	1.87	1.56	1.40	1.71	1.25	1.56	1.25
	被保护面板	1.68	1.37	1.06	0.90	1.21	0.75	1.06	0.75

3)外板

(1)单板结构层板。

单板结构层板的厚度为 $t_{单} = 44.8S\sqrt{\dfrac{P}{\sigma_{fnu}}}(\text{mm})$。

层板的极限弯曲强度为 $\sigma_{fnu} = 300(\text{MPa})$。

部分外板单板厚度如表 2.11 所示。

表 2.11 部分外板单板厚度

序号	构件名称	S/m	P_s/(kN/m^2)	计算厚度/mm	实际厚度/mm
1	5-10#底板	0.25	99.03	6.4	7.3
2	10-14#底板	0.22	110.02	6.0	7.3
3	14#前底板	0.23	108.57	6.2	7.3

平板龙骨宽度 $\geqslant 0.1B = 0.285(\text{m})$,取 300mm。

平板龙骨厚度 $\geqslant 1.5t_{底} = 6.4 \times 1.5 = 9.6(\text{mm})$。

本艇采用表面桨推进装置，艉封板采用夹芯结构，艉封板总厚度不小于45mm，其骨材要求与舷侧板的骨材要求相同。

(2) 夹层板。

夹层板的总厚度为

$$t_{夹} = 1.428\left(1 + \frac{1}{\gamma}\right)\frac{PS}{K\tau_c} \quad (mm)$$

式中，γ 为两面板厚度中心线的距离与两面板的平均厚度之比，$6 \leqslant \gamma \leqslant 14$；$\tau_c$ 为夹层芯材的极限剪切强度，MPa；K 为系数，对聚氨酯泡沫芯材夹层，$K=1.86-0.06 \times \gamma$ 且 K 不小于1，对胶合板芯材夹层板，K 取 1.0。

部分外板夹层板厚度如表 2.12 所示。

表 2.12　部分外板夹层板厚度

构件名称	S/m	P/(kN/m²)	K	γ	τ_c/MPa	计算厚度 $T_{总}$/mm	实际建造厚度 $T_{实}$/mm
0-5#底板	0.24	83.22	1.00	6.00	3.00	11.09	4.0+12Balsa+2.7
5#水密舱壁	0.31	15.00	1.02	14.00	0.60	11.63	1.5+20PU+1.5

4) 骨材

骨材的剖面模数为

$$W = K\frac{l^2 SP}{\sigma_{fnu}} \quad (cm^3)$$

式中，l 为骨材跨距。

$$K=480（纵桁、强肋骨、强肋板、强横梁）$$
$$K=400（纵骨、肋骨、肋板、横梁、扶强材）$$
$$K=480（防撞舱壁扶强材）$$
$$\sigma_{fnu}=300MPa（骨材采用手糊成型）$$

骨材结构强度部分计算结果如表 2.13 所示。

表 2.13　骨材结构强度部分计算结果

序号	构件名称		K	S/m	l/m	P/(kN/m²)	模数/cm³	骨材尺寸	带板尺寸	实际模数
1	艇底纵桁	0-5#	480	0.55	3.25	39.09	363.3	Π100：100mm×250mm×9.0mm	(4.0+12Balsa+2.7)mm×168.9mm	439
2		5-10#	480	0.69	2.00	51.52	227.5	Π100：100mm×200mm×9.0mm	7.3mm×268mm	341

序号	构件名称		K	S/m	l/m	P /(kN/m²)	模数 /cm³	骨材尺寸	带板尺寸	实际模数
3	艇底纵骨	0-5#	400	0.31	0.61	76.69	11.8	Π60: 60mm×60mm×3.0mm	(4.0+12Balsa+2.7)mm×168.9mm	21
4		5-10#	400	0.35	0.75	84.76	22.2	Π60: 60mm×60mm×4.0mm	7.3mm×228mm	25

注：Π为玻璃钢的帽型材符号。

5）桁材的有效腹板面积

桁材的有效腹板面积 A_e 应不小于：

$$A_{e\min} = \frac{25.5SlP}{\tau_u} \quad (\text{cm}^2)$$

$$A_e = \begin{cases} 0.01h_W t_W (\text{cm}^2), \text{端部无肘板} \\ 0.01h_W t_W + \Delta A_e (\text{cm}^2), \text{端部有肘板} \end{cases}$$

式中，h_W 为计算剖面处减去开孔后的腹板实效高度，mm；t_W 为腹板总厚度，mm；ΔA_e 为端部有肘板时的附加剪切面积，cm²；τ_u 为极限剪切强度，MPa。

桁材结构强度部分计算结果如表 2.14 所示。

表 2.14　桁材结构强度部分计算结果

骨材名称	理论有效腹板面积计算					实际有效腹板面积计算				A_e/A_{emin}
	S/m	l/m	P/(kN/m²)	τ_u/MPa	A_{emin}/cm²	h_W/mm	t_W/mm	ΔA_e/cm²	A_e/cm²	
0-5#艇底纵桁	0.55	3.25	39.09	80	22.3	250	18	—	45	2.02
5-10#艇底纵桁	0.69	2.00	51.52	80	22.7	200	18	—	36	1.59
10-14#艇底纵桁	0.64	2.15	51.56	80	22.6	200	18	—	36	1.59

2.2.4.4　总布置设计

水面机器人总布置设计主要考虑以下因素：

（1）对水面机器人安全性能、航海性能、结构性能要有整体把握，保证重量与浮力布置合理，重心、浮心能够在中纵剖面内并具有一定的稳心高度，尤其要重点考虑重心位置及浮态对水面机器人航行性能的影响。

（2）便于建造，修理，检查，保养以及设备的安装、使用和更换，例如，在考虑主机布置时，不仅要考虑设备自身占据的空间，还要给予操纵、检查、维修等作业必要的空间位置；在确定机舱开口时，要考虑机器零件更换时，吊入和吊出所需要的空间。

(3)能够最大限度地发挥各种装置和仪器的技术性能，以保证水面机器人完成各项任务指标，例如，在安装红外相机、可见光相机等视觉传感器时要考虑前方无遮挡，具有良好的视线；在安装雷达、罗经等导航传感器时要避免相互干扰和影响。

(4)针对水面机器人的舾装设备布置，考虑其使命要求，除系泊设备外，要合理安装起吊装置，方便出勤。

(5)在经济、实用、满足任务需求的前提下，造型美观大方。

在保证性能的基础上，本艇力求造型美观大方，线条流畅，同时兼顾隐身性能。安装有实心护舷，以提高防撞能力。本艇沿艇长设 3 道舱壁，构成 4 个舱室，自艏向艉为艏尖舱、储物舱、乘员驾驶舱和机舱。设计完成后的外观图如图 2.60 所示。

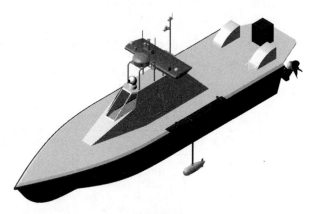

(a)轴测视图

(b)侧视图

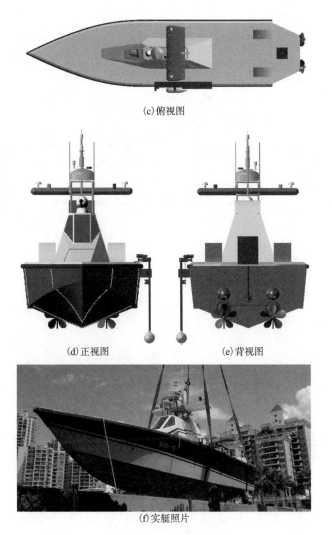

(c)俯视图

(d)正视图　　　　　(e)背视图

(f)实艇照片

图 2.60　艇体外观效果图

设计完成后的总布置图如图 2.61 所示。

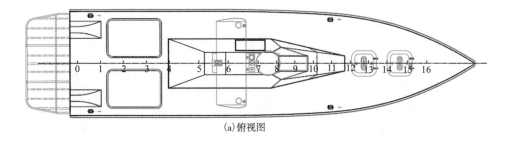

(a)俯视图

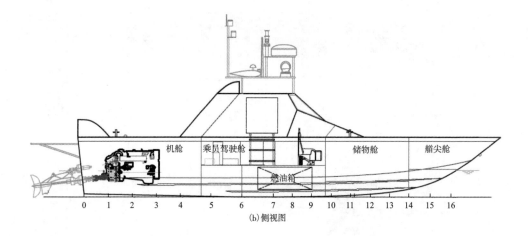

（b）侧视图

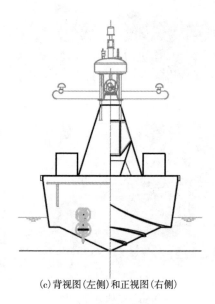

（c）背视图（左侧）和正视图（右侧）

图 2.61 总布置图

（1）主甲板：作为通用搭载平台，艇体具有宽敞的甲板，根据不同的任务需要，可搭载不同类型环境监测系统。

（2）艏尖舱：艏尖舱内可放置锚、缆索等杂物。

（3）储物舱：储物舱内安装相应设备和根据需要搭载有效载荷。

（4）乘员驾驶舱：乘员驾驶舱内设有驾控台和自航控制系统。驾控台供调试时人工驾驶使用，设有汽车方向盘式操舵手轮、操纵手柄、机电仪表、报警装置、航行模式的切换按钮等。驾控台采用整体框架式结构，相关设备在其面板上用螺钉固定安装。自航控制系统包括控制箱 2 个、220V AC 转 72V DC 电源模块一台、

220V AC 转 24V DC 电源模块一台、不间断电源一台、多波束控制舱等设备。驾驶舱地板下设有燃油箱,用于储存主机燃料。

(5)机舱:机舱内安装主机、中间轴系(包括齿轮箱)、表面桨推进装置及其冷却系统、润滑系统、发电机和液压系统附件等。

(6)驾驶舱顶棚:驾驶舱顶棚安装通信设备的天线、GPS 天线及翼型支架、航海雷达、光电吊舱、全景视觉、气象站、北斗卫星导航系统等,相关信号电缆和电源电缆引入驾驶室的控制台及控制箱,如图 2.62 所示。

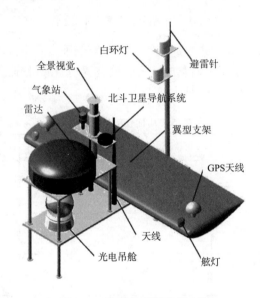

图 2.62　驾驶舱顶棚桅杆布置

2.2.4.5　任务载荷搭载装置设计

在任务载荷搭载装置设计中,一方面使其满足探测设备的装配要求,以便于快速换装多种类的载荷,并保障探测作业的高可靠性、安全性;另一方面任务载荷搭载装置应尽量减小对艇体结构和外形的影响,使其满足阻力低、结构简单的需求。

本艇需布放回收的探测设备为多波束声呐和温盐深测量仪,为减少重量、降低水下阻力,上述两个设备将集成于一个流线型整流罩中,如图 2.63 所示。

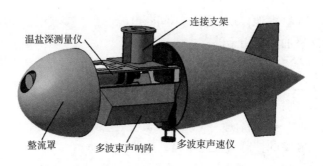

图 2.63　探测设备搭载装置安装图

　　综合对比考虑艏部摇臂式收放装置、艇中舷侧垂直升降式收放装置、艇中舷侧旋转式收放装置，其中艇中舷侧旋转式收放装置动力源可分为电机+减速机以及电动推杆，上述几种收放方式对比如表 2.15 所示。

表 2.15　几种收放方式对比

收放方式	复杂度	可靠性	载体改造难度	价格	收放载荷	总重量
艏部摇臂式	高	中	高	高	中	中
艇中舷侧垂直升降式	低	低	低	高	低	高
艇中舷侧旋转式（电机+减速机）	高	中	低	中	低	高
艇中舷侧旋转式（电动推杆）	中	高	低	高	高	低

　　通过上述对比可以看出，以电动推杆为动力源的艇中舷侧旋转收放方式可以有效地克服探测声呐阻力造成的侧向力，并在价格、可靠性、收放能力、载体改造难度、总重量等方面均具有优势，因此选定艇中舷侧旋转收放方式完成探测设备的收放。

　　探测设备搭载装置包括电动推杆、滑轮、连接管等。探测系统收放原理为通过电动推杆的伸缩放松或收紧钢丝绳，带动连接管旋转，完成探测声呐的收放。以电动推杆附带的限位开关控制推杆行程，进而远程控制声呐收放角度及位置，如图 2.64 所示。

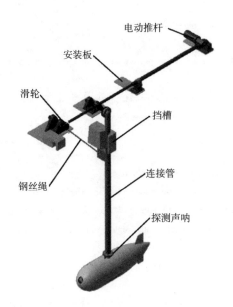

图 2.64　探测设备搭载装置

参 考 文 献

[1]　Caccia M, Bibuli M, Bono R. Unmanned marine vehicles at CNR-ISSIA[C]. The 17th World Congress of the International Federation of Automatic Control, 2008: 3070-3075.

[2]　Product informatio[EB/OL]. [2020-5-10]. https://www.asvglobal.com/product/c-cat-3/.

[3]　Marine complete solutions[EB/OL]. [2020-5-10]. https://www.volvopenta.com/marinecommercial/en- en/home. html.

[4]　Cummins Onan[EB/OL]. [2020-5-10]. https://www.seapower.com.au/products/cummins-onan.aspx.

[5]　柴油单相发电机组[EB/OL]. [2020-5-10]. http://www.ocean-china.com/page.aspx?node=33&id=126&f=cn.

[6]　Neo PMS[EB/OL]. [2020-5-10]. https://www.fischerpanda.de/Generator-Datasheet-Panda_5000i. Neo_PMS-230_ AC_-50_Hz_95.htm.

[7]　ECOSPEED 舵桨专用防护漆保护航行[EB/OL]. [2020-5-10]. http://www.eworldship.com/html/2014/Manufact urer_0714/89734.html.

[8]　阿尼松表面桨[EB/OL]. [2020-5-10]. http://www.twindisc.com.cn/Products3.asp.

[9]　Documents: Brochure[EB/OL]. [2020-5-10]. https://www.surfacedrivesystem.fr/.

[10]　The HTX series waterjets[EB/OL]. [2020-5-10]. https://www.hamiltonjet.com/global/htx-series.

[11]　Manley J E. Unmanned surface vehicles, 15 years of development[C]. Oceans, 2008: 1-4.

[12]　Wind and solar-powered freedom to go further and faster[EB/OL]. [2020-5-10]. https://www. oceanaero.com/ vehicles/.

[13]　廖煜雷, 李晔, 刘涛, 等. 波浪滑翔器技术的回顾与展望[J]. 哈尔滨工程大学学报, 2016, 37(9): 1227-1236.

[14]　Wave glider advantages[EB/OL]. [2020-5-10]. https://www.liquid-robotics.com/wave- glider/overview/.

[15] 产品系列: 船外机[EB/OL]. [2020-5-10]. https://www.yamaha-motor.com.cn/marine/.

[16] 产品[EB/OL]. [2020-5-10]. http://www.torqeedo.cn/product/.

[17] Cummins. Zeus and the Cummins inboard joystick[EB/OL]. [2020-5-10]. https://www.cummins.com/engines/zeus-and-cummins-inboard-joystick.

[18] Marine radar products[EB/OL]. [2020-5-10]. https://www.raymarine.com/marine-radar.html.

[19] Alpha prime[EB/OL]. [2020-5-10]. https://velodynelidar.com/products/alpha-prime/.

[20] FLIR M500[EB/OL]. [2020-5-10]. https://www.flir.cn/products/m500/.

[21] PHITITANS[EB/OL]. [2020-5-10]. https://www.teche720.com.

[22] USV for REA operations[EB/OL]. [2020-5-10]. https://www.ecagroup.com/en/solutions/usv-rea- operations.

[23] Side scan sonar[EB/OL]. [2020-5-10]. https://www.edgetech.com/product-category/side-scan-sonar/.

[24] GeoSwath 4 multibeam echosounder, shallow water[EB/OL]. [2020-5-10]. https://www.kongsb erg.com/maritime/ products/mapping-systems/mapping-systems/multibeam-echo-sounders/geoswath-4-multibeam-echosounder-shallo w-water/?OpenDocument=.

[25] Coastal supplies & products[EB/OL]. [2020-5-10]. https://www.valeport.co.uk/groups/coastal/.

[26] Commercial fishing[EB/OL]. [2020-5-10]. http://www.airmartechnology.com/commercial-fishing. html.

[27] 美国展示"龙间谍"武装无人水面艇[EB/OL]. [2020-5-10]. http://www.eworldship.com/html/2015/new_ship_ type_1014/107507.html.

[28] 2018 珠海航展落幕 云洲导弹无人艇成军民融合亮点 [EB/OL]. [2020-5-10]. https://www.sohu.com/a/ 274634960_720811.

[29] Exclusive content on unmanned naval systems[EB/OL]. [2020-5-10]. http://www.navaldrones. com/Seagull.html.

[30] 张晓东, 刘世亮, 刘宇, 等. 无人水面艇收放技术发展趋势探讨[J]. 中国舰船研究, 2018, 13(6): 50-57.

[31] Global Davit GmbH. Pivot davit systems[EB/OL]. [2020-5-10]. https://www.global-davit.de/products/life-boat-handling/pivot-davit-systems/.

[32] 王伟. 美国新型无人水面艇[J]. 兵器知识, 2005(1): 30-32.

[33] 美海军近海战斗舰远程猎雷系统达到重要里程碑[EB/OL]. [2020-5-10]. http://www.cannews.com.cn/2014/ 0529/95332.shtml.

[34] Under development[EB/OL]. [2020-5-10]. http://5gmarine.com/artificial-intelligence/.

[35] TBV Marine Systems. FRC & RHIB launch and recovery system(LARS)[EB/OL]. [2020-5-10]. http://tbv.eu/frc-rhiblaunch-and- recovery-system-lars.

[36] 朱英富. 水面舰船设计新技术[M]. 哈尔滨: 哈尔滨工程大学出版社, 2004.

[37] 刘寅东. 船舶设计原理[M]. 北京: 国防工业出版社, 2010.

[38] Yan R J, Pang S, Sun H B, et al. Development and missions of unmanned surface vehicle[J]. Journal of Marine Science and Application, 2010(9): 451-457.

[39] 崔维成, 刘应中, 葛春花, 等. 海上高速船水动力学[M]. 北京: 国防工业出版社, 2007.

[40] 李百齐. 二十一世纪海洋高性能船[M]. 北京: 国防工业出版社, 2001.

[41] 中国海事局. 船舶与海上设施法定检验规则: 国内航行海船法定检验技术规则[S]. 北京: 人民交通出版社, 2011.

[42] 中国船级社. 海上高速船入级与建造规范[S]. 北京: 人民交通出版社, 2015.

[43] 中国船级社. 沿海小船入级与建造规范[S]. 北京: 人民交通出版社, 2005.

[44] 徐青. 舰船总体设计流程分析[J]. 中国舰船研究, 2012, 7(5): 1-7.

[45] 孙华伟. 三体滑行艇船型与阻力性能研究[D]. 哈尔滨: 哈尔滨工程大学, 2010.

[46] 汪建午, 柯建平. 对滑行艇设计的几点思考[J]. 江苏船舶, 2001, 18(4): 5-8.

[47] 邵世明, 王文富, 陈龙. 长宽比对滑行艇阻力的影响[J]. 上海交通大学学报, 1999 (33): 374-376.

[48] 李云晖. 防溅条对滑行艇水动力性能的影响分析[D]. 哈尔滨: 哈尔滨工程大学, 2015.

[49] 邵开文, 马运义. 舰船技术与设计概论[M]. 北京: 国防工业出版社, 2005.

3

水面机器人通信与导航技术

3.1 无线电通信技术

无线电通信技术是将需要传送的声音、文字、数据、图像等电信号调制在无线电波上经空间和地面传至对方的通信方式。与有线电通信相比，无线电通信不需要架设传输线路，通信距离远，机动性好，建立迅速；但传输质量不稳定，信号易受自然因素影响[1]。

3.1.1 无线电通信系统的基本构成

无线电通信系统包括发送设备、传输媒体、接收设备。其中，发送设备包括：①变换器(换能器)，将被发送的信息变换为电信号；②发射机，将换能器输出的电信号变为强度足够的高频电振荡；③天线，将高频电振荡变成电磁波向传输媒体辐射。

提到其传输媒体——电磁波，在自由空间中波长与频率存在关系 $c = f\lambda$，其中，c 为光速，f 和 λ 分别为无线电波的频率和波长，因此，无线电波也可以认为是一种频率相对较低的电磁波。对频率或波长进行分段，分别称为频段或波段。不同频段信号的产生、放大和接收的方法不同，传播的能力和方式也不同，因此它们的分析方法和应用范围也不同。无线电波只是一种波长比较长的电磁波，占据的频率范围很广。

无线电波从发射机天线辐射后，不仅无线电波的能量会扩散，接收机只能收到其中极小的一部分，而且在传播过程中，无线电波的能量会被地面、建筑物或高空的电离层吸收或反射；或在大气层中产生折射或散射，从而造成强度的衰减。根据无线电波在传播过程所发生的现象，无线电波的传播方式主要有绕射(地波)、反射和折射(天波)、直射(空间波)。决定传播方式的关键因素是无线电波的频率。

沿大地与空气的分界面传播的电磁波叫地表面波，简称地波。传播途径主要取决于地面的电特性。地波在传播过程中，由于能量逐渐被大地吸收，很快减弱(波长越短，减弱越快)，因而传播距离不远。但地波不受气候影响，可靠性高。超长波、长波、中波无线电波，都是利用地波传播的。短波近距离通信也利用地波传播。

天波是利用电离层的折射和反射传播的电磁波，也叫天空波。电离层只对短波波段的电磁波产生反射作用，因此天波传播主要用于短波远距离通信。天波有两个突出特点：一是传播距离远，同时产生中间静区地带；二是传播不稳定，随昼夜和季节的变化而变化。因此，短波通信要经常更换波段，以保证质量。

空间波又称为直射波，是由发射点从空间直线传播到接收点的无线电波。直射波传播距离一般限于视距范围。在传播过程中，它的强度衰减较慢，超短波和微波通信就是利用直射波传播的。在地面通过直射波无线通信，接收点的信号主要由两部分组成：一部分由发射天线直达接收天线，另一部分由地面反射后到达接收天线，如果天线高度和方向架设不当，容易造成相互干扰(例如电视的重影)。限制直射波通信距离的因素主要是地球表面弧度和山地、楼房等障碍物，因此超短波和微波天线要求尽量架高。

接收是发射的逆过程，它包括：①接收天线，将接收到的无线电波转化为高频电振荡；②接收机，高频电振荡转化为电信号；③变换器(换能器)，将电信号转化为所传送的信息。

3.1.2 无线电通信技术的发展趋势

(1)提高系统频谱资源的利用率，维持信号稳定，避免通信信号受到干扰，增大系统通信容量，提供语音、图像和数据等多种通信服务，确保用户信息安全保密[2]。

(2)推广通信信息技术宽带化。信息的宽带化对于光纤传输技术和高通透量网络的发展起到关键的推进作用。无线电通信技术正朝着无线接入宽带化的方向发展，这对无线电通信信号源稳定非常重要。

(3)推广个人信息化技术。个人信息化能够有效减小传输路线的信息堵塞，大幅度提高通信的传播速度。

(4)创新接入网络的样式。在技术层面融合固定式和移动式等不同业务。特别是无线应用协议的出现，其大幅度推动了无线数据业务的开展，促进了信息网络传送多种业务信息的发展。为了满足市场竞争的需要，传统的电信网络与新兴的计算机网络融合，尤其具备开发潜力的接入网部分通过固定接入、移动蜂窝接入，满足了生活与生产的各种通信需求。

(5)过渡电路交换网络。关于过渡电路交换网络，IP 网络无疑是核心技术，是最合适的选择对象，IP 网络大大提升了电路交换网络的数据处理能力，这对保持通信畅通、解决信号易受干扰非常重要。

3.1.3 无线电通信在水面机器人领域的应用

无线电通信是一项具有双向信息传输的技术，其信息传输距离受空间限制小，使得其在一些需要远距离信息接收与控制的项目中具有重要作用。水面机器人作为一种在水域环境工作的具备自主操纵能力的机器人，在一些情况下会距离陆地或操控中心较远，传统的有缆通信技术已经难以满足这种超远距离的控制需求，需要依靠无线电通信技术来对水面机器人进行优化升级[3]。

首先，水面机器人在设计过程中可以加入相应的无线电通信模块，用来接收无线电波或卫星信号，同时信息接收模块要与水面机器人内置操作系统关联，以便于接收到的信号能够转换成相应的指令来指导该水面机器人完成各种工作。

其次，在水面机器人的无线操控过程中需要构建一个小型的中心控制台，其作用主要是根据人类的操作发出相应的信号，这些信号经过无线电波或卫星的传输最终被水面机器人接收，再编译成相应的指令信息。

最后，水面机器人在运行过程中获取到的各种信息可以再通过无线电通信技术反馈给操控台，从而使该水面机器人的使用者能迅速收集到所需的信息。

这种双向的信息交互极大地提升了水面机器人的实用性，使得水面机器人的优势借助无线电通信技术得到充分发挥。

3.2 卫星通信技术

3.2.1 卫星通信的基本概况

卫星通信系统依据其业务范围和技术实现方式，可以划分为移动卫星通信系统与卫星固定通信系统两大类。

移动卫星通信系统包括移动通信卫星、地面主站(或关口站、信关站)、终端、核心网和运动控制系统五部分[4]。移动通信卫星包括地球静止轨道卫星、中轨道卫星和低轨道卫星等。地球静止轨道卫星通信系统中具有代表性的有国际移动卫星通信系统、亚洲蜂窝卫星系统和瑟拉亚卫星系统等。中轨道移动卫星通信系统中具有代表性的有奥德赛系统、ICO 全球卫星通信系统和 O3b 系统等。低轨道移动卫星通信系统中具有代表性的有铱系统、全球星系统、轨道通信系统等[5-7]。地面主站是移动卫星通信的核心部分，负责完成公众电话网和移动卫星通信网之间的信息转接任务，为远端移动站和固定站的用户提供语音和数据传输通道。地面主站需要完成包括数据分组交换、接口协议转换和路由选择等任务。终端与移动通信卫星的链路称为接入链路，地面主站与卫星的链路称为馈电链路。终端通过无线电收发天线从移动通信卫星获取、设置通信状态，完成通信任务。运动控制系统负责调配资源、协调多个地面主站的工作。

卫星固定通信系统用一个或者多个通信卫星，在固定位置的地球站之间进行无线电通信。卫星固定通信系统一般由空间段(通信卫星)、地面段(地面主站和地球站)、跟踪遥测及指令分系统、监控管理系统四个主要部分组成。卫星固定通信是地球站与地球站、地球站与航天器或航天器与航天器之间利用通信卫星转发器进行的无线电通信。通信卫星作为中继站，通过卫星转发器转发终端的通信信号。跟踪遥测及指令分系统对卫星进行跟踪测量，并进行轨道修正和位姿保持。监控管理系统对通信系统性能进行监测和控制，保证系统的正常通信，并协调不同卫星通信系统的任务需求。地面主站是一种特殊的地球站，地球站负责将来自公众电话网的信息发送到卫星通信网，并接受卫星通信网的信息，发送给公众电话网络用户。

3.2.2 卫星通信的特点

北斗卫星导航系统致力于向全球用户提供高质量的定位、导航和授时服务，包括开放服务和授权服务。开放服务是向全球用户免费提供定位、测速和授时服务，定位精度可达 10m，授时精度 10ns，测速精度 0.2m/s。授权服务是面向有高精度、高可靠卫星导航需求的用户提供高精度定位、测速、授时和通信服务以及系统完好性信息[8]。

国际移动卫星通信系统是世界上唯一一款能为海陆空各行业提供全方位、全天候、全球化公众通信和遇险安全通信服务的国际移动卫星通信系统。国际移动卫星通信系统是由空间段、网控中心、网络协调站、地球站和终端等部分组成。空间段，是指在地球静止轨道上运行的海事卫星[9]。国际移动卫星通信系统的网控中心设置在英国伦敦的国际移动卫星公司总部，负责监测、协调和控制通信网络内所有卫星的运行，同时，还负责监控世界各地的地球站运行状况，协助网络协调站工作。网络协调站的任务是：分配语音类信道和高速数据信道；转发岸站电传信道上的分配信息；对所有终端发布国际卫星业务通告和在线处理遇险信息等。每个洋区至少有一座地球站兼网络协调站。地球站常常建设在海岸附近，故常称为岸站，用以实现用户与移动站之间的通信。北京国际移动卫星地面站也是我国唯一一座国际移动卫星通信系统地面岸站。国际移动卫星通信系统终端按照业务需求可以划分为以车辆、船舶或者飞机为载体的移动终端，和以手持设备为主的手持终端。移动终端设备的体积、重量、功耗等与其载体密切相关。

低轨道卫星通信系统铱系统，其最大的特点是通过卫星之间的接力来实现全球通信。铱系统属于地球异步轨道通信系统，与地球静止轨道卫星通信系统相比具有三大优势：①卫星轨道低，信息传输速度快、信息损失小、通信质量高；②铱系统不需要使用专门的地面接收站，可以通过终端直接与卫星联络，即便在人迹罕至、通信落后、环境恶劣的地区仍旧可以保持通信畅通；③铱系统除覆盖南北纬 70°之间的区域外，还可以覆盖高纬度区域包括极地区域，且保证通信效果优良[10]。

3.2.3　卫星通信的应用

北斗卫星导航系统是我国自主研发的全天候、全球性的卫星导航系统。北斗卫星导航系统主要提供三项服务：①导航定位服务。快速确定用户所在地的地理位置信息，向用户及其主管部门提供导航信息，定位精度可达 20m，无标校站的情况下定位精度优于 100m。②通信服务。实现用户与用户、用户与中心控制系统间最多 120 个汉字的双向报文通信，并可以通过信关站实现与互联网、移动通信系统的互通。③授时服务。中心控制系统定时发送授时信息，为定时用户提供时延修正值。单向授时精度可达 100ns，双向授时精度可达 20ns。

国际移动卫星通信系统具有宽带网络接入、移动实时视频直播等多种通信功能，允许高速互联网接入，拥有语音、传真、综合业务数字网、短信、语音信箱等多种业务模式。国际移动卫星通信系统 Fleet F33、F55 和 F77 是针对海事任务中对电子邮件和数据传输需求而设计的一系列船用通信服务，支持语音、传真、移动综合业务数字网以及移动分组数据业务。国际移动卫星通信系统 Swift64 针对企业专用商务市场提供服务，这一服务可提供高质量语音和综合业务数字网数据传输。

3.2.4　卫星通信在水面机器人领域的应用

无线电通信在水面机器人通信领域的应用存在以下难点：

（1）受距离限制大。水面机器人工作在广阔的海洋环境中，随着人类不断向深海探索，水面机器人与岸基控制站之间的距离将不断扩大，并超出无线电通信正常的工作距离。

（2）受环境干扰大。水面机器人与岸基控制站之间的障碍物遮蔽会对无线电信号造成干扰。

卫星通信与无线电通信相比，具有不受地理环境限制、覆盖范围广、频带宽等优点，可满足水面机器人的多样任务需求，尤其是远海任务需求，是无线电通信的优秀替代方案。

对于单一水面机器人而言，在该机器人上安装一台卫星通信移动终端，岸基控制站安装一台卫星通信移动终端通过通信线路和卫星岸站连接。岸基控制站通过安装卫星通信移动终端，实现水面机器人和移动终端之间的通信，从而完成两者之间的信息传递共享，执行相关控制与测控操作。或者，岸基控制站与岸站连接，接入地面通信网，利用固定通信终端和水面机器人搭载的卫星通信移动终端建立通信连接，便可以完成水面机器人与陆基控制站之间相关数据的传输。

3.3 卫星导航技术

3.3.1 卫星导航技术的基本概况

全球卫星导航系统有美国的 GPS、俄罗斯的格洛纳斯导航卫星系统、欧盟的伽利略卫星导航系统，以及我国的北斗卫星导航系统。以下以北斗卫星导航系统为例进行介绍。

我国的"北斗一号"卫星导航系统是一种"双星快速定位系统"，突出特点是构成系统的空间卫星数目少、用户终端设备简单、一切复杂性均集中于地面中心处理站。"北斗一号"卫星导航系统是利用地球同步卫星为用户提供快速定位、简短数字报文通信和授时服务的一种全天候、区域性的卫星导航系统[11]。

"北斗一号"卫星导航系统的覆盖范围是北纬 5°~55°、东经 70°~140°之间的心脏地区，上大下小，最宽处在北纬 35°左右。其定位精度为水平精度 100m，设立标校站之后为 20m（类似差分状态）。其工作频率为 2491.75MHz，系统能容纳的用户数为每小时 540000 户[12]。

2007 年 2 月 3 日 0 时 28 分，我国在西昌卫星发射中心用"长征三号甲"运载火箭，成功将北斗导航试验卫星送入太空。这是我国发射的第四颗北斗导航试验卫星，从而拉开了建设"北斗二号"卫星导航系统的序幕。2008 年 8 月 1 日，我国又成功将第五颗北斗导航试验卫星送入太空。

北斗卫星导航系统的建设按照"先有源、后无源""先区域、后全球"的发展思路，按照"三步走"的总体规划分步实施：第一步，1994 年启动北斗卫星导航试验系统的工程建设，2000 年形成了区域有源服务能力；第二步，2005 年进入北斗卫星导航系统工程建设阶段，到 2012 年实现区域无源服务能力；第三步，2020年全面建成北斗卫星导航系统，形成全球覆盖能力[13]。

北斗卫星导航系统是世界上第一个区域性卫星导航系统，可全天候、全天时提供卫星导航信息。与其他全球性的导航系统相比，它能够在很短的时间内建成，用较少的经费建成并集中服务于核心区域，是十分符合我国国情的一个卫星导航系统。北斗卫星导航系统工程投资少、周期短，将导航定位、双向数据通信、精密授时结合在一起，因而有独特的优越性。其定位原理是：采用 3 球交汇测星原理进行定位，以 2 颗卫星为球心，2 球心至用户的距离为半径，可画出 2 个球面，另一个球面是以地心为球心，画出以用户所在位置点至地心的距离为半径的球面，3 个球面的交汇点即为用户的位置[11]。

北斗卫星导航系统由太空的导航通信卫星、地面控制中心和客户端三部分组成：太空部分有 2 颗地球同步轨道卫星，执行地面控制中心与客户端的双向无线电信号的中继任务；地面控制中心包括民用网管中心，主要负责无线电信号的发送接收，及整个系统的监控管，其中，民用网管中心负责系统内民用用户的标记、识别和运行管理；客户端是直接由用户使用的设备，即用户机，主要用于接收地面控制中心经卫星转发的测距信号。

地面控制中心包括主控站、测轨站、测高站、校正站和计算中心，主要用来测量和校正导航定位参数，以便调整卫星的运行轨道、姿态，并编制星历，完成用户定位修正资料和对用户进行定位。简单地说，北斗卫星导航系统具有快速定位、简短通信和精密授时的三大主要功能。①快速定位：快速确定用户所在地的地理位置，向用户及主管部门提供导航信息。②简短通信：用户与用户、用户与中心控制系统间均可实现双向简短数字报文通信。③精密授时：中心控制系统定时播发授时信息，为定位用户提供时延修正值。

北斗卫星导航系统的工作步骤如下：

(1)地面控制中心向 2 颗卫星发送询问信号；

(2)卫星接收到询问信号，经卫星转发器向服务区用户播送询问信号；

(3)用户响应其中 1 颗卫星的询问信号，并同时向 2 颗卫星发送回应信号；

(4)卫星收到用户响应信号，经卫星转发器发送回地面控制中心；

(5)地面控制中心收到用户的响应信号，解读出用户申请的服务内容；

(6)地面控制中心利用数值地图计算出用户的三维坐标位置,再将相关信息或通信内容发送到卫星；

(7)卫星在收到控制中心发来的坐标资料或通信内容后,经卫星转发器传送给用户或收件人。

北斗卫星导航系统除了在我国国家安全领域发挥重大作用外，还将服务于国家经济建设，提供监控救援、信息采集、精确授时和导航通信等服务，可广泛应用于船舶运输、公路交通、铁路运输、海上作业、渔业生产、水文测报、森林防火、环境监测等众多行业。

北斗卫星导航系统是重要的空间基础设施，为人类带来了巨大的经济效益和社会效益，涉及政治、经济、军事等领域，对维护国家利益具有重大意义[14]。中国作为发展中国家，拥有广阔的领土和海域，有必要也有能力拥有自己的全球卫星定位系统。我国政府高度重视卫星导航系统的建设，努力探索和发展拥有自主知识产权的全球卫星导航系统。

从技术和应用前景上看，四大系统各有优劣，如果说 GPS 胜在成熟，伽利略卫星导航系统胜在精准，格洛纳斯导航卫星系统的最大价值就在于抗干扰能力强，而中国的北斗卫星导航系统的优势则在于互动性和开放性。

3.3.2　卫星导航在水面机器人领域的应用

这里以北斗卫星导航系统在水面水面机器人上的应用为例，简要说明卫星导航在水面机器人领域的应用。

水面机器人的自主导航主要基于北斗卫星导航系统，水面机器人通过北斗卫星导航系统获取自身位置，随后通过船载陀螺仪测算水面机器人的航向，并通过机动部件控制水面机器人向目标位置航行。

对于水面机器人来讲，定位、导航以及相应的应急通信是非常关键的技术，利用北斗卫星导航系统可以极大地提高定位、导航精度，也能为水面机器人提供广泛覆盖范围和高可靠性的通信服务[15]。

（1）提供实时精确位置信息并进行导航定位。可以利用北斗卫星导航系统的地基增强系统为水面机器人提供实时的厘米级位置信息并进行导航定位。水面机器人使用北斗卫星导航系统的最直接目的是利用其提供的位置信息进行定位，基于北斗卫星导航系统的地基增强系统的精准定位功能和数字化地图库，可在电子地图上标注出水面机器人的实时位置和相应时间。

（2）显著提高水面机器人导航的可靠性。兼容 GPS 与北斗卫星导航系统的多模卫星导航系统能够显著提高水面机器人导航的可靠性，因为利用北斗卫星导航系统、GPS、格洛纳斯导航卫星系统等多模卫星导航芯片和模组，能够同时搜寻并利用多颗导航卫星的信号，使得在视卫星数量从单一 GPS 的 10 颗左右提升到 20 余颗，极大地提高了卫星导航定位的可靠性。

（3）利用北斗卫星导航系统短报文功能增强水面机器人处理突发事件能力。若水面机器人出现意外，需要紧急停航等待搜救时，这时搜救比较困难。利用北斗卫星导航系统以后可以设置一些专用指令，使得水面机器人出现故障的时候，即使在没有移动通信信号的区域，也可以通过北斗短报文进行搜救。

（4）加强人机信息交流。利用北斗卫星导航系统，可加强地面人员设备与水面机器人的信息交流，提高对水面机器人的测控能力。地面站可通过北斗卫星导航系统向水面机器人发送遥控指令，当水面机器人驶出地面测控范围时，北斗卫星导航系统可作为备用测控通信系统。

水面机器人搭载的北斗卫星导航系统通常由远程终端控制系统、水面机器人移动定位接收系统两部分组成，通过实时获取北斗卫星信号和实时动态(real-time kinematic，RTK)差分定位信息，为水面机器人航行作业提供高精度定位支持，并支持接入跨域资源共享(cross-origin resource sharing，CORS)系统，来获取更为可靠的定位信息。同时这一系统还可以为水面机器人制定航行作业方案，规划航行路线，提高自动化作业能力，有效提高作业效率。

北斗卫星导航系统应用在水面机器人系统的优势如下：第一是定位精度高，基于北斗高精度全球导航卫星系统(global navigation satellite system，GNSS)接收机及天线，支持北斗卫星导航系统、GPS、格洛纳斯导航卫星系统三大系统定位；第二是作业标准高；第三是作业范围广；第四是控制自动化；第五是应急性通信，利用北斗短报文通信，可以扩展水面机器人的应急通信功能。

3.4 天文导航技术

天文导航是以已知准确空间位置的自然天体为基准，通过天体测量仪器被动探测天体位置，经解算确定测量点所在载体的导航信息。天文导航不需要其他地面设备的支持，所以具有自主导航特性，也不受人工或自然形成的电磁场的干扰，不向外辐射电磁波，隐蔽性好，定位、定向的精度比较高，定位误差不随时间积累，应用广泛。

元明时期，我国已经能够通过"牵星术"观测星的高度来确定地理纬度协助航海。18世纪，国外六分仪和天文钟的问世，大大提高了天文导航的准确性，前者用于观测天体高度，后者可以在海上用时间法求经度。1837年美国船长沙姆那发现了等高线，可同时观测经纬度；1875年法国人圣西勒尔发明了高度差法，简化了天文定位线测定作业，至今仍在应用[16]。

目前，国外天文导航正从传统的可见光测星定位向可见光测星定位和射电测星定位相结合的方向发展，从传统的小视场测星定位向小视场测星定位和大视场测星定位相结合的方向发展，以提高天文导航系统的精度和数据输出率，实现天文导航系统的高精度、自主、全天候和多功能化，满足多种作战平台的需要。

天文导航系统的分类：按星体的峰值光谱和光谱范围，天文导航可分为星光导航和射电天文导航。观测天体的可见光进行导航的叫星光导航，而接收天体辐射的射电信号(不可见光)进行导航的叫射电天文导航。前者可解决高精度昼夜全球自动化导航定位，后者可克服阴雨等不良天气影响，通过探测射电信号进行全天候天文导航与定位。

根据跟踪的星体数,天文导航分为单星、双星和三星导航。单星导航由于航向基准误差大而定位精度低,双星导航定位精度高,在选择星对时,两颗星体的方位角差越接近 90°,定位精度越高。三星导航常利用第三颗星的测量来检查前两次测量的可靠性,在航天中,则用来确定航天器在三维空间中的位置。

3.4.1 天文导航技术的特点

(1)被动式测量,自主式导航。被动地接收天体自身辐射信号,进而获取导航信息,是一种完全自主的导航方式,工作安全、隐蔽[17]。

(2)同时提供位置和时间信息,误差不积累。天文导航不仅可以提供载体的位置、速度信息,还可以提供姿态信息。由于从地球到恒星的方位基本保持不变,因此天体测量仪器就相当于惯性导航系统中没有漂移的陀螺仪,虽然有像差、视差和地球极轴的章动等,但这些因素造成的定位误差极小,也可以在星表中加以修正,因此天文导航非常适合长时间自主运行和导航定位精度要求较高的领域。

(3)抗干扰能力强,可靠性高。天体辐射覆盖了 X 射线、紫外线、红外线、可见光等整个电磁波谱,从而具有极强的抗干扰能力。此外,天体的空间运动规律不受人为破坏,从根本上保证了天文导航的可靠性。

(4)使用范围广,发展空间大。天文导航不受地域、空域和时域的限制,是一种在整个宇宙空间处处适用的导航技术,可实现全空间和全球的全天时、全天候、全自动天文导航。

(5)设备简单,便于应用推广。天文导航不需要设立岸基控制站,更不必向空中发射轨道运行体,设备简单,工作可靠,不受敌对制约,便于建成独立的导航体制。在战争情况下将是一种难得的精确导航定位与校准手段。

(6)导航过程时间短,定向精度高。天文导航完成一次定位、定向过程只需 1~2min,当采用光电自动瞄准定向时,只需 15s,而且天文导航在导航系统中定向精度最高。天文导航不仅能够为未来战场武器系统提供精确实时的航向和惯导校正信息,而且可作为未来空天高速飞行器的导航保障手段之一[18]。

3.4.2 天文导航在军事上的应用

1. 潜艇、舰船的天文导航

二战前,天文导航是主要的导航手段,几乎全部舰船都配备各种天文仪表、天文钟和手持六分仪。二战后,潜艇用天文导航系统也发展起来。同时,各种大型水面舰船使用的星体跟踪器也不断取得技术突破。

1990 年,美国海空发展中心、诺思罗普公司联合推出了新一代星光-惯性捷联式组合导航系统,采用全息多焦点广角透镜和 CCD 焦平面阵列实现了星体昼夜观测定位。之后,美国波尔光电公司也研制出新型 CCD 昼夜星体跟踪系统,白天测+2.5 等星,夜间测+3.5 等星,精度达 5″。在"台风"级、D-III 级、阿尔法级和维克托-III 型核潜艇上也装有天文导航系统,在 M 级战略导弹核潜艇和 Y 级核动力潜艇上装有较先进的"鳕眼"星光-射电组合导航系统。

俄罗斯在其靶场测量船上安装的光学自动定向仪采用光电倍增管作为星体敏感元件,高度轴和方位轴的检测精度为 6″,白天测+2.0 等星,夜间测+3.5 等星。法国建造的凯旋级弹道导弹核潜艇上装有 M92 型光电潜望镜(带六分仪)。俄罗斯航空母舰的导航设备中,除无线电导航设备外,与惯导组合的天文导航设备有:两套光学自动定向仪(即星体跟踪器)和一套六分仪,以及一套天文校正用的计算机系统。

2. 空天装备的天文导航

随着天文导航技术的不断发展提高,其应用范围也从航海扩展到航空航天。天文导航现已应用于远程飞机导航、弹道导弹制导和航天飞机导航,将来也将应用于空天飞机等新一代航天武器导航中。美国 B52 远程轰炸机上装有 MD-1 天文自动罗盘,在 B57 远程轰炸机上装有光电六分仪 KS-85,高度观测范围为 5°~70°,观测精度为 4′,方位精度为 0.3°。1965 年,美国首先将星光-惯性制导用于三叉戟导弹上,其射程增加到 7400km,命中精度提高到 0.37km。1970 年,美国在超音速运输机上装备天文-惯性-多普勒组合导航系统。后来研制的 NAS-26 型天文-惯性组合导航系统安装在 B2 轰炸机等先进战机上。俄罗斯也将天文-惯性制导设备用于 SS-N-8 导弹上,大大提高了命中精度。如今,天文制导已是各种精确制导炸弹必不可少的制导方式之一。卫星和宇宙飞船等航天器也可利用星体敏感器、红外地平仪和空间六分仪等设备来实现天文导航,保障飞行。

3.4.3 天文导航的发展趋势

天文导航技术总体发展趋势是提高定位、定向精度与导航定位的自动化、智能化水平,实现昼夜导航、全天候导航和全球导航。

(1)高精度定位、定向。目前的天文导航方法是以当地垂线为基准测量天体的天顶距而进行定位的。定位精度主要取决于垂线基准精度和天文仪器测量精度(含轴角测量和星体检测精度)。探讨不用垂线基准或采用粗略垂线基准进行精确天文定位的新导航方法,发展小型化高精度垂直陀螺仪,加强天文导航中信息融合理论的应用研究等,对提高天文导航精度具有重要意义[19]。

(2)昼夜导航。实现昼夜连续的天文导航定位,具有十分重要的军事意义。被测星体的星光通过光学系统后被聚焦在靶面上的星象是直径不大于 0.05mm 的光点。只要靶面上的星象照度大于星象传感器的阈值，便可检测到星体。夜间测星是易于做到的。而白天由于阳光透过大气层时的散射与折射，使天空背景变得很亮，星光难以检测。因此从明亮的天空背景中检测比较弱的星体信号是实现昼夜天文导航的关键技术。此外，高质量成像技术、高精度复合控制技术、不同峰值光谱的星光检测技术、昼夜星光自动跟踪技术等也是实现昼夜导航应发展的重点。

(3)全天候导航。不良天气条件下的星光检测技术研究是实现全天候天文导航的关键。射电天文导航要解决的关键技术主要包括：研究和发现新的射电源；研制小型化及高灵敏度接收天线；射电源中心确认技术和红外天文探测技术等。

(4)自动化导航。自动化的天文导航主要需要解决星体的自动捕获、自动跟踪、自动检测和定位、定向自动解算，其技术难点是自动捕获跟踪星体与自动检测星体。目前，自动捕获跟踪星体的数学模型已经建立，关键是提高跟踪精度以减小星象在视场中的抖动。

当然除此之外，将天文导航与其他导航技术组合运用形成新的组合导航方法也是天文导航发展的一大趋势。

3.4.4 天文导航技术目前存在的问题

(1)高精度感知与检测问题。高精度感知与检测是高精度天文导航的前提与保障。根据导航目标源的运动、几何、辐照等目标特性获取导航目标源特性，利用图像处理、特征提取和光谱检测等方法确定航天器位置、速度等导航信息。在工程应用中不可避免地存在天体信号暗弱、杂光干扰、微振动影响等现象，难以获取高精度导航信息[20-22]。

(2)导航测量信息的连续性与选取问题。对于飞行器或者舰艇，主要导航天体为地球、月亮、太阳、恒星，在运动过程中会导致观测视场频繁切换或天体不可见，导航观测不连续。

(3)导航敏感器工程实现与在轨应用问题。导航敏感器是天文导航系统的核心组成部分。导航敏感器捕获天体辐射或反射的光，获取被观测天体相对于航天器的位置或速度信息[23]，为导航解算提供观测信息，通常由光学系统、光电转换器件和处理电路组成。在实际应用过程中，由于航行器上资源有限，不可避免地存在导航仪器体积、重量、功耗、实时性等约束，高精度导航敏感器的工程实现和在轨应用受限。

(4)在某些情况下会受到外界环境的影响。例如，气象、海洋和天象环境，如低温导致大气折射异常、天体高度低于10°等，所导致的观测高度修正方面的问题；地理环境，如使用特殊投影方式制作的海图、方位线必须绘成大圆弧等，所导致的高度差法作图方面的问题；海洋环境，如海冰影响航迹推算等，所导致的高度差法和移线定位缺乏精度问题。

3.4.5　天文导航技术在水面机器人领域的应用前景

虽然迄今为止天文导航仍未被引入水面机器人领域，但是随着技术的发展以及人们对水面机器人的功能定位要求越来越高，天文导航技术被应用到水面机器人领域的可能性还是极高的。

众所周知，水面机器人的工作环境种类多样，且环境的复杂度和快变性也是导航技术在该领域应用亟待解决的问题。天文导航对外界干扰极高的抗性是其在该领域应用的优势之一。

天文导航技术能够同时提供位置和时间信息，不仅可以提供载体的位置、速度信息，还可以提供姿态信息，且具备全天候、全天时、全自动工作的能力。对于水面机器人这种对导航精度要求极高、导航稳定性要求极高的无人平台而言，天文导航技术无疑是一种更加有利的选择。

3.5　组合导航技术

组合导航技术主要包括组合导航系统的构成、原理及常用的导航滤波算法。

3.5.1　组合导航系统的构成

组合导航系统通常以惯性导航系统作为主导航系统，而将其他导航定位误差不随时间积累的导航系统如无线电导航、天文导航、地形匹配导航、GPS 等作为辅助导航系统[24]，应用卡尔曼滤波技术，将辅助信息作为观测量，对组合系统的状态变量进行最优估计，以获得高精度的导航信号。这样，既保持了纯惯性导航系统的自主性，又防止了导航定位误差随时间积累。组合导航系统在民用和军事上均具有重要意义。由于飞船、战术导弹及飞机的惯性导航系统有高精度与低成本的要求，所以采用捷联惯性导航方案是十分适宜的。国外有人把捷联惯性导航系统列为低成本惯性导航系统。捷联惯性导航系统提供的信息全部是数字信息，所以特别适用于各种舰船的数字航行控制系统及武备系统。水下机器人以捷联惯性导航系统为核心，辅助 GPS、测速装置多普勒计程仪等组成组合导航系统，采用卡尔曼滤波技术完成系统导航定位。因此，捷联惯性组合导航技术的研究对于水下机器人高精度工作举足轻重。捷联惯性导航技术是一门新兴的多学科综合技术，它的出现和发展代表了现代惯性导航技术的一个新的发展方向。捷联惯性导航系统就是将惯性传感器件(陀螺仪、加速度计)直接安装在载体上，完成导航任务的系统，是一种利用惯性传感器件的基准方向和初始速度、位置信息来确定载体实时姿态、速度和位置的推算导航系统。捷联惯性导航系统在计算机中用方向余弦矩阵实现导航平台的功能，以"数学平台"代替常规平台式惯性导航系统中的实体机械平台。由于省去了复杂的机电式导航平台，给系统带来许多益处：①体积和成本的大大降低，捷联惯性导航系统没有平台框架和相连的伺服装置，简化了硬件；②可靠性高，捷联惯性导航系统机械构件少，便于采用多敏感元件配置，实现系统冗余；③捷联惯性导航系统以高速率和高精度提供数字形式的载体姿态，可直接提供载体角速率[18]。

3.5.2　组合导航系统的原理

惯性导航系统具有可在任何介质和任何环境下实现导航，且能输出位置、速度、方位和姿态等多种导航参数，导航输出数据平稳，短期稳定性好等优点，但同时存在误差随时间迅速积累的缺点，且惯性元件价格昂贵，研制困难[25]。与惯性导航系统相比，罗兰、奥米加等无线电导航系统与卫星导航的误差不随时间积累，但是由于电磁干扰、传播路径噪声、周期跳变、信号失锁等因素，会使其误差的短期特性不佳，而多普勒计程仪通过向海底发射声波测量载体对地速度，测速精度很高。于是，我们转向了组合导航系统以结合各个传感器的优势。事实上，信息融合理论是在 20 世纪 80 年代中期，随着人们开始认识到各种传感器在机器人应用中的种种限制和不尽人意之处，而得以发展的。我们希望通过多传感器数据融合，增强水面机器人对周围环境的认识能力，解决各种使用单一传感器不能解决或难以解决的问题。信息融合即多传感器数据融合在许多方面得到了应用，形成了传感器融合和数据融合的新学科。现在，国内外已经发展了多种多传感器数据融合的一般方法，较为成熟的有加权平均法、贝叶斯估计法、多贝叶斯估计法、卡尔曼滤波法、统计决策理论方法、证据理论方法、可能性理论方法和确定性理论方法等，也开展了模糊推理和神经网络方法的研究。信息融合技术在导航领域的体现即组合导航技术。组合导航系统的发展是一个从简单到复杂、从用处较少到多用途、从不灵活到灵活的过程。组合导航技术的研究主要集中在信息融合、智能容错、组合系统模型建立、系统可观测性研究、组合滤波校正算法的研究等方面。组合导航系统一般具有协同超越功能、互补功能和余度功能，使之能充分利用各子系统的导航信息，取长补短，提高整个系统的可靠性。组合导航系统利用惯性导航系统和辅助导航设备信息的互补作用，进行组合卡尔曼滤波，很大程度上提高了导航定位的精度和可靠性，降低了导航系统的成本。组合导航系统是导航技术的主流及发展趋势。

3.5.3 组合导航系统常用的导航滤波算法

在组合导航系统中，卡尔曼滤波是非常成功的信息处理方法[26,27]。由于采用了状态空间法描述系统，滤波采用递推方法，所以卡尔曼滤波不但能处理一维平稳随机过程，也可以处理多维非平稳随机过程。需要指出的是，R. E. Kalman 和R. S. Bucy 提出的滤波理论只适用于线性系统，并且观测也必须是线性的。卡尔曼滤波算法可以从被提取信号的相关量的测量中估计出所需信号，可以应用于线性和非线性测量处理，Bucy 等在扩展卡尔曼滤波的计算过程用到了状态方程、测量方程、白噪声激励的统计特性、测量误差的统计特性，并实时记录和存储于估计值中[28]。由于所用信息都是时域内的量，所以卡尔曼滤波器是在时域内设计的，且适用于多维情况，适用范围很广。作为一种线性最小方差估计，卡尔曼滤波具有以下鲜明特点：算法是递推的，且使用状态空间法在时域内设计滤波器，所以卡尔曼滤波是用于对多维随机过程的估计[29]。采用动力学方程及状态方程描述被估计量的动态变化规律，被估计量的动态统计信息由激励白噪声的统计信息和动力学方程确定。由于激励白噪声是平稳随机过程，动力学方程已知，所以被估计量既可以是平稳的，也可以是非平稳的，即卡尔曼滤波也适用于非平稳随机过程。卡尔曼滤波具有连续型和离散型两类算法，离散型算法可直接适用于非平稳随机过程。

3.5.4 组合导航在水面机器人领域的应用

导航系统在水面机器人自主航行中占据重要地位。限于水面机器人对导航器的体积、重量和成本的要求，而大型高精度的导航系统因结构复杂、体积大和重量大等原因，无法在水面机器人上使用。同时 GPS 单独作为水面机器人的导航系统，其不足之处在于环路带宽窄、易受干扰、接收机数据更新率低，难以满足实时测量与控制的要求。基于微电子机械系统(micro-electromechanical system, MEMS)的捷联惯性导航系统(strapdown inertial navigation system, SINS)具有自主性强、体积小、成本低和输出信息连续等优势。但是低成本的 MEMS惯性器件的精度比较低，导致基于 MEMS SINS 应用受到一定的限制。将 MEMSSINS 与 GPS 相结合可以弥补其各自的不足，为水面机器人的导航与制导系统提供了一个非常有吸引力的方案，是目前发展的主要方向之一。MEMS SINS/GPS组合导航系统虽然位置和速度精度较高，但姿态精度不高。利用 3 轴磁强计的信号可以确定载体坐标系与导航坐标系的关系，继而得到载体姿态，且误差不发散。将 MEMS SINS、GPS 和磁强计三种导航手段进行有机组合，可以充分发挥每种导航技术的优点，实现性价比优越的组合导航和制导系统，在水面机器人上有广阔的应用前景[30]。为了保证导航系统拥有高精度、高可靠性以及自主能力，必须将组合导航系统中的多种传感器信息进行融合和估计，以获取所需的高精度信息。

参 考 文 献

[1] 吴珊，靳紫辉，张仕霞，等. 无线通信与机器视觉在无人机中的应用[J]. 数字通信世界，2019(12)：194.

[2] 聂乾震. 北斗卫星导航系统在航海保障行业的应用思考[J]. 航海，2017(4)：38-41.

[3] 肖龙龙，梁晓娟，李信. 卫星移动通信系统发展及应用[J]. 通信技术，2017, 50(6)：1093-1100.

[4] 吴翌月. GPS 全球卫星定位系统在无人机导航系统中的应用[J]. 中小企业管理与科技，2017(8)：110-111.

[5] Sachdev D K. Success Stories in Satellite Systems[M]. Reston: American Institute of Aeronautics and Astronautics, 2013.

[6] Hambloch P, Swan P, Ashford E W. Hitchhiking Iridium-a concept for global near real-time earth observation[C]. AIAA International Communications Satellite Systems Conference, 2011.

[7] Santangelo A D, Skentzos P. Utilizing the globalstar network for satellite communications in low earth orbit[C]. 54th AIAA Aerospace Sciences Meeting, 2016.

[8] 王博. 北斗卫星导航系统在无人机的应用[J]. 中国公共安全(综合版)，2016(15)：69-70.

[9] 张伟，张恒. 天文导航在航天工程应用中的若干问题及进展[J]. 深空探测学报，2016(3)：204-213.

[10] 聂丽芬. 分析无线电通信技术的发展现状及创新[J]. 电子制作，2015 (6)：146.

[11] 李俊锋. "北斗"卫星导航定位系统与全球定位系统之比较分析[J]. 北京测绘，2007(1)：51-53.

[12] james bai. "北斗一号"卫星导航系统的特点与应用[EB/OL]. (2006-07-03) [2020-5-10]. http://www.nav. oldhand.org/articles/cnss/2006/0717/107.html.

[13] 纪龙蛰，单庆晓. GNSS 全球卫星导航系统发展概况及最新进展[J]. 全球定位系统，2012, 37(5)：56-61, 75.

[14] 钱沈廉. 无线电通信技术之通信方法拓新[J]. 中国新技术新产品，2009(12)：20.

[15] 张燕. 捷联惯导系统的算法研究及其仿真实现[D]. 大连：大连理工大学，2008.

[16] 安孟长. 俄罗斯 GLONASS 系统的投资与发展简述[J]. 中国航天，2010(3)：18-19.

[17] 王安国. 现代天文导航及其关键技术[J]. 电子学报，2007, 35(12)：2347-2353.

[18] 杨英杰. 全球四大卫星定位系统齐聚太空[J]. 中学地理教学参考，2007 (6)：14.

[19] 雷辉. 单颗导航卫星定轨研究[D]. 上海：中国科学院研究生院，2007.

[20] Husa. Adaptive filtering with unknown prior statistics[C]. Joint Automatic Control Conference, 1969.

[21] Harlander J, Reynolds R J, Roesler F L. Spatial heterodyne spectroscopy for the exploration of diffuse interstellar emission lines at far-ultraviolet wavelengths[J]. The Astrophysical Journal, 1992, 396: 730-740.

[22] Englert C R, Babcock D D, Harlander J M. Doppler asymmetric spatial heterodyne spectroscopy (DASH): concept and experimental demonstration[J]. Applied Optics, 2007, 46(29)：7297-7307.

[23] 赵辉. 基于水下航行器导航定位及信息融合技术研究[D]. 南京：南京理工大学，2006.

[24] 陈义，程言. 天文导航的发展历史、现状及前景[J]. 中国水运(理论版)，2006, 4(6)：27-28.

[25] 宋红江. 组合导航算法及其在 SINS/GPS/DVL 组合导航系统中的应用[D]. 哈尔滨：哈尔滨工程大学，2006.

[26] Raol J R, Girija G. Evaluation of adaptive Kalman filtering methods for target tracking applications[C]. AIAA

Guidance, Navigation, and Control Conference and Exhibit, 2001.

[27] Choukrouny D, Bar-Itzhack I Y. Oshman Y. A novel quaternion Kalman filter[C]. AIAA Guidance, Navigation, and Control Conference and Exhibit, 2002.

[28] 何炬. 国外天文导航技术发展综述[J]. 舰船科学技术, 2005(5): 92-97.

[29] 郭真. AUV 高精度组合导航技术研究[D]. 哈尔滨: 哈尔滨工程大学, 2005.

[30] 韩文明. 挑战 GPS 的"伽利略"计划[J]. 现代军事, 2004(1): 40-41.

4

水面机器人航行控制技术

4.1　水面机器人航行仿真模型

　　水面机器人动力学与运动学模型是进行运动控制分析、设计与仿真的基础。由于水面机器人运动模型具备非线性与不确定性等特征，因此简单的数学模型往往不能充分地描述系统的重要特性，设计出的控制系统难以应用在实际工程，而过于精细的数学模型又常包含难以确定的模型参数。可见建立一个合适的数学模型，对于水面机器人的欠驱动控制意义重大。在跟踪控制领域中，大多学者选择忽略垂直面的运动耦合，采用基于水平面的 3 自由度运动，故本章后续所述均只考虑艏摇（yaw）、纵荡（surge）和横荡（sway）。为便于下文分析，首先介绍在水面机器人运动时，一般采用的两种不同的，但均遵守右手坐标系原则的正交坐标系[1]。

　　(1)大地坐标系：原点可任意选定，坐标轴分别以正北、正东为正。在水面机器人研究中，可将惯性坐标系等同于大地坐标系，用于描述艇体位姿信息。

　　(2)随体坐标系：原点在艇体重心处，坐标轴分别以指向艏、右舷为正。在水面机器人研究中，用于描述艇体速度和受力信息。

　　两种坐标系的具体情况如图 4.1 所示。

　　本节模型以现有的"XL"水面机器人试验平台为载体，由于该平台为基于喷水推进方式的刚性充气滑行艇，其吃水、浸湿面积和水动力系数等随着航速的变化而剧烈变化，加上平台运动驱动机构，如喷水推进器、柴油发动机、液压舵机系统具有非线性、惯性、时滞性等特点，建立精确的水面机器人动力学模型是十分困难的一件事，因此本节给出以下假设。

　　假设 4.1　忽略地球曲率，认为大气密度、重力加速度以及海水密度恒定，同时水面机器人基于艏纵剖面对称，艇体为刚体，质量分布均匀，且为常值。

　　根据文献[1]以及上述假设，本节仅考虑水面机器人在水平面的 3 自由度，忽

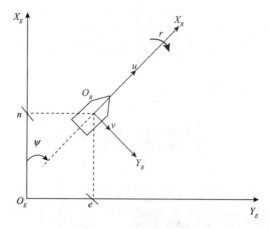

图 4.1　水面机器人跟踪控制的两种坐标系

略二次以下的水动力阻尼项，以及舵机和发动机响应时间，得[2]

$$\dot{\boldsymbol{\eta}} = \boldsymbol{J}(\psi)\boldsymbol{\vartheta} \tag{4.1}$$

$$\boldsymbol{M}\dot{\boldsymbol{\vartheta}} + \boldsymbol{C}(\boldsymbol{\vartheta})\boldsymbol{\vartheta} + \boldsymbol{D}(\dot{\boldsymbol{\vartheta}})\boldsymbol{\vartheta} + \boldsymbol{g}(\boldsymbol{\eta}) = \boldsymbol{\tau}_\vartheta + \boldsymbol{\tau}_d \tag{4.2}$$

式中，$\boldsymbol{\eta} = [n,e,\psi]^\mathrm{T}$ 表示水面机器人在大地坐标系下的位置和艏向角；$\boldsymbol{\vartheta} = [u,v,r]^\mathrm{T}$ 表示水面机器人在随体坐标系下的线速度和艏摇角速度；$\boldsymbol{\tau}_\vartheta = \left[\tau_x, \tau_y, \tau_r\right]^\mathrm{T}$ 表示推进器作用于水面机器人的力；$\boldsymbol{\tau}_d = \left[\tau_{d,u}, \tau_{d,v}, \tau_{d,r}\right]^\mathrm{T}$ 表示外界的不确定性干扰。

转置矩阵 $\boldsymbol{J}(\psi)$ 可表示为

$$\boldsymbol{J}(\psi) = \begin{bmatrix} \cos\psi & -\sin\psi & 0 \\ \sin\psi & \cos\psi & 0 \\ 0 & 0 & 1 \end{bmatrix} \tag{4.3}$$

且 $\forall \psi \in [0,2\pi]$，具有如下性质：

$$\begin{aligned} &\boldsymbol{J}^\mathrm{T}(\psi)\boldsymbol{J}(\psi) = \boldsymbol{I}, \quad \|\boldsymbol{J}(\psi)\| = 1 \\ &\dot{\boldsymbol{J}}(\psi) = \boldsymbol{J}(\psi)\boldsymbol{S}(r) \\ &\boldsymbol{J}^\mathrm{T}(\psi)\boldsymbol{S}(r)\boldsymbol{J}(\psi) = \boldsymbol{J}(\psi)\boldsymbol{S}(r)\boldsymbol{J}^\mathrm{T}(\psi) = \boldsymbol{S}(r)\boldsymbol{J} \end{aligned} \tag{4.4}$$

式中，$\boldsymbol{I} \in \mathbf{R}^{3\times3}$ 表示元素全为 1 的对角矩阵，其中，

$$\boldsymbol{S}(r) = \begin{bmatrix} 0 & -r & 0 \\ r & 0 & 0 \\ 0 & 0 & 0 \end{bmatrix} \tag{4.5}$$

惯性矩阵 $\boldsymbol{M} = \boldsymbol{M}^\mathrm{T}$ 为正定矩阵，可表示为

$$\boldsymbol{M} = \begin{bmatrix} m_{11} & 0 & 0 \\ 0 & m_{22} & m_{23} \\ 0 & m_{32} & m_{33} \end{bmatrix} \tag{4.6}$$

式中，$m_{11} = m - X_{\dot{u}}$；$m_{22} = m - Y_{\dot{v}}$；$m_{23} = mx_g - Y_{\dot{r}}$；$m_{32} = mx_g - N_{\dot{v}}$；$m_{33} = I_z - N_{\dot{r}}$。其中，$m$ 表示艇体质量，x_g 表示随体坐标系原点到 USV 重心的纵向距离，I_z 表示转动惯量，X_*、Y_*、N_* 表示水面机器人运动时在各个自由度的水动力导数，且有 $Y_{\dot{r}} = N_{\dot{v}}$。

科里奥利力及向心力矩阵 $\boldsymbol{C}(\boldsymbol{\vartheta}) = -\boldsymbol{C}(\boldsymbol{\vartheta})^{\mathrm{T}}$ 为反对称矩阵，可表示为

$$\boldsymbol{C}(\boldsymbol{\vartheta}) = \begin{bmatrix} 0 & 0 & c_{13}(\boldsymbol{\vartheta}) \\ 0 & 0 & c_{23}(\boldsymbol{\vartheta}) \\ -c_{13}(\boldsymbol{\vartheta}) & -c_{23}(\boldsymbol{\vartheta}) & 0 \end{bmatrix} \tag{4.7}$$

式中，$c_{13}(\boldsymbol{\vartheta}) = -m_{11}v - m_{23}r$；$c_{23}(\boldsymbol{\vartheta}) = m_{11}u$。

阻尼矩阵 $\boldsymbol{D}(\boldsymbol{\vartheta})$ 可表示为

$$\boldsymbol{D}(\boldsymbol{\vartheta}) = \begin{bmatrix} d_{11}(\boldsymbol{\vartheta}) & 0 & 0 \\ 0 & d_{22}(\boldsymbol{\vartheta}) & d_{23}(\boldsymbol{\vartheta}) \\ 0 & d_{32}(\boldsymbol{\vartheta}) & d_{33}(\boldsymbol{\vartheta}) \end{bmatrix} \tag{4.8}$$

式中，$d_{11}(\boldsymbol{\vartheta}) = -\sum_{i=1}^{8} X_{u^i} u^{i-1}$；$d_{22}(\boldsymbol{\vartheta}) = -Y_v - Y_{|v|v}|v|$；$d_{23}(\boldsymbol{\vartheta}) = -Y_r - Y_{|v|r}|v| - Y_{|r|r}|r|$；$d_{32}(\boldsymbol{\vartheta}) = -N_v - N_{|v|v}|v| - N_{|r|v}|r|$；$d_{33}(\boldsymbol{\vartheta}) = -N_r - N_{|v|r}|v| - N_{|r|r}|r|$。

恢复力向量 $\boldsymbol{g}(\boldsymbol{\eta})$ 可表示为

$$\boldsymbol{g}(\boldsymbol{\eta}) = \begin{bmatrix} (mg - \rho g \nabla)\sin\theta \\ -(mg - \rho g \nabla)\cos\theta\sin\phi \\ -(x_g mg - x_b \rho g \nabla)\cos\theta\sin\phi - (y_g mg - y_b \rho g \nabla)\sin\theta \end{bmatrix} \tag{4.9}$$

式中，(x_g, y_g) 为水面机器人的重心在随体坐标系下的坐标；(x_b, y_b) 为水面机器人的浮心在随体坐标系下的坐标；g 为重力加速度；ρ 为水体密度；∇ 为水面机器人的排水量；ϕ 为横摇角；θ 为纵摇角。只考虑水平面内的运动，忽略横摇、纵摇和升沉运动的影响，则有 $z = w = \phi = p = q = 0$（z 为垂荡位置，w 为垂荡速度，p 为横摇角速度，q 为纵摇速度），即 $\boldsymbol{g}(\boldsymbol{\eta}) = 0$。

推进器作用力矩阵 $\boldsymbol{\tau}_{\vartheta}$ 可表示为

$$\boldsymbol{\tau}_{\vartheta} = \begin{bmatrix} P(-0.0779|A| + 1)\cos A \\ P\sin A \\ -1.65P\sin A \end{bmatrix} \tag{4.10}$$

式中，P、A 为系统输入，分别表示推进器推力和扭转角度。从该式可以看出模型仅通过两个输入控制 3 自由度运动，因此为欠驱动系统。

假设 4.2 外界的不确定性干扰为慢变过程，且具有上界，即 $\dot{\tau}_d = 0$，$\|\tau_d\| < D$，其中 D 为正常数。基于舵机和喷泵的物理限制，控制输入受限，即 $|\tau_{v,i}| \leqslant \tau_{v,i,\max}$，$0 < \tau_{v,i,\max} < \infty (i = u, r)$。

在假设 4.2 的基础上，考虑到本节研究的海况在 3 级及其以下，一阶波浪力引起的垂荡、横摇和纵摇运动幅度不大，因此忽略一阶波浪力的影响。给出如下波浪力干扰模型[3]：

$$\tau_{d,w} = \frac{1}{2}\rho g L \omega_w^2 \begin{bmatrix} \cos\chi & 0 & 0 \\ 0 & \sin\chi & 0 \\ 0 & 0 & \sin\chi \end{bmatrix} \begin{bmatrix} C_{XD}(\lambda_w) \\ C_{YD}(\lambda_w) \\ C_{ND}(\lambda_w) \end{bmatrix} \tag{4.11}$$

式中，$\rho = 1.025$ 表示海水的密度；$g = 9.8$ 表示重力加速度；$L = 5.2$ 表示艇长；χ 表示迎流方向；λ_w 表示波长；ω_w 表示平均波幅。平均波幅和波长的关系式[4]为

$$\omega_w = 0.17\lambda_w^{0.75} \tag{4.12}$$

$C_*(\cdot)$ 表示波浪漂移力和力矩，根据 Daidola 经验公式估算有

$$\begin{aligned} C_{XD}(\lambda_w) &= 0.05 - 0.2(\lambda_w/L) + 0.75(\lambda_w/L)^2 - 0.51(\lambda_w/L)^3 \\ C_{YD}(\lambda_w) &= 0.46 - 6.83(\lambda_w/L) - 15.65(\lambda_w/L)^2 + 8.44(\lambda_w/L)^3 \\ C_{ND}(\lambda_w) &= -0.11 + 0.68(\lambda_w/L) - 0.79(\lambda_w/L)^2 + 0.21(\lambda_w/L)^3 \end{aligned} \tag{4.13}$$

考虑水面机器人受风速影响，有

$$\begin{cases} u \leftarrow u + V_{\text{wind}}\cos(\lambda_{\text{wind}} - \psi) \\ v \leftarrow v + V_{\text{wind}}\sin(\lambda_{\text{wind}} - \psi) \end{cases} \tag{4.14}$$

式中，V_{wind} 表示大地坐标系下的风速；λ_{wind} 表示攻角。

作用在艇上的风力和风压力矩有[3]

$$\tau_w = \frac{1}{2}\rho_w V_w^2 \begin{bmatrix} C_{X_w}(\gamma_w)A_f \\ C_{Y_w}(\gamma_w)A_l \\ C_{N_w}(\gamma_w)A_l L \end{bmatrix} \tag{4.15}$$

式中，$C_i(\gamma_w)(i = X_w, Y_w, N_w)$ 分别为水面机器人 3 个自由度上的风压系数，是与攻角相关的函数，一般该系数通过船模的风洞试验获得，也可采用相关的经验公式进行估算；A_f 为水面机器人正向受风面积；A_l 为侧向受风面积；L 为艇长。

在本节中，水流所引起的干扰直接以运动学的方式给出，得[3]

$$\begin{cases} u \leftarrow u + V_c \cos(\chi - \psi) \\ v \leftarrow v + V_c \sin(\chi - \psi) \end{cases} \tag{4.16}$$

式中，V_c 表示大地坐标系下的水流速度。

最后，在进行仿真时，"XL"水面机器人试验平台的具体模型参数如表 4.1 所示。

表 4.1　"XL"水面机器人模型参数表

符号	数值	符号	数值	符号	数值
m	1900.5	I_z	8000	x_g	0.102
$X_{\dot{u}}$	−184.56	$Y_{\dot{v}}$	−15.3384	$Y_{\dot{r}}$	−113.4
$N_{\dot{v}}$	−113.4	$N_{\dot{r}}$	−1206	Y_v	0.4715
Y_r	0.07156	N_v	0.1459	N_r	0.0557
Y_{vr}	−0.29	$Y_{|v|v}$	0.4757	$Y_{|r|r}$	0.035
N_{vr}	−0.0012	$N_{|v|v}$	−0.0148	$N_{|r|r}$	−0.04

另外，$X_{ui}(i=1,2,\cdots,8)$ 分别为 208.9069697227、64.5799121447、37.5773032381、−14.8915283381、1.9710760697、−0.1255862122、0.0039298791、−0.0000485598。

4.2　无模型控制技术

控制的任务是给被控系统施加适当的作用使得被控系统的输出能够达到系统外部预期的目标值。从被控对象最容易获取的信息是系统的输入和输出信息。根据这些信息，结合外部给出的目标值，如何确定使系统行为实现期望要求的控制力？这是控制理论要解决的最终问题。近一个世纪的控制理论发展史就是围绕这个最终目的而开展的两种截然不同的研究路线相互交错而发展的历史。

(1) 由输入-输出信息先确定对象运动的"输入-输出关系"，然后根据这个关系来确定所需控制力。

(2) 直接加入输入-输出信息和目标值信息来确定所需控制力，即无模型控制。无模型控制往往依据期望行为和实际行为之间的误差信息来确定控制力，水面机器人控制领域较为经典的无模型控制器有比例-积分-微分(proportional-integral-derivative，PID)控制器以及 S 面控制器。

本章先给出控制模型，以便后文算法介绍和仿真验证，而后分析经典 PID 调节原理和 S 面控制技术，通过仿真对两种技术在水面机器人中的应用做进一步介绍。

4.2.1 PID 控制

下面以线性模型来说明最为简单的误差反馈律。假定被控系统为一阶惯性系统[5]：

$$\begin{cases} \dot{x} = -ax + u \\ y = x \end{cases} \tag{4.17}$$

其传递函数为

$$w(s) = \frac{1}{s+a} \tag{4.18}$$

式中，s 表示经过拉普拉斯变换后的输入量；a 表示系统模型系数。

这是描述被控对象输入-输出关系的运动方程。其中，u 是控制输入；x 是系统运动的状态；y 是系统输出，代表我们所感兴趣的实际行为。设 v_0 是系统行为要达到的期望值，称为系统的目标值。假定这个目标值是常数，这时有误差为

$$e = v_0 - y = v_0 - x \tag{4.19}$$

式中，e 表示期望值与系统实际行为之间的误差，即目标值与系统输出之间的误差。

根据误差 e，给出如下误差反馈控制力：

$$u = ke \tag{4.20}$$

式中，k 为比例系数。即误差大时施加大的作用力，误差小时施加小的作用力，这种形式的控制称为误差的比例反馈。将该输入代入系统，得

$$\dot{x} = -ax + k(v_0 - x)$$

$$= -(k+a)(x - \frac{k}{k+a}v_0) \tag{4.21}$$

公式 (4.21) 形成的系统，其输入受到输出的反馈，因此被称为反馈系统，亦称为闭环系统。与之对应的系统 (4.17) 称为开环系统。令 $z = x - kv_0/(k+a)$，则有

$$\dot{z} = -(k+a)z \tag{4.22}$$

对其求积，有

$$z(t) = e^{-(k+a)t}z(0) \tag{4.23}$$

显然，只要 $k+a > 0$，闭环系统终将稳定，即

$$\lim_{t \to \infty} z(t) = \lim_{t \to \infty}\left(x(t) - \frac{k}{k+a}v_0 \right) = 0 \tag{4.24}$$

从而有

$$\lim_{t\to\infty} x(t) = \frac{k}{k+a}v_0 = v_0 - \frac{a}{k+a}v_0 \tag{4.25}$$

有 $y(t) = x(t)$ 最终收敛至 $v_0 - av_0/(k+a)$，而不是期望的目标值 v_0。即，若 $a \neq 0$，那么系统误差最终无法收敛到 0，而是会存在偏置值 $av_0/(k+a)$，这个偏置值一般被称为闭环系统的稳态误差，或者静态误差，是闭环系统很重要的稳态指标。

为了消除静态误差，通常采用在控制输入中再加入误差 $e = v_0 - x$ 的积分反馈 $k_0 \int_0^t e(\tau)\,\mathrm{d}\tau$，使整个误差反馈律变成

$$u = ke + k_0 \int_0^t e(\tau)\mathrm{d}\tau \tag{4.26}$$

闭环系统方程变成

$$\dot{x} = -ax + u = -(k+a)x + kv_0 + k_0 \int_0^t e(\tau)\mathrm{d}\tau \tag{4.27}$$

令 $e_0(t) = \int_0^t e(\tau)\mathrm{d}\tau$，则有

$$\dot{e}_0 = e \tag{4.28}$$

而

$$\begin{aligned}
\dot{e} &= \frac{\mathrm{d}}{\mathrm{d}t}(v_0 - x) = -\dot{x} = ax - ke - k_0 e_0 \\
&= a(x - v_0) + av_0 - ke - k_0 e_0 \\
&= -(a+k)e - k_0\left(e_0 - \frac{a}{k_0}v_0\right)
\end{aligned} \tag{4.29}$$

令 $e_1 = e_0 - av_0/k$，得

$$\begin{cases} \dot{e}_1 = e \\ \dot{e} = -k_0 e_1 - (a+k)e \end{cases} \tag{4.30}$$

式中，当参数满足 $a+k>0$，$k_0>0$，系统终将稳定，即有 $e_1(t) \to 0$，$e(t) \to 0$。因此有

$$\lim_{t\to\infty} e_1(t) = \lim_{t\to\infty} e_0(t) - \frac{a}{k_0}v_0 = 0 \tag{4.31}$$

$$\lim_{t\to\infty} e(t) = v_0 - \lim_{t\to\infty} x(t) = 0$$

于是有 $\lim_{t\to\infty} y(t) = \lim_{t\to\infty} x(t) = v_0$。可以发现，通过误差积分反馈 $e_0(t) = \int_0^t e(\tau)\mathrm{d}\tau$，静

态误差 $av_0 / (k+a)$ 被消除了，从而系统的实际状态完全达到目标值 v_0。

进一步考虑，倘若系统(4.17)中存在常值干扰，那么令

$$\lim_{t\to\infty} e_1(t) = \lim_{t\to\infty} e_0(t) - \frac{av_0 + w_0}{k_0} = 0 \tag{4.32}$$

有闭环系统仍为式(4.30)，因此

$$\lim_{t\to\infty} e_1(t) = \lim_{t\to\infty} e_0(t) - \frac{av_0 + w_0}{k_0} = 0$$
$$\lim_{t\to\infty} e(t) = v_0 - \lim_{t\to\infty} x(t) = 0 \tag{4.33}$$

可以发现干扰产生的静态误差还是移到了误差积分反馈项 $e_0(t) = \int_0^t e(\tau)\mathrm{d}\tau$ 中，从而系统状态能够完全达到目标值 $\lim_{t\to\infty} y(t) = \lim_{t\to\infty} x(t) = v_0$。故积分反馈项的引入能够消除常值扰动产生的静态误差。

为了引入微分项的介绍，首先给出一个二阶系统(上述的水面机器人仿真模型实际上也是一个二阶系统)：

$$\begin{cases} \ddot{x} = -a_1 x - a_2 \dot{x} + u \\ y = x \end{cases} \tag{4.34}$$

式中，u 为控制输入；y 为系统输出；x、$\dot{x}$ 为系统的状态变量。同样的，设 v_0 是系统的目标值，有 $e = v_0 - x$ 为状态误差。其传递函数为

$$w(s) = \frac{1}{s^2 + a_2 s + a_1} \tag{4.35}$$

式中，$s^2 + a_2 s + a_1$ 被称为系统的特征多项式，该方程的根被称为系统的特征根。如果系统的特征根具有负实部，则系统是稳定的，即系统的所有解 $(x(t)\dot{x}(t))$ 都趋于零。在这里，二次特征方程根都具有负实部的充要条件为 $a_1 > 0$，$a_2 > 0$。

在这个系统中，误差 $e = v_0 - x$ 的比例反馈项 $k_1 e$ 能够改变闭环系统特征多项式的常数项系统，而误差微分反馈项 $k_2 \dot{e} = -k_2 \dot{x}$ 能够改变闭环系统特征多项式的一次项系数。因此，适当的误差比例反馈和误差微分反馈能够任意改变闭环系统的特征多项式系数，使得系统稳定。将误差的比例、微分反馈律

$$u = k_1 e + k_2 \dot{e} = k_1 (v_0 - x) + k_2 (\dot{v}_0 - \dot{x}) = k_1 v_0 - k_1 x - k_2 \dot{x} \tag{4.36}$$

代入开环系统(4.34)，可得闭环系统

$$\begin{aligned} \ddot{x} &= -a_1 x - a_2 \dot{x} + k_1 (v_0 - x) - k_2 \dot{x} \\ &= k_1 v_0 - (a_1 + k_1) x - (a_2 + k_2) \dot{x} \end{aligned} \tag{4.37}$$

显然，只要满足 $a_1 + k_1 > 0$，$a_2 + k_2 > 0$，这个闭环系统就能稳定。将式(4.37)的第一项和第二项合并，有

$$\ddot{x} = -\left(a_1 + k_1\right)\left(x - v_0 + \frac{a_1}{a_1 + k_1}v_0\right) - \left(a_2 + k_2\right)\dot{x} \tag{4.38}$$

从而有

$$\lim_{t \to \infty} x(t) = v_0 - \frac{a_1}{a_1 + k_1}v_0$$
$$\lim_{t \to \infty} \dot{x}(t) = 0 \tag{4.39}$$

可知仅通过比例和微分反馈律的作用，系统虽然能够稳定，但存在静态误差。因此和前面一样，为消除该静态误差，引入积分反馈项：

$$u = k_1 e + k_2 \dot{e} + k_0 \int_0^t e(\tau)\mathrm{d}\tau \tag{4.40}$$

后续分析过程与前面一样，首先令 $e_0(t) = \int_0^t e(\tau)\mathrm{d}\tau$，那么有 $\dot{e}_0 = e$，故

$$\begin{aligned}
\ddot{e} = -\ddot{x} &= a_1 x + a_2 \dot{x} - k_1 e - k_2 \dot{e} - k_0 e_0 \\
&= a_1\left(x - v_0\right) + a_1 v_0 + a_2 \dot{x} - k_1 e - k_2 \dot{e} - k_0 e_0 \\
&= -\left(a_1 + k_1\right)e + \left(a_2 + k_2\right)\dot{e} - k_0\left(e_0 - \frac{a_1}{k_0}v_0\right)
\end{aligned} \tag{4.41}$$

于是得如下闭环系统：

$$\begin{cases}
\dot{e}_0 = e, & e_0(0) = 0 \\
\ddot{e} = -\left(k_1 + a_1\right)e - \left(k_2 + a_2\right)\dot{e} - k_0\left(e_0 - \frac{a_1}{k_0}v_0\right), & e(0) = v_0
\end{cases} \tag{4.42}$$

根据三阶线性定常系统稳定性条件，只要满足

$$k_0 > 0,\ \left(k_1 + a_1\right) > 0,\ \left(k_2 + a_2\right) > 0$$
$$\left(k_1 + a_1\right)\left(k_2 + a_2\right) > k_0 \tag{4.43}$$

就有

$$\lim_{t \to \infty} e_0(t) = \frac{a_1}{k_0}v_0,\ \lim_{t \to \infty} \dot{e}(t) = 0,\ \lim_{t \to \infty} e(t) = 0 \tag{4.44}$$

同样的，考虑系统(4.34)存在常干扰

$$\begin{cases} \ddot{x} = -a_1 x - a_2 \dot{x} + w_0 + u \\ y = x \end{cases} \tag{4.45}$$

式中，w_0 为影响系统运动的扰动，为常值。那么闭环系统(4.42)变成

$$\begin{cases} \dot{e}_0 = e, & e_0(0) = 0 \\ \ddot{e} = -(k_1 + a_1)e - (k_2 + a_2)\dot{e} - k_0\left(e_0 - \dfrac{a_1 v_0 + w_0}{k_0}\right), & e(0) = v_0 \end{cases} \tag{4.46}$$

和系统(4.42)一样，只要各反馈律项系数满足条件(4.43)，系统(4.46)就能稳定，且不存在静态误差。至此，反馈律[5]

$$u = k_1 e + k_2 \dot{e} + k_0 \int_0^t e(\tau)\mathrm{d}\tau \tag{4.47}$$

就是控制工程中最常用且著名的 PID 控制律[6]，系数分别称为积分增益、比例增益、微分增益。

4.2.2 S 面控制

S 面控制技术是结合模糊逻辑控制和 PID 控制两者构造形成的一种控制器。从常规模糊控制器的控制规则(表 4.2)可以看出，控制输出的变化是有规律可循的。在设计模糊控制器的时候，通常采用的是两边疏松、中间密的形式，即偏差大的时候快速收敛，偏差小的时候缓慢稳定，这一点与 Sigmoid 函数的变化形式是一致的，因此 Sigmoid 函数在一定程度上体现了模糊控制的思想。从图 4.2 也可发现，Sigmoid 函数能够十分近似地拟合模糊规则输出。

表 4.2 模糊规则表

	NB (−2)	NS (−1)	ZO (0)	PS (1)	PB (2)
NB (−2)	4	3	2	1	0
NS (−1)	3	2	1	0	−1
ZO (0)	2	1	0	−2	−2
PS (1)	1	0	−1	−2	−3
PB (2)	0	−1	−2	−3	−4

注：NB = −2 表示负大，NS = −1 表示负小，ZO = 0 表示零值，PS = 1 表示正小，PB = 2 表示正大。

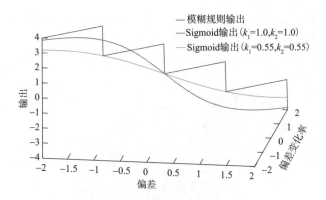

图 4.2　Sigmoid 函数拟合图（见书后彩图）

一般地，有 Sigmoid 函数为

$$y = 2.0 / (1.0 + e^{-k_1 x - k_2 y}) - 1.0 \qquad (4.48)$$

考虑在控制过程中风、浪和流等环境影响，补充加入抗干扰项，来消除静态误差，最终有 S 面控制器为

$$u = \alpha(2.0 / (1.0 + e^{-k_1 e - k_2 \dot{e}}) - 1.0) + k_3 \int e \, dt \qquad (4.49)$$

式中，α 表示电机的电压指令映射系数；e 和 $\dot{e}$ 为控制的输入信息（偏差和偏差变化率，通过归一化处理）；u 为控制输入，这里为各个电机的电压指令；k_1、k_2、k_3 分别为比例、微分、积分系数。可以看出，S 面控制器在方程的形式上和 PID 控制器十分相似，只不过后者是线性的，前者是非线性的。当然，由于水面机器人的运动模型为非线性，因此以非线性拟合系统更好一些。

图 4.3 的三维光滑曲面表达了偏差、偏差变化率与控制力之间的关系。当偏差、偏差变化率大的时候，其控制力也大；而偏差、偏差变化率小的时候，控制力也小，最终达到偏差、偏差变化率和控制力都为零的状态。可以看出，在偏差、偏差变化率变化的过程中，由于实际运动的平滑性，控制力的输出也是平滑的，而且，其作用是减小偏差和偏差变化率，同时也是减小控制力本身的大小。当然，从控制函数的形式和图形也可以看出，S 面控制器不具备局部调整功能，因此，其局部性能不如模糊控制。但是，正如前述，对于水面机器人的模糊控制器，其参数的选择和调整难度较大，同时考虑到对象模型的复杂度和模糊控制在理论上的不成熟，应用模糊控制技术远不是语言规则描述那样简单。因此，我们更多地关注控制过程的全局性，希望控制过程比较平滑、超调小、收敛速度比较快，而且控制精度满足智能作业的要求。通过修改 S 面控制器的控制参数，可以调整控制器的全局控制性能，以实现超调小、满足控制精度等作业要求。当然，由于 S

面控制器不具备局部调整功能，为了满足超调小、定位点控制精度高的要求，就有可能降低控制的响应速度。当然，即使是采用模糊控制，由于系统的复杂度较高和设计人员经验知识的缺乏，其控制效果往往与期望的相去甚远。

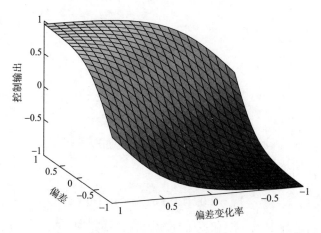

图 4.3　S 面控制曲面图[7]

这样就找到了一种简单而又普遍适用的控制规律。不过，由于控制对象的运动性能千变万化，控制的效果也就大不相同。理想的状态是，从控制面的任何一点出发，其控制运动的方向应该是指向控制平衡点(零点)的梯度下降方向，这样的运动是最优的。但是，任何一个控制对象的特性都会与设计的控制面有所差别，因此，实际的控制运动是偏离最优方向的。所以，在设计某个对象的控制面时，应该通过调整控制参数的数值，尽可能地逼近对象的控制特性。

从控制模型的公式来看，其控制参数有 k_1、k_2、k_3，其需要调整的量就比模糊控制简单得多。通过改变 k_1 和 k_2 的大小可以调整偏差和偏差变化率在控制输出中所占的比例，从而调节控制的超调和收敛速度以满足作业的要求。一般地，如果要求控制的偏差和偏差变化率属于负大的隶属度均为 1 时，控制输出属于正大的隶属度为 1，为了保证 1%以内的偏差，由公式(4.49)可以确定 k_1 和 k_2 的值应该选择在 3.0 左右。如果超调大了，可以适当减小 k_1 而增大 k_2，反之，如果收敛速度慢了，则可以适当增大 k_1 而减小 k_2。当环境干扰使得控制出现静态误差时，可考虑增大 k_3。在实际的控制中，还可以通过变论域方法来提高定位点的控制性能。

4.2.3　仿真试验

本节根据 4.1 节提供的模型，在 MATLAB Simulink 环境下搭建了一个仿真平台，进行：①基于 PID 的水面机器人定速定向控制；②基于 S 面的水面机器人定速定向控制。设置三级海况，给出迎流方向 $\chi = 45°$，平均波幅 $\omega_w = 1.2$，随机流速 $V_c =$

1.0m/s, 风速 $V_{wind} = 9m/s$, 攻角 $\lambda_{wind} = 45°$。设置水面机器人的初始位置 $\boldsymbol{\eta} = [0,0,0]^{T}$,
初始速度 $\boldsymbol{\vartheta} = [0.1,0,0]^{T}$, 跟踪期望航速 $u_d = 10m/s$, 期望艏向 $\psi_d = 30°$。

4.2.3.1 基于 PID 的水面机器人定速定向控制

设计水面机器人的航速航向 PID 控制器如下所示:

$$P_n = P_{n-1} + k_1 \left(k_2 \tilde{u} - k_3 \dot{u} \right) \tag{4.50}$$

$$A_n = \begin{cases} k_4 \left(k_5 \tilde{\psi}^* - k_6 r^* + k_7 \int_{t_0}^{t_1} e^{-(\sigma - |\tilde{\psi}|)} \tilde{\psi}^* dt \right), & |\tilde{\psi}| < \sigma \\ k_4 \left(k_5 \tilde{\psi}^* - k_6 r \right), & |\tilde{\psi}| \geqslant \sigma \end{cases} \tag{4.51}$$

式中, P_n 为第 n 次迭代的推力输出; A_n 为第 n 次迭代的舵角输出; $\tilde{u} = u_d - u$ 为航速误差; $\tilde{\psi} = \psi_d - \psi$ 为艏向误差; $\tilde{\psi}^* = \tilde{\psi}/180$ 为归一化后的艏向误差; $r^* = r/26$ 为归一化后的艏摇速度误差; $k_i > 0 (i = 1,2,3,\cdots,7)$ 为控制参数; σ 为积分死区参数, 一般设定为 20°; t_1 为满舵的时刻, 即积分只累积至满舵时刻。

速度控制参数为 $k_1 = 1.0$, $k_2 = 6.0$, $k_3 = 5.0$, 艏向控制参数为 $k_4 = 8.0$, $k_5 = 9.0$, $k_6 = 6.0$, $k_7 = 0.01$。基于上述条件, 仿真跟踪结果如图 4.4 所示。

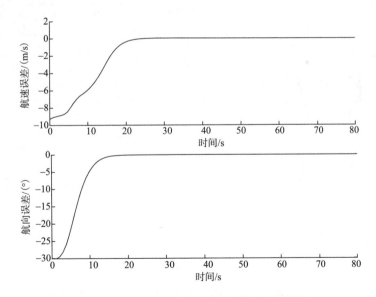

图 4.4 基于 PID 的航速、航向误差跟踪结果

4.2.3.2 基于 S 面的水面机器人定速定向控制

设计水面机器人的航速航向的 S 面控制器如下:

$$P_n = P_{n-1} + k_1[2.0 / (1.0 + e^{-k_2\tilde{u}-k_3\dot{u}}) - 1.0] \tag{4.52}$$

$$A_n = \begin{cases} k_4[2.0 / (1.0 + e^{-k_5\tilde{\psi}^*-k_6 r^*}) - 1.0] + k_7 \int_{t_0}^{t_1} e^{-(\sigma-|\tilde{\psi}|)}\tilde{\psi}^* \mathrm{d}t, & |\tilde{\psi}| < \sigma \\ k_4[2.0 / (1.0 + e^{-k_5\tilde{\psi}^*-k_6 r^*}) - 1.0], & |\tilde{\psi}| \geqslant \sigma \end{cases} \tag{4.53}$$

式中，P_n 为第 n 次迭代的输出；$\tilde{u} = u_d - u$ 为航速误差；$\tilde{\psi} = \psi_d - \psi$ 为艏向误差；$\tilde{\psi}^* = \tilde{\psi} / 180$ 为归一化后的艏向误差；$r^* = r / 26$ 为归一化后的艏摇速度误差；$k_i > 0 (i = 1, 2, 3, \cdots, 7)$ 为控制参数；σ 为积分死区参数，一般设定为 $20°$；t_1 表示满舵的时刻，即积分只累积至满舵时刻。

速度控制参数为 $k_1 = 80.0$，$k_2 = 5.0$，$k_3 = 10.0$，艏向控制参数为 $k_4 = 8.0$，$k_5 = 10.0$，$k_6 = 40.0$，$k_7 = 0.01$。基于上述条件，仿真跟踪结果如图 4.5 所示。

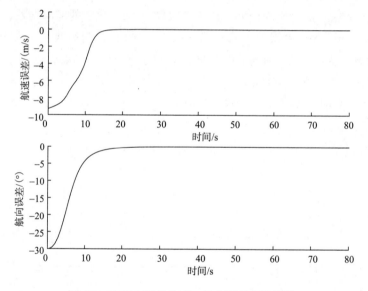

图 4.5　基于 S 面的航速、航向误差跟踪结果

4.3　抗干扰控制技术

众所周知，在控制系统中，线性环节越多，控制的效果越好。但是实际控制系统存在各类非线性环节，如摩擦、间隙迟滞、饱和等，参数不确定、摄动以及外部干扰无处不在，这些因素极大地影响了系统闭环性能。虽然在研究中仍然可以采用一些假设来简化这些非线性环节，但是基于假设的干扰模型与实际仍存在误差，因此抗干扰控制方法成为实际控制当中研究与应用的热点。

与高增益以及 PID 等控制方法相比，基于干扰估计与补偿的非线性控制方法给出了另外一种不同的解决途径，它可以很好地提升闭环系统的精度和抗干扰性能。具体的方法包括滑模控制、反步法、自抗扰控制、H_∞ 控制、随机控制、基于干扰观测器的控制等。本书着重讲解滑模控制、反步法以及自抗扰控制。

4.3.1 滑模控制

近年来，鲁棒控制系统的研究不论在理论上还是在实际应用上都取得了巨大的成果。在这种形势下，作为非线性鲁棒控制理论的代表，变结构控制理论在世界范围内得到了广泛的关注，也越来越多地应用到工业控制及水面机器人等智能体的控制当中。

当今，在变结构控制(variable structure control)方法当中，滑模控制(sliding-mode control)方法已经形成了一套比较完整的理论体系，并已作为 PID 控制的补充被广泛应用到各种工业控制以及智能体控制场景当中。滑模控制方法的最大特点就是控制系统具有极强的鲁棒性，鲁棒性即对被控对象的模型误差、参数变化、扰动以及复杂外部干扰具有的不敏感性。现在，作为非线性系统中的鲁棒控制理论的代表，滑模控制在工程控制尤其是自动控制中得到深入广泛的研究，并不断取得新的理论上及实践中的成果。

本节将对滑模控制理论的发展历史、研究现状做出综合的叙述，对滑模控制基本理论进行相关阐述，介绍经典的滑模控制方法——终端滑模控制和积分滑模控制，对滑模控制的延伸控制方法即滑模控制的研究前景做简单介绍。

4.3.1.1 滑模控制理论的发展历史、研究现状

滑模控制理论在 20 世纪 60 年代被提出，它是一类不连续性的非线性系统。它最早起源于对继电和砰砰控制的研究，到目前为止，大致可分为以下三个阶段[8]：

(1)从滑模控制理论的诞生到单输入控制系统阶段(1955～1970 年)。

(2)多输入多输出系统的滑模控制阶段(1971～1980 年)。

(3)滑模控制高速发展阶段(1981 年至今)。

在第一个阶段，滑模控制系统设定十分保守。首先，所给出的系统为单输入高阶线性微分方程或者是可控规范型的等价状态空间系统；其次，切换平面被特定为一具体形式的二次型；最后，系统的控制结构也被选为简单的一次线性关系。而研究的重点也集中于滑动模态的存在性证明以及稳定性分析。虽然这种系统能满足滑动模态，但是仍然存在结构更加简单并且更加容易实现的系统。

在第二个阶段，一般线性系统的滑模控制理论得到了进一步的确立。要求 m 个输入各具有一个线性切换函数，即要求有一个 m 阶的线性切换函数，但这一

阶段中每一个标量切换函数都是线性函数而不是二次函数，因此这一阶段建立起的滑模控制系统大多停留在理论研究层面，并没有被广泛应用到实际的控制领域。

在第三个阶段，滑模控制理论得到了迅速发展。其表现有两方面：一是，从理论上对十分复杂的系统确立了滑模控制系统的设计方法，这为滑模控制在各个控制领域的应用打下了坚实的基础；二是，完全阐明了滑模控制系统对系统参数摄动以及外部干扰的鲁棒特性，这极大地推动了滑模控制在非线性不确定性控制系统中的应用尝试。而计算机技术的迅速发展以及高速切换电路的产生，使滑模控制得以在实际控制当中更易实现。

滑模变结构控制中有许多值得研究的问题[9]，诸如：滑模控制的消除抖振问题、准滑动模态控制、基于趋近律的滑模控制、离散系统滑模控制、自适应滑模控制、非匹配不确定性系统滑模控制、时滞系统滑模控制、非线性系统滑模控制、Terminal 滑模控制、全鲁棒滑模控制、滑模观测器、神经网络滑模控制、模糊滑模控制、动态滑模控制、积分滑模控制和随机系统的滑模控制、滑模面设计和求解控制律的滑模到达条件(包括滑模存在的充分条件、不等式到达条件、滑模趋近律等)等。以上滑模变结构控制问题的研究均已趋于成熟。并随着计算机、大型电子器件、大型电机和机器人技术的飞速发展，这些滑模变结构控制研究被广泛应用于飞行控制、大型电磁控制器设计、导弹制导律设计、智能电网设计、航天器姿态控制及机器人控制等领域。而在水面机器人这一特定的智能体控制研究方面，滑模控制也已经成为重要的控制手段和研究热点，越来越多的改进型滑模控制以及与智能方法相结合的滑模控制方法被提出、验证和应用。

滑模控制技术具备诸多优点，特别是它具有比较强的鲁棒性，这一特性可以使其在实际工程中受到广泛的应用。但实际工程中的系统往往十分复杂，受到非线性、参数摄动、外界不确定性干扰以及离散滑模自身缺陷等诸多因素的影响，可能对滑模控制技术的实际应用造成一定的影响。因此要将滑模控制技术应用到实际的工程中并发挥其优势，必须对传统的滑模控制技术加以改进，尽量消除其本身存在的抖振，因此，滑模控制技术的重点应该是如何减小和削弱其自身存在的抖振。

关于如何解决滑模控制技术中的抖振问题，学者已经取得了十分丰硕的研究成果。其中，趋近律法是比较常用的方法，既能有效地削弱信号的抖振，又可以确保滑动模态的动态性能；准滑模动态法用饱和函数取代了原有的切换函数，为工程中应用滑模控制技术开辟了新的方向；滤波法虽然消除抖振效果良好，但同时却使得系统的稳定变得难以分析；神经网络法则是利用其无限逼近的特性对系统中的不确定性因素加以补偿，以此来达到减小和削弱抖振的目的。在这方面，我国的学者利用线性反馈与神经网络控制器基本解决了抖振给系统带来的不利影响。同时，以上诸多方法又有其各自的劣势及局限性，从实际应用来看，应当根据具体的系统来选择相应的方法去削减抖振。

4.3.1.2 滑模控制基本原理

考虑如下滑模变结构系统：

$$\dot{x} = f(x, u, t) \tag{4.54}$$

式中，$x = [x_1, x_2, \cdots, x_n]^T$ 为系统状态变量；u 为系统的控制输入。

若状态空间存在超曲面 $s(x) = s(x_1, x_2, \cdots, x_n) = 0$ 并且将状态空间划分为两部分：$s > 0$ 和 $s < 0$。如果超曲面尚存在某一区域，这一区域上的每一个点都满足

$$\lim_{s \to 0^+} \dot{s} \leqslant 0 \leqslant \lim_{s \to 0^-} \dot{s} \tag{4.55}$$

上式也可以表示为

$$\lim_{s \to 0} s\dot{s} \leqslant 0 \tag{4.56}$$

满足式 (4.55) 的区域一般被称为滑动模态区，或者是滑模区。如果某个系统中存在这样的滑模区，而且在切换面以外的状态点都能在一定的时间内到达切换面，同时又满足稳定条件 $s = 0$，此种控制系统即可被称为滑模控制系统。

在滑模控制当中，系统的运动可分为两个阶段。

(1) 到达阶段：系统状态从任意初始状态下在有限时间内到达滑模面。

(2) 滑模运动阶段：控制协议作用下的系统沿滑模面滑动。

图 4.6[10] 对上述两个阶段进行了诠释。

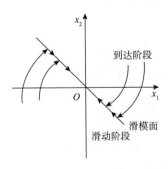

图 4.6　滑模控制示意图

在设计滑模控制器的过程中通常需要考虑诸多因素，其中最重要的是滑模切换面的设计以及趋近律的选择，即与两个运动阶段相对应，控制协议也需两步：

(1) 构建一个合适的滑模面，使得系统在滑模面上完成期望的运动。

(2)设计控制协议即趋近律,使得在非线性和干扰影响下的系统仍然能在有限时间内到达滑模面,控制协议可以为全局的,也可为局部的。

设计一个合适的滑模面以使最终的控制系统具有优良的性能,一般需要考虑系统的阶次以及抗扰特性。目前滑模面[11]主要有线性滑模面、非线性滑模面、移动滑模面和模糊滑模面等。滑模面的设计方法有基于标准型、Lyapunov、频率整形以及线性矩阵不等式(linear matrix inequality,LMI)等。

趋近律具体指闭环系统状态达到滑模切换面的方式。系统的控制性能也取决于趋近律的选择,并且需要不断地调节趋近律的系数,使系统的动态性能达到一定要求。在这些工作都完成之后,再根据系统状态方程或传递函数求取控制输入量。趋近律的提出主要是为了消除滑模控制系统的抖动,以下为几种经典的趋近律[12]的表达式及相应的介绍。

等速趋近律:

$$\dot{s} = -\varepsilon \operatorname{sgn}(s), \quad \varepsilon > 0 \tag{4.57}$$

式中,ε为趋近速率,其数值越大趋近速率越快,但系统的抖动也会随其数值增大而增强。

指数趋近律:

$$\dot{s} = -\varepsilon \operatorname{sgn}(s) - ks, \quad \varepsilon > 0, k > 0 \tag{4.58}$$

式中,$\dot{s} = -ks$为指数趋近项,s的数值越大,系统的趋近速率就越快。系统状态不断接近滑动模态,其趋近速率会不断降低,最后降至零,导致系统达到稳定的时间增加,为了解决这一问题,引入等速趋近项$\dot{s} = -\varepsilon \operatorname{sgn}(s)$,避免趋近速率减小至零。

幂次趋近律:

$$\dot{s} = -k|s|^{\alpha} \operatorname{sgn}(s), \quad 0 < \alpha < 1, k > 0 \tag{4.59}$$

式中,当s较大时,系统的趋近速率比较快,当s较小时,系统的趋近速率就会比较慢,通过降低系统的控制增益,削弱被控系统的抖动。

一般趋近律:

$$\dot{s} = -\varepsilon \operatorname{sgn}(s) - f(s), \quad \varepsilon > 0 \tag{4.60}$$

式中,$f(0) = 0$,当$s \neq 0$时,$sf(0) > 0$。

引理 4.1[13]　考虑 non-Lipschitz 连续非线性系统,选取 Lyapunov 函数$V(x)$,实数$\alpha > 0$,$0 < \beta < 1$,并且满足$V(x) > 0$且$\dot{V}(x) + \alpha V^{\beta}(x) \leqslant 0$。同时,给出收敛时间的估值,满足

$$T(x_0) \leqslant \frac{V^{1-\beta}(x)}{\alpha(1-\beta)} \tag{4.61}$$

那么系统在点 $x=0$ 处满足有限时间稳定。

4.3.1.3 经典滑模控制方法: 终端滑模与积分滑模

在滑模控制理论体系中, 为了实现系统的有限时间收敛, 学者提出了两种比较特殊的滑模控制, 即积分滑模控制和终端滑模控制。其中, 积分滑模控制因突出的积分特性使得其在应用于系统上时较为便利。

考虑以下二阶系统:

$$\begin{cases} \dot{x}_1(t) = x_2(t) \\ \dot{x}_2(t) = u(t) + d(t) \end{cases} \tag{4.62}$$

式中, $x_1, x_2 \in \mathbf{R}$ 为系统的状态; $u(t) \in \mathbf{R}$ 为控制输入; $d(t) \in \mathbf{R}$ 为外部扰动。在此, 设计控制协议能够实现 x_1 跟踪 x_0。假设外部扰动有界, 即 $|d(t)| \leqslant \delta, \delta > 0$ 为常数。定义跟踪误差 $e = x_1 - x_0$。

首先介绍积分滑模控制, 针对系统(4.62)设计积分滑模面, 其表现形式为

$$s = \dot{e} + c_1 \int_0^t (-u_1) \mathrm{d}\tau \tag{4.63}$$

式中, u_1 为控制协议中的一部分; $c_1 > 0$ 为常数。滑模面设计完成后, 则需要参数 $k > \delta$, 设计控制协议:

$$u = u_1 - k \operatorname{sgn}(s) \tag{4.64}$$

接下来, 选取 Lyapunov 函数:

$$V = \frac{1}{2} s^2 \tag{4.65}$$

对其求导可得

$$\dot{V} = s(\ddot{e} - u_1) = s[-k \operatorname{sgn}(s) + d] \leqslant -(k - \delta)|s| \tag{4.66}$$

因为 $|s| = \sqrt{2V}$, 可得到

$$\dot{V} \leqslant -\sqrt{2}(k-\delta)V^{\frac{1}{2}} \tag{4.67}$$

由引理 4.1 可知, s 及其导数可在有限时间内收敛到零点。

Pan 等[14]为了加强闭环系统的鲁棒性, 提出了一种没有到达阶段的积分滑模控制, 但是, 其需要信息的全局可达, 然而实际应用过程中的信息往往是局部的, 所以应用范围受限。

其次介绍终端滑模控制，依然针对系统(4.62)设计终端滑模面，其表现形式为

$$\overline{s} = \dot{e} + c_2 e^{\frac{q}{p}} \tag{4.68}$$

式中，$c_2 > 0$ 为常数；p 和 q 均为奇数，且满足 $p > q > 0$。

设计控制协议为

$$\overline{u} = -c_2 \frac{q}{p} e^{\frac{q}{p}-1} \dot{e} - (\delta + \overline{k}) \text{sgn}(\overline{s}) \tag{4.69}$$

式中，$\overline{k} > 0$ 为控制增益。选取 Lyapunov 函数：

$$\overline{V} = \frac{1}{2} \overline{s}^2 \tag{4.70}$$

对其进行求导，并代入控制协议(4.69)可得

$$\dot{\overline{V}} = \overline{s}\dot{\overline{s}} \leqslant \overline{k}\overline{s}\,\text{sgn}(s) < 0 \tag{4.71}$$

从式(4.71)可知，采用滑模面式(4.68)及控制协议(4.69)的情况下，系统能够满足滑模到达的条件。但是，终端滑模控制存在的缺点也十分明显，例如：终端滑模控制的收敛速度有待提升，而且对终端滑模面求导后会使控制协议中存在负分数幂即 $\frac{q}{p}-1 < 0$，产生非奇异问题等。

虽然积分滑模控制和终端滑模控制可完成有限时间收敛，但是所指的有限时间是不同的。积分滑模控制中有限时间是指滑模面会在有限时间收敛，即到达阶段，而系统状态则需要设计合适的控制协议才能完成有限时间收敛。终端滑模控制则保证当系统位于滑模面上的时候，系统状态会在有限时间收敛。所以，积分滑模控制和终端滑模控制的改进必不可少，然而对比传统滑模控制，这两种滑模控制方法仍然在很大程度上抑制了滑模控制中的抖振问题，更具稳定性。

4.3.1.4 滑模控制的研究前景

滑模变结构控制具有快速响应、设计简单、对外界参数和扰动强鲁棒性等优点，可用来解决很多问题。近年来，由于基于趋近律的控制方法简单且鲁棒性强，故在实际系统中得到了广泛应用。对于该类方法，关键在于如何找到既具有强鲁棒性又能够消除抖振的控制策略，因此，关于改进的趋近律的研究一直是滑模变结构控制研究的热点。比如上述所说的终端滑模控制，针对其可能出现的奇异性问题，大量的研究提出了非奇异终端滑模控制的方法，并且在实际应用中已经有所成功。

由于自适应、神经网络、模糊控制和滑模变结构控制之间具有很强的互补性，

既可保持系统稳定，又可减弱抖振，同时不失强鲁棒性，因此，目前滑模变结构控制方法与各种智能控制方法相结合已经成为重要的研究方向，并随之出现了许多新的问题，有待进一步研究。

随着计算机、机器人以及电动机等技术的迅速发展，采用滑模变结构控制方法进行研究的系统变得日益复杂。以前的滑模控制方法主要面向一般线性系统以及比较简单的非线性系统。而系统的复杂与日俱增，因此滑模控制的研究也应拓展到更加复杂的非线性系统、具有概率分布参数的系统以及时间延迟系统等。在滑模控制器设计中，各种复杂、非线性滑模面也随之出现，这为滑模面的可达性分析、滑动模态的稳定性分析带来了新的困难，但同时也意味着新的研究热点和研究难点。

4.3.1.5 仿真实例

哈尔滨工程大学廖煜雷等[15]针对欠驱动水面机器人，综合考虑模型误差与外部干扰，设计了一种基于反步法与滑模控制结合的控制器。

考虑水面机器人的 3 自由度模型，其动力学和运动学模型可用如下常微分方程表示：

$$\begin{cases} \dot{u} = (m_{22}vr - d_{11}u + F_u)/m_{11} \\ \dot{v} = -(m_{11}ur + d_{22}v)/m_{22} \\ \dot{r} = [(m_{11} - m_{22})uv - d_{33}r + T_r]/m_{33} \\ \dot{x} = u\cos\psi - v\sin\psi \\ \dot{y} = u\sin\psi + v\cos\psi \\ \dot{\psi} = r \end{cases} \tag{4.72}$$

其中参数的含义不在此处特别说明，若有需要可自行到原文中获取。经过一系列假设与简化，最终得到 2 自由度水面机器人路径跟踪控制模型如下所示：

$$\begin{cases} \dot{e} = u\sin\overline{\psi} \\ \dot{\overline{\psi}} = r \\ \dot{r} = (-r - \alpha r^3 + K\delta)/T + F \\ \dot{\delta} = (-\delta + K_E\delta_E)/T_E \end{cases} \tag{4.73}$$

需要特别说明的是，虽然从式(4.72)可看出在纵向运动被定常后，T_r 为名义上的控制输入，但是转矩的控制并不是真正的控制量，真正的控制输入应该是舵角相关量 δ_E。

下面重点介绍反步自适应动态滑模控制器的设计过程。首先考虑系统(4.73)的子系统：

$$\dot{e} = u\sin\overline{\psi} \tag{4.74}$$

式中，$\bar{\psi}$ 为虚拟控制输入。为消除其中的非线性项 $\sin\bar{\psi}$，设计控制律 $\bar{\psi}$ 如下所示：

$$\bar{\psi} = f(e) = \arctan(-ke) \tag{4.75}$$

式中，k 为正常数。将式 (4.75) 代入式 (4.74)，得到

$$\dot{e} = u\sin\bar{\psi} = u\sin[\arctan(-ke)] = -uke\big/\sqrt{1+(ke)^2} \tag{4.76}$$

定义如下 Lyapunov 函数：

$$V_1 = e^2/2 \tag{4.77}$$

对其进行求导，得到

$$\dot{V}_1 = e\dot{e} = -uke^2\big/\sqrt{1+(ke)^2} \tag{4.78}$$

由上式可以明确知道，系统 (4.74) 在控制律 (4.75) 下是全局渐近稳定的。定义误差变量如下：

$$z_2 = \bar{\psi} - f(e) = \bar{\psi} - \arctan(-ke) \tag{4.79}$$

对该误差变量进行求导，得到如下系统：

$$\begin{cases} \dot{e} = -uke\big/\sqrt{1+(ke)^2} \\ \dot{z}_2 = r - uk^2e\big/[1+(ke)^2]^{3/2} \end{cases} \tag{4.80}$$

定义如下 Lyapunov 函数：

$$V_2 = V_1 + z_2^2/2 \tag{4.81}$$

选取如下反馈控制律 r：

$$r = f(e,\bar{\psi}) = \arctan(-ke) + uk^2e/[1+(ke)^2]^{3/2} - \bar{\psi} \tag{4.82}$$

对 V_2 进行求导，并将式 (4.82) 代入得到

$$\dot{V}_2 = -uke^2\big/\sqrt{1+(ke)^2} - z_2^2 \tag{4.83}$$

显然，系统 (4.80) 是全局渐近稳定的。定义如下误差变量：

$$z_3 = r - f(e,\bar{\psi}) = \bar{\psi} + r + Q_1 \tag{4.84}$$

式中，$Q_1 = -\arctan(-ke) - uk^2e/[1+(ke)^2]^{3/2}$。对 z_3 进行求导，得到如下系统：

$$\begin{cases} \dot{e} = -uke\big/\sqrt{1+(ke)^2} \\ \dot{z}_2 = r - uk^2e/[1+(ke)^2]^{3/2} \\ \dot{z}_3 = r + \dot{r} + Q_2 \end{cases} \tag{4.85}$$

式中，$Q_2 = -uk^2e/[1+(ke)^2]^{3/2} + u^2k^3e/[1+(ke)^2]^2 - 3u^2k^5e^2/[1+(ke)^2]^3$。定义如下 Lyapunov 函数：

$$V_3 = V_2 + z_3^2 / 2 \tag{4.86}$$

对其进行求导得到

$$\dot{V}_3 = \dot{V}_2 + z_3(\dot{\bar{\psi}} + \dot{r} + Q_2) \tag{4.87}$$

设计反馈控制律 $\dot{r}$ 如下所示：

$$\dot{r} = f(e, \bar{\psi}, r) = -2r - \bar{\psi} - Q_1 - Q_2 \tag{4.88}$$

将式(4.88)代入式(4.87)，式(4.87)将变成如下形式：

$$\dot{V}_3 = -uke^2 / \sqrt{1 + (ke)^2} - z_2^2 - z_3^2 \tag{4.89}$$

由此得到，在控制律(4.88)下，系统(4.85)是全局渐近稳定的。继续定义如下误差变量：

$$z_4 = \dot{r} - f(e, \bar{\psi}, r) = \dot{r} + 2r + \bar{\psi} + Q_1 + Q_2 \tag{4.90}$$

系统(4.74)最终变成如下形式：

$$\begin{cases} \dot{e} = -uke / \sqrt{1 + (ke)^2} \\ \dot{z}_2 = r - uk^2 e / [1 + (ke)^2]^{3/2} \\ \dot{z}_3 = r + \dot{r} + Q_2 \\ \dot{z}_4 = Q_3 + b_1 \delta_E + F_1 \end{cases} \tag{4.91}$$

式中，$Q_3 = P_1 + P_2$。通过定义 $a_1 = -1/T$，$a_2 = -\alpha/T$，$a_3 = K/T$，$a_4 = -1/T_E$，$b = K_E/T_E$，$b_1 = a_3 b$，$F_1 = -a_4 F$，则 $P_1 = (3a_2 r^2 \dot{r} - a_1 a_4 r - a_2 a_4 r^3) + (a_1 + a_4)\dot{r} + r + 2\dot{r}$，$P_2 = \dot{Q}_1 + \dot{Q}_2$。

定义如下 Lyapunov 函数：

$$V_4 = V_3 + z_4^2 / 2 + (F_1 - \hat{F}_1)^2 / 2 \tag{4.92}$$

式中，$\hat{F}_1$ 是系统未知不确定项 F_1 的估计值。

选取如下一阶动态滑模切换函数：

$$S = c_1 z_4 + Q_3 + b_1 \delta_E + \hat{F}_1 \tag{4.93}$$

联立式(4.91)与式(4.93)得到

$$\dot{z}_4 = S - c_1 z_4 + (F_1 - \hat{F}_1) \tag{4.94}$$

对 V_4 进行求导，并将式(4.94)代入得

$$\dot{V}_4 = \dot{V}_3 + z_4 S - c_1 z_4^2 + (z_4 - \dot{\hat{F}}_1)(F_1 - \hat{F}_1) \tag{4.95}$$

对 S 进行求导，并选取 $v = b_1 \dot{\delta}_E$，可得

$$\dot{S} = c_1 \dot{z}_4 + \dot{Q}_3 + b_1 \dot{\delta}_E + \dot{\hat{F}}_1 = v + c_1 \dot{z}_4 + \dot{Q}_3 + \dot{\hat{F}}_1 \tag{4.96}$$

将式(4.91)代入式(4.96)，可得

$$\dot{S} = v + c_1(Q_3 + b_1 \delta_E + F_1) + \dot{Q}_3 + \dot{\hat{F}}_1 \tag{4.97}$$

定义如下 Lyapunov 函数：

$$V_5 = V_4 + S^2/2 \tag{4.98}$$

对其进行求导可得

$$\begin{aligned}
\dot{V}_5 = {}& \dot{V}_3 + z_4 S - c_1 z_4^2 + (z_4 - \hat{F}_1)(F_1 - \hat{F}_1) \\
& + S \times [v + c_1(Q_3 + b_1 \delta_E + F_1) + \dot{Q}_3 + \dot{\hat{F}}_1]
\end{aligned} \tag{4.99}$$

选取如下动态滑模控制律 v：

$$v = -c_1(Q_3 + b_1 u + \hat{F}_1) - z_4 + \dot{Q}_3 - \dot{\hat{F}}_1 - k_s \operatorname{sgn}(S) - w_s S \tag{4.100}$$

式中，k_s、w_s 均为正常数。将式(4.100)代入式(4.99)，可得

$$\dot{V}_5 = \dot{V}_3 - c_1 z_4^2 - w_s S^2 + (F_1 - \hat{F}_1)(z_4 + c_1 S - \dot{\hat{F}}_1) - k_s |S| \tag{4.101}$$

设计不确定项 F_1 的自适应律如下：

$$\dot{\hat{F}}_1 = z_4 + c_1 S \tag{4.102}$$

将式(4.102)代入式(4.101)，可得

$$\dot{V}_5 = -uke^2 / \sqrt{1 + (ke)^2} - z_2^2 - z_3^2 - c_1 z_4^2 - w_s S^2 - k_s |S| \leqslant 0 \tag{4.103}$$

通过选取 k、c_1、k_s、w_s（均为正常数），上式是恒成立的。因此，系统(4.91)在控制律(4.100)和控制律(4.102)下是全局渐近稳定的，而系统(4.73)也因此为全局渐近稳定的。

廖煜雷等给出的仿真结果如图 4.7[15]所示。

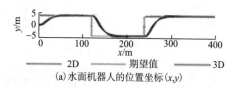

(a) 水面机器人的位置坐标 (x,y)

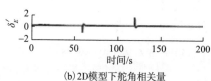

(b) 2D模型下舵角相关量
变化率随时间变化曲线

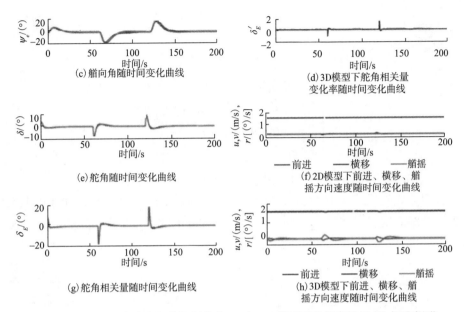

图 4.7　反步自适应动态滑模控制律在 2D 与 3D 模型下的仿真结果（见书后彩图）

仿真结果显示，在不同的模型中，该控制律都能够很好地跟踪期望的路径，运动跟踪误差均匀衰减，运动路径平滑无振荡，但是在 3D 模型下，运动路径会出现轻微的过冲，这说明该控制律具有良好的适应性和鲁棒性。图 4.7 中显示方向舵的输出不存在振荡现象，因此该控制律在减小滑模控制的振荡问题上也有很好的解决效果。

4.3.2　反步法

反步设计法，即反步法，又称为反演法，是一种递归设计方法。反步法技术是一种非常简单且有效的工具，其主要的过程是将一个高阶而且复杂的非线性系统分解为若干个简单的子系统，其中子系统的个数不超过这个非线性系统的最高阶次数，然后对每一个子系统设计 Lyapunov 函数和虚拟控制器，进而使得这个子系统达到稳定的状态。随后逐次对其他子系统进行控制器设计，直到完成整个控制器的设计为止。这样就可以实现对这个非线性系统的全局调节，最后使其达到研究人员预想的性能和效果。

简单来讲，反步法技术就是一种从前到后的递推过程，其中在每一步设计中构建的虚拟控制器从本质上讲就是一种静态补偿机制，意思是要使得每一个子系统达到镇定，就必须使用后面所构造的虚拟控制器，而这就要求被控对象是一个具有严格反馈的非线性系统，或者经过一系列的转换后是一个具有严格反馈的非线性系统。

4.3.2.1 反步法的使用过程

给定一个如下形式的严格反馈的非线性系统：

$$\begin{cases} \dot{\xi}_1 = g_1(\xi_1)\xi_2 + f_1(\xi_1) \\ \dot{\xi}_i = g_i(\overline{\xi}_i)\xi_{i+1} + f_i(\overline{\xi}_i), \quad 1 < i < n \\ \dot{\xi}_n = g_n(\overline{\xi}_n)u + f_n(\overline{\xi}_n) \\ y = \xi_1 \end{cases} \tag{4.104}$$

式中，$\overline{\xi} = [\xi_1, \xi_2, \cdots, \xi_i]^T$；$g_i$ 和 f_i 为连续的函数。

针对非线性系统 (4.104)，需要设计一个控制器使得非线性系统的输出可以跟踪上一个给定的参考信号 y_d，进一步，非线性系统的误差被定义成如下的形式：

$$\begin{cases} e_1 = \xi_1 - y_d \\ e_2 = \xi_2 - \alpha_1 \\ e_i = \xi_i - \alpha_{i-1} \\ e_n = \xi_n - \alpha_{n-1} \end{cases} \tag{4.105}$$

式中，α_1、α_{i-1} 和 α_{n-1} 为系统的虚拟控制器。

第 1 步，考虑一个 Lyapunov 函数：

$$V_1 = \frac{1}{2}e_1^2 \tag{4.106}$$

对 V_1 求时间导数：

$$\dot{V}_1 = e_1\dot{e}_1 = e_1(\dot{\xi}_1 - \dot{y}_d) \tag{4.107}$$

引入第一个子系统：

$$\dot{\xi}_1 = g_1(\xi_1)\alpha_1 + f_1(\xi_1) \tag{4.108}$$

为了使 $\dot{V}_1$ 小于零，虚拟控制器 α_1 需要被设计成如下的形式：

$$\alpha_1 = g_1^{-1}(-k_1e_1 - f_1 + \dot{y}_d) \tag{4.109}$$

式中，k_1 是一个正的常数。

第 2 步，继续定义一个 Lyapunov 函数：

$$V_2 = V_1 + \frac{1}{2}e_2^2 \tag{4.110}$$

对 V_2 求时间导数：

$$\dot{V}_2 = \dot{V}_1 + e_2\dot{e}_2 = \dot{V}_1 + e_2(\dot{\xi}_2 - \dot{\alpha}_1) \tag{4.111}$$

引入第二个子系统：

$$\dot{\xi}_2 = g_2(\overline{\xi}_2)\alpha_2 + f_2(\overline{\xi}_2) \tag{4.112}$$

为了使 $\dot{V}_2$ 小于零，虚拟控制器 α_2 需要被设计成如下的形式：

$$\alpha_2 = g_2^{-1}(-k_2 e_2 - f_2 + \dot{\alpha}_1 + g_1 e_1) \tag{4.113}$$

第 i 步，继续考虑一个 Lyapunov 函数：

$$V_i = \sum_{j=1}^{i-1} V_j + \frac{1}{2} e_i^2 \tag{4.114}$$

对 V_i 求时间导数：

$$\dot{V}_i = \sum_{j=1}^{i-1} \dot{V}_j + e_i(\dot{\xi}_i - \dot{\alpha}_{i-1}) \tag{4.115}$$

引入第 i 个子系统：

$$\dot{\xi}_i = g_i(\overline{\xi}_i)\alpha_i + f_i(\overline{\xi}_i) \tag{4.116}$$

为了使 $\dot{V}_i$ 小于零，虚拟控制器 α_i 需要被设计成如下的形式：

$$\alpha_i = g_i^{-1}(-k_i e_i - f_i + \dot{\alpha}_{i-1} + g_{i-1} e_{i-1}) \tag{4.117}$$

第 n 步，最后定义一个 Lyapunov 函数：

$$V_n = \sum_{i=1}^{n-1} V_i + \frac{1}{2} e_n^2 \tag{4.118}$$

对 V_n 求时间导数：

$$\dot{V}_n = \sum_{i=1}^{n-1} \dot{V}_i + e_n(\dot{\xi}_n - \dot{\alpha}_{n-1}) \tag{4.119}$$

进一步由以下的实际系统：

$$\dot{\xi}_n = g_n(\overline{\xi}_n)u + f_n(\overline{\xi}_n) \tag{4.120}$$

可以设计一个使得 $\dot{V}_n$ 小于零的实际控制器 u：

$$u = g_n^{-1}(-k_n e_n - f_n + \dot{\alpha}_{n-1} + g_{n-1} e_{n-1}) \tag{4.121}$$

上述对于非线性系统(4.104)的控制器的设计过程可以简单表述成如图 4.8[16] 所示。

从以上的设计过程可以总结出反步法技术的一些优点，具体如下：

使用反步法技术可以对一个 n 阶的非线性系统进行控制器设计，进而避免了经典无源设计方法中对于系统阶数为 1 的限制问题。

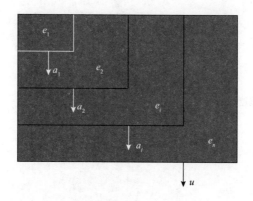

图 4.8 经典反步法设计过程

由于反步法技术的使用，不需要对非线性的复杂系统线性化处理，由此设计出的控制器可以提高对系统的控制精度。

因为反步法技术的应用是一个递推的过程，对于 Lyapunov 函数的选取提供了很大的便利条件。

反步法技术可以与多种技术融合，例如自适应控制、模糊逻辑系统以及神经网络等，而结合后的控制算法可以很好地解决系统中所存在的模型不确定性以及外部干扰等问题。

4.3.2.2 仿真实例

哈尔滨工程大学廖煜雷等[15]做了如下工作。

仅利用反步法设计路径跟踪控制器，假设不确定项为零。定义如下 Lyapunov 函数：

$$V_6 = V_3 + z_4^2/2 \tag{4.122}$$

对其进行求导，并将式(4.94)代入，得到

$$\dot{V}_6 = \dot{V}_3 + z_4(Q_3 + b_1\delta_E) \tag{4.123}$$

设计反馈控制律如下：

$$\delta_E = b_1^{-1}(-Q_3 - k_2 z_4) \tag{4.124}$$

式中，k_2 为正常数。将式(4.124)代入式(4.123)，可得

$$\dot{V}_6 = \dot{V}_3 - k_2 z_4^2 = -uke^2 \Big/ \sqrt{1+(ke)^2} - z_2^2 - z_3^2 - k_2 z_4^2 \leqslant 0 \tag{4.125}$$

因此，系统在控制律(4.124)下仍然是全局渐近稳定的。

本小节控制律的仿真结果如图 4.9[15]所示。

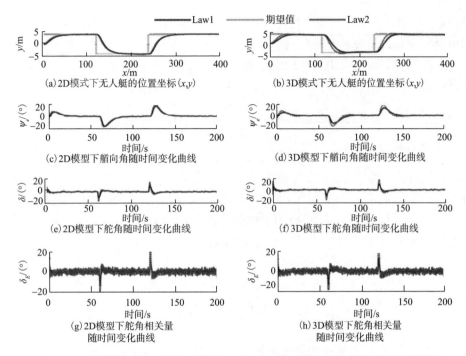

图 4.9　反步滑模控制与反步控制律在 2D 与 3D 模型下的仿真结果（见书后彩图）
Law1-4.3.1.5 小节采用的控制律；Law2-本节采用的控制律

结果显示，虽然反步法在收敛速度与过冲幅度方面的表现弱于反步自适应动态滑模控制方法，但是反步控制律下运动仍能很好地跟踪期望路径。

4.3.3　自抗扰控制

目前，现代控制理论建立了一套从系统建模、模型分析以及根据模型设计反馈控制律的"模型论"方法体系，取得了众多阐释控制系统本质的研究成果，推动了控制理论向前发展。但是 PID 控制器在工程中依然占据主导作用，这在一定程度上是因为数学模型的精确程度决定了由此推导而来的控制器的鲁棒性。

基于此，韩京清研究员反思了"模型论"控制律设计方法，总结了"控制论"设计方法的思想[17]，在此之后又提出跟踪微分器（tracking differentiator，TD）、状态误差反馈（state error feedback，SEF）律和扩张状态观测器（extend state observer，ESO）等理论[18,19]，并于 1998 年正式提出综合应用前述三种理论的自抗扰控制（active disturbance rejection control，ADRC）技术。

自抗扰控制把作用于被控对象的所有不确定因素都归结为"未知扰动"，用对象的输入输出对它进行估计并给予补偿，突破了"绝对不变性原理"和"内膜原理"的局限性。通俗来说，自抗扰控制的主要思想就是要在扰动影响系统的最终输出前，根据被控对象的输入输出提取出扰动信息，用控制信号对冲扰动的影响，从而降低未知扰动对系统的影响。

自抗扰控制器主要由安排过渡过程、扩张状态观测器、状态误差反馈律三个部分组成。

4.3.3.1 抗扰控制理论基础

1. 跟踪微分器(TD)

自抗扰控制器用TD来安排过渡过程，TD可以跟踪输入信号并提取微分信号。对于一个输入信号 $v_0(k)$ ，将输出两个信号 $v_1(k)$ 和 $v_2(k)$ ，其中 $v_1(k)$ 跟踪 $v_0(k)$ ， $v_2(k) = \dot{v}_1(k)$ ，把 $v_2(k)$ 作为 $v_0(k)$ 的近似微分。这样， $v_1(k)$ 实现了对 $v_0(k)$ 过渡过程的安排， $v_2(k)$ 实现了对 $v_0(k)$ 合理微分的提取。

二阶 TD 的离散表达式可以表示如下：

$$\begin{cases} \text{fh} = \text{fhan}(v_1(k) - v_0(k), v_2(k), r, h) \\ v_1(k+1) = v_1(k) + Tv_2(k) \\ v_2(k+1) = v_2(k) + T\text{fh} \end{cases} \qquad (4.126)$$

式中， $\text{fhan}(x_1, x_2, r, h)$ 被称为最速综合函数，其计算表达式如下所示：

$$\begin{cases} d = rh \\ d_0 = hd \\ y = x_1 + hx_2 \\ a_0 = \sqrt{d^2 + 8r|y|} \\ a = \begin{cases} x_2 + 0.5(a_0 - d)\text{sgn}(y), & |y| > d_0 \\ x_2 + y/h, & |y| \leqslant d_0 \end{cases} \\ \text{fhan} = \begin{cases} -r\text{sgn}(a), & |a| > d \\ r\,a/d, & |a| \leqslant d \end{cases} \end{cases} \qquad (4.127)$$

上两式中， T 为离散系统的采样周期；sgn 为符号函数(自变量为正数或 0 时函数值为 1，否则为–1)；fhan 函数表达式中的 (x_1, x_2) 对应的是 $(v_1 - v_0, v_2)$ ； r 、 h 为可调参数，其余相关参数都是中间变量。

参数 r 和 h 分别是快速因子和滤波因子。 h 越大，TD 的滤波效果越好，但是也会带来更大的相位延迟； r 越大，TD 跟踪输入信号的速度越快，并且跟踪值从初值 0 到达输入值 v_0 的时间 T_0 与 r 存在以下近似关系[20]：

$$r \approx 4v_0/T_0^2 \qquad (4.128)$$

TD 有许多用途，常见的有两种：一是用于为系统参考输入安排过渡过程，使被控量的跟踪目标从参考输入变更为 TD 给出的过渡信号 v_1，这个信号的变化速度可以人为设定，从而解决 PID 控制器中"快速性"与"超调"的矛盾；二是对含有噪声的信号进行滤波并得到信号导数值，即微分器。

2. 扩张状态观测器(ESO)

ESO 是 ADRC 的核心，作用是根据被控系统的控制量和输出量估计被控系统的状态量和影响输出的"总扰动"，"总扰动"也称为扩张状态。

这里以常见非线性系统的 ESO 设计过程为例说明其基本原理。式(4.129)表示一个存在扰动的二阶单输入单输出(single input single output，SISO)非线性系统，w 为时变扰动，u 是控制输入，b 是控制通道增益，y 是系统输出，函数 f 的形式未知。

$$\begin{cases} \dot{x}_1(t) = x_2(t) \\ \dot{x}_2(t) = f(x_1(t),x_2(t),w(t),t) + bu(t) \\ y(t) = x_1(t) \end{cases} \quad (4.129)$$

ESO 估计扰动的方式与"模型论"的不同之处在于，ESO 并不关心状态 x_1、x_2 和 w 对 $\dot{x}_2(t)$ 影响的具体表达式，直接将 $f(x_1(t),x_2(t),w(t),t)$ 当成系统内外总扰动 $a(t)$ 进行估计。因此可以改写系统表达式为

$$\begin{cases} \dot{x}_1(t) = x_2(t) \\ \dot{x}_2(t) = a(t) + bu(t) \\ y(t) = x_1(t) \end{cases} \quad (4.130)$$

由式(4.130)可知，ESO 的作用是从输出 y 中提取与 $a(t)$ 有关的信息，从而估计 $a(t)$ 的值。为此将 $a(t)$ 当成系统的扩张状态 x_3，重写系统表达式为

$$\begin{cases} \dot{x}_1(t) = x_2(t) \\ \dot{x}_2(t) = x_3(t) + bu(t) \\ \dot{x}_3(t) = \dot{a}(t) \\ y(t) = x_1(t) \end{cases} \quad (4.131)$$

根据式(4.130)设计系统的 ESO 得到表达式如下：

$$\begin{cases} e(t) = \hat{x}_1(t) - y(t) \\ \dot{\hat{x}}_1(t) = \hat{x}_2(t) - \beta_{01}e(t) \\ \dot{\hat{x}}_2(t) = \hat{x}_3(t) + \hat{b}u(t) - \beta_{02}g(e(t)) \\ \dot{\hat{x}}_3(t) = -\beta_{03}g(e(t)) \end{cases} \quad (4.132)$$

给定恰当的 ESO 参数和函数 $g(e(t))$，只要 $a(t)$ 是有界的，ESO 就可以有效地实现对系统(4.131)的跟踪。只要系统状态方程的阶数相同，任何一个二阶 SISO 系统的 ESO 表达式都可以设计成式(4.132)，因此该式也是二阶 ESO 的通用表达

式。由于包含扩张状态，ESO 的阶数比 ADRC 的阶数高一阶。

将 ESO 离散化后得到如下表达式：

$$\begin{cases} e = Z_1(k) - y(k) \\ Z_1(k+1) = Z_1(k) + T[Z_1(k) - \beta_{01}e] \\ Z_2(k+1) = Z_2(k) + T[Z_2(k) - \beta_{02}\text{fal}(e,\alpha_1,\delta) + bu(k)] \\ Z_3(k+1) = Z_3(k) - T\beta_{03}\text{fal}(e,\alpha_2,\delta) \end{cases} \tag{4.133}$$

这里将式 (4.132) 中的函数 g 具体化为常用的 fal 函数，若 g 具体化为 $g(e(t)) = e(t)$，则该 ESO 为线性 ESO，也就是 Luenberg 观测器[21]。在上式中，(Z_1, Z_2) 分别跟踪 (x_1, x_2) 即 y 及其导数，Z_3 跟踪扩张状态 x_3 即 $a(t)$，u 是 ADRC 控制量，$(\alpha_1, \alpha_2, \beta_{01}, \beta_{02}, \beta_{03}, \delta, b)$ 为可调参数，参数 b 的本质为开环系统的控制频道增益，由于实际系统中该增益测量不方便或不准确，这里也作为可调参数，式中 fal 函数有如下表达式：

$$\text{fal}(e,\alpha,\delta) = \begin{cases} \delta^{1-\alpha}e, & |e| \leqslant \delta \\ \text{sgn}(e)|e|^\alpha, & |e| > \delta \end{cases} \tag{4.134}$$

ESO 需整定的 6 个参数中，α_1、α_2 为 fal 函数非线性部分幂级数的幂次，一般取小于 1，例如常取 $\alpha_1 = 0.5$，$\alpha_2 = 0.25$；2δ 是 fal 线性区间宽度，一般取 $\delta = (10T \sim 1000T)$，根据实践经验，对于控制精度要求越高的系统该参数应当越小即线性区间越小，当然该值变小也会带来 ESO 的超调和振荡；$(\beta_{01}, \beta_{02}, \beta_{03})$ 可以理解为误差反馈增益，影响 ESO 收敛速度，对一般系统，取值为 $(100, 300, 800)$ 即可满足要求，但是对于扰动带宽较大的系统需要减小 δ 值以提高估计精度，若还不能满足要求，可以参考等式 $\beta_{01} = 1/T$，$\beta_{02} = 1/(1.6T^{1.5})$，$\beta_{03} = 1/(8.6T^{2.2})$，$T$ 为采样步长即系统采样周期。此外，通过实验法可知其取值与 ESO 可估计的扰动上界存在一定关系[22]。

3. 状态误差反馈 (SEF) 律

SEF 律的作用是将过渡过程和 ESO 相应观测值之间的误差通过线性或非线性的方式组合得到用于控制标准型系统的控制量 u_0，并且 u_0 将与总扰动的补偿量组合得到 ADRC 的控制量 u，数学表达如下所述，参数 b 为可调参数：

$$u = u_0 - Z_3/b \tag{4.135}$$

为了说明式 (4.135) 对被控系统进行动态补偿线性化的原理，将式 (4.135) 代入式 (4.130)，可得式 (4.136)。在 ESO 收敛即 Z_3 能够稳定跟踪 $a(t)$ 的条件下，将式 (4.136) 化简可得式 (4.137)，该系统即为积分串联标准型系统，这就表明式 (4.135) 可以实现被控系统的动态补偿线性化。

$$\begin{cases} \dot{x}_1(t) = x_2(t) \\ \dot{x}_2(t) = a(t) + b[u_0(t) - Z_3(t)/b] \\ y(t) = x_1(t) \end{cases} \tag{4.136}$$

$$\begin{cases} \dot{x}_1(t) = x_2(t) \\ \dot{x}_2(t) = bu_0(t) \\ y(t) = x_1(t) \end{cases} \tag{4.137}$$

而非线性函数中存在性能更好的状态误差反馈组合形式，下面给出一种非线性状态误差反馈形式：

$$\begin{cases} e_1(t) = v_1(t) - Z_1(t) \\ e_2(t) = v_2(t) - Z_2(t) \\ u_0(t) = k_p \mathrm{fal}(e_1(t), \alpha_{01}, \delta) + k_d \mathrm{fal}(e_2(t), \alpha_{02}, \delta) \\ u(t) = u_0(t) - Z_3(t)/b \end{cases} \tag{4.138}$$

综上，自抗扰控制器的结构如图 4.10[23] 所示。

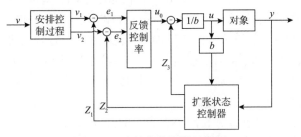

图 4.10　自抗扰控制器结构图

4.3.3.2　自抗扰控制的应用及前景

自抗扰控制凭借其对具体精确的模型的极低依赖成为各个控制领域的新宠，尤其是在无人机的运动控制中，自抗扰控制已经成为其支柱控制方法，不仅单纯的自抗扰控制被广泛应用，包括自抗扰滑模控制、反步自抗扰控制也已经被成功应用于实际。在水面机器人这一特殊智能体领域，自抗扰控制已经取得了对航向进行控制的成果，但其延伸的应用并没有被完全开发。

因此，自抗扰控制仍然具备被研究的必要性：

（1）传统的自抗扰控制器采用非光滑的 fal 函数，其在原点附近存在拐点导致斜率较大，因此改进 fal 函数，使其在原点附近具有更好的平滑性和连续性已经成为研究的一个热点。

（2）自抗扰控制器的可调参数比较多，虽然摒弃了不确定性系统带来的干扰的不确定，但是繁杂的参数调整、优化也使得自抗扰控制的难度在上升，因此，寻求自抗扰控制器的参数整合和在线优化也成为自抗扰控制领域的研究热点。王常顺等[24]在其文章中提出了一种基于混沌局部搜索策略的双种群遗传算法，不仅实现了全局范围内更好寻优，也利用混沌系统的遍历性来进行局部范围内无重复搜索，提升局部搜索效率。

(3)自抗扰控制采用的扩张状态观测器对于干扰估计与实际情况仍存在误差，因此越来越多的研究人员开始采用积分滑模控制等方法以及神经网络、自适应控制、模糊控制等智能控制方法对该干扰估计进行补偿，因此多控制方法融合的新型控制方法不断被提出，也将一直成为自抗扰控制研究领域乃至整个控制领域的热点与焦点。

4.4 容错控制技术

系统故障定义为参数与可接受值的偏差，故障定义为系统无法在指定条件下执行其预期的操作。显然，失败不仅仅是一个单纯的错误，而是更为严重的情况。容错性是指系统无论出现什么故障都可以继续运行的能力。故障在每个实际系统中都是不可避免的，并且会影响系统的稳定性和性能水平。容错控制研究的是当系统发生故障时的控制问题，即容错控制是指当控制系统中的某些部件发生故障时，系统在期望的性能指标或性能指标略有降低(但可以接受)的情况下，还能安全地完成控制任务。容错控制的研究使得提高复杂系统的安全性和可靠性成为可能。

容错控制系统一般可以分为两个大类，即被动容错控制系统和主动容错控制系统，如图 4.11[25]所示。

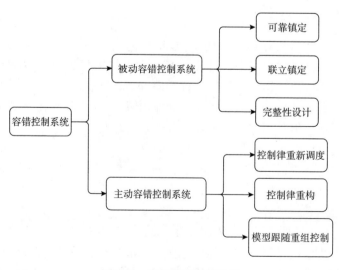

图 4.11 容错控制系统分类

容错控制中的基本概念与名词解释如下。

主动容错控制(active fault tolerant control)：在故障发生后，根据所期望的特性重新设计一个控制系统，并至少能使整个系统达到稳定。新的控制系统的性能与原系统相比可能会有所下降。主动容错控制通常需要已知故障类型的先验知识，或者需要一个故障检测和隔离(fault detection and isolation，FDI)模块来检测与分离出未预料到的故障。

被动容错控制(passive fault tolerant control)：在系统的构造思路上这是一种与鲁棒控制技术相类似的方案，它采用固定的控制器来确保闭环系统对特定的故障不敏感，保持系统的稳定。被动容错控制不需要在线故障信息，因此也就不需要FDI模块。

混合容错控制(hybrid fault tolerance control)：在研究了主动和被动容错控制系统的优缺点后，设计两者的混合体，使其具有两种系统的优点。

重组(reconfiguration)：对控制器的参数进行调整。它可以离线或在线两种方式进行。

重构(reconstruction)：同时对控制系统的结构和参数进行调整，使之"最佳地"适应系统的当前工况。与"重组"一样，它可以采用离线或在线的方式进行。

完整性：如果在发生执行器或传感器故障(断路)时，或同时发生执行器与传感器故障时，闭环控制系统仍然是稳定的，那么就称此闭环控制系统具有完整性。这是一种针对传感器与执行器故障的容错控制。

可靠镇定：采用两个或更多的补偿器来并行地镇定同一个被控对象。当任意一个或多个补偿器失效(断路)，而剩余的补偿器正常工作时，闭环控制系统仍然可以保持稳定，那么就称此控制系统为可靠镇定。它是一种针对控制器失效的容错控制。

联立镇定：给定 N 个有限维的连续时间线性时不变对象 $p_1, p_2, \cdots, p_N$，联立镇定问题的目标是构造一个固定的控制器，使其可以分别镇定上述的任意一个被控对象。这是一种关于被控对象故障的容错控制。

4.4.1　主动容错控制

主动容错控制系统的体系结构如图4.12所示。其主要由以下子系统组成：故障检测和隔离模块、重新配置机制模块和可重新配置的控制器。故障检测和隔离模块向控制器在线提供有关故障的信息，而主动容错控制系统通过基于该信息重新配置控制器来做出反应。主动容错控制系统虽然能够处理多种类型的故障并拥有最佳性能，但是，它对从故障检测和隔离模块获得的结果很敏感，即它会做出错误的决定，并产生过多的噪声，使具有不确定性的非线性系统的设计变得更加困难。

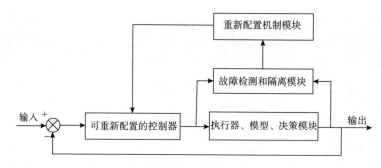

图 4.12　主动容错控制系统的体系结构

　　主动容错控制系统的主要功能由故障检测和隔离模块执行。通常将其看作基于观察者的机制，以生成自己的内部输出，然后将其与实际值进行比较。传感器或执行器的任何超出指定范围的偏差都将视为故障状态。从技术上讲，如果实际值和估计值之间的误差渐近或指数化为零，则控件将声明无故障。如果错误信号超出范围，则会生成错误。检测到错误后，下一步是隔离有故障的组件并估计可能的值。这被称为控制律重新配置，其中不稳定的值将由估计值代替，以保持系统的稳定性并避免停机。可能会发出警报，警告操作员有关系统的故障状态，以采取必要的措施修理或更换故障的组件[26-28]。故障检测、隔离、控制器重新配置会基于过多的计算，因此可能要花费大量时间，从而使系统的响应速度很慢。因此，主动容错控制系统的主要缺点可能是响应速度慢。但是，由于它可以覆盖广泛的故障并使系统保持稳定，因此它是一个非常有利的控制系统[29]。

　　由于容错控制系统的主要功能是处理故障，因此了解传感器和执行器中故障的类型和性质非常重要。传感器或执行器中的任何故障都会在系统中造成干扰，除非采取某些措施来解决故障，否则无法达到控制目标。

　　在文献[30]～[32]中均对故障的数学建模以及传感器和执行器故障的观测器设计进行了研究，下面进行简要描述。

　　传感器故障可以分类如下。

　　(1)偏差：偏差可描述为传感器输出中的偏差。从数学上讲，它可以写为 $Y = X + \beta$，其中 X 是真实输出，β 是传感器值的偏移量。这可能是由校准不当或传感器的物理性能下降引起的。

　　(2)漂移：这也是传感器输出(线性和非线性)的统计偏差。

　　(3)缩放(或增益)：传感器值的缩放中的乘性类型误差，表示为斜率，数学表达式为 $Y(t) = \alpha(t)X$，此处 $\alpha(t)$ 是时变缩放因子，其范围为 $\alpha(t) \geqslant 0$。

　　(4)噪声：噪声是传感器值的随机变化，可能是环境、硬件或电线条件所致。

　　(5)硬故障：定义为来自传感器的滞留值。数学上，$Y(t) = C$，其中 C 为恒定值。$C = 0$ 表示传感器完全丢失，其他任何值表示传感器输出卡住。

更广泛地说，传感器故障分为乘法和加法类型。有加法和乘法故障组合 $u^f = (1-\rho_u)u + f_u$，其中 u^f 表示受故障影响的实际输出，u 为期望输出，ρ_u 为效能损伤量，f_u 为外界干扰。

考虑以下非线性系统：

$$\dot{x}(t) = Ax(t) + Bu(t) + g(x,u,t) \quad (4.139)$$

$$y(t) = Cx(t) \quad (4.140)$$

式中，$x \in \mathbf{R}^n$ 是状态向量；$u \in \mathbf{R}^p$ 是输入向量；$y \in \mathbf{R}^m$ 是输出向量；A、B、C 是适当的已知系统的系数矩阵；$g(x,u,t) \in \mathbf{R}^n$ 是一个非线性函数向量。其中，n 是状态数，p 是输入数，m 是输出数。

$$z(t) = Cx(t) \quad (4.141)$$

式中，z 为纯输出虚拟变量。

传感器中的故障可以合并为一个方程组如下：

$$\begin{cases} y(t) = [1-\rho(t)]z(t) + f(t) & (4.142) \\ y_i(t) = z_i(t) + f_i(x,t) = c_i x_i(t) + f_i(x,t) & (4.143) \\ \|g(x_1,u,t) - g(x_2,u,t)\| \leqslant \|\lambda x_1 - x_2\|, \quad \forall u,t & (4.144) \end{cases}$$

式中，$\rho(t)$ 是传感器的效能损失；$f(t)$ 是传感器的偏置误差；λ 是 Lipschitz 常数。

观察模块的基本功能是根据系统定义的模型来产生模型输出的估计值。观察模块设计是故障检测和隔离计划中最重要的部分。将传感器的实际输出与此估计值进行比较，并计算出残差。像 Lyapunov 第二种方法那样，控制器的设计使得误差必须渐近或指数地接近零，以实现控制系统的稳定性。观察模块的基本方案如图 4.13 所示。

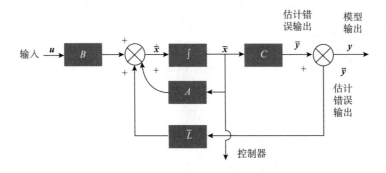

图 4.13 观察模块的基本方案

观察模块的一般形式设计如下：

$$\dot{x} = Ax + Bu \tag{4.145}$$

$$y = Cx \tag{4.146}$$

$$\dot{\bar{x}} = A\bar{x} + Bu \tag{4.147}$$

$$\bar{y} = C\bar{x} \tag{4.148}$$

式中，$\bar{x}$、$\bar{y}$ 是估计状态值。通过式(4.145)～式(4.148)得到

$$\dot{\bar{x}} - \dot{x} = A(\bar{x} - x) \tag{4.149}$$

$$\bar{y} - y = C(\bar{x} - x) \tag{4.150}$$

观察方程可得

$$\dot{\bar{x}} = A\bar{x} + Bu + L(\bar{y} - y) \tag{4.151}$$

式中，L 是状态反馈增益。

根据式(4.145)～式(4.151)推得

$$\begin{aligned}
\dot{\bar{x}} - \dot{x} &= A(\bar{x} - x) + L(\bar{y} - y) \\
\dot{\bar{x}} - \dot{x} &= (A - LC)(\bar{x} - x) \\
\dot{e}_x &= (A - LC)e_x \\
\bar{y} - y &= Ce_x
\end{aligned} \tag{4.152}$$

对于一个稳定的系统，误差向量 $e_x = \bar{x} - x$ 将衰减为零，可以获得 L 的值。如上式所述，非线性系统的观测器设计方程如下：

$$\dot{\bar{x}}(t) = A\bar{x}(t) + Bu + g(\bar{x}, u, t) + \bar{L}(C\bar{x} - t) \tag{4.153}$$

使用方程式的线性系统观测器设计方法，我们可以从式(4.139)和式(4.153)获得非线性系统观测器的误差方程：

$$\dot{e}_x = (A - \bar{L}C)e_x + [g(\bar{x}, u, t) - g(x, u, t)] \tag{4.154}$$

为了使系统稳定，误差 e_x 必须趋近于零。非线性系统的第二个 Lyapunov 稳定性准则可用于确定这种条件，在该条件下定义 Lyapunov 函数并采用它的导数。如果证明导数为负，则该系统将被声明为稳定状态，显示出能量耗散[33]。而且，为简化各种复杂的矩阵运算，还将使用 Schur 补码[34]。

引理 4.2[35] 当存在矩阵 R、X 和向量 μ，$R = R^{\mathrm{T}} > 0$，$\mu > 0$，满足以下线性矩阵不等式时，误差向量 $e_x(t)$ 趋近于 0：

$$\begin{bmatrix} RA + A^{\mathrm{T}}R + XC + C^{\mathrm{T}}X^{\mathrm{T}} + \mu\lambda^2 I & R \\ R & -\mu I \end{bmatrix} < 0 \tag{4.155}$$

式中，I 为单位矩阵。

观测器增益矩阵的选择如下:

$$\bar{L} = R^{-1}X \tag{4.156}$$

为了证明它,考虑以下 Lyapunov 函数来证明其导数为零:

$$V(t) = e_x^{\mathrm{T}} R e_x \tag{4.157}$$

现在我们将检查 $\dot{V}(x) < 0 (\forall x \in D)$ 的条件渐近稳定性的临界点。e_x 是列向量,所以在执行下面描述的乘法运算之后,$e_x^{\mathrm{T}} R e_x$ 的整体乘法的结果标量如下:

$$\dot{V}(x) = e_x^{\mathrm{T}}[RA + R\bar{L}C + A^{\mathrm{T}}R + C^{\mathrm{T}}(L^{-1})^{\mathrm{T}}R]e_x + 2e_x^{\mathrm{T}}R(g(\bar{x},u,t) - g(x,u,t))$$

$$\leqslant e_x^{\mathrm{T}}[RA + R\bar{L}C + A^{\mathrm{T}}R + C^{\mathrm{T}}(L^{-1})^{\mathrm{T}}R]e_x + \frac{1}{\mu e_x^{\mathrm{T}}R^2 e_x}$$

$$+ u\|g(\bar{x},u,t) - g(x,u,t)\|^2$$

$$\leqslant e_x^{\mathrm{T}}[RA + R\bar{L}C + A^{\mathrm{T}}R + C^{\mathrm{T}}(L^{-1})^{\mathrm{T}}R]e_x + \frac{1}{\mu e_x^{\mathrm{T}}R^2 e_x} + \mu\lambda^2\|e_x\|^2$$

$$= e_x^{\mathrm{T}}[RA + R\bar{L}C + A^{\mathrm{T}}R + C^{\mathrm{T}}(L^{-1})^{\mathrm{T}}R + \mu\lambda^2 I + \frac{1}{\mu R^2}]e_x \tag{4.158}$$

将式(4.157)代入上式,得到

$$\dot{V} \leqslant e_x^{\mathrm{T}}(RA + XC + A^{\mathrm{T}}R + C^{\mathrm{T}}X^{\mathrm{T}} + \mu\lambda^2 I + \frac{1}{\mu R^2})e_x \tag{4.159}$$

如果下列不等式成立,e_x 趋近于 0:

$$\begin{bmatrix} RA + XC + A^{\mathrm{T}}R + C^{\mathrm{T}}X^{\mathrm{T}} + \mu\lambda^2 I & R \\ R & -\mu I \end{bmatrix} < 0 \tag{4.160}$$

通过应用 Schur 补码,式(4.160)变得等价于式(4.155),从而完成证明。

定理 4.1 当存在矩阵 R、X,向量 μ,控制参数 k,满足 $R = R^{\mathrm{T}} > 0$,$\mu > 0$,$k > 0$ 时,则误差向量 $e_x(t)$ 趋近于 0:

$$\begin{bmatrix} RA + XC + A^{\mathrm{T}}R + C^{\mathrm{T}}X^{\mathrm{T}} + \mu\lambda^2 I + kR & R \\ R & -\mu I \end{bmatrix} < 0 \tag{4.161}$$

类似于引理 4.2 的证明,从式(4.161)和式(4.155)可以得到

$$\dot{V}(t) \leqslant -k e_x^{\mathrm{T}} R e_x = -kV \tag{4.162}$$

由此可以得到

$$V(t) \leqslant e_x^{\mathrm{T}} V(0) \tag{4.163}$$

从式(4.157)可知

$$\lambda_{\min}(\boldsymbol{R})\|e_x(t)\|^2 \leqslant \mathrm{e}^{-kt}\lambda_{\max}(\boldsymbol{R})\|e_x(0)\|^2 \tag{4.164}$$

式中，$\lambda_{\min}$、$\lambda_{\max}$ 分别是矩阵 $\boldsymbol{R}$ 的最小和最大特征值。因此，我们得到误差向量的以下范数：

$$\|e_x(t)\|^2 \geqslant \sqrt{\lambda_{\max}(\boldsymbol{R})/\lambda_{\min}(\boldsymbol{R})}\,e_x(0)\mathrm{e}^{-kt} \tag{4.165}$$

残差方程可由式(4.153)和式(4.139)得到

$$r(t) \triangleq \|\boldsymbol{C}\bar{\boldsymbol{x}}(t) - \boldsymbol{y}(t)\| \tag{4.166}$$

从式(4.165)可以得到

$$r(t) \leqslant \sqrt{\lambda_{\max}(\boldsymbol{R})/\lambda_{\min}(\boldsymbol{R})}\,\|\boldsymbol{C}\|e_x(0)\mathrm{e}^{-kt} \tag{4.167}$$

请注意，$\|e_x\|$ 通常是未知的，因此式(4.166)中的阈值不可用。但是，由于可以证明 $\|C\|\|e_x\| \approx \|r(0)\|$，因此，传感器故障的故障检测将获得以下标准：

$$r(t) \begin{cases} \leqslant \sqrt{\lambda_{\max}(\boldsymbol{R})/\lambda_{\min}(\boldsymbol{R})}\,\|r(0)\|e_x(0)\mathrm{e}^{-\frac{kt}{2}}, & \text{执行器出错情况} \\ > \sqrt{\lambda_{\max}(\boldsymbol{R})/\lambda_{\min}(\boldsymbol{R})}\,\|r(0)\|e_x(0)\mathrm{e}^{-\frac{kt}{2}}, & \text{执行器健康情况} \end{cases} \tag{4.168}$$

同样的过程技术也可以用来检测和隔离执行器中的故障。在故障检测、隔离和估计之后，设计控制律来执行控制器重构步骤。

4.4.2　被动容错控制

被动容错控制系统通常利用鲁棒控制技术使得整个闭环系统对某些确定的故障具有不敏感性，与主动容错控制系统相比，被动容错控制系统不需要 FDI 模块，一般具有固定形式的控制器结构和参数，计算复杂度较低。它足够快，可以迅速对任何异常情况采取行动，但仅能容纳设计阶段定义的有限数量的故障，由于故障并不是经常发生，其设计难免过于保守，其性能也不可能是最优的，而一旦出现不可预知故障，系统的性能甚至稳定性都可能无法保障。但它可以避免在主动容错控制当中需要检测诊断故障以及重组控制律造成的时间滞后，而这在时间要求严格的系统控制中是很重要的。因此，被动容错控制在故障检测和估计阶段是必需的，它可以保证在系统切换至主动容错控制之前系统的稳定性。与主动容错控制系统相比，被动容错控制系统的体系结构非常简单。被动容错控制的结构如图 4.14 所示[36]。

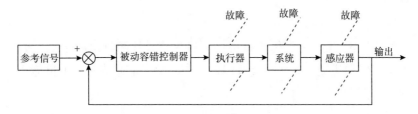

图 4.14　被动容错控制的结构

被动容错控制系统没有故障检测和隔离单元，也没有执行控制器重新配置，而是控制器在正常和异常情况下均以离线模式工作，具有预定义的参数，这些参数可掩盖来自组件的错误读数。被动容错控制技术的主要优点可以描述如下：未执行故障检测和控制器重新配置过程，并且系统在正常和故障情况下均使用相同的参数进行工作。由于取消了故障检测和隔离以及控制器重新配置过程，因此与主动容错控制系统相比，系统的响应时间变得非常快。但是，对于一个被动容错控制系统，检测各种类型的故障变得非常困难，因为它被设计为在离线模式下工作。因此，其功能将受到限制，并可能因各种同时发生的复杂故障而受到威胁[37-39]。综上所述，主动容错控制系统和被动容错控制系统之间的比较如表 4.3 所示。

表 4.3　主动容错控制系统和被动容错控制系统之间的比较[36]

系统性能	主动容错控制系统	被动容错控制系统
结构	复杂	简单
响应时间	慢	快速
故障检测	在线/实时	离线
计算量	大	相对较小
故障检测和隔离	必要	不需要
控制器重新配置	需要	不需要
噪声影响	可能会被噪声破坏，并可能做出错误的决定	噪声强
时间延迟	由于噪声影响会有延迟	没有时间延迟
故障性质	各种	修复了预定义的故障
控制结构	变量	固定

滑模控制由于其对外部干扰、系统参数变化和模型不确定性的鲁棒性的优势而成为较流行的被动容错控制系统技术之一[40-42]。滑模控制器的设计在文献[43]中进行了数学描述，下面对其进行介绍。

考虑二阶 SISO 非线性仿射系统：

$$\ddot{x}(t) = f(x,\dot{x}) + g(x,\dot{x})u + d_f \tag{4.169}$$

式中，x 为状态量；u 是控制输入量；$g(x,\dot{x})$ 为非线性函数，并且 $|d_f| < D$ 表示范围内的不确定性和扰动。系统为连续时间，但为简单起见省略了时间索引。令状态变量为 $x_1 = x$ 和 $x_2 = \dot{x}_1$，有

$$\begin{cases} \dot{x}_1 = x_2 \\ \dot{x}_2 = f(x,\dot{x}) + g(x,\dot{x})u + d_f \end{cases} \tag{4.170}$$

令所需轨迹为 x_1^d，则实际 x_1 和所需轨迹 x_1^d 的误差可以写为

$$e = x_1 - x_2 \tag{4.171}$$

按照惯例，为二阶系统定义的切换面 s 是误差变量 e 和 $\dot{e}$ 的组合：

$$s = \dot{e} + \lambda e \tag{4.172}$$

式中，参数 λ 作用为设置切换平面，即 $s = 0$。

应该选择控制输入 u，以使轨迹接近开关表面，然后在所有将来的时间停留在开关表面上。

s 的时间导数将变为

$$\dot{s} = f(x,\dot{x}) + g(x,\dot{x})u + d_f - \ddot{x}_1^d + \lambda\dot{e} \tag{4.173}$$

控制输入表示为两个项之和，如文献[44]中所述：

$$u = u_{eq} + u^* \tag{4.174}$$

第一项 u_{eq} 被称为等效控制，其中，为使当 $s = 0$ 时 $\dot{s} = 0$ 成立，选择使用标准模型参数，即 $d_f = 0$。它写为

$$u_{eq} = g(x,\dot{x})^{-1}[\ddot{x}_1^d - f(x,\dot{x}) - \lambda\dot{e}] \tag{4.175}$$

选择第二项 u^* 来处理系统中的不确定性并引入到达定律，第二项包含常数 $M\,\mathrm{sgn}(s)$ 和附加趋近率，如文献[44]中所述：

$$u^* = g(x,\dot{x})^{-1}[-ks - M\,\mathrm{sgn}(s)] \tag{4.176}$$

式中，k 和 M 是正数。函数 $g(x,\dot{x})$ 对于前两个方程式必须是可逆的。

总体控制输入将变为

$$u = g(x,\dot{x})^{-1}[\ddot{x}_1^d - f(x,\dot{x}) - \lambda\dot{e} - ks - M\,\mathrm{sgn}(s)] \tag{4.177}$$

将该输入方程式代入式(4.172)，得到

$$\dot{s} = -ks - M\,\mathrm{sgn}(s) + d_f \tag{4.178}$$

对于常规滑模控制（sliding mode control，SMC），必要条件是

$$\frac{1}{2}\frac{\mathrm{d}}{\mathrm{d}t}s^2 < 0 或 s\dot{s} < 0 \tag{4.179}$$

为了减少抖振现象，我们引入了一个边界层，表达式变为

$$s\dot{s} < -\eta|s| \tag{4.180}$$

将式（4.178）与 s 相乘得到

$$s\dot{s} = -ks^2 - M\,\mathrm{sgn}(s) + d_f s = -ks^2 - M|s| + d_f s \tag{4.181}$$

通过适当地选择 k 和 M，可以满足式（4.179）。

可以通过使用不连续的饱和函数 sat(·) 而不是函数 sgn(·) 来消除抖动现象。饱和函数 sat(s) 的定义如下：

$$\mathrm{sat}(s) = \begin{cases} \mathrm{sgn}(s), & |s| > \varphi_s \\ \dfrac{s}{\varphi_s}, & |s| \leqslant \varphi_s \end{cases} \tag{4.182}$$

式中，φ_s 是滑动面 s 的边界层。

4.4.3　热点与难点

近些年来，国内外学者针对非线性系统的容错控制、时滞系统的容错控制、基于智能技术的容错控制、基于自适应技术的鲁棒容错控制、具有性能约束的容错控制、基于数据驱动的容错控制、多智能体系统的容错控制等热点问题进行了专门研究，取得了很多新的研究成果[45-52]。

（1）非线性系统的容错控制研究。由于非线性系统控制理论并不十分完善，大多是针对特定非线性系统进行研究，且非线性系统解析模型很难准确建立，可能存在未知输入，因此非线性系统的容错控制问题是容错控制领域的难点之一，研究成果有限，有待进一步研究。目前多采取主动容错控制策略，通过 FDI 装置获取故障信息，采用合适的控制律补偿故障对系统的影响，保证故障情况下闭环系统的稳定性。周东华等[53]将 FDI 技术与被动容错控制相结合，提出一种关于非线性系统集成故障与容错控制方法，利用被动容错控制器确保故障系统的稳定性，而采用强跟踪滤波器诊断故障。Yang 等[54]将线性系统鲁棒完整性设计方法推广到一类准非线性系统，并给出了基于 Riccati 方程的鲁棒容错控制器的设计方法。Wu[55]利用 T-S（Takagi-Sugeno）模糊线性化建模方法，研究了一类执行器故障下非线性系统基于线性矩阵不等式的可靠控制方法，设计了能够保证闭环系统稳定且满足线性二次型（linear quadratic，LQ）二次性能指标的控制器设计方法。

(2)基于智能技术的容错控制研究。在工程实践中，系统的精确数学模型很难获得，而基于专家系统、神经网络、模糊理论等智能技术的容错控制方法可以降低对被控对象数学模型的要求，且对线性系统和非线性系统均具有较好的适应性，因而得到了国内外众多学者的关注和研究。而神经网络在容错控制系统中的应用主要是从以下几个方面进行考虑：仅用于对系统中发生的未知故障模型进行逼近；对整个未知非线性系统的模型进行整体学习，然后基于该学习模型进行自适应及鲁棒控制，当故障发生时，权值自适应再学习，并实施相应的容错控制；采用多神经网络进行整体故障系统不同故障模型的学习，并利用专家系统或相应的神经网络补偿器实施鲁棒容错控制。Farrell 等[56]针对存在无法预料的突发故障的系统，提出了一种利用学习技术的容错控制方法。Passino 等[57]阐述了基于专家系统的容错控制系统的一般结构和所面临的主要问题。有学者沿此思路做出了很多新的研究成果。Howell 等[58]阐述了一种基于人工神经网络的飞行系统的容错控制方法，首先利用概率人工神经网络算法进行系统的故障诊断和定位，然后通过重构控制律来解决相应的故障问题。Mir 等[36]针对一定故障条件下的电机扭矩控制系统，采用自适应模糊控制器，通过在线调整其隶属函数实现扭矩的容错控制。

(3)具有性能约束的容错控制研究。在注重故障系统稳定性的基础上，一些同时满足特定性能和约束条件的容错控制研究成果相继出现。文献[45]、[59]分别针对存在执行器故障的被控对象，利用线性矩阵不等式方法设计可靠容错控制器，保证闭环系统具有满意的保成本性能。Zuo 等[60]针对执行器故障下的非奇异系统，考虑执行器饱和以及非线性扰动约束，设计了一种自适应容错控制器，使得故障系统稳定并满足响应控制约束。针对具有参数不确定性的严格反馈系统，当存在执行器故障时，Wang 等[61]提出了一种应用直接自适应反步控制的容错控制方法保证系统过渡过程，此方法是在 Bechlioulis 和 Rovithakis 独创的预先规定性能区域(prescribed performance bounds，PPB)方法[62]的基础上改进的。

参 考 文 献

[1] 廖煜雷. 无人艇的非线性运动控制方法研究[D]. 哈尔滨: 哈尔滨工程大学, 2012.

[2] Fossen T I. Handbook of Marine Craft Hydrody Namics and Motion Control[M]. West Sussex: John Wiley & Sons, 2011.

[3] 田超. 风浪流作用下船舶操纵运动的仿真计算[D]. 武汉: 武汉理工大学, 2003.

[4] 郑体强, 王建华, 赵梦铠, 等. 波浪干扰下固定双桨无人水面艇的路径跟踪方法[J]. 计算机应用研究, 2017(1): 75-78.

[5] 韩京清. 自抗扰控制技术[J]. 前沿科学, 2007(1): 24-31.

[6] Ang K H, Chong G, Li Y. PID control system analysis, design, and technology[J]. IEEE Transactions on Control Systems Technology, 2005, 13(4): 559-576.

[7] 刘学敏, 徐玉如. 水下机器人运动的 S 面控制方法[J]. 海洋工程, 2001, 19(3): 81-84.

[8] 田宏奇. 滑模控制理论及其应用[M]. 武汉: 武汉出版社, 1995.

[9] Zang X, Tang S. Combined feedback linearization and sliding mode control for reusable launch vehicle reentry[C]. 12th International Conference on Control Automation Robotics & Vision (ICARCV), 2012: 1175-1180.

[10] 谢云璟. 基于滑模控制的多智能体快速抗扰一致性研究[D]. 南昌: 华东交通大学, 2019.

[11] 刘永慧. 滑模变结构控制的研究综述[J]. 上海电机学院学报, 2016, 19(2): 88-93.

[12] 严永锁. 基于反馈-滑模策略的水面无人艇路径跟踪控制[D]. 哈尔滨: 哈尔滨工程大学, 2019.

[13] Hong Y, Xu Y, Huang J. Finite-time control for robot manipulators[J]. Systems & Control Letters, 2002, 46(4): 243-253.

[14] Pan Y, Yang C, Pan L, et al. Integral sliding mode control: performance, modification, and improvement[J]. IEEE Transactions on Industrial Informatics, 2018, 14(7): 3087-3096.

[15] Liao Y L, Wan L, Zhuang J Y. Backstepping dynamical sliding mode control method for the path following of the underactuated surface vessel[J]. Procedia Engineering, 2011(15): 256-263.

[16] 李闯. 基于 Backstepping 的小型无人机飞行控制研究[D]. 锦州: 渤海大学, 2019.

[17] 韩京清. 控制理论——模型论还是控制论[J]. 系统科学与数学, 1989, 9(4): 328-335.

[18] 韩京清, 袁露林. 跟踪-微分器的离散形式[J]. 系统科学与数学, 1999, 19(3): 268-273.

[19] 韩京清. 一类不确定对象的扩张状态观测器[J]. 控制与决策, 1995, 10(1): 85-88.

[20] 朱家远. 移动机器人自抗扰控制技术研究[D]. 南京: 南京航空航天大学, 2019.

[21] 李杰, 齐晓慧, 万慧, 等. 自抗扰控制: 研究成果总结与展望[J]. 控制理论与应用, 2017, 34(3): 281-295.

[22] 韩京清. 自抗扰控制技术: 估计补偿不确定因素的控制技术[M]. 北京: 国防工业出版社, 2008.

[23] 陈林奇. 基于自抗扰算法的四旋翼无人机控制系统研究[D]. 桂林: 广西师范大学, 2019.

[24] 王常顺, 肖海荣. 基于自抗扰控制的水面无人艇路径跟踪控制器[J]. 山东大学学报(工学版), 2016, 46(4): 54-59, 75.

[25] Jiang J, Yu X. Fault-tolerant control systems: a comparative study between active and passive approaches[J]. Annual Reviews in Control, 2012, 36(1): 60-72.

[26] Gao Z, Cecati C, Ding S X. A survey of fault diagnosis and fault-tolerant techniques—Part I: fault diagnosis with model-based and signal-based approaches[J]. IEEE Transactions on Industrial Electronics, 2015, 62(6): 3757-3767.

[27] Pawlak M. Active fault tolerant control system for the measurement circuit in a drum boiler feed-water control system[J]. Measurement and Control, 2018, 51(1-2): 4-15.

[28] Amin A A, Mahmood-ul-Hasan K. Robust active fault-tolerant control for internal combustion gas engine for air-fuel ratio control with statistical regression-based observer model[J]. Measurement and Control, 2019, 52(9-10): 1179-1194.

[29] Lunze J, Richter J H. Reconfigurable fault-tolerant control: a tutorial introduction[J]. European Journal of Control, 2008, 14(5): 359-386.

[30] Wang Y, Zhou D, Qin S J, et al. Active fault-tolerant control for a class of nonlinear systems with sensor faults[J]. International Journal of Control, Automation, and Systems, 2008, 6(3): 339-350.

[31] Yang F, Zhang H, Jiang B, et al. Adaptive reconfigurable control of systems with time-varying delay against unknown actuator faults[J]. International Journal of Adaptive Control and Signal Processing, 2014, 28(11): 1206-1226.

[32] Alwi H, Edwards C, Tan C P. Fault tolerant control and fault detection and isolation[M]//Fault Detection and Fault-Tolerant Control Using Sliding Modes. London: Springer, 2011: 7-27.

[33] Clarke F. Lyapunov functions and feedback in nonlinear control[M]//Optimal Control, Stabilization and Nonsmooth

Analysis. Berlin, Heidelberg: Springer, 2004: 267-282.

[34] Ando T. Schur complements and matrix inequalities: operator-theoretic approach[M]//The Schur Complement and Its Applications. Boston, MA: Springer, 2005: 137-162.

[35] Amin A A, Hasan K M. A review of fault tolerant control systems: advancements and applications[J]. Measurement, 2019, 143: 58-68.

[36] Mir S, Islam M S, Sebastian T, et al. Fault-tolerant switched reluctance motor drive using adaptive fuzzy logic controller[J]. IEEE Transactions on Power Electronics 2004, 19(2): 289-295.

[37] Frank P M. Trends in fault-tolerant control of engineering systems[J]. IFAC Proceedings Volumes, 2004, 37(15): 377-384.

[38] Benosman M. Passive fault tolerant control[J]. Robust Control, Theory and Applications, 2011: 283-308.

[39] Eich J, Sattler B. Fault tolerant control system design using robust control techniques[J]. IFAC Proceedings Volumes, 1997, 30(18): 1237-1242.

[40] Spurgeon S K. Sliding mode observers: a survey[J]. International Journal of Systems Science, 2008, 39(8): 751-764.

[41] Merheb A R, Noura H, Bateman F. Passive fault tolerant control of quadrotor UAV using regular and cascaded sliding mode control[C]. 2013 Conference on Control and Fault-Tolerant Systems (SysTol), 2013: 330-335.

[42] Nandam P K, Sen P C. Industrial applications of sliding mode control[C]. IEEE/IAS International Conference on Industrial Automation and Control, 1995: 275-280.

[43] Noura H, Theilliol D, Ponsart J C, et al. Actuator and Sensor Fault-Tolerant Control Design[M]. London: Springer, 2009: 7-40.

[44] Singh G K, Holé K E. Guaranteed performance in reaching mode of sliding mode controlled systems[J]. Sadhana, 2004, 29(1): 129-141.

[45] Yu L. An LMI approach to reliable guaranteed cost control of discrete-time systems with actuator failure[J]. Applied Mathematics and Computation, 2005, 162(3): 1325-1331.

[46] Pujol G, Rodellar J, Rossell J M, et al. Decentralised reliable guaranteed cost control of uncertain systems: an LMI design[J]. IET Control Theory & Applications, 2007, 1(3): 779-785.

[47] 沈俊辉. 基于模糊控制的容错控制技术及其应用[D]. 哈尔滨: 哈尔滨工业大学, 2019.

[48] 郭忠毅. 低空无人飞艇的故障诊断专家系统及容错控制技术研究[D]. 武汉: 华中科技大学, 2019.

[49] 段杰. 基于神经网络的 AUV 故障诊断与容错控制技术研究[D]. 北京: 中国舰船研究院, 2018.

[50] 施柏铨. 容错控制在船舶航行中的应用[J]. 舰船科学技术, 2016, 38(18): 55-57.

[51] 张晓悠. AUV 故障诊断与容错控制技术研究[D]. 哈尔滨: 哈尔滨工程大学, 2016.

[52] 沈启坤. 基于自适应控制技术的故障诊断与容错控制研究[D]. 南京: 南京航空航天大学, 2015.

[53] 周东华, 叶银忠. 现代故障诊断与容错控制[M]. 北京: 清华大学出版社, 2000.

[54] Yang G H, Lam J, Wang J L. Reliable H_∞ control for affine nonlinear systems[J]. IEEE Transactions on Automatic Control, 1998, 43(8): 1112-1117.

[55] Wu H N. Reliable LQ fuzzy control for continuous-time nonlinear systems with actuator faults[J]. IEEE Transactions on Systems, Man, and Cybernetics, Part B: Cybernetics, 2004, 34(4): 1743-1752.

[56] Farrell J, Berger T, Appleby B. Using learning techniques to accommodate unanticipated faults[J]. IEEE Control Systems, 1993, 13(3): 40-49.

[57] Passino K M, Antsaklis P J. Fault detection and identification in an intelligent restructurable controller[J]. Journal of Intelligent Robotic Systems, 1988, 1(2): 145-161.

[58] Howell W, Bundick W, Hueschen R, et al. Restructurable controls for aircraft[C]. The AIAA Guidance and Control Conference, 2013: 646-653.

[59] Stepanyan V, Krishnakumar K S, Bencomo A. Identification and reconfigurable control of impaired multi-rotor drones[C]. AIAA Guidance, Navigation, and Control Conference, 2016: 1384.

[60] Zuo Z Q, Ho D W C, Wang Y J. Fault tolerant control for singular systems with actuator saturation and nonlinear perturbation [J]. Automatica, 2010, 46(3): 569-576.

[61] Wang W, Wen C Y. Adaptive actuator failure compensation control of uncertain nonlinear systems with guaranteed transient performance[J]. Automatica, 2010, 46(12): 2082-2091.

[62] Bechlioulis C P, Rovithakis G A. Adaptive control with guaranteed transient and steady state tracking error bounds for strict feedback systems[J]. Automatica, 2009, 45(2): 532-538.

5

水面机器人自主感知技术

本章主要介绍水面机器人在执行各种作业任务时，感知其周围的海洋环境所使用的主要传感器类型、原理及数据特点，对获取的非结构化的不确定海洋环境中的传感器数据进行处理和分析，实现对周围环境和目标的有效感知。

水面机器人的自主感知技术是水面机器人在水面完成预期任务，进行路径规划、障碍躲避、行为决策等诸多智能行为的关键技术支撑[1,2]，能够保障水面机器人执行任务的高效性和航行的安全性，因此，自主感知技术对水面机器人具有重要的研究意义和应用价值。

5.1 雷达目标感知技术

航海雷达是水面机器人必须配备的重要传感器，具有探测范围大、受海况和天气条件影响小的优点[3]。研究航海雷达感知技术，使水面机器人能够完全自主地处理并理解雷达数据，实现对雷达图像中的目标、障碍物、环境特征的快速检测，并对运动目标进行实时跟踪，是水面机器人实现局部最优路径规划，做出准确的行为决策，对局部环境准确理解并建模的基础，能够有效保障水面机器人准确执行使命任务的能力和航行的安全性。

5.1.1 雷达目标检测技术

航海雷达目标检测分为雷达图像处理、雷达目标提取两部分。其中雷达图像处理包括图像的平滑和分割。通过图像平滑可以抑制雨雪杂波、海杂波、内部噪声等对目标提取时的影响，提高目标检测的准确度；图像分割的目的是将雷达图像二值化，使目标与背景的灰度值有明显差异，从而将目标从雷达图像中分离出来。雷达目标提取包含目标标记和特征提取。通过对分割后雷达图像的连通区标记，提取目标的位置和面积特征，目标识别还应具有旋转、平移和尺度不变性，因此以旋转不变矩特征作为目标的另一个主要特征信息。

5.1.1.1 雷达图像的特点

虽然航海雷达图像与光学图像在本质上都是能量的平面或空间分布图,但由于雷达波的传输过程及回波显示方式都与普通光学图像不同,即使是原理相似的激光雷达图像和声呐图像也有诸多不同,因此,需要根据雷达图像的特点来决定图像处理算法。

选取几种典型的航海雷达原始图像,分别为湖泊内避障试验雷达图像、港口内自主出港试验雷达图像、近海岸雷达图像和远海避障试验雷达图像(图5.1)。图5.1(a)中正上方目标为避碰用10m长目标船,左右大片目标为湖岸;图5.1(b)中左下条形目标为某港口防波堤,右方大片目标为港内建筑;图5.1(c)中左侧目标为海岸及部分岛屿、礁石,右侧两个目标为停泊在近海的10m左右钓鱼用船舶;图5.1(d)中上方两个目标分别为避碰用2m圆柱形目标和避碰用10.5m长目标船。上述4幅雷达图像按顺序分别定义为算例一至算例四,本章后续的目标检测以这四个算例为研究对象。

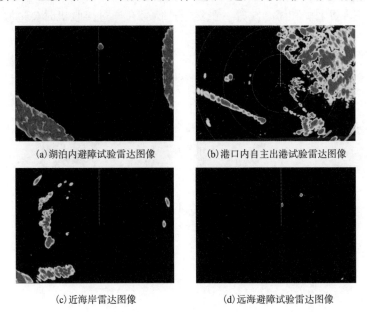

(a)湖泊内避障试验雷达图像　　　　(b)港口内自主出港试验雷达图像

(c)近海岸雷达图像　　　　(d)远海避障试验雷达图像

图5.1　原始雷达图像

总结航海雷达的图像特点如下:

(1)与光学图像相比,雷达图像数据构成相对简单,主要由灰度级较高的目标区(陆地、岛屿、礁石、船舶等障碍物)和灰度级较低的黑色背景区组成;

(2)图像中的目标不存在叠加的状况,即前面的目标不会遮挡后面的目标,通过合适的图像分割方法可以较好地分离出每个目标;

(3)雷达图像中有大量噪声干扰，包括外部环境干扰(雨雪、海浪、同频干扰等)、内部噪声以及图像经过采集和保存后添加的噪声，这些噪声有可能造成图像模糊不清，甚至导致目标检测失败；

(4)航海雷达扫描的周期较长，如雷松公司的 Raymarine E80 和 E120 数字雷达，扫描周期约为 2.5s，使得目标的一些运动参数不连续，对目标跟踪有较大影响；

(5)同一帧内的不同目标根据回波强弱，亮度可能不同，不同帧内的同一目标外形可能出现变化；

(6)受外界环境和雷达自身性能的影响，雷达图像序列中一些目标会时隐时现，并且有可能出现虚假目标；

(7)雷达自身的移动会造成图像中目标的位置和角度变化，需要对 GPS 和惯导数据进行融合来解决运动背景下的目标检测和跟踪问题。

5.1.1.2 雷达图像的平滑

在航海雷达的工作过程中，雷达信号可能被大量的杂波干扰，包括雨雪杂波、内部噪声、同频干扰和海杂波等。虽然雷达信号在通过接收机时会过滤掉大部分的干扰，尽可能还原出真实的图像，但雷达图像在经过采集和保存后，又可能会添加新的噪声。这些噪声的灰度级与图像中目标的灰度级较为接近，仅采用阈值分隔的方式对含有噪声的图像进行处理很难取得满意的结果。对图 5.1 中 4 幅原始雷达图像的直接分割结果如图 5.2 所示。

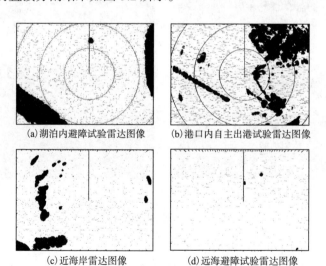

(a)湖泊内避障试验雷达图像　(b)港口内自主出港试验雷达图像
(c)近海岸雷达图像　(d)远海避障试验雷达图像

图 5.2　原始雷达图像直接分割结果

由图 5.2 的处理结果可以看出，4 幅雷达图像都含有不同程度的噪声，这些噪声会使采集到的图像内出现很多虚假的细节（如虚假的目标点、连接点或间断点），可能造成目标检测信息的错误甚至检测失败，对图像的后处理提出了很高的要求。因此，在对雷达图像目标进行检测、跟踪之前对雷达图像做平滑处理，以达到削弱雷达图像的噪声的目的。

目前应用比较广泛的图像平滑算法主要分为均值滤波和中值滤波两大类[4]。对于均值滤波一般采用有奇数点的移动窗口在图像上滑动，中心点所对应的像素灰度值用窗口内所有像素的平均值代替，即邻域平均法。如果规定各个像素点的权重，即系数不同，称为加权平均法。对于中值滤波，窗口中心点对应像素的灰度值用窗口内所有像素的中间值代替。

1. 均值滤波

假设 f 表示含噪声的原始图像，经过邻域平均平滑处理后图像为 g，则邻域平均法的数学表达为

$$g(i,j) = \frac{1}{N} \sum f(i,j), \ (i,j) \in \Omega \tag{5.1}$$

式中，(i,j) 是图像中的像素坐标；Ω 是邻域中各像素点的坐标集合；N 是邻域中像素点的个数。邻域平均法的模板为

$$\frac{1}{9} \begin{bmatrix} 1 & 1 & 1 \\ 1 & 1 & 1 \\ 1 & 1 & 1 \end{bmatrix}$$

加权平均法数学上可表示为平滑前和有加权值两幅图像的卷积：

$$G = \frac{M_{3\times3} * (W \cdot F)}{M_{3\times3} * W} \tag{5.2}$$

式中，$M_{3\times3}$ 是 3×3 卷积模板；F 是平滑前的图像；W 是有加权值的图像，分母起归一化作用。用卷积模板 $M_{3\times3}$ 进行归一化卷积将图像 F 和图像 W 变换为一幅新的图像 G。考虑原点 (i,j) 附近像素的重要性，根据二维高斯分布确定各系数值。定义 3×3 加权平均模板如下：

$$\frac{1}{16} \begin{bmatrix} 1 & 2 & 1 \\ 2 & 4 & 2 \\ 1 & 2 & 1 \end{bmatrix}$$

模板中心 (i,j) 附近像素的权值较大，使得距离模板中心较远的像素参与平滑的贡献降低，这样可以抑制邻域平均法平滑带来的图像模糊效应，平滑后的图像

边缘细节相对清晰。

2. 改进并行中值滤波

传统中值滤波普遍采用含有奇数个点的移动窗口，用窗口中各点灰度值的中值来代替中心点的灰度值。对于奇数个像素点，中值是按照大小排序后的中间的数值；对于偶数个像素点，中值是排序后中间两个像素点灰度值的平均值。标准的一维中值滤波器定义为

$$f_k = \mathrm{med}\{f_{K-N}, f_{K-N+1}, \cdots, f_K, \cdots, f_{K+N-1}, f_{K+N}\} \tag{5.3}$$

式中，med 表示取中值操作。

中值的主要计算是对移动窗口内像素的排序操作。排序之前必须对序列中的像素值做比较和互换，比较的次数直接影响排序的速度。传统的排序串行算法主要基于冒泡法，若窗口内像素为 m 个，则每个窗口排序需要做 $\dfrac{m(m-2)}{2}$ 次像素比较操作，时间复杂度为 $O(m^2)$。常规滤波算法中窗口每移动一次，就要进行一次排序操作，若需对一幅 $N \times N$ 大小的图像进行中值滤波操作，则整个计算时间需要 $O(m^2 N^2)$，处理时间随窗口和图像的增大而急剧增加。

为改进中值滤波算法的运行速度，满足系统实时性要求，借鉴一种快速的并行中值滤波算法，该算法可减少大量重复的比较操作，每个窗口排序时间复杂度为 $O(m)$，整个计算时间为 $O(mN^2)$。

以 3×3 移动窗口为例说明该算法实现过程，窗口内各像素值分别定义为 f_0、f_1、f_2、f_3、f_4、f_5、f_6、f_7、f_8，像素分布如下所示：

$$\begin{bmatrix} f_0 & f_1 & f_2 \\ f_3 & f_4 & f_5 \\ f_6 & f_7 & f_8 \end{bmatrix}$$

先对窗口内每一列计算最大值、中值、最小值，分别得到最大值组 MAX，中值组 MED，最小值组 MIN。计算过程如下：

$$\mathrm{MAX} = \begin{bmatrix} \mathrm{Max}_0 = \max\{f_0, f_3, f_6\} \\ \mathrm{Max}_1 = \max\{f_1, f_4, f_7\} \\ \mathrm{Max}_2 = \max\{f_2, f_5, f_8\} \end{bmatrix} \tag{5.4}$$

$$\mathrm{MED} = \begin{bmatrix} \mathrm{Med}_0 = \mathrm{med}\{f_0, f_3, f_6\} \\ \mathrm{Med}_1 = \mathrm{med}\{f_1, f_4, f_7\} \\ \mathrm{Med}_2 = \mathrm{med}\{f_2, f_5, f_8\} \end{bmatrix} \tag{5.5}$$

$$\text{MIN} = \begin{bmatrix} \text{Min}_0 = \min\{f_0, f_3, f_6\} \\ \text{Min}_1 = \min\{f_1, f_4, f_7\} \\ \text{Min}_2 = \min\{f_2, f_5, f_8\} \end{bmatrix} \quad (5.6)$$

式中，max 表示取最大值操作；med 表示取中值操作；min 表示取最小值操作。

计算最大值组中的最小值 Maxmin，中值组中的中值 Medmed，最小值组中的最大值 Minmax，滤波后输出像素值 Finalmed 为 Maxmin、Medmed、Minmax 的中值。计算过程如下：

$$\text{Maxmin} = \min\{\text{Max}_0, \text{Max}_1, \text{Max}_2\} \quad (5.7)$$

$$\text{Medmed} = \text{med}\{\text{Med}_0, \text{Med}_1, \text{Med}_2\} \quad (5.8)$$

$$\text{Minmax} = \max\{\text{Min}_0, \text{Min}_1, \text{Min}_2\} \quad (5.9)$$

$$\text{Finalmed} = \text{med}\{\text{Maxmin}, \text{Medmed}, \text{Minmax}\} \quad (5.10)$$

改进并行中值滤波算法，中值的计算仅需做 17 次比较，与传统算法相比，有效减少了运算时间。

3. 快速自适应平滑滤波

航海雷达作为水面机器人自主航行和危险规避的主要感知设备，图像平滑算法的可靠性和实时性对后续图像处理的重要程度不言而喻。均值滤波在中心像素受干扰较大时不能达到有效的平滑；中值滤波虽然可以在一定条件下对图像中的噪声有较好的抑制效果，但同时会造成图像边缘和细节模糊，且当图像较大时计算量很大，很难满足实时性的要求。考虑到以上因素，本节综合各种图像平滑算法的优劣，改进了一种适用于航海雷达图像实时处理的去噪平滑算法，滤波方式的自适应选择是算法的关键。

计算 3×3 邻域 Ω 内像素值 $f(i,j)$ 的均值 $\bar{f}$ 和标准差 σ 如式(5.11)和式(5.12)：

$$\bar{f} = \frac{\sum_{k=1}^{N} f(i,j)}{N}, \quad f(i,j) \in \Omega \quad (5.11)$$

$$\sigma = \sqrt{\frac{1}{N-1} \sum_{k=1}^{N} \left[f(i,j) - M \right]^2} \quad (5.12)$$

式中，$k = 1, 2, 3, \cdots, N$，N 为邻域内包含的像素个数，此处 $N=9$。

若该邻域中采用改进并行中值滤波算法得到的灰度中值为 f_0，则在灰度变化缓和的区域(如背景区和目标内部)内像素的灰度值很接近，故 σ 值较小，容易满足 $a|f_0 - \bar{f}| \geq \sigma$（$a$ 为常数），采用并行中值滤波算法将所得灰度中值赋予中心点的

像素，该值与中心像素的灰度值相近，不会破坏图像；若该邻域中像素的灰度值受噪声影响，则 $a|f_0-\overline{f}|$ 值会较大，更容易满足 $a|f_0-\overline{f}|\geqslant\sigma$，由并行中值滤波所得灰度值可以消除噪声的影响；当有边界穿过邻域时，邻域内各像素的灰度级差别会比较大，使得 σ 较大，则容易满足 $a|f_0-\overline{f}|<\sigma$，采用均值滤波将所得灰度值赋予中心点的像素，可起到抑制边界模糊的作用。试验结果表明，$a=0.5$ 或 1 时的效果较好。

快速自适应平滑滤波算法步骤如下。

步骤1：利用式(5.11)、式(5.12)计算出目标3×3邻域内像素灰度值的均值 $\overline{f}$ 和标准差 σ。

步骤2：将 $a|f_0-\overline{f}|$ 与标准差 σ 进行比较，若 $a|f_0-\overline{f}|\geqslant\sigma$，则转步骤3；否则转步骤4。

步骤3：选择均值滤波，转至步骤5。

步骤4：选择并行中值滤波，转至步骤5。

步骤5：用滤波后灰度值代替邻域中心点灰度值。若当前点为图像最后 1 个像素点，算法结束；否则转步骤1。

为验证算法的有效性，用快速自适应平滑滤波方法对图 5.1 中的 4 个算例进行平滑处理，处理时间如表 5.1 所示，处理结果如图 5.3～图 5.6 所示。

表 5.1　平滑处理时间　　　　　　　　单位：s

方法	算例一	算例二	算例三	算例四
均值滤波	0.186	0.188	0.192	0.183
传统中值滤波	1.234	1.212	1.246	1.258
快速自适应平滑滤波	0.223	0.224	0.217	0.216

(a)原始图像　　　　(b)均值滤波　　　　(c)传统中值滤波　　　(d)快速自适应平滑滤波

图 5.3　算例一处理结果(一)

 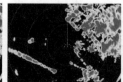 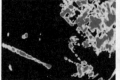 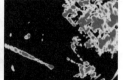

(a)原始图像　　　　(b)均值滤波　　　　(c)传统中值滤波　　　(d)快速自适应平滑滤波

图 5.4　算例二处理结果(一)

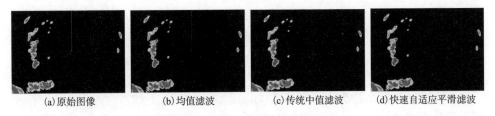

(a)原始图像   (b)均值滤波   (c)传统中值滤波   (d)快速自适应平滑滤波

图 5.5　算例三处理结果(一)

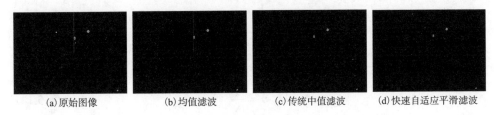

(a)原始图像   (b)均值滤波   (c)传统中值滤波   (d)快速自适应平滑滤波

图 5.6　算例四处理结果(一)

从结果可以看出，快速自适应平滑滤波较好地抑制了原始雷达图像中的采集噪声影响；滤波方法的自适应选择较好地保持了图像的清晰度和边缘细节，保证了后续图像分割的准确性；与传统中值滤波算法相比，运算时间控制在 0.25s 以内，提高了计算效率，满足系统的实时性要求。

5.1.1.3　雷达图像分割

图像分割的方法可分为两大类：一类是基于边界的方法，这种方法假设图像分割结果的某个子区域在原始图像中一定有边界存在；另一类是基于区域的方法，这种方法假设图像分割结果的某个子区域有相同的性质，且不同区域的像素没有共同的性质[5]。由航海雷达图像的性质可以看出，有目标的前景区域较亮，即目标区域的灰度值较高，而背景区域基本为灰度值较低的黑色，符合区域分割方法的要求。Kittler 等[6]将图像像素分类后误差最小的值确定为图像分割阈值，即用最小误差法进行图像分割。Pun[7]提出了最大后验熵上限法用于阈值化分割的阈值选取。Pal 等[8]提出了模糊阈值法，引入灰度图像的模糊数学，通过计算图像的模糊熵来选取图像的分割阈值。

阈值分割法是图像分割中一种经典方法，利用前景和背景在灰度值上的差异，通过设置一个或多个阈值把图像中的像素点分为若干类，实现图像的分割。基本的阈值分割数学表达如下。

设原始图像为 f，T 为阈值，图像分割过程满足式(5.13)：

$$g(i,j)=\begin{cases} 1, & f(i,j)\geqslant T \\ 0, & f(i,j)<T \end{cases} \tag{5.13}$$

式中(i,j)为像素坐标；$f(i,j)$阈值化之后得到像素值为$g(i,j)$。阈值分割的关键在于最优阈值的确定，如果能确定一个合适的阈值，就可以对图像进行准确的分割。

1. 最大方差阈值分割

最大方差阈值也称为大津阈值或 Otsu 法，1980 由大津展之首先提出，使类间方差最大以达到自动确定阈值的目的[9]。该方法是基于最小二乘法推导得到的，可得到较好的阈值分割效果。

设待分割图像像素总数为N，像素灰度值区间为$[0,m-1]$，按直方图在某一阈值T处分成两组C_0和C_1，C_0中像素的灰度值在$[0,T-1]$内，C_1中像素灰度值在$[T,m-1]$内。灰度值为l的像素个数为n_l，则l的概率p_l为

$$p_l = \frac{n_l}{N} \tag{5.14}$$

C_0和C_1的概率w_0和w_1分别为

$$w_0 = \sum_{l=0}^{T-1} p_l \tag{5.15}$$

$$w_1 = \sum_{l=T}^{m-1} p_l = 1-w_0 \tag{5.16}$$

C_0和C_1的均值μ_0和μ_1分别为

$$\mu_0 = \sum_{l=0}^{T-1} \frac{lp_l}{w_0} = \frac{\mu(T)}{w(T)} \tag{5.17}$$

$$\mu_1 = \sum_{l=T}^{m-1} \frac{lp_l}{w_1} = \frac{\mu-\mu(T)}{1-w(T)} \tag{5.18}$$

式中，$\mu = \sum_{l=0}^{m-1} lp_l$是整幅图像的灰度平均值；$\mu(T) = \sum_{l=0}^{T-1} lp_l$是阈值为$T$时的灰度平均值，全部采样的灰度均值为

$$\mu = w_0\mu_0 + w_1\mu_1 \tag{5.19}$$

定义类间方差为

$$\sigma^2(T) = w_0(\mu_0-\mu)^2 + w_1(\mu_1-\mu)^2 = w_0w_1(\mu_0-\mu_1)^2 = \frac{\left[\mu\cdot w(T)-\mu(T)\right]^2}{w(T)\left[1-w(T)\right]} \tag{5.20}$$

在$[0,m-1]$内，令T以步长为 1 递增，当$\sigma^2(T)$最大时对应的T值即为选取的阈值。$\sigma^2(T)$称为阈值选择函数。

2. 自适应双阈值分割

在航海雷达图像中，每帧图像的回波强度可能不同，造成图像亮度的变化；雷达图像直方图两个峰值相差较大，导致双峰特性不明显；同一帧图像内不同目标的亮度也可能存在差异。基于以上特性，简单的单阈值二值化分割已经不能反映图像的特点，有必要进行多阈值分割，尽可能地区分出前景和背景，为后续目标检测提供更为完善的信息。针对航海雷达图像的特点，我们采用自适应双阈值分割方法。

选取初始阈值 T_0，将平滑后雷达图像分割为前景和背景两部分，分别计算两个区域的灰度均值 μ_1 和 μ_2，再次以 μ_1 和 μ_2 的平均值作为新的阈值，不断迭代计算直到 μ_1 和 μ_2 的值不再发生改变，算法步骤如下。

步骤 1：由灰度直方图选择初始阈值 T_0。

步骤 2：根据阈值 T_k 分割图像，其中 $k=0,1,2,\cdots$ 表示阈值估计的迭代次数，分别计算分割后图像两部分的平均灰度值 μ_1 和 μ_2：

$$\mu_1 = \frac{\sum_{f(i,j)<T_k} f(i,j)\cdot N(i,j)}{\sum_{f(i,j)<T_k} N(i,j)} \tag{5.21}$$

$$\mu_2 = \frac{\sum_{f(i,j)>T_k} f(i,j)\cdot N(i,j)}{\sum_{f(i,j)>T_k} N(i,j)} \tag{5.22}$$

式中，$f(i,j)$ 是图像上 (i,j) 点的灰度值；$N(i,j)$ 是点 (i,j) 的权重系数，本节中 $N(i,j)=1$。

步骤 3：求出新阈值

$$T_{k+1} = \frac{\mu_1 + \mu_2}{2} \tag{5.23}$$

步骤 4：如果 $T_{k+1}=T_k$ 则迭代结束，迭代阈值确定为 $T=T_k$，否则转步骤 2。

以迭代阈值 T 为基准，选择分割阈值 T_1 和 T_2，$T_1<T_2$。图像中灰度值小于 T_1 的像素点为主要目标点，灰度值小于 T_2 大于 T_1 的像素点仅在临近于主要目标点周围时才划分为目标点。主要目标点为仅出现于目标内部，背景中不含这类点；介于 T_1 和 T_2 之间的像素点称为边缘目标点，可能出现在目标内也可能包含于背景中。如果单独使用阈值 T_1，目标分割必将不完备，会丢失一些目标信息；只使用 T_2，则会造成部分背景像素被错分为目标像素。双阈值计算公式如下：

$$\begin{cases} T_1 = T - \varepsilon_1 \\ T_2 = T + \varepsilon_2 \end{cases} \tag{5.24}$$

式中，ε_1 和 ε_2 为容忍度系数。本节采用基于灰度直方图容忍度系数选取方法，以迭代阈值 T 为中心，分别向 T 两侧搜索，找到左右相邻的局部最小值，其间隔 ε_1 和 ε_2 即为容忍度系数。

为验证算法有效性，对图 5.1 中的 4 个算例在平滑的基础上进行了分割试验，结果如图 5.7～图 5.10 所示。

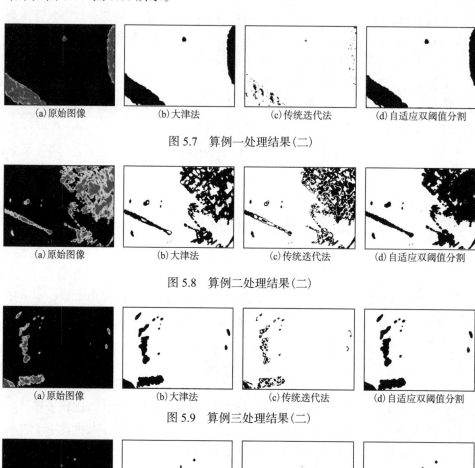

(a)原始图像　(b)大津法　(c)传统迭代法　(d)自适应双阈值分割

图 5.7　算例一处理结果(二)

(a)原始图像　(b)大津法　(c)传统迭代法　(d)自适应双阈值分割

图 5.8　算例二处理结果(二)

(a)原始图像　(b)大津法　(c)传统迭代法　(d)自适应双阈值分割

图 5.9　算例三处理结果(二)

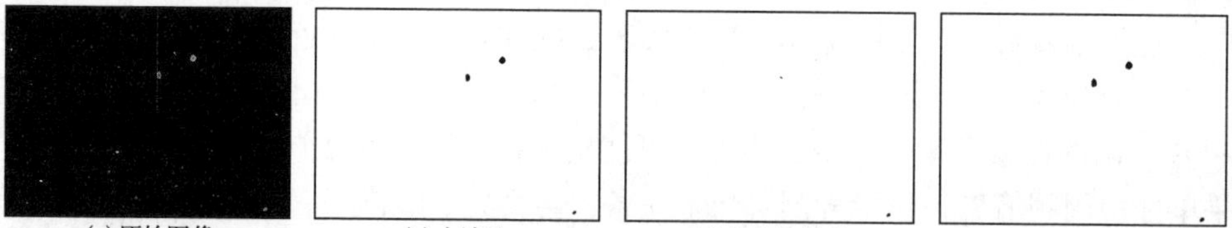

(a)原始图像　(b)大津法　(c)传统迭代法　(d)自适应双阈值分割

图 5.10　算例四处理结果(二)

由 4 个算例的分割结果来看，大津法在图像目标亮度变化较小时可取得较好的分割效果，在图 5.8 的分割处理中，由于港口内目标物较多且明暗变化较剧烈，造成了大津法的分割失败；传统迭代法对阈值的选择并不适用于航海雷达图像的分割处理，对 4 幅图像的分割处理均未达到将目标信息从背景中区分出来的目的；对比大津法和传统迭代法，本节采取的自适应双阈值分割方法均取得了较好的效果，在尽量保持目标完整性的基础上，完成了雷达图像的二值化，可以较好地适应雷达图像同一帧内的明暗差异和帧间的亮度变化，分割结果没有目标丢失和误检的现象出现。分割后的图像为后续的目标标记、特征提取和目标跟踪提供了坚实的基础。

5.1.1.4 雷达目标特征提取

雷达图像在经过平滑和分割处理后，我们所关心的目标(图像中表示为黑色)已经从背景中(图像中表示为白色)分离出来，此时可以明显地分辨出图像中哪些点是目标，但无法分辨出图像中有几个目标和每个目标由哪些点组成，这样需要一种合适的方式来实现对目标的表达。雷达图像中的目标少则一两个，多则数十个，每个目标都是由一个封闭的连通区构成，需要选取一种合适的连通区标记算法，把图像中属于同一连通区的所有像素点标记为同一数值，即标记出这个连通区，这样就可以根据每个连通区的标记值表达出这个目标。

数字图像连通区标记的算法种类有很多，包括像素标记法、线标记法和区域增长法等[10]。像素标记法通过对图像从左至右、从上至下的扫描完成连通区标记，扫描过程中经常会出现一个目标有多个标记的情况，需要重新扫描整幅图像，这种对标记冲突的处理极大降低了算法的效率；线标记法较像素标记法降低了冲突的出现频率，但在目标边缘有明显起伏的情况下同样会出现标记冲突的问题；区域增长法虽然不会出现标记冲突的情况，但当图像中的连通区面积较大时，处理时间较长，效率不高。

航海雷达图像目标检测系统有较高的实时性要求，因此需要能在短时间内完成二值化雷达图像连通区标记的高效标记算法。本节综合线标记法和区域增长法的优点提出执行效率较高的标记算法。

采用 8 邻域判断连通，从上至下、从左至右依次逐行搜索图像。算法步骤如下。

步骤 1：搜索图像中连通区的第一个像素灰度值为 0 的目标段，即该连通区左上第 1 行像素(图 5.11 中第 2 行 1~4 列)，标记该目标段并写入目标数组，此段即为区域增长的种子段。

步骤 2：检查种子段上下两行，以 8 邻域连通标准判断是否存在未标记且与该种子段连通的目标段。如果存在继续进行步骤 3，否则该连通区标记完毕，转步骤 7。

步骤 3：用和种子段相同的标记值标记未标记的目标段，把该段写入目标数组，作为新的种子段。

步骤 4：检查每个新种子段的上下两行是否存在未标记的连通区。如果存在则继续步骤 5，否则转步骤 6。

步骤 5：用每个种子段的标记值标记与该种子段连通的未标记目标段，把这些目标段写入与种子段相同的数组，作为新的种子段，执行步骤 4。

步骤 6：从数组中取出所有标记像素，完成一个连通区的标记。

步骤 7：搜索图像中下一个连通区，重复步骤 2～6，直到图像中所有连通区标记完毕。

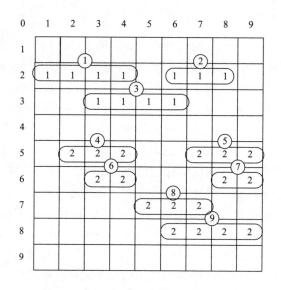

图 5.11　标记算法示意图

按上述搜索标记算法，图 5.11 中两个连通区的标记顺序为：连通区一，①→③→②；连通区二，④→⑥→⑧→⑨→⑦→⑤。本节算法以每一行中的连通区像素作为种子段，只搜索邻近种子段的两行中是否存在与该种子段连通的目标段，较区域增长法以每个像素点作为种子点的 8 邻域判断，较大地提高了计算效率，同时不会出现线标记法的相同连通区标记冲突问题，即避免了处理冲突标记的重复计算。本节算法的高效标记为后续的雷达图像目标特征提取和匹配工作提供了有力保障。

通过本节算法标记的雷达图像如图 5.12 所示，标记结果及计算时间如表 5.2 所示。

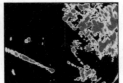

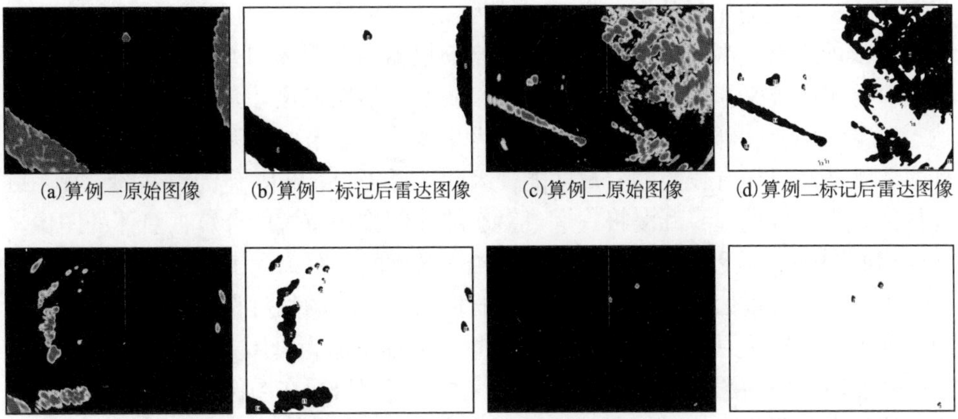

(a)算例一原始图像　(b)算例一标记后雷达图像　(c)算例二原始图像　(d)算例二标记后雷达图像

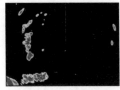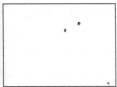

(e)算例三原始图像　(f)算例三标记后雷达图像　(g)算例四原始图像　(h)算例四标记后雷达图像

图 5.12　标记后雷达图像

表 5.2　标记结果及计算时间

	算例一	算例二	算例三	算例四
计算时间/s	0.105	0.132	0.127	0.103
目标个数	3	19	14	3

通过图 5.12 中 4 幅原始雷达图像及采用本节的标记算法标记后的图像来看，不论是简单的远海图像还是复杂的港口内图像，本节算法都可以成功地标记出图像中所有的目标；从计算时间来看，即使图像内目标较多，计算时间也可控制在 0.15s 以内，可以较好地满足系统实时性要求。同时，本节算法综合了线标记法和区域增长法的优点，一次扫描就可以完成图像中所有连通区的标记，不受目标形状影响，具有较好的鲁棒性。经过标记后的雷达图像中每个目标的所有像素点都被标记为同一数值，根据标号的不同可以进一步完成对雷达图像特征的提取。

在航海雷达图像采集处理系统中，不仅要能够检测出目标，还要提供目标的位置、面积、速度等特征信息。一幅雷达图像中可能包含数个甚至数十个目标，在连续的雷达图像序列中匹配出同一个目标是进行目标跟踪的基础。

航海雷达图像中的目标具有以下特性：受环境和雷达回波的影响，雷达图像序列中目标可能出现丢失的情况；不同帧内的同一目标外形可能有所不同；杂波可能造成虚假目标的影响；随时会有新的目标进入雷达观测区。基于以上特性，需要选择合适的特征对雷达目标进行帧间匹配。

1. 雷达目标面积和位置特征提取

在雷达图像中，目标的面积是指组成一个目标的像素点总数，目标的位置是指与水面机器人的相对位置，水面机器人在图像中的位置表现为距标圈的中心，即航向线的起点。图像中各目标相对于水面机器人的距离和方向角即为该目标的位置。这里距离是指像素距离，由于采集到的雷达图像尺寸是固定的，对应于雷达量程的不同，相邻像素间的距离也会发生变化。本节中航海雷达主要用于危险规避，需要对目标有较高的分辨性能，因此选择 0.25n mile 作为雷达的量程，可以尽量减少目标的虚警和漏报。经过对艇体在图像中位置的计算，艇体的图像坐标为(446,293)，量程为 0.25n mile 时，相邻像素间的距离为 1.715m。

提取目标位置信息之前，需要建立艇体与目标间的相对直角坐标系。坐标系定义如下：坐标系原点 O 为艇体当前位置，X 轴正向为艇体右舷方向，Y 轴正向为艇体艏向方向。图像中各目标的位置信息是指该目标在图像中的形心相对于艇体的位置[11]。图像坐标系如图 5.13 所示。

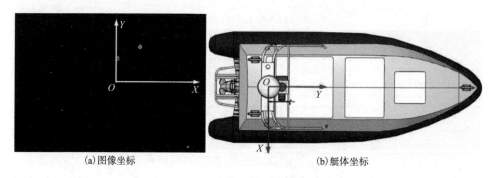

(a) 图像坐标   (b) 艇体坐标

图 5.13   图像坐标系

通过对雷达图像的标记处理，每个目标对应于不同的标记值。经过对标记后图像的扫描，可得到每个目标的像素数量(即该目标的面积)以及每个像素的图像坐标。若一个目标由 N 个像素组成，每个像素的图像坐标为 (x_i, y_i)，艇体的图像坐标为 (x_0, y_0)，则每个目标的形心坐标为 (x, y)，计算如式(5.25)、式(5.26)：

$$x = \frac{\sum_{i=1}^{N} x_i}{N} \tag{5.25}$$

$$y = \frac{\sum_{i=1}^{N} y_i}{N} \tag{5.26}$$

目标的相对距离 d_{obj} 和相对方向 θ_{obj} 计算如式(5.27)、式(5.28)，这里相对方向以艇体当前艏向为 $0°$，顺时针方向为正向，θ_{obj} 范围为 $0° \sim 360°$。

$$d_{\text{obj}} = \sqrt{x^2 + y^2} \tag{5.27}$$

$$\theta_{obj} = \arcsin(\frac{x}{d_{obj}}) \tag{5.28}$$

按本书定义对图5.12中4幅标记后雷达图像进行位置和面积特征提取后的结果如表5.3~表5.6所示。

表5.3　算例一目标的位置和面积特征

目标	X坐标/m	Y坐标/m	方位角/(°)	距离/m	面积(像素)
目标1	13.96	296.22	2.70	296.55	734
目标2	560.72	137.70	76.20	577.38	15418
目标3	−496.01	−321.25	237.07	237.07	29182

表5.4　算例二目标的位置和面积特征

目标	X坐标/m	Y坐标/m	方位角/(°)	距离/m	面积(像素)
目标1	124.68	−34.28	164.63	129.30	4405
目标2	224.73	51.21	77.16	230.49	144
目标3	160.51	−172.41	132.95	235.56	295
目标4	−251.98	4.73	271.08	252.02	158
目标5	−244.53	61.95	284.22	252.25	98
目标6	192.52	−212.94	132.12	287.06	302
目标7	306.91	−95.65	162.69	321.47	44
目标8	352.28	192.43	61.35	401.41	87210
目标9	240.58	−329.88	126.10	408.28	11747
目标10	361.01	−192.08	151.98	408.93	26
目标11	−127.36	−399.30	197.69	419.12	23
目标12	−420.59	41.27	275.60	422.61	1262
目标13	−163.95	−408.93	201.85	440.57	25
目标14	−422.74	−168.75	248.24	455.18	9251
目标15	584.82	−150.06	165.61	603.76	16
目标16	−610.12	59.27	275.55	612.99	306
目标17	440.45	−438.58	135.12	621.57	608
目标18	−584.54	−311.92	241.92	662.56	667
目标19	566.63	−399.59	144.81	693.35	925

表 5.5　算例三目标的位置和面积特征

目标	X坐标/m	Y坐标/m	方位角/(°)	距离/m	面积(像素)
目标1	−260.95	−67.71	255.45	269.59	230
目标2	−258.84	218.75	310.20	338.90	165
目标3	−242.94	269.11	317.93	362.54	58
目标4	−227.48	327.45	325.21	398.71	299
目标5	−387.59	146.89	290.76	414.49	17
目标6	−427.03	−16.25	267.82	427.34	7611
目标7	−276.32	346.17	321.40	442.93	167
目标8	−321.52	319.10	314.78	452.98	341
目标9	−446.82	201.70	294.30	490.24	2603
目标10	−362.70	−380.27	223.65	525.51	10229
目标11	526.57	9.88	88.93	526.66	544
目标12	554.86	183.36	71.71	584.37	819
目标13	−505.70	357.66	305.27	619.40	1104
目标14	−619.82	−416.88	236.08	746.97	2819

表 5.6　算例四目标的位置和面积特征

目标	X坐标/m	Y坐标/m	方位角/(°)	距离/m	面积(像素)
目标1	7.91	160.07	2.83	160.27	225
目标2	164.01	237.10	34.67	288.30	260
目标3	494.02	−429.12	139.02	654.36	89

表5.3～表5.6的数据中目标标号即为图5.12中所对应的标记值,标号顺序在图像中显示为由近及远。对比标记后的图像,位置和面积特征值能准确地表达出目标在图像中的相对位置和大小。

2. 雷达目标不变矩特征提取

在雷达图像中,同一目标在不同帧可能相差一个旋转、平移或缩放变换,因此希望找到一些只与目标形状有关,而与它们的位置、方位、尺度无关的不变量。Hu 在 1962 年通过对线性矩求导,提出了 Hu 不变矩的概念[12],并总结分析了 Hu 不变矩的一些基本性质,并证明了 Hu 不变矩具有旋转、平移和尺度不变性。在进一步的矩理论研究中,又出现了旋转矩和复数矩等不变矩。而正交矩的提出让矩理论得到了进一步发展，研究者相继提出了 Zernike 矩、伪 Zernike 矩、Legendre 矩和复合矩等理论[13]。

在图像中的目标区域灰度分布已知的情况下，可以由灰度分布构造各阶矩来表达灰度分布特征和边界形状。构造各阶矩的一些函数具有旋转、平移和尺度不变性，且充分利用了目标内部和边界的信息，可以得到目标的一些内部特征。Hu[12] 给出了一组基于通用矩组合的代数矩不变量。

假设二维数字图像的灰度分布为 $f(i,j)$，其中 (i,j) 表示像素坐标，对于大小为 $m \times n(m,n \in \{1,2,3,\cdots\})$ 的图像，其 $(p+q)$ 阶混合原点矩 m_{pq} 定义为

$$m_{pq} = \sum_{i=1}^{m} \sum_{j=1}^{n} i^p j^q f(i,j), \quad p,q = 0,1,2,\cdots \tag{5.29}$$

0 阶矩是图像灰度 $f(i,j)$ 的总和。二值图像的 m_{00} 表示目标的面积。用 m_{00} 来规格化 1 阶矩 m_{10} 和 m_{01}，可得到目标的重心坐标 $(\overline{\iota}, \overline{J})$，即灰度质心：

$$\overline{\iota} = \frac{m_{10}}{m_{00}} = \frac{\sum_{i=1}^{m} \sum_{j=1}^{n} i \cdot f(i,j)}{\sum_{i=1}^{m} \sum_{j=1}^{n} f(i,j)} \tag{5.30}$$

$$\overline{J} = \frac{m_{01}}{m_{00}} = \frac{\sum_{i=1}^{m} \sum_{j=1}^{n} j \cdot f(i,j)}{\sum_{i=1}^{m} \sum_{j=1}^{n} f(i,j)} \tag{5.31}$$

由于 m_{pq} 不具有平移不变性，定义 $(p+q)$ 阶混合中心矩 μ_{pq} 为

$$\mu_{pq} = \sum_{i=1}^{m} \sum_{j=1}^{n} (i-\overline{\iota})^p (j-\overline{J})^q f(i,j) \tag{5.32}$$

中心矩 μ_{pq} 能反映目标区域中的灰度相对该区域是如何分布的度量。通过中心矩可以提取目标区域的一些特征。如 μ_{20} 和 μ_{02} 分别为围绕通过灰度中心的垂直和水平轴线的惯性矩。$\mu_{30} = 0$ 时，区域关于 i 轴对称；$\mu_{03} = 0$ 时，区域关于 j 轴对称。中心矩和原点矩存在以下对应关系：

$$\mu_{pq} = \sum_{k=0}^{p} \sum_{l=1}^{q} C_p^k C_q^l (-1)^{k+l} m_{p-k,q-l} m_{10}^k m_{01}^l m_{00}^{-k-l} \tag{5.33}$$

利用式(5.33)可以计算三阶以下中心矩：

$$\mu_{00} = m_{00}$$

$$\mu_{10} = \mu_{01} = 0$$

$$\mu_{11} = m_{11} - \overline{x}m_{01} = m_{11} - \overline{y}m_{10}$$

$$\mu_{20} = m_{20} - \overline{x}m_{10}$$

$$\mu_{02} = m_{02} - \overline{y}m_{01} \tag{5.34}$$

$$\mu_{12} = m_{12} - 2\overline{y}m_{11} - \overline{x}m_{02} + 2\overline{y}^2 m_{10}$$

$$\mu_{21} = m_{21} - 2\overline{x}m_{11} - \overline{y}m_{20} + 2\overline{x}^2 m_{01}$$

$$\mu_{30} = m_{30} - 3\overline{x}m_{20} - 2\overline{x}^2 m_{10}$$

$$\mu_{03} = m_{03} - 3\overline{y}m_{02} - 2\overline{y}^2 m_{01}$$

中心矩仅具有平移不变性，为使其具有尺度不变性，需要用 0 阶中心矩来归一化，定义为 η_{pq}：

$$\eta_{pq} = \frac{\mu_{pq}}{\mu_{00}^r} \tag{5.35}$$

式中，$r = \dfrac{p+q}{2}(p+q=2,3,4,\cdots)$。

η_{pq} 具有平移不变性和尺度不变性，但依然对旋转敏感，为使矩的描述与平移、旋转和尺度都无关，Hu[12]由归一化中心矩推导出 $(p+q)\leqslant 3$ 的 7 个同时满足平移、旋转和尺度不变性的矩 $M_1 \sim M_7$：

$$M_1 = \eta_{20} + \eta_{02}$$

$$M_2 = (\eta_{20} - \eta_{02})^2 + 4\eta_{11}^2$$

$$M_3 = (\eta_{30} - 3\eta_{12})^2 + (3\eta_{21} - \eta_{03})^2$$

$$M_4 = (\eta_{30} + \eta_{12})^2 + (\eta_{21} + \eta_{03})^2$$

$$M_5 = (\eta_{30} - 3\eta_{12})(\eta_{30} + \eta_{12})\left[(\eta_{30} + \eta_{12})^2 - 3(\eta_{21} + \eta_{03})^2\right]$$
$$+ (3\eta_{21} - \eta_{03})(\eta_{21} + \eta_{03})\left[3(\eta_{30} + \eta_{12})^2 - (\eta_{21} + \eta_{03})^2\right] \tag{5.36}$$

$$M_6 = (\eta_{20} - \eta_{02})\left[(\eta_{30} + \eta_{12})^2 - (\eta_{21} + \eta_{03})^2\right] + 4\eta_{11}(\eta_{30} + \eta_{12})(\eta_{21} + \eta_{03})$$

$$M_7 = (3\eta_{21} - \eta_{03})(\eta_{30} + \eta_{12})\left[(\eta_{30} + \eta_{12})^2 - 3(\eta_{21} + \eta_{03})^2\right]$$
$$+ (\eta_{30} - 3\eta_{12})(\eta_{21} + \eta_{03})\left[3(\eta_{30} + \eta_{12})^2 - (\eta_{21} + \eta_{03})^2\right]$$

在雷达图像应用中，这 7 个不变矩的值较大，分布范围较大，为减少占用空间和方便数据分析，对 7 个不变矩取对数操作，以减小其范围：

$$M_k^* = \lg|M_k|, \quad k = 1,2,3,\cdots,7 \tag{5.37}$$

对图 5.12 中 4 幅标记后雷达图像的不变矩特征值进行提取，限于篇幅，仅给出算例二中目标的不变矩特征信息，如表 5.7 所示。

表 5.7 算例二目标的不变矩特征

目标	M_1	M_2	M_3	M_4	M_5	M_6	M_7
目标 1	2.823	6.346	9.184	10.435	20.717	13.789	20.270
目标 2	3.063	7.195	10.886	12.275	23.918	16.021	24.153
目标 3	3.043	6.793	12.407	12.635	25.316	16.054	25.299
目标 4	3.054	6.770	11.172	11.620	23.016	15.005	24.176
目标 5	3.072	7.320	12.757	13.861	27.589	17.549	27.205
目标 6	3.042	6.556	10.222	10.962	21.555	14.243	22.706
目标 7	2.875	7.832	11.466	11.356	22.793	15.351	23.242
目标 8	2.893	6.664	9.225	10.642	20.981	14.103	20.611
目标 9	2.781	6.102	9.203	9.143	18.405	12.196	18.551
目标 10	2.793	7.417	11.142	12.658	25.157	16.992	24.573
目标 11	2.847	7.426	10.435	11.343	22.235	15.202	23.217
目标 12	2.986	6.762	10.420	10.621	21.358	14.012	21.241
目标 13	3.019	8.959	11.664	11.575	23.582	17.178	23.234
目标 14	2.208	4.428	7.655	7.669	15.331	9.883	18.358
目标 15	2.889	8.194	10.890	11.799	23.869	15.974	23.151
目标 16	3.066	6.670	11.694	12.813	25.069	16.154	25.969
目标 17	2.771	5.983	8.691	9.800	19.079	12.810	19.465
目标 18	2.990	6.306	10.149	11.176	22.366	14.639	21.858
目标 19	2.586	5.234	8.598	8.908	17.673	11.625	18.311

由表 5.7 中的各目标不变矩数据可以看出，同一目标的 7 个不变矩值差别较大，可以较明显地分辨出来。不变矩特征在雷达图像序列中的表现将在后面的特征匹配过程继续研究。

5.1.2 雷达目标跟踪技术

进行雷达目标跟踪之前，首先要完成目标的匹配。以提取到的目标位置、面积和不变矩特征在雷达图像序列中对应出同一个目标并建立该目标的目标链，称为雷达图像目标的特征匹配。目标跟踪是在给定测量值条件下，迭代估计目标运动状态的过程。根据雷达图像的特点，在图像序列中，有的目标可能出现时隐时现的状况，此时单纯用目标匹配方法建立的目标链可能断裂并丢失目标信息，造成目标运动参数的估计错误，这将对后续的局部路径规划和危险规避产生不利影响。因此，需要选择合适的目标跟踪方法，根据前一帧或前几帧图像中目标的位置信息，预测当前节拍对应目标可能出现的位置、方向和区域。这样既能弥补目标链断裂带来的不利影响，又可以缩小搜索区域以提高算法效率。

5.1.2.1　雷达图像序列特征匹配

为检测所提取特征对雷达图像序列目标匹配的有效性，选取一组 50 帧的雷达图像序列，该图像序列记录了一艘滚装渡轮的进港过程，如图 5.14 所示。

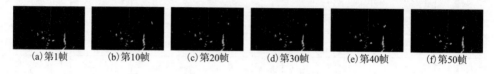

(a)第1帧　　(b)第10帧　　(c)第20帧　　(d)第30帧　　(e)第40帧　　(f)第50帧

图 5.14　雷达图像序列

图 5.14 中右上方目标为运动的进港渡轮，其余目标为港内停靠的船舶和码头建筑等。首先对该图像序列中的运动目标进行特征提取，提取到的位置、面积和不变矩变化曲线如图 5.15~图 5.17 所示，当前雷达量程为 0.5n mile。

从图 5.15 可以看出，位置变化以 X 方向为主，Y 方向位置变化不大。X 方向总运动距离为 622.88m，平均每帧运动距离约为 12m，对应雷达量程为 0.5n mile 时的图像运动距离为 3 个像素以内，可以得出在当前雷达量程下航速 30kn 以内的运动目标在相邻两帧雷达图像中的位置变化应该在 7 个像素以内。由此可见，用目标的位置特征来做匹配可以得到较理想的效果。

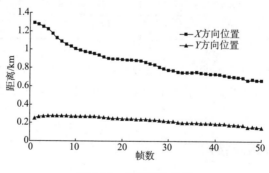

图 5.15　位置变化曲线

图 5.16 中该目标在前 30 帧图像中面积变化范围在 60 个像素左右，第 35 帧图像以后面积逐渐增大，是由于此时渡轮在港内减速并转弯进港，增大了雷达的反射面。同一目标的形状在相邻两帧图像会有所变化，随环境不同变化范围也会有所增减，但一般不会发生剧烈改变，因此可以把面积特征作为位置特征的补偿来进行目标匹配。

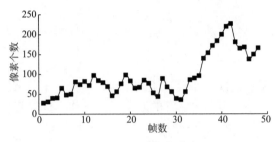

图 5.16　面积变化曲线

图 5.17 中不变矩变化曲线反映了目标 7 个不变矩的变化趋势，可以看出不变矩 M_1、M_2 变化范围小，趋势平稳，当前目标的变化范围在 0.7 以内，可以较好地反映出目标的特征信息。M_3、M_4、M_5、M_6、M_7 变化范围较大，可以作为目标特征信息的参考。

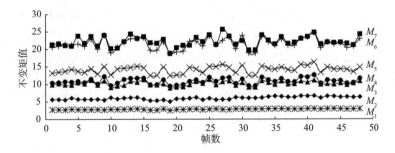

图 5.17　不变矩变化曲线

由以上特征信息分析可以得出雷达图像序列的目标特征匹配准则。在雷达图像目标特征匹配试验中，采用以位置特征匹配为主，面积特征和不变矩特征为参考的目标匹配技术可以较好地完成图像序列的匹配。采用本节方法对图 5.14 中右上方运动目标进行匹配，轨迹如图 5.18 所示，处理时间如图 5.19 所示。

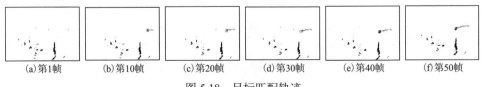

(a)第1帧　　(b)第10帧　　(c)第20帧　　(d)第30帧　　(e)第40帧　　(f)第50帧

图 5.18　目标匹配轨迹

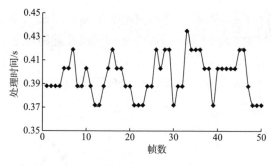

图 5.19　处理时间

从图 5.18、图 5.19 的匹配跟踪试验结果可以看出，本节采用的特征匹配方法可以有效地完成图像序列中同一目标的匹配跟踪工作，同时每帧的处理时间均在 0.5s 以内，可以达到航海雷达目标检测系统的实时性要求。

5.1.2.2　雷达目标跟踪

20 世纪 50 年代，基于序贯重要性采样(sequential importance sampling，SIS)的序贯蒙特卡罗方法首次被提出，并在 20 世纪 60~70 年代得到进一步的发展，但由于当时计算机处理能力的不足以及算法本身随时间退化的缺陷，并没有得到广泛的应用[14]。直到 20 世纪 90 年代，Gordon 在 SIS 中引入重采样操作，提出一种新的基于 SIS 的自举滤波(bootstrap filter)方法，从而奠定了粒子滤波算法的基础[15]。

粒子滤波(particle filter，PF)算法是以贝叶斯理论、随机估计原理以及蒙特卡罗方法为基础的一种非线性滤波方法[16]，其核心思想是用随机采样的粒子表达密度分布，可以处理非线性、非高斯问题，是一种通用的贝叶斯滤波方法。粒子滤波技术已广泛应用于目标跟踪、计算机视觉、通信、控制、金融等诸多领域。

1. 蒙特卡罗积分

蒙特卡罗积分是粒子滤波的基础，其基本思想是用随机样本近似积分。如果需要计算一个积分区域 Ω 多维积分 $\int_\Omega f(\boldsymbol{x})\mathrm{d}\boldsymbol{x}$，将 $f(\boldsymbol{x})$ 分解为 $g(\boldsymbol{x})p(\boldsymbol{x})$，其中 $p(\boldsymbol{x})$ 为概率密度，满足 $p(\boldsymbol{x})\geqslant 0$，$\boldsymbol{x}\in\Omega$，$\int_\Omega p(\boldsymbol{x})\mathrm{d}\boldsymbol{x}=1$，则需估计的积分：

$$\int_\Omega f(\boldsymbol{x})\mathrm{d}\boldsymbol{x}=\int_\Omega g(\boldsymbol{x})p(\boldsymbol{x})\mathrm{d}\boldsymbol{x}=E[g(\boldsymbol{x})]\triangleq \overline{g}_x \qquad (5.38)$$

式中，$E[g(\boldsymbol{x})]$ 表示对 $g(\boldsymbol{x})$ 求期望。给定以 $p(\boldsymbol{x})$ 采样得到的一组独立分布的样本 $\left\{\boldsymbol{x}^i,w^i=\dfrac{1}{N}\right\}_{i=1}^N$，$N$ 为样本数目，$p(\boldsymbol{x})$ 可近似为

$$p(\boldsymbol{x}) \approx \frac{1}{N}\sum_{i=1}^{N}\delta(\boldsymbol{x}-\boldsymbol{x}^i) \tag{5.39}$$

式(5.39)近似为

$$\bar{g}_x = \int_D g(\boldsymbol{x})p(\boldsymbol{x})\mathrm{d}\boldsymbol{x} \approx \frac{1}{N}\sum_{i=1}^{N}\delta(\boldsymbol{x}-\boldsymbol{x}^i) \triangleq \hat{g}_x \tag{5.40}$$

式中，δ 为狄拉克函数。可证明式(5.40)是无偏估计，即 $E[\hat{g}_x - \bar{g}_x] = 0$。根据大数定律，当 $N \to \infty$ 时，对于任意 $\varepsilon > 0$，有 $\lim\limits_{x\to\infty}P(|\hat{g}_x - \bar{g}_x| < \varepsilon) = 1$，即近似期望 $\hat{g}_x$ 概率收敛至真实期望 $\bar{g}_x$。由中心极限定理，其收敛速度为 $\sqrt{N}(\hat{g}_x - \bar{g}_x) \sim N(0, \Sigma)$，其中 Σ 为 $g(\boldsymbol{x})$ 的协方差，因此蒙特卡罗积分估计方差与粒子数成反比。

2. 重要性采样

蒙特卡罗积分需要根据后验概率密度 $p(\boldsymbol{x})$ 采样，后验概率密度可以由来自该密度的独立同分布粒子近似，粒子数越多，近似的后验密度就越逼近真实后验密度。但往往不可能直接从后验密度采样粒子，这个问题可以通过重要性采样 (importance sampling, IS) 解决[17]。在实际计算中从一个已知的、易于采样的概率密度采样粒子，这个概率密度称为建议分布 (proposal distribution)，也称为重要性函数 (importance function)，表示为 $q(\boldsymbol{x})$。则式(5.40)可以表示为

$$\bar{g}_x = \int g(\boldsymbol{x})p(\boldsymbol{x})\mathrm{d}\boldsymbol{x} = \int g(\boldsymbol{x})\frac{p(\boldsymbol{x})}{q(\boldsymbol{x})}q(\boldsymbol{x})\mathrm{d}\boldsymbol{x} \tag{5.41}$$

对 $q(\boldsymbol{x})$ 采样，得到随机样本集 $\left\{\boldsymbol{x}^i, w^i = \dfrac{1}{N}\right\}_{i=1}^{N}$，式(5.41)近似为

$$\bar{g}_x \approx \frac{1}{N}\sum_{i=1}^{N}g(\boldsymbol{x}^i)w^i = \hat{g}(\boldsymbol{x}) \tag{5.42}$$

$$w^i = \frac{p(\boldsymbol{x}^i)}{q(\boldsymbol{x}^i)} \tag{5.43}$$

式中，w^i 为归一化重要性权值。当无法确定 $p(\boldsymbol{x})$ 时，可以先通过一个正比于 $p(\boldsymbol{x})$ 的函数 $\pi(\boldsymbol{x})$ 计算非归一化权值，再进行归一化：

$$W^i = \frac{\pi(\boldsymbol{x}^i)}{q(\boldsymbol{x}^i)} \propto w^i$$

$$\pi(\boldsymbol{x}^i) \propto p(\boldsymbol{x}^i)$$

$$w^i = \frac{W^i}{\sum_{i=1}^{N} W^i} \tag{5.44}$$

可以得到 $p(\boldsymbol{x})$ 的加权近似：

$$p(\boldsymbol{x}) \approx \sum_{i=1}^{N} w^i \delta(\boldsymbol{x} - \boldsymbol{x}^i) \tag{5.45}$$

重要性采样的收敛速度同为 $\sqrt{N}(\hat{g}_x - \overline{g}_x) \sim N(0, \Sigma)$，其中 Σ 为 $\dfrac{g(\boldsymbol{x})p(\boldsymbol{x})}{q(\boldsymbol{x})}$ 的协方差。

3. 序贯重要性采样

重要性函数的合理程度直接影响重要性采样的性能，当状态空间的维数比较高时，合理的重要性函数很难找到。通常人们感兴趣的不是整个状态序列的状态估计而是当前时刻的状态估计，重要性采样很难适用，可以采用序贯重要性采样来解决这一问题。

假设重要性分布函数满足如下形式：

$$q(\boldsymbol{x}_{0:k}|\boldsymbol{z}_{1:k}) = q(\boldsymbol{x}_k|\boldsymbol{x}_{0:k-1},\boldsymbol{z}_{1:k})q(\boldsymbol{x}_{0:k-1}|\boldsymbol{z}_{1:k-1}) \tag{5.46}$$

式中，$q(\boldsymbol{x}_{0:k-1}|\boldsymbol{z}_{1:k-1})$ 和 $q(\boldsymbol{x}_{0:k}|\boldsymbol{z}_{1:k})$ 分别表示 $k-1$ 时刻和 k 时刻的重要性分布；$q(\boldsymbol{x}_k|\boldsymbol{x}_{0:k-1},\boldsymbol{z}_{1:k})$ 表示系统根据历史状态 $\boldsymbol{x}_{0:k-1}$ 测量值 $\boldsymbol{z}_{1:k}$ 产生的状态转移过程。为现有样本 $\boldsymbol{x}_{0:k-1}^i$ 增加新的状态 $\boldsymbol{x}_k^i \sim q(\boldsymbol{x}_k|\boldsymbol{x}_{0:k-1},\boldsymbol{z}_{1:k})$，进一步获得新的状态序列样本 $\boldsymbol{x}_{0:k}^i$，重要性权值根据贝叶斯公式更新：

$$\begin{aligned}
p(\boldsymbol{x}_{0:k}|\boldsymbol{z}_{1:k}) &= \frac{p(\boldsymbol{z}_k|\boldsymbol{x}_{0:k},\boldsymbol{z}_{1:k-1})p(\boldsymbol{x}_{0:k}|\boldsymbol{z}_{1:k-1})}{p(\boldsymbol{z}_k|\boldsymbol{z}_{1:k-1})} \\
&= \frac{p(\boldsymbol{z}_k|\boldsymbol{x}_{0:k},\boldsymbol{z}_{1:k-1})p(\boldsymbol{x}_k|\boldsymbol{x}_{0:k-1},\boldsymbol{z}_{1:k-1})p(\boldsymbol{x}_{0:k-1}|\boldsymbol{z}_{1:k-1})}{p(\boldsymbol{z}_k|\boldsymbol{z}_{1:k-1})} \\
&= \frac{p(\boldsymbol{z}_k|\boldsymbol{x}_k)p(\boldsymbol{x}_k|\boldsymbol{x}_{k-1})p(\boldsymbol{x}_{0:k-1}|\boldsymbol{z}_{1:k-1})}{p(\boldsymbol{z}_k|\boldsymbol{z}_{1:k-1})} \\
&\propto p(\boldsymbol{z}_k|\boldsymbol{x}_k)p(\boldsymbol{x}_k|\boldsymbol{x}_{k-1})p(\boldsymbol{x}_{0:k-1}|\boldsymbol{z}_{1:k-1})
\end{aligned} \tag{5.47}$$

式(5.46)、式(5.47)代入式(5.43)，重要性权值可写成递推形式：

$$w_k^i \propto \frac{p(\boldsymbol{z}_k|\boldsymbol{x}_k^i)p(\boldsymbol{x}_k^i|\boldsymbol{x}_{k-1}^i)}{q(\boldsymbol{x}_k^i|\boldsymbol{x}_{0:k-1}^i,\boldsymbol{z}_{1:k})}\frac{p(\boldsymbol{x}_{0:k-1}^i|\boldsymbol{z}_{1:k-1})}{q(\boldsymbol{x}_{0:k-1}^i|\boldsymbol{z}_{1:k-1})} = \frac{p(\boldsymbol{z}_k|\boldsymbol{x}_k^i)p(\boldsymbol{x}_k^i|\boldsymbol{x}_{k-1}^i)}{q(\boldsymbol{x}_k^i|\boldsymbol{x}_{0:k-1}^i,\boldsymbol{z}_{1:k})} \cdot w_{k-1}^i \tag{5.48}$$

样本状态转移是一个马尔可夫过程，且观测独立于状态，可以忽略状态的轨迹 $\boldsymbol{x}_{1:k-1}$ 和观测序列 $\boldsymbol{z}_{1:k-1}$，式(5.48)可写成

$$w_k^i \propto \frac{p\left(\boldsymbol{z}_k \middle| \boldsymbol{x}_k^i\right) p\left(\boldsymbol{x}_k^i \middle| \boldsymbol{x}_{k-1}^i\right)}{q\left(\boldsymbol{x}_k^i \middle| \boldsymbol{x}_{k-1}^i, \boldsymbol{z}_k\right)} \cdot w_{k-1}^i \tag{5.49}$$

当前状态 $\boldsymbol{x}_k$ 的后验概率密度可近似为

$$p\left(\boldsymbol{x}_k \middle| \boldsymbol{z}_{1:k}\right) \approx \sum_{i=1}^{N} w_k^i \delta\left(\boldsymbol{x}_k - \boldsymbol{x}_k^i\right) \tag{5.50}$$

序贯重要性采样提供了一种高维空间中序贯构造建议分布、获得支撑粒子、更新权值的方法，该方法是大多数粒子滤波算法的基础。

4. 粒子退化

对于序贯重要性采样算法，理想的重要性密度函数为真实的后验概率密度 $p\left(\boldsymbol{x}_k \middle| \boldsymbol{z}_{1:k}\right)$，但实际上通常是不可能实现的。当采用式(5.46)的重要性分布函数时，重要性权值方差将随着时间的增加而增大，不仅影响计算精度，同时会出现粒子退化问题，即经过若干次迭代后，除极少数粒子外，其余粒子的权值几乎为 0。粒子退化现象如图 5.20 所示。

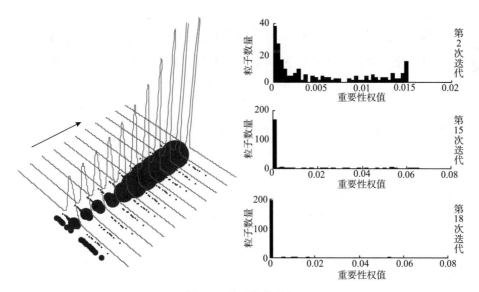

图 5.20 粒子退化现象

在第 15 次迭代时，约 180 个粒子的权值已经为 0；到第 18 次迭代，仅有少数几个粒子权值大于 0，绝大多数的计算都浪费在更新这些权值为 0 的粒子上。

对粒子退化现象，可采用有效采样尺度（effective sampling scale）来衡量滤波发散：

$$N_{\text{eff}} = \frac{N}{1 + \text{Var}(w_k^i)} \qquad (5.51)$$

式中，$w_k^i = p(x_k^i | z_{1:k}) / q(x_k^i | x_{k-1}^i, z_k)$ 是粒子的真实权值；$\text{Var}(w_k^i)$ 是 w_k^i 的方差。实际中，N_{eff} 近似估计为

$$\hat{N}_{\text{eff}} = \frac{1}{\displaystyle\sum_{i=1}^{N}(w_k^i)^2} \qquad (5.52)$$

由上式可以看出，$1 \leqslant N_{\text{eff}} \leqslant N$，且 N_{eff} 越小，退化现象越严重。

解决退化问题的直接方法是增加粒子数 N，但这样会增加计算量且影响计算的实时性。通常的解决方法是：选择更好的重要性函数和使用重采样。

5. 重要性函数选取及重采样

重要性函数的选取直接关系到粒子滤波的性能。一个好的重要性函数应满足以下要求：重要性函数应当分布更宽；应具有长拖尾性，以处理离群值；应考虑先验密度和似然函数，以及最新观测数据的作用；能使权值获得最小方差；在外形上接近于真实后验分布；易于采样操作。

最简单常用的重要性函数形式是状态转移先验分布 $q\left(x_k \middle| x_{0:k-1}^i, z_{1:k}\right) = p\left(x_k \middle| x_{k-1}^i\right)$，采用这一重要性函数的滤波器称为重要性重采样（sampling importance resampling，SIR）滤波器[18]。似然粒子滤波（likelihood particle filter）将似然函数的反函数作为重要性函数 $q\left(x_k \middle| x_{0:k-1}^i, z_{1:k}\right) = p\left(x_k \middle| z_k\right)$，但似然函数的反函数通常难以计算，且可能有多个存在，限制了其使用范围。辅助粒子滤波（auxiliary particle filter）首先对根据先验密度采样得到的粒子进行一次试验，抛弃似然值小的父代粒子，由此避免无效采样。

重采样的主要目的是减少权值较小的粒子数目，经过重采样后所有粒子具有相同的权值。重采样原理是将已有样本的经验积累分布看成是离散分布的累积分布，并根据概率分布逆变换法采样，每个粒子被选中的概率正比于它的权值。目前，重采样有多种采样策略，如采样重要性重采样、残差重采样、最小方差重采样。

经过重采样步骤后，许多粒子繁殖了多次，而有些粒子被淘汰，减小了粒子的多样性，对于表达后验概率密度很不利，应该设立一个准则决定是否实施重采样。目前广泛使用有效粒子数为 N_{eff}，定义一个阈值 N_{thr}，如果 $N_{\text{eff}} < N_{\text{thr}}$，则进

行重采样。

下面给出粒子滤波的实现流程。

步骤 1：初始化，$k=0$，根据先验分布 $p(\boldsymbol{x}_0)$ 采样粒子。

步骤 2：序贯重要性采样，$k=k+1$，得到粒子 $\boldsymbol{x}_{k|k-1}^i \sim q\left(\boldsymbol{x}_k \big| \boldsymbol{x}_{k-1}^i, \boldsymbol{z}_k\right)$ $(i=1,2,3,\cdots,N)$。

步骤 3：根据式 (5.49)，由输入的 k 时刻测量 $\boldsymbol{z}_k$ 更新粒子权值并归一化，得到新的粒子集 $\left\{\boldsymbol{x}_k^i, w_k^i\right\}_{i=1}^N$。

步骤 4：计算有效粒子数 N_{eff}，如果 $N_{\text{eff}} < N_{\text{thr}}$，重采样。

步骤 5：由所得粒子集估计状态统计信息。

步骤 6：转步骤 2，进行下一次迭代计算。

粒子滤波不可避免地存在粒子退化和滤波发散现象，高斯粒子滤波 (Gaussian particle filter, GPF) 的基本思想是假设被估计状态量的概率密度函数近似于多维高斯分布[19]，利用粒子滤波技术来求高斯分布的相关参数并得到最终滤波结果。高斯粒子滤波器适用于非线性高斯系统，算法简单稳定，滤波精度高，并且不存在粒子退化现象和不需要重采样，实时性好，易于大规模集成电路的实现。

Kotecha 等[20]首次提出了 GPF 的概念并给出了算法实现的基本框架，又在文献中通过高斯和的思想改进了 GPF，提高了滤波精度。Wu 等[21]提出半高斯粒子滤波，假设粒子的后验概率密度函数服从高斯分布，较 GPF 性能更加合理。国内也出现了一些高斯粒子滤波的应用及其改进算法。

通常一个高斯随机变量 $\boldsymbol{x}$ 的密度可表示为

$$N\left(\boldsymbol{x}; \overline{\boldsymbol{x}}, \boldsymbol{\Sigma}\right) = (2\pi)^{-m/2} |\boldsymbol{\Sigma}|^{-1/2} \exp\left[-(\boldsymbol{x}-\overline{\boldsymbol{x}})^{\mathrm{T}} \boldsymbol{\Sigma}^{-1} (\boldsymbol{x}-\overline{\boldsymbol{x}})/2\right] \tag{5.53}$$

式中，$\overline{\boldsymbol{x}}$ 为 m 维向量 $\boldsymbol{x}$ 的均值；$\boldsymbol{\Sigma}$ 为 $\boldsymbol{x}$ 的协方差矩阵。假设在 $k=1$ 时刻有

$$p(\boldsymbol{x}_1 \mid \boldsymbol{z}_0) = N\left(\boldsymbol{x}_1; \overline{\boldsymbol{x}}_1, \overline{\boldsymbol{\Sigma}}_1\right) \tag{5.54}$$

式中，$\boldsymbol{z}_0$、$\boldsymbol{x}_1$、$\overline{\boldsymbol{x}}_1$ 和 $\overline{\boldsymbol{\Sigma}}_1$ 分别表示 $k=1$ 时刻的测量值、随机变量、随机变量均值和协方差矩阵，且 $\overline{\boldsymbol{x}}_1$、$\overline{\boldsymbol{\Sigma}}_1$ 由先验信息得到。

1) 测量更新

当得到 k 时刻的测量值后，后验概率可由高斯分布近似：

$$p(\boldsymbol{x}_k \mid \boldsymbol{z}_{0:k-1}) = C_k p(\boldsymbol{z}_k \mid \boldsymbol{x}_k) p(\boldsymbol{x}_k \mid \boldsymbol{z}_{0:k-1}) \approx C_k p(\boldsymbol{z}_k \mid \boldsymbol{x}_k) N\left(\boldsymbol{x}_k; \overline{\boldsymbol{x}}_k, \overline{\boldsymbol{\Sigma}}_k\right) \tag{5.55}$$

式中，C_k 为标准化常数，

$$C_k = p(\boldsymbol{z}_k \mid \boldsymbol{z}_{0:k-1}) = \int p(\boldsymbol{x}_k \mid \boldsymbol{z}_{0:k-1}) p(\boldsymbol{z}_k \mid \boldsymbol{x}_k, \boldsymbol{z}_{0:k-1}) \mathrm{d}\boldsymbol{x}_k \tag{5.56}$$

其中，$p(\boldsymbol{x}_k\,|\,\boldsymbol{z}_{0:k-1})$ 为先验概率分布。

高斯粒子滤波测量更新原理为：通过一个高斯分布 $N\left(\boldsymbol{x}_k;\overline{\boldsymbol{x}}_k,\overline{\boldsymbol{\Sigma}}_k\right)$ 近似上述先验概率分布 $p(\boldsymbol{x}_k\,|\,\boldsymbol{z}_{0:k-1})$。通常 $p(\boldsymbol{x}_k\,|\,\boldsymbol{z}_{0:k-1})$ 的均值和方差不能精确求解。通过对重要性函数 $q(\boldsymbol{x}_k\,|\,\boldsymbol{z}_{0:k-1})$ 采样 $\boldsymbol{x}_k^i$ 并计算其权值 w_k^i，获得状态 $\boldsymbol{x}_k$ 的均值 $\overline{\boldsymbol{x}}_k$ 和协方差 $\overline{\boldsymbol{\Sigma}}_k$ 的蒙特卡罗估计：

$$\overline{\boldsymbol{x}}_k = \sum_{i=1}^{N} w_k^i \boldsymbol{x}_k^i \tag{5.57}$$

$$\overline{\boldsymbol{\Sigma}}_k = \sum_{i=1}^{N} w_k^i \left(\overline{\boldsymbol{x}}_k - \boldsymbol{x}_k^i\right)(\overline{\boldsymbol{x}}_k - \boldsymbol{x}_k^i)^{\mathrm{T}} \tag{5.58}$$

2) 预测更新

预测更新时，假设预测更新概率服从高斯分布：

$$p\left(\boldsymbol{x}_{k+1}\big|\boldsymbol{z}_{0:k}\right) = \frac{1}{N}\sum_{I=1}^{N} p\left(\boldsymbol{x}_{k+1}\big|\boldsymbol{x}_k^i\right) \tag{5.59}$$

对 k 时刻的状态向量后验密度函数采样：$\left\{\boldsymbol{x}_k^i\right\}_{i=1}^{N} \sim N\left(\boldsymbol{x}_k;\overline{\boldsymbol{x}}_k,\boldsymbol{\Sigma}_k\right)$ 获得 $\left\{\boldsymbol{x}_k^i\right\}_{i=1}^{N}$。再分别对状态转移分布 $p\left(\boldsymbol{x}_{k+1}\big|\boldsymbol{x}_k^i\right)$ 采样得到 $k+1$ 时刻的状态粒子 $\left\{\boldsymbol{x}_{k+1}^i\right\}_{i=1}^{N}$，通过下式更新预测概率分布的均值和协方差：

$$\overline{\boldsymbol{x}}_{k+1} = \frac{1}{N}\sum_{i=1}^{N} \boldsymbol{x}_{k+1}^i \tag{5.60}$$

$$\overline{\boldsymbol{\Sigma}}_{k+1} = \frac{1}{N}\sum_{i=1}^{N}\left(\overline{\boldsymbol{x}}_{k+1} - \boldsymbol{x}_{k+1}^i\right)\left(\overline{\boldsymbol{x}}_{k+1} - \boldsymbol{x}_{k+1}^i\right)^{\mathrm{T}} \tag{5.61}$$

3) 高斯粒子滤波过程

由于本节所跟踪的水面目标运动速度比较小(一般为船舶)，所以对于运动模型的要求不需要太高，同时基于雷达图像的 GPF 并不过度依赖系统的状态转移模型(运动模型)，因此可以选择简单的一阶自回归模型为状态转移模型。

本节主要对雷达图像中运动目标的位置和速度进行预测，包括目标的四个状态参数：X 方向位移 x，Y 方向的位移 y，X 方向的速度 $\dot{x}$，Y 方向的速度 $\dot{y}$。

$$\hat{\boldsymbol{x}}_k = \boldsymbol{A}\hat{\boldsymbol{x}}_{k-1} + \boldsymbol{B}\boldsymbol{\omega}_{k-1} \tag{5.62}$$

式中，$\hat{\boldsymbol{x}}_k = [x,y,\dot{x},\dot{y}]^{\mathrm{T}}$；$\boldsymbol{A} = \begin{bmatrix} 1 & 0 & \delta t & 0 \\ 0 & 1 & 0 & \delta t \\ 0 & 0 & 1 & 0 \\ 0 & 0 & 0 & 1 \end{bmatrix}$；对粒子滤波来说 $\boldsymbol{B}$ 为传播半径，对

高斯粒子滤波来说，不需要确定粒子传播半径，而是由协方差 $\boldsymbol{\Sigma}$ 自动确定高斯粒子的分布范围，故 $\boldsymbol{B}$ 为 4×4 的单位矩阵 $\begin{bmatrix} 1 & 0 & 0 & 0 \\ 0 & 1 & 0 & 0 \\ 0 & 0 & 1 & 0 \\ 0 & 0 & 0 & 1 \end{bmatrix}$；$\boldsymbol{\omega}_{k-1}$ 为二元高斯随机噪声（X 方向噪声和 Y 方向噪声相互独立），且 $\boldsymbol{\omega}_{k-1} \sim N\left(0, \sigma^2\right)$，其中 σ^2 是根据目标运动速度而确定的分布方差。

仅采用单一特征进行匹配，精度较小，不能满足雷达目标跟踪系统的要求。因此，本节采用一种目标不变矩和面积双特征相结合的匹配方法，建立观测模型，完成高斯粒子滤波目标跟踪。

选定跟踪目标后，以当前目标为模板计算该目标的不变矩和面积；在 k 时刻，计算当前时刻观测得到的每个粒子对应的不变矩和面积，以模板和粒子的不变矩、面积测度差为标准，确定跟踪目标。

不变矩匹配测度为

$$d_m = \frac{1}{\sqrt{2\pi}} \exp\left[-\alpha \left(\lg M_k^i - \lg M_m \right)^2 \right] \tag{5.63}$$

式中，M_k^i 为 k 时刻第 i 个粒子的不变矩；M_m 为模板的不变矩；α 为测度控制参数，本节取 0.005。

面积匹配测度为

$$d_s = \frac{S_k^i}{S_m} \tag{5.64}$$

式中，S_k^i 为 k 时刻第 i 个粒子的面积；S_m 为模板的面积。

k 时刻第 i 个粒子的权值 q_k^i 为

$$q_k^i = d_m + d_s \tag{5.65}$$

因此，不变矩和面积双特征结合匹配跟踪的观测概率模型为

$$p\left(x_k | z_{0:k}\right) = \frac{1}{\sqrt{2\pi}} \exp\left[-\alpha \left(\lg M_k^i - \lg M_m \right)^2 \right] + \frac{S_k^i}{S_m}, \quad i = 1, 2, 3, \cdots, N \tag{5.66}$$

式中，N 为粒子数。

目标跟踪算法的具体实现步骤如下。

步骤 1：初始化。选择第 1 帧雷达图像中所要跟踪的目标，计算图像处理后目标的不变矩和面积，确定粒子数 N，本节兼顾跟踪精度和处理速度，令 $N = 100$。假设初始重要性函数服从正态分布，以目标的位置坐标 (x_0, y_0) 为均值。协方差 $\boldsymbol{\Sigma}$

由跟踪的目标的速度确定，速度越快则对应 $\boldsymbol{\Sigma}$ 越大，本节在 X 方向和 Y 方向分别取 45 和 40，即分别以 $N(x;x_0,45)$、$N(y;y_0,40)$ 为初始的重要性函数采集 X 和 Y 方向的粒子，对每一个粒子进行系统状态转移。

步骤 2：采集下一帧图像，计算上一时刻状态转移后的粒子 $\{x_k^i\}_{i=1}^N$ 的不变矩和面积，通过式(5.49)计算粒子的权值。根据式(5.57)，权值归一化为 $w_k^i = w_k^i / \sum_{i=1}^N w_k^i$。由式(5.57)、式(5.58)，计算粒子的测量均值 $\bar{\boldsymbol{\mu}}_k$ 和协方差 $\bar{\boldsymbol{\Sigma}}_k$。

步骤 3：对后验概率分布 $N(\boldsymbol{x}_k;\boldsymbol{\mu}_k,\boldsymbol{\Sigma}_k)$ 进行采样，得到 $\{x_k^i\}_{i=1}^N$，x_k^i 通过状态转移得到 $k+1$ 时刻的粒子 x_{k+1}^i，由式(5.60)、式(5.61)计算预测均值和协方差。继续进行步骤 2，至采集结束为止。

为检测滤波跟踪算法的性能，选取如图 5.14 所示的雷达图像序列，分别利用卡尔曼滤波跟踪算法、粒子滤波跟踪算法和高斯粒子滤波跟踪算法跟踪图像中的运动目标，试验结果如图 5.21～图 5.25 所示，图中方框为目标实际位置，十字为相应滤波跟踪算法的跟踪位置。

(a)第10帧原始图像　(b)卡尔曼滤波跟踪结果　(c)粒子滤波跟踪结果　(d)高斯粒子滤波跟踪结果

图 5.21　第 10 帧跟踪结果

  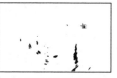 

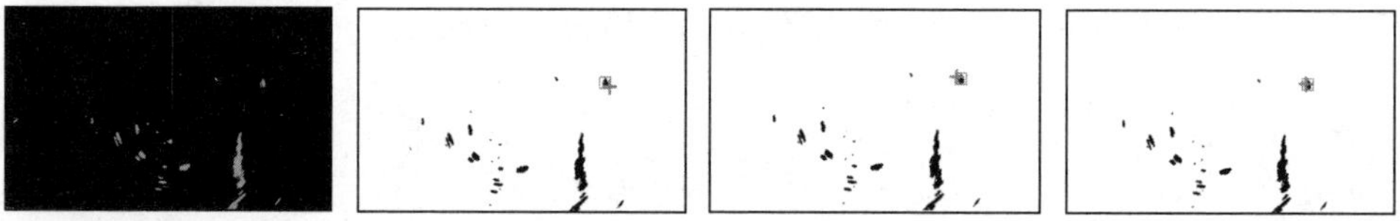

(a)第20帧原始图像　(b)卡尔曼滤波跟踪结果　(c)粒子滤波跟踪结果　(d)高斯粒子滤波跟踪结果

图 5.22　第 20 帧跟踪结果

 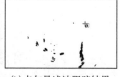  

(a)第30帧原始图像　(b)卡尔曼滤波跟踪结果　(c)粒子滤波跟踪结果　(d)高斯粒子滤波跟踪结果

图 5.23　第 30 帧跟踪结果

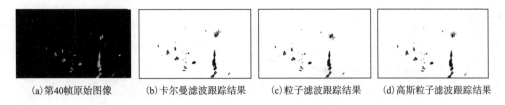

(a)第40帧原始图像　　(b)卡尔曼滤波跟踪结果　　(c)粒子滤波跟踪结果　　(d)高斯粒子滤波跟踪结果

图 5.24　第 40 帧跟踪结果

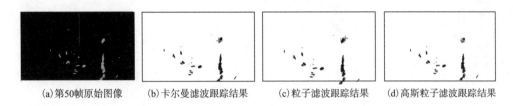

(a)第50帧原始图像　　(b)卡尔曼滤波跟踪结果　　(c)粒子滤波跟踪结果　　(d)高斯粒子滤波跟踪结果

图 5.25　第 50 帧跟踪结果

　　由以上的跟踪效果可以看出，三种滤波跟踪方法都能较好地完成对运动目标的跟踪，没有出现目标丢失的情况，高斯粒子滤波的跟踪效果相对较好。下面对三种滤波算法的跟踪效果做定量分析，跟踪曲线和误差对比如图 5.26～图 5.28 所示，跟踪时间如表 5.8 所示。

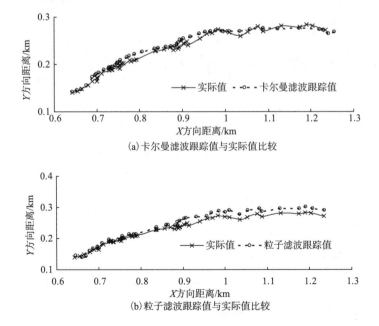

(a)卡尔曼滤波跟踪值与实际值比较

(b)粒子滤波跟踪值与实际值比较

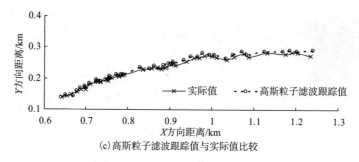

（c）高斯粒子滤波跟踪值与实际值比较

图 5.26　目标位置跟踪值与实际值比较

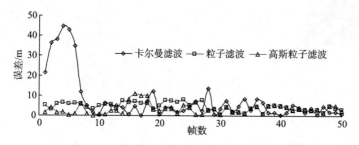

图 5.27　X 方向跟踪误差比较

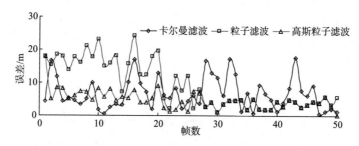

图 5.28　Y 方向跟踪误差比较

表 5.8　三种滤波跟踪方法跟踪结果比较

跟踪结果	卡尔曼滤波	粒子滤波	高斯粒子滤波
平均跟踪时间/ms	53	158	84
X 方向平均跟踪误差/m	7.95	4.64	3.24
Y 方向平均跟踪误差/m	6.79	9.40	4.82

　　由位置跟踪曲线与目标实际运动曲线的比较可以看出，三种滤波跟踪曲线均与目标实际运动曲线趋势一致，跟踪效果良好。

　　由于卡尔曼滤波对目标运动做了线性假设，当目标运动具有非线性特征时，跟踪的误差较大，如滤波的初始阶段，X方向平均误差在跟踪后期为 10m 左右，Y方向平均误差在 20m 以内。

粒子滤波和高斯粒子滤波的跟踪曲线更接近于目标的实际位置，即对非线性运动目标的跟踪效果较好。通过跟踪误差来看，高斯粒子滤波的跟踪效果要优于粒子滤波，高斯粒子滤波的跟踪误差一般在 10m 以内，而粒子滤波算法经常会出现误差较大的点，半数以上的跟踪误差在 10~20m。对于粒子滤波，如果出现跟踪较差的情况，说明大多数粒子没有完全捕捉到真正的目标区域，虽然在重采样过程中保留了一些权值较大的粒子，但这些粒子的位置并不准确，在下一时刻也很难捕捉目标的准确位置，这样会造成误差的累积。

高斯粒子滤波不需要保留上一时刻权值大的粒子，而是按照高斯分布重新产生新的粒子，这样就避免了误差的累积。虽然高斯粒子滤波也会出现误差较大的跟踪值，此时协方差会自动增大，在下一时刻搜索范围会相应增大，更容易捕捉到目标。同样如果运动目标的方向发生改变，粒子滤波有可能出现目标丢失的情况，而高斯粒子滤波有更灵活的搜索范围变化，即使出现短暂的目标丢失，也可以重新锁定目标。

从表 5.8 的运行结果来看，卡尔曼滤波由于不需要进行重复的粒子权值计算，较粒子滤波和高斯粒子滤波有更好的实时性；高斯粒子滤波在运行时间上优于粒子滤波，主要因为高斯粒子滤波仅需产生一定条件的高斯随机数来代替重采样过程。三种滤波跟踪方法均可满足雷达目标跟踪系统的实时性要求。

5.2 光学目标感知技术

本节主要介绍水面机器人针对光学图像实现对目标和障碍物的检测、识别、跟踪的方法。根据目标和障碍物表现出来的典型特征，采用概率分布模型、特征分类、显著性分析等方法实现准确判断，利用海天线检测方式实现对目标和障碍物的快速检测，采用贝叶斯分类、随机树、多示例学习、压缩感知等理论实现对目标和障碍物的实时跟踪方法。各种类型的目标外形、表面特性、尺寸都各不相同，首先需要从传感器数据中提取目标特征，包括目标的轮廓、尺寸、角点、梯度统计、区域分布等特征，然后采用概率统计分类、神经网络等类型的分类器实现对目标的准确识别，其中重点介绍级联分类、支持向量机、卷积神经网络等方法。

5.2.1　光学图像预处理技术

海面目标成像效果易受复杂的海洋环境影响，如天气、背景杂波等因素，从而造成水面目标检测和跟踪的困难。因此，水面图像预处理的目的就是提升水面图像质量，降低环境噪声干扰，提高信噪比，使水面图像更适于后续的分析处理。本小节首先详细分析水面图像的特点，据此提出一种衡量水面图像质量的方法，之后阐述图像增强方法，并提出类 Sigmoid 曲线变换增强方法、基于模糊域的改进增强方法以及基于直方图均衡的改进增强方法，然后介绍图像平滑方法，并提出基于图像局部统计信息的改进平滑方法，最后对水面图像中可能产生的高亮度区域提出较为简单实时的处理方法。真实水面图像的预处理结果证明这些方法均体现出较优越的性能。

5.2.1.1　光学图像质量评估

载体航行过程中，光学摄像机得到的图像背景虽然时刻变化，但总体来讲图像由上、中、下三部分组成：天空区域、水界限区域和水面区域[22]。在光学图像中，天空区域具有较强的反射性，区域亮度较大，与之相比，水面区域具有较弱的反射性，区域亮度较小。在水天背景情况下，有一个交接过渡带存在于水面区域和天空区域之间，具有明显的边缘特征，称之为水界限区域或水天线区域[23]。对水岸背景来说，水面和天空之间被岸上景物隔开，岸上信息具有明显的复杂度，水界限区域即为水岸线区域。一般来说，天空纹理较为平缓，而水面纹理则由于受载体和水波的运动、波浪反光等因素影响，体现出明显的不均匀性。另外，由于成像受天气、背景杂波和光照以及镜头的洁净程度等因素的影响，图像的效果有时也不尽如人意。因此，对水面图像进行预处理，凸显有用的信息以及削弱无意义的信息，使图像呈现出更有利于后续处理的形态。

不同的天气下和不同的时间段内，水面载体获得的光学图像的质量都会有差别。天气晴朗的中午时段，图像的亮度差异较为鲜明。而在雾天，能见度降低，反映在图像里，便是水面与天空的亮度差异减小，船只等障碍物也若隐若现，类似的图像特点还出现在海面载体的摄像机远距离平视时，海天线虽然在视野内，但海天线上下的内容几乎连成一体。在黄昏，镜头的进光量锐减，图像整体变暗，一些纹理细节将被淹没。像后两种情况下所获得的图像，其质量相对来讲是较差的，这类图像需要进行相应的增强。这里通过寻找图像直方图的共性来衡量各类水面图像的质量差异。

1. 直方图特点

直方图描述了一幅图像的概貌，反映了图像中灰度级与出现这种灰度的概率之间的关系。图像的数据量很大，灰度级别却很有限。对于图 5.29 中左侧的几种典型水面图像，右侧是对应的直方图。从直方图可以看出，质量优良的图像对应的灰度级分布较广，而且具有层次性，如图 5.29(h)；但质量较差的图像对应的灰度级分布范围较窄，主要集中在某一个子区间段内，如图 5.29(b)、(d)、(f)。从视觉效果上来看，图 5.29(g)比图 5.29(a)、(c)、(e)具备更丰富的灰度和纹理信息，前者图像的对比度更强，目标物在海岸背景下很明显，而后者图像的对比度较弱，目标物与背景灰度十分接近。

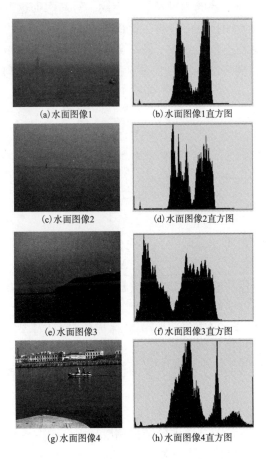

(a) 水面图像1　　(b) 水面图像1直方图

(c) 水面图像2　　(d) 水面图像2直方图

(e) 水面图像3　　(f) 水面图像3直方图

(g) 水面图像4　　(h) 水面图像4直方图

图 5.29　不同水面图像及对应的直方图

2. 水面图像质量评价

海面载体在运动的过程中，摄像机连续采集图像，其软硬件体系需实现完全无人介入的图像处理，无论是水天背景还是水岸背景，无论是天气晴朗还是雾气笼罩，对无人平台来说整个处理过程都是自适应的。这里涉及的问题是，当得到一幅图像后，首先应判断该图像是否需要增强。所以最好能够统一计算图像的最初质量，使得图像处理系统能适用于更广泛的图像类型。

图像增强主要针对视觉效果较差的图像[24]，使之尽量接近优良质量图像的效果，以便于在整个图像自主处理流程中，不会因为图像质量差异太大而必须调整各处理阶段的参数。此时，采用一种合适的图像质量评价方式对原始图像进行数字化的测量，能够为后续处理起到指导性的作用。然而，在实际应用中，没有任何一个标准对所有图像完全适用。在不同的使用环境下，根据后续处理的要求，图像增强的对象和图像增强的程度都有所不同。针对水面这种特殊的使用环境，根据前部分内容对直方图特点的分析，提出一种有效且简单的方法。

假设图像总的像素点数量为 N，每一个像素的灰度值为 $f_l(l = 0, 1, 2, \cdots, N-1)$，图像平均灰度为 $\bar{f}$，图像的标准差为 σ，图像的直方图灰度级数缺省数目为 k，评价指数 R_{hist} 定义为

$$R_{\text{hist}} = \frac{\sigma}{k+1} \tag{5.67}$$

$$\sigma = \frac{\sum_{l=0}^{N-1}(f_l - \bar{f})^2}{N} \tag{5.68}$$

$$\bar{f} = \frac{\sum_{l=0}^{N-1}f_l}{N} \tag{5.69}$$

式中，k 取直方图中各灰度级对应的像素数量少于某个阈值 T 的色阶数。一个好的评价方式必须具备以下两个特性：

(1)对某种指定特性的图像序列做出整体评价。这是对于衡量标准最基本的要求，它通过某种方式对图像进行评价，我们希望得到在整体视觉上图像的有效程度，基于反映图像复杂度的方差与图像的色阶空缺数来衡量该信息量，符合第一个特性。

(2)图像评价结果与图像质量存在线性关系。图像的质量评价应与图像的客观体现相对应。即图像质量越高，评价结果相应越大，图像质量越低，评价结果相应越小。随机选取水面图像若干，经过验证，上述评价方法可以有效地衡量水面机器人水面图像的最初质量。对应图 5.29 中图像的质量量化参数在表 5.9 列出，数据显示，水面图像 1～4 图像质量逐渐增强，对应的图像质量评价指数逐渐增大。在实际应用这一评价方式时，针对所使用的摄像机采集的样本图像，计算质量评价指数 R_{hist}，然后人为确定一个统计值来区分图像的质量强弱。由于这只是作为图像处理最初的一步，其结果能够在原有水面机器人视觉系统的基础上起到积极

的辅助作用，并不会对整个系统的运行产生严重的负面影响，所以统计值的选择没有设定严格的准则。在对众多样本图像进行分析后，本节在水面机器人水面图像处理过程中，将是否需要对图像进行增强处理的评价指数临界值取为 1.2，认为 R_{hist} 小于 1.2 的图像质量较弱，需要进行增强，而大于等于 1.2 的图像质量较强，无须进行增强。

表 5.9　对应图 5.29 中水面图像的质量参数

水面图像	$\bar{f}$	σ	k	R_{hist}
1	156	26.15	132	0.198
2	150	28.12	137	0.205
3	89	51.28	70	0.73
4	161	44.81	25	1.79

5.2.1.2　退化光学图像增强

目前常用的退化图像增强方法[25]有两种：一种是针对图像退化的原因，选用适当的算法，改善退化因素的影响，有效提高图像的逼真度，使改善后的图像与原始图像尽可能地接近，该类方法一般称为图像复原技术；另一种是有选择的突出图像中感兴趣的目标特征区域，弱化外界的干扰特征，从而有效提高图像的可读性，与前一种方法相比较，由于没有考虑图像退化的本质原因，比如大气散射影响等，故处理后的结果并不是最佳的原始图像逼近结果。

图像增强没有通用的理论，图像增强的目标就是突出图像中的某些信息，同时去除某些不需要的信息，使其比原始图像更适合于特定应用。对水面退化图像来说，增强的目的就是突出有效信息如水天线以及水面目标的轮廓，降低后续处理的难度，提高计算机对水面图像有效信息的可识别性，并不需要使处理后的图像去逼近原始图像，所以考虑选用第二类图像预处理方法，即无须考虑退化原因的图像增强法。水面图像质量基本由整体的亮度与对比度占据主要的影响因素。单从图像处理的角度出发，提高图像的质量实质上就是调整图像的亮度与对比度。对增强方法来说，如何选取最优变换和最优参数以及如何使增强算法对于序列图像具备自适应性，是该问题的核心内容。

不考虑退化原因的图像增强方法[26]，通常从空间域和频域两方面出发。空间域方法是以对图像的像素直接处理为基础的；频域方法是以修改图像的傅里叶变换为基础的。后者计算较为复杂，考虑到系统的实时性，本节选择空域方法来进行研究。没有统一的方法来要求每一帧图像增强到哪种程度，才最有利于计算机后续处理，这里并未对图像的增强程度做深入研究，只是对原始图像进行初步增强。

1. 基于灰度拉伸的增强方法

对于像素灰度范围的拉伸，其中一种直观的方法是直接使用某种规则对灰度进行变换，传统的变换规则包括线性变换、分段线性变换以及非线性变换等。

假定原始图像 $f(i,j)$ 的灰度范围为 $[a,b]$，希望将灰度范围扩大到 $[m,n]$，可采用如下变换：

$$g(i,j)=\left[(n-m)/(b-a)\right]\left[f(i,j)-a\right]+m \qquad (5.70)$$

当 $(n-m)/(b-a)=1$ 时，对应像素点间灰度差变换前后保持不变，灰度区间只存在平移，对比度不会出现变化；当 $(n-m)/(b-a)>1$ 时，变换后的灰度区间变大；当 $(n-m)/(b-a)<1$ 时，变换后的灰度区间变小。

分段线性变换可以认为是非线性变换的一种特殊情况，它是一种常用的灰度变换方法，能够实现灰度的分段线性压缩或扩展，变换公式如下：

$$g(i,j)=\begin{cases} k_1 f(i,j)+b_1, 0 \leqslant f(i,j) < f_1, k_1 = \dfrac{g_1-b_1}{f_1} \\[2mm] k_2 f(i,j)+b_2, f_1 \leqslant f(i,j) < f_2, k_2 = \dfrac{g_2-g_1}{f_2-f_1}, b_2 = g_1-k_2 f_1 \\[2mm] k_3 f(i,j)+b_3, f_2 \leqslant f(i,j) < f_3, k_3 = \dfrac{g_2-g_1}{f_3-f_2}, b_3 = g_2-k_3 f_2 \end{cases} \qquad (5.71)$$

如果令 $k_1 < 1$，$k_2 > 1$，$k_3 < 1$，这种变换压缩了在 $[0, f_1]$ 和 $[f_2, f_3]$ 两个区间内的像素对比度，而扩展了在 $[f_1, f_2]$ 区间中的像素对比度。分段线性变换相对于线性变换来说，使灰度的变换更加灵活，使增强的区间和增强的程度更具有选择性，对比度改进程度更好一些。

对数变换或幂次变换是通常采用的非线性变换形式，通过对数变换，低灰度区间被扩展，高灰度区间被压缩，从而使低灰度区间的对比度得到提高，细节将更加突出，使图像整体灰度分布更加均匀，更符合人眼的视觉特性。

对数变换的表达式为

$$g(i,j) = C\log[f(i,j)+1] \qquad (5.72)$$

幂次变换的表达式为

$$g(i,j) = Cf(i,j)^r \qquad (5.73)$$

式中，r 是幂指数；常数 C 用来调节变换后的图像 $g(i,j)$ 的灰度动态范围。

上述几种方法都是为了能够将对比度差的图像进行灰度拉伸，使得灰度细节的可分辨性更强，将狭窄的灰度范围变换到更宽的区域内，图像的高灰度值与图像的低灰度值的对比更加明显，而且整个变换最好能够平滑实现，针对水面图像的模糊特征，这里提出一种类 Sigmoid 曲线的变换形式。

一般地，Sigmoid 函数为

$$y = 2.0 / [1.0 + \exp(-kx)] - 1.0, \quad y \in [-1,1] \tag{5.74}$$

当 k 取不同的值时，曲线如图 5.30 所示。k 取值越大，曲线形状越接近 "S"，倘若将图像的灰度值归一化，那么代表灰度的变量范围为 $x \in [0,1]$，在该范围内对变量进行类 Sigmoid 曲线变换，类 Sigmoid 曲线为图中第一象限在拉伸前曲线上方的任意一条曲线形式，都能够达到灰度拉伸的效果。假设 g_{min} 为图像灰度的最小值，g_{max} 为图像灰度的最大值，拉伸前和拉伸后的灰度范围见图 5.31。

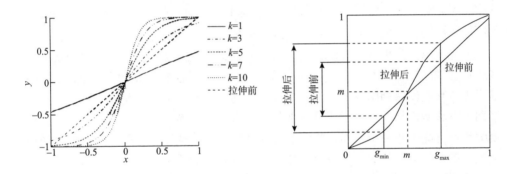

图 5.30　k 取值不同时的 Sigmoid 曲线形状　　图 5.31　类 Sigmoid 曲线变换

进行该变换涉及分界点选取以及曲线平移和收缩变形的问题，对此本节给出如下解决方式。

分界点：设 M_n 为图像灰度中值，即大于 M_n 的灰度像素总数与小于 M_n 的灰度像素总数各占总像素数的一半，其归一化后的值为 m，那么有

$$m = \frac{M_n}{255} \tag{5.75}$$

曲线平移：将 Sigmoid 曲线的原点 $(0,0)$ 平移到中值 (m,m) 处，对应的平移函数为

$$y - m = 2.0 / \left[1.0 + \exp(-k(x-m))\right] - 1.0 \tag{5.76}$$

曲线缩放：将上述曲线平移后的曲线从 (m,m) 点处分为两个部分，前一部分缩放第三象限，后一部分缩放第一象限，缩放函数分别为

$$\frac{y-m}{m} = 2.0 / \left[1.0 + \exp\left(-k\left(\frac{x-m}{m} \right) \right) \right] - 1.0$$

(5.77)

$$\frac{y-m}{1-m} = 2.0 / \left[1.0 + \exp\left(-k\left(\frac{x-m}{1-m} \right) \right) \right] - 1.0$$

类 Sigmoid 曲线变换的最终表达式为

$$y = \begin{cases} 2.0 \cdot 255 \cdot m / \left[1.0 + \exp\left(-k\left(\frac{x-m}{m} \right) \right) \right], & x \leqslant m \\ \left\{ 2.0 / \left[1.0 + \exp\left(-k\left(\frac{x-m}{1-m} \right) \right) \right] - 1.0 \right\} \cdot (1-m) \cdot 255 + m \cdot 255, & x > m \end{cases}$$

(5.78)

式中，x 为输入的原始图像中的灰度 $f(i,j)$ 归一化后的结果；y 为输出的经过对比度增强后的灰度值 $g(i,j)$；k 为控制拉伸程度的变量。

相比于以上几种变换方法，类 Sigmoid 曲线变换方法同样可以对整个灰度范围进行合理的拉伸，并具有一个独特的优势，即它不需要对每帧图像计算变换的临界点，它能使序列图像处理流程更加简洁地连续执行，而这是每一种灰度拉伸系列的方法所面临的棘手的问题。例如对分段线性变换方法而言，需要确定的变换临界点可能不止一个，而这组参数可能适用于某一帧图像，但对另一帧图像却毫无效果，甚至会使图像质量更糟糕。类 Sigmoid 曲线变换方法的自适应性使之应用价值更高。

2. 基于模糊域的增强方法

对于像素灰度范围的拉伸，其中一种较为间接的方法是在另一个实数空间对灰度进行变换，比如在模糊域内[27]。

在图像处理的过程中，由于自身的复杂性和相关性，图像信息会体现出不确定性和不精确性的性质，主要表现在灰度模糊性、几何模糊性以及知识不确定性等几个方面。这种性质不是随机的，并不适于从概率的角度加以处理。而对于图像的这种模糊性和不确定性，模糊理论具有很好的描述能力，同时也有较好的鲁棒性，因此国内外诸多学者将模糊理论引入机器视觉领域中，取得了较显著的效果。尤其在图像增强、边缘检测以及图像分割中的应用上，效果要好于传统的处理方法。

文献[28]简单将具有 0 及 1 两个值的特征函数 $I_A(x)$ 扩展成 $[0,1]$ 区间连续值函数 $\mu_A(x)$，即对于 $x \in X$，$\mu_A(x) \in [0,1]$，并称此函数为隶属函数。隶属函数的值可以用来描述元素 x 隶属于集合 A 的程度，这样就可将介于"是"或"不是"之间的所有"中庸"之值表示出来，而从"是"到"不是"之间过渡没有明确定义的概念都称为模糊概念。

对图像进行模糊增强，其目的也是使图像的低灰度区间的灰度值降低，高灰度区间的灰度值增大，从而提高图像中目标区域与背景区域之间的对比度，更加清晰地显现区域轮廓。模糊增强的过程就是将图像的隶属函数在图像的模糊特征平面内进行非线性变换，然后再逆变换回图像的灰度平面上，从而提高图像的对比度。在图像增强这种应用条件下，模糊处理主要有以下三个步骤：图像模糊特征提取、隶属函数值的修正和模糊域反变换。将图像从空间域的灰度平面变换到模糊特征平面(或称隶属度平面)，该步骤主要建立在专家经验基础之上，完成编码之后，用适当的模糊技术来修正隶属度值(一般来讲做非线性变换)，最后通过模糊域反变换将数据从模糊域变换到图像的空间域以完成解码。非线性变换方式可以有很多选择，其区别在于哪种方式的结果更加有力度或更加符合视觉习惯。在这个问题中，模糊阈值的选择会对结果产生重要影响。既然是对两种灰度段进行相反的变换，那么肯定涉及如何划分这两种灰度段，哪个区间段属于低灰度值对应的模糊特征，哪个区间段属于高灰度值对应的模糊特征？所以这里的阈值决定了该问题模糊的本质。

依照模糊集的概念，一幅灰度级为 L ，大小为 $M \times N$ 的图像 X ，可以表示为一个 $M \times N$ 的模糊点集阵：

$$X = \bigcup_{i=1}^{M}\bigcup_{j=1}^{N}\frac{\mu_{ij}}{x_{ij}} = \begin{bmatrix} \dfrac{\mu_{11}}{x_{11}} & \dfrac{\mu_{12}}{x_{12}} & \cdots & \dfrac{\mu_{1N}}{x_{1N}} \\ \dfrac{\mu_{21}}{x_{21}} & \dfrac{\mu_{22}}{x_{22}} & \cdots & \dfrac{\mu_{2N}}{x_{2N}} \\ \vdots & \vdots & & \vdots \\ \dfrac{\mu_{M1}}{x_{M1}} & \dfrac{\mu_{M2}}{x_{M2}} & \cdots & \dfrac{\mu_{MN}}{x_{MN}} \end{bmatrix} \tag{5.79}$$

式中，矩阵的元素 $\dfrac{\mu_{ij}}{x_{ij}}$ 表征数字图像中第 (i,j) 个像素点的灰度 x_{ij} 相对于某个特定的灰度级 x_k 的隶属度 $\mu_{ij} \in [0,1]$ 。在经典的模糊增强算法中， μ_{ij} 可以通过模糊隶属函数计算得到。较为常用的两种方法如下。

采用传统 Pal 算法的隶属函数为

$$\mu_{ij} = \left[1 + \frac{(L-1)-x_{ij}}{F_d} \right]^{-F_e} \tag{5.80}$$

式中，参数 F_e 、 F_d 分别称为指数模糊因子和倒数模糊因子。

采用正弦分布隶属度函数为

$$\mu_{ij} = \sin\left\{\frac{\pi}{2}\left[1 - \frac{(L-1) - x_{ij}}{D}\right]\right\} \tag{5.81}$$

式中，参数 D 为模糊调节因子。

以上两种隶属函数都存在弊端，对于传统 Pal 算法的隶属函数：一是参数较多，没有成熟的取值方法，而且本身计算复杂，具有较强的随机性和不确定性；二是将数据从模糊域变换回空间域时，可能会造成对应的灰度值小于 0，而此时算法将其硬性设定为 0，会无端损失灰度信息。对于正弦分布隶属函数，它是在文献[29]引入广义模糊集后出现的，这种定义方法更适合于边缘检测，在对比度增强方面并不是十分有优势。对于传统 Pal 算法，一般递归有限次后，图像质量可得到显著提高。考虑到传统 Pal 算法的增强运算可以满足水面图像模糊增强的要求，依据模糊增强算子选取原则，采用与传统 Pal 算法相类似的模糊增强算子，并对该式进行修改，其公式如下：

$$\mu_{ij} = \frac{x_{ij}}{L-1} \tag{5.82}$$

式中，L 表示图像灰度级，对 8 位灰度图像而言 $L = 255$；x_{ij} 和 μ_{ij} 分别表示像素点 (i,j) 的灰度值和隶属度值。将待处理的图像映射成一个模糊集之后，图像中的每一像素的灰度值与一个隶属度相对应，然后对隶属函数进行非线性变换，实现模糊增强，这里选择增强算子公式如下，并使用渡越点 μ_c 对增强程度进行适当的调整：

$$\mu_{ij}' = I(\mu_{ij})$$
$$I_r(\mu_{ij}') = \begin{cases} \dfrac{\mu_{ij}'}{\mu_c}, & 0 \leqslant \mu_{ij}' \leqslant \mu_c \\ 1 - \dfrac{(1 - \mu_{ij}')^2}{1 - \mu_c}, & \mu_c < \mu_{ij}' \leqslant 1 \end{cases} \tag{5.83}$$
$$x_{ij}' = (L-1)\mu_{ij}'$$

式中，μ_{ij}' 为修正后的隶属度；I_r 为隶属度修正函数。当 $\mu_{ij} > \mu_c$ 时，μ_{ij}' 的非线性变换数值趋向于 1，从而使得 x_{ij}' 向 $L-1$ 方向靠近。反之，当 $\mu_{ij} \leqslant \mu_c$ 时，μ_{ij}' 的非线性变换数值趋向于 0，从而使得 x_{ij}' 向 0 方向靠近。

对于本节所关心的水面降质图像，其直方图表现为像素灰度分布集中，区间的大小随质量降低的程度不一，若灰度值集中在直方图中间区域，则灰度值较低和较高部分的分布较少，如图 5.29 中水面图像 1、2 的直方图分布所示，若区间集中在灰度较高或较低区域，则灰度较低或较高部分的分布较少，如图 5.29 中水面图像 3 的直方图分布所示。一般在使用该方法进行图像增强的过程中，μ_c 作为调整参数常常被设置为 0.5。这里设 μ_c 的值为 0.5，与其对应的灰度值 X_c 即为 127，倘若图像中所有像素的灰度值集中在 $[0,127]$ 或 $(127,255)$，那么像素相应的隶属度则集中在 $\mu_{ij} \in [0,0.5]$ 或 $\mu_{ij} \in (0.5,1]$ 其中一个区间，使用增强算子时，作用范围只包含一个区间段，那么结果仅仅是整体的灰度提升或降低，这样并未实现模糊增强算法的目的。为了避免增强算子的增强区间单一，需要选择合适的 μ_c，也就是合适的 X_c。在没有任何先验知识的情况下，尤其是对水面运动载体而言，图像的内容随着载体的位置和天气状况等时刻变化，X_c 作为一个定值出现是不合理的，所以 X_c 是且必须是一个动态的值。通常采用对 X_c 进行穷举求解的方法，但需要较长的计算时间，不能满足系统实时性要求，简单的迭代法求取 X_c 值，相对于传统模糊增强方法，已在很大程度上提高了效率，但是对于 X_c 的最终取值，并没有完善的理论说明。本节取图像灰度的中值作为 X_c，对小于中值和大于中值的灰度值分别进行降低和提升，使得灰度变换后整体的对比度增强。

直方图均衡化进行图形增强是以概率论为基础的[30]，是针对动态范围偏小的数字图像的处理，采用累积分布函数作为变换函数，产生近似均匀的直方图，具体效果不易控制。在图像增强中，并不总是需要具有均匀直方图的图像，有时需要具有特定直方图的图像，以便能够有目的地对图像中某些灰度级增强，即希望变换后的直方图能符合预先规定的形状，改善图像质量的效果会更好一些，其处理方法较直方图均衡化更具有灵活性，这也称为直方图规定法。精确直方图规定法能够保证增强后的直方图几乎就是正常视觉想要的结果，但还没有途径来获取理想的直方图。通常直方图均衡化被用来实现这个过程的近似效果。

在原始图像 f 中，$n_i (i = 0,1,2,\cdots,L-1)$ 为第 i 阶灰度的像素点数量，$p(i)$ 是第 i 阶灰度的概率，有

$$p(i) = \frac{n_i}{\sum\limits_{i=0}^{L-1} n_i} = \frac{n_i}{N} \tag{5.84}$$

$$\sum p(i) = 1$$

式中，N 表示图像 f 的像素点总数量。累积密度函数 P_i 定义为

$$P_i = \sum_{j=0}^{i} p(i)$$

全局直方图均衡化将原始图像进行灰度变换，公式如下：

$$g(x,y) = T(f(x,y)) \tag{5.85}$$

式中，f 和 g 分别为原始图像和输出图像；(x,y) 为图像二维坐标；T 为灰度转换函数。将原始图像映射到全局动态范围 $[I_0, I_{L-1}], I \in \{0, L-1\}$，且有

$$T(I) = I_0 + (I_{L-1} - I_0)P_i \tag{5.86}$$

令 I_m 为图像 f 的均值，假设 $I_m \in [0, L-1]$，那么图像被 I_m 分为两个子图像 f_0 和 f_1，有

$$f = f_0 \bigcup f_1 \tag{5.87}$$

式中，

$$f_0 = \{f(x,y) | f(x,y) \leqslant I_m, \forall f(x,y) \in f\}$$

$$f_1 = \{f(x,y) | f(x,y) > I_m, \forall f(x,y) \in f\}$$

子图像 f_0 是由灰度级 $\{I_0, I_1, \cdots, I_m\}$ 构成，子图像 f_1 是由灰度级 $\{I_{m+1}, I_{m+2}, \cdots, I_{L-1}\}$ 构成。分别定义 f_0 和 f_1 的概率密度函数，有

$$p_0(I_k) = \frac{n_{0,k}}{n_0}, \quad p_1(I_k) = \frac{n_{1,k}}{n_1} \tag{5.88}$$

式中，$n_{0,k}(k=0,1,\cdots,I_m)$ 和 $n_{1,k}(k=I_{m+1}, I_{m+2}, \cdots, I_{L-1})$ 分别表示在两个子图像 f_0 和 f_1 中灰度级 I_k 的像素点数量；n_0 和 n_1 分别表示子图像 f_0 和 f_1 的像素点数量。

累积分布函数 P_0 和 P_1 由下式定义：

$$P_0(I_k) = \sum_{k=0}^{I_m} p_0(I_k)$$
$$P_1(I_k) = \sum_{k=I_{m+1}}^{I_{L-1}} p_1(I_k) \tag{5.89}$$

类似的，定义如下的变换函数：

$$T_0(I_k) = I_0 + (I_m - I_0)P_0(I_k)$$
$$T_1(I_k) = I_{m+1} + (I_{L-1} - I_{m+1})P_1(I_k) \tag{5.90}$$

那么图像变换为

$$g(x,y) = T(f(x,y))$$

$$T(I_k) = \begin{cases} I_0 + (I_m - I_0)P_0(I_k), & I_k \leqslant I_m \\ I_{m+1} + (I_{L-1} - I_{m+1})P_1(I_k), & I_k > I_m \end{cases} \tag{5.91}$$

利用多个子直方图均衡化来增强对比度由如下几个步骤组成。

(1)平滑全局直方图。数字图像的直方图通常不是平滑的，直方图内包含多个峰值，然而因为灰度概率的波动以及某些灰度值并没有相应的像素存在，如果不对直方图进行平滑，峰值点并不容易被检测出来。这个步骤中使用线性插值-邻域平均过程来平滑直方图，将空缺的灰度填平。将 9 个连续的灰度概率平均，得出中心灰度的新概率。第 k 个中心灰度的新概率表示为 $p_n(r_k)$：

$$p_n(r_k) = \begin{cases} \dfrac{1}{9}\sum_{i=1}^{9} p(r_{k-5+i}), & 5 \leqslant k \leqslant L-4 \\ p(r_k), & k < 5 \text{或} k > L-4 \end{cases} \tag{5.92}$$

式中，$p_n(r_k)$ 为中心灰度的新概率；$p(r_k)$ 为第 k 级灰度的概率。

(2)分解全局直方图。这里定义了子直方图区域，初始和结束的位置取决于分裂级数 s。原始的全局直方图被分解为 k 个子直方图，将 SIRIH 表示为输入子直方图的灰度范围：

$$\text{SIRIH} = R_k^i - R_{k-1}^i \tag{5.93}$$

式中，$k = 1,2,3,\cdots,s$，s 为分裂级数。R_k^i 对应的灰度取值规则如下：$s = 4$，R_0^i 为图像的最小灰度值，R_4^i 为图像的最大灰度值，R_2^i 为 R_0^i 和 R_4^i 区间范围内的灰度均值，R_1^i 为 R_0^i 和 R_2^i 区间范围内的灰度均值，R_3^i 为 R_2^i 和 R_4^i 区间范围内的灰度均值。

(3)重新分布子直方图。将 SIROH 表示为输出子直方图的灰度范围，它与子直方图区域内的像素数和原始图像的总像素数之比成比例，如下所示：

$$\text{SIROH}_k = \frac{N_k}{N_z}(L-1) \tag{5.94}$$

式中，N_k 为第 k 个直方图区域的像素数目。灰度范围的位置定义为

$$R_k^o = R_0^o + \sum_{i=1}^{k} \text{SIROH}_i, \quad R_0^o = 0, k = 1,2,3,\cdots,s \tag{5.95}$$

(4)对每个子直方图进行直方图均衡。这一步骤独立地均衡每一个子直方图，先计算出输入图像中每一个灰度段的概率：

$$p_j = \sum_{i=R_{j-1}^i}^{R_j^i} \frac{n_i}{n_{T_j}} \tag{5.96}$$

式中，n_i 为第 i 阶灰度的概率；j 为分裂级数且 $j = \text{SIRIH}_1, \text{SIRIH}_2, \cdots, \text{SIRIH}_s$；$n_{T_j}$ 为第 j 个 SIRIH 的概率。基于概率密度函数，定义累积密度函数为

$$P_j(i) = \sum_{j=1}^{s} p_j \tag{5.97}$$

灰度均衡是将输入图像映射到某个范围，由累积密度函数得到的变换函数为

$$f_j(x) = \sum_{j=1}^{s} R_{j-1}^o + \left(R_j^o - R_{j-1}^o \right) c_j(x) \tag{5.98}$$

输出图像可以表示为

$$Y = \left\{ Y(i,j) \right\} = \text{union}(f(x)_{\text{SIROH}}) = \bigcup_{j=1}^{s} f(x)_{\text{SIROH}_j} \tag{5.99}$$

(5)将图像灰度进行归一化。输入图像的均值 μ_i 和输出图像的均值 μ_o 都可以计算出来，为保持均值不变，将灰度归一化定义如下：

$$G(x,y) = (\mu_i / \mu_o) Y(x,y) \tag{5.100}$$

式中，$G(x,y)$ 为最终的输出灰度；$Y(x,y)$ 为均衡化后的结果；x 代表横坐标；y 代表纵坐标。这里的归一化使得输出图像的均值与输入图像的均值相等。

类 Sigmoid 曲线变换方法和模糊增强方法以及直方图均衡化改进方法均能够结合图像自身的灰度分布状况来进行增强。就后续处理而言，对于直方图灰度集中在中部的图像，增强方法选择类 Sigmoid 曲线变换和模糊增强较为合适，对于直方图灰度集中在两边的图像，增强方法选择双直方图均衡化和多直方图均衡化较为合适。

从图 5.32 可见，三帧质量较差的水面图像经过增强后，可视性均有一定的改善。在雾天图像中，灯塔和小船凸现出来；在远距离平视图像中，海天线和灯塔的信息更加明显；在水岸图像中，天空、岸景、水面和船只层次分明。四种增强方法所消耗的时间都很少，能够控制在几毫秒以内，其中类 Sigmoid 曲线变换涉及指数运算，耗时相对稍长。总体来说，数据表明图像的灰度范围与复杂程度确实有所提升，双直方图均衡化方法看起来对图像的提升程度最为显著。然而从增强的图像直观视觉感受来看，对左列图像而言，似乎类 Sigmoid 曲线变换的增强效果更优，因为其海天过渡区域与原始图像更接近，而在这一点上，双直方图均衡化方法则使图像有些失真。对右列图像而言，多直方图均衡化方法则更胜一筹，对比度比双直方图均衡化的效果更好些。这从另一个方面说明增强方法对图像对比度的提升程度与理想的视觉效果并不是十分吻合，面临"度"的把握，这是多数增强方法都存在的局限性。

(a)原始水面图像   (b)类S型曲线变换效果(k=5.0)

(c)模糊增强效果   (d)双直方图均衡化效果

(e)多直方图均衡化效果(s=4)

图 5.32 四种改进增强方法的效果比较

5.2.1.3 光学图像平滑去噪

对于水面图像，平滑去噪是为了在不削弱主要特征信息的情况下[31]，抑制不必要的细节信息如水面纹理与天空纹理等。从平滑效果上看，平滑的方法可分为非边界保持滤波方法和边界保持滤波方法。在平滑掉噪声的同时也平滑掉了图像的主要特征是传统的平滑方法所存在的普遍问题，而边界保持滤波方法试图通过在平滑图像时保持边缘信息来解决这个问题，现在出现的一些方法甚至可以做到更加智能，即仅保持纹理的边界而去掉噪声和边界内部的纹理。下面介绍几种平滑方法，并分析各方法的优劣以及图像平滑处理的结果，最后提出一种基于局部统计信息的自适应双边滤波方法。

采用预先定义的卷积模板与图像进行卷积操作是最常用的图像平滑去噪方法，其实质是一种空间滤波方法。为了计算的便捷性和快速性，卷积模板一般定义为奇数尺寸的正方形模板，但在一些特殊应用中，也存在圆形、椭圆形或不规则形状的卷积模板，本节中仅讨论正方形模板。以 3×3 尺寸模板为例，可以定义卷积模板为

$$\nabla = \begin{bmatrix} a_{11} & a_{12} & a_{13} \\ a_{21} & a_{22} & a_{23} \\ a_{31} & a_{32} & a_{33} \end{bmatrix} \tag{5.101}$$

一般地，在图像中语义信息未知的情况下，可以认为图像是各向同性的，因此卷积模板可以定义成元素值轴对称或中心对称的形式，从而得到的滤波平滑效果也是各向同性的。常用的图像平滑卷积模板介绍如下。

均值滤波模板为

$$\begin{bmatrix} 1 & 1 & 1 \\ 1 & 1 & 1 \\ 1 & 1 & 1 \end{bmatrix} \tag{5.102}$$

高斯滤波模板（即模板中各元素值符合高斯分布）为

$$\begin{bmatrix} 1 & 2 & 1 \\ 2 & 4 & 2 \\ 1 & 2 & 1 \end{bmatrix} \tag{5.103}$$

采用卷积模板对图像进行平滑后，能够有效去除椒盐或斑点类噪声，但也会造成图像中纹理、边缘信息的损失，从而使图像变得更加模糊。此外，为了保证平滑后图像灰度整体上保持稳定，通常需要将卷积模板进行归一化操作，以高斯滤波模板为例，变化为

$$\begin{bmatrix} 1/16 & 1/8 & 1/16 \\ 1/8 & 1/4 & 1/8 \\ 1/16 & 1/8 & 1/16 \end{bmatrix} \tag{5.104}$$

另外一种典型的图像平滑方法是频率域或者小波域中的阈值化方法。将图像采用傅里叶变换转换到频率域中，对尺寸为 $m \times n$ 的图像 $f(x,y)$ 进行二维傅里叶变换，$F(u,v)$ 可以表示为

$$F(u,v) = \sum_{x=0}^{m-1}\sum_{y=0}^{n-1} f(x,y)\exp\left[-2\pi i(ux/m + vy/n)\right] \tag{5.105}$$

式中，i 表示虚数单位，变换后即可得到图像在频率域中的表示。

如图 5.33 所示，在傅里叶变换结果中，靠近图像中心部分代表图像中的低频

(a)图像   (b)傅里叶变换结果

图 5.33　图像及其傅里叶变换结果

信息，反映图像的概貌，而靠近图像边缘的高频部分代表图像中的高频信息，反映边缘、纹理、噪声等。因此为了对图像进行平滑，可以去除远离中心的高频信息，进行频率阈值化处理，可以有效实现图像平滑目的。

与在小波域中对图像进行平滑处理的过程类似，傅里叶变换是以在两个方向上都无限伸展的正弦曲线波作为正交基函数的。对于瞬态信号或高度局部化的信号(例如边缘)，由于这些成分并不类似于任何一个傅里叶基函数，它们的变换系数(频谱)不是紧凑的，频谱构成较为复杂。这种情况下，傅里叶变换是通过复杂的安排，以抵消一些正弦波的方式构造出在大部分区间都为零的函数而实现的。为了克服上述缺陷，使用有限宽度基函数的变换方法逐步发展起来。这些基函数不仅在频率上而且在位置上是变化的，它们是有限宽度的波，被称为小波(wavelet)。基于它们的变换就是小波变换。

所有小波是通过对基本小波进行尺度伸缩和位移得到的。基本小波是具有特殊性质的实值函数，它是振荡衰减的，而且通常衰减得很快，在数学上满足积分为零的条件：

$$\int_{-\infty}^{\infty} \psi(t)\mathrm{d}t = 0 \tag{5.106}$$

式中，$\psi(t)$ 为小波函数，而且其频谱 s 满足条件：

$$\int_{-\infty}^{\infty} \frac{\left|\Psi(s)\right|^2}{s}\mathrm{d}s < \infty \tag{5.107}$$

其中，$\Psi(s)$ 为小波函数在频域内的表示形式。

基本小波在频域内也具有好的衰减性质。有些基本小波实际上在某个区间外是零，这是一类衰减最快的小波。一组小波基函数是通过尺度因子和位移因子由基本小波来产生：

$$\psi_{a,b}(x) = \frac{1}{\sqrt{a}}\psi\left(\frac{x-b}{a}\right) \tag{5.108}$$

式中，b 是位移因子；a 是尺度因子。此时小波变换定义为

$$W_f(a,b) = \int_{-\infty}^{\infty} f(x)\psi_{a,b}(x)\mathrm{d}x = \frac{1}{\sqrt{a}}\int_{-\infty}^{\infty} f(x)\psi\left(\frac{x-b}{a}\right)\mathrm{d}x \tag{5.109}$$

常用的图像小波变换为 Haar 小波函数，定义在区间 $[0,1]$ 上：

$$\psi(t) = \begin{cases} 1, & t \in [0, 0.5] \\ -1, & t \in [0.5, 1] \end{cases} \tag{5.110}$$

由图 5.34 可以看到，经过两层小波变换后，图像中的高频信息被依次提取出

来，主要包含图像中的边缘、纹理、噪声等信息，可以将部分高频信息去除，然后通过小波反变换对图像进行恢复，即可实现图像平滑。

(a)图像　　　　　　　　　　(b)小波变换结果

图 5.34　图像及其小波变换结果

双边滤波是一种在高斯滤波基础上提出的非线性空间滤波方法，它结合像素之间的位置信息和色彩信息确定非线性滤波权值系数，在平滑图像的同时能够较好地保留细节信息，其公式形式可表示为

$$f(p) = \frac{1}{\sum_{q \in \Omega} w_d(q) w_v(q)} \sum_{q \in \Omega} w_d(q) w_v(q) f(q) \tag{5.111}$$

式中，p 和 Ω 分别是需要滤波的像素及其邻域；q 是位于 p 邻域 Ω 中的像素；$f(p)$ 是 p 的像素值；$w_d(q)$ 和 $w_v(q)$ 分别是 q 的距离权值和色彩权值，且计算公式为

$$w_d(q) = \exp\left(\frac{\|p-q\|^2}{2\sigma_d^2}\right)$$

$$w_v(q) = \exp\left(\frac{\|f(p)-f(q)\|^2}{2\sigma_v^2}\right)$$

其中，σ_d 和 σ_v 分别是距离方差和色彩方差，主要控制滤波效果在平滑图像和保留细节之间取得平衡。

基本的双边滤波方法对图像采用全局的 σ_d 和 σ_v 参数设置进行处理，往往无法完全有效地去除噪声，或者出现过度滤波而去除了部分细节信息，无法达到理想的平滑效果。因此本节提出一种根据邻域内像素统计特性实现 σ_d 和 σ_v 的自适应参数设置的方法，对每个像素采用主成分分析方法估计其邻域内的噪声水平，求其在单位向量 $\boldsymbol{u}$ 上的方差：

$$D\left[\boldsymbol{u}^{\mathrm{T}} g(\Omega)\right] = D\left[\boldsymbol{u}^{\mathrm{T}} f(\Omega)\right] + \sigma_n^2 \tag{5.112}$$

式中，$D(\cdot)$ 是邻域方差计算函数；Ω 是像素邻域；σ_n 是噪声的标准差。

当 $\boldsymbol{u}$ 使方差 D 取得最小值时，σ_n 即反映了真实的噪声水平，采用主成分分析方法计算邻域方差：

$$D\left[\boldsymbol{u}_i^{\mathrm{T}} g(\Omega)\right] = \boldsymbol{u}_i^{\mathrm{T}} \boldsymbol{\Sigma}_{g(\Omega)} \boldsymbol{u}_i = \sum_j \boldsymbol{u}_i^{\mathrm{T}} \lambda_{g,j} \boldsymbol{u}_j \boldsymbol{u}_j^{\mathrm{T}} \boldsymbol{u}_i = \lambda_{g,i} \tag{5.113}$$

式中，当 $i \neq j$ 时，$\boldsymbol{u}_i^{\mathrm{T}} \boldsymbol{u}_j = 0$，$\boldsymbol{\Sigma}_{g(\Omega)}$ 是邻域 $g(\Omega)$ 的协方差矩阵；$\lambda_{g,i}$ 是 $\boldsymbol{\Sigma}_{g(\Omega)}$ 的第 i 个特征值。

求邻域 Ω 内最小方差可以得到

$$\min \lambda_{g,i} = \min \lambda_{f,i} + \sigma_n^2$$

一般情况下，由于邻域 Ω 是包含有限像素的较小区域，其梯度响应有限，代表最小能量分量的 $\min \lambda_{f,i}$ 近似为 0，因此可以得到噪声的标准差是

$$\sigma_n^2 = \min \lambda_{g,i}$$

然后定义像素邻域 Ω 内的边缘强度为

$$e_\Omega = \frac{n_{\mathrm{canny}}}{n}$$

式中，n_{canny} 是采用 Canny 边缘检测方法得到的 Ω 内的边缘点数量；n 是 Ω 内的像素数量。

距离方差 σ_d 和色彩方差 σ_v 可根据经验公式确定：

$$\sigma_d = c_d \sigma_n$$

$$\sigma_v = c_v e_\Omega$$

式中，c_d 和 c_v 是经验系数，可根据图像的噪声分布和细节模糊程度设置。

这种自适应确定双边滤波参数的方法允许依据每个像素邻域内的噪声水平和边缘强度确定局部较优的距离和色彩方差参数，从而自适应地实现对图像的平滑，同时保留边缘等细节信息。

5.2.2 光学目标检测跟踪技术

在水面机器人获取的目标的红外图像中，存在诸多干扰因素，例如，波浪反射的阳光、云层辐射、人造光热源等都会形成对目标检测和跟踪系统的干扰，采用基于 Camshift 的红外目标检测与跟踪方法可以有效克服上述几种干扰因素。

Camshift 算法[31]是由均值漂移实现的改进算法，该算法可以针对物体在视频中的大小进行自适应调整，从而大大改善跟踪效果。Camshift 算法充分利用了均值漂移算法的计算简单快捷的优点，并且在不增加计算复杂度的同时，实现了自适应的窗口大小控制。在均值漂移迭代完成之后，改进的算法都会对窗口大小进行调整。

均值漂移算法利用红外图像中像素值的统计特性，能够自动收敛到灰度峰值区域，并且对图像中的噪声具有一定程度的不敏感性，因此采取该算法提取红外图像中的目标区域信息。给定 d 维空间 R^d 中的 n 个样本点 $x_i, i = 1, 2, 3, \cdots, n$，在 x 点的均值漂移向量的基本形式定义为

$$M_h(x) = \frac{1}{k} \sum_{x_i \in S_h} (x_i - x) \tag{5.114}$$

式中，S_h 是一个半径为 h 的高维球区域，是满足以下关系的 y 点的集合：

$$S_h \equiv \left\{ y : (y - x)^{\mathrm{T}} (y - x) \leqslant h^2 \right\}$$

k 表示在这 n 个样本点 x_i 中，有 k 个点落入 S_h 区域中。均值漂移向量 $M_h(x)$ 就是对落入区域 S_h 中的 k 个样本点相对于点 x 的偏移向量求和然后再平均，因此，均值漂移向量 $M_h(x)$ 应该指向概率密度梯度的方向。

定义 5.1 X 代表一个 d 维的欧几里得空间，x 是该空间中的一个点，用一列向量表示。x 的模 $\|x\| = x^{\mathrm{T}} x$。$\mathbf{R}$ 表示实数域。如果一个函数 $K : X \to \mathbf{R}$ 存在一个剖面函数 $k : [0, \infty] \to \mathbf{R}$，即 $K(x) = k \left(\|x\|^2 \right)$，并且满足

(1) k 是非负的；

(2) k 是非增的，即如果 $a < b$，那么 $k(a) \geqslant k(b)$；

(3) k 是分段连续的，并且 $\int_0^\infty k(r) \mathrm{d} r < \infty$。

那么，函数 $K(x)$ 就被称为核函数。引进核函数的概念，在计算 $M_h(x)$ 时可以考虑距离的影响；同时可以认为在这所有的样本点 x_i 中重要性并不一样，因此对每个样本都引入一个权重系数，从而把基本的均值漂移向量形式扩展为

$$M(x) = \frac{\sum_{i=1}^n G_H(x_i - x) w(x_i)(x_i - x)}{\sum_{i=1}^n G_H(x_i - x) w(x_i)} \tag{5.115}$$

式中，$G_H(x_i - x) = |H|^{-1/2} G \left(H^{-1/2} (x_i - x) \right)$，$G(x)$ 是一个单位核函数；H 是一个正定的 $d \times d$ 对称矩阵，一般称之为带宽矩阵；$w(x_i) \geqslant 0$ 是一个赋给采样点 x_i 的

权重。

利用均值漂移算法进行迭代的步骤是：给定一个初始点 $\boldsymbol{x}$，核函数 $G(\boldsymbol{x})$，容许误差 ε，均值漂移算法循环执行下面三步，直至结束条件满足：

(1)计算 $\boldsymbol{M}_h(\boldsymbol{x})$；

(2)把 $\boldsymbol{M}_h(\boldsymbol{x})$ 赋给 x；

(3)如果 $\|\boldsymbol{M}_h(\boldsymbol{x}) - \boldsymbol{x}\| < \varepsilon$，结束循环，若不然，继续执行(1)。

在满足一定条件下，均值漂移算法一定会收敛到该点附近的峰值。红外图像中的空间信息和亮度信息组成一个 3 维的向量 $\boldsymbol{x} = [\boldsymbol{x}^s, \boldsymbol{x}^r]$，其中 $\boldsymbol{x}^s$ 表示网格点的坐标，$\boldsymbol{x}^r$ 表示该网格点上的亮度特征。用核函数 K_{h_s, h_r} 来估计 $\boldsymbol{x}$ 的分布，K_{h_s, h_r} 具有如下形式：

$$K_{h_s, h_r} = \frac{C}{h_s^2 h_r^p} k\left(\left\|\frac{\boldsymbol{x}^s}{h_s}\right\|^2\right) k\left(\left\|\frac{\boldsymbol{x}^r}{h_r}\right\|^2\right) \tag{5.116}$$

式中，h_s、h_r 是解析度参数；C 是一个归一化常数。

对一幅灰度连续图像，如果将该图像投影至 3 维平面内，横纵坐标分别为对应的图像维度，z 轴范围为 $[0, 255]$，其数值为在该点对应图像中的像素的灰度值。因此，可以定义一个图像的灰度体积为

$$V = \iint I(x, y) \mathrm{d}x \mathrm{d}y$$

利用灰度体积除以图像的平均灰度值，就可以得到图像的面积 S：

$$S = \frac{V}{\bar{I}}$$

式中，$\bar{I}$ 为图像区域的平均灰度值。由于计算机图像为离散图像，故有

$$V = \sum\sum I(x, y)$$

而为了保持图像尺寸稳定，采用像素最大值(即 255)来代替平均灰度值。这样可以使跟踪窗口尽可能小，以便在跟踪的时候让窗口尽量不让无关物体进入，于是使用灰度最大值来代替灰度平均值，但是容易造成跟踪窗口的尺寸太小而导致算法容易收敛到局部最大值。因此，将窗口宽度设置为

$$s_w = 2\sqrt{\frac{m_{00}}{256}}$$

均值漂移算法原理如图 5.35 所示，该算法的步骤如下：

(1)给定图像和目标直方图，窗口大小 h，已知精度 ε；

(2)将搜索初始点设置为目标初始位置,对给定的图像和目标直方图进行全局

的反向投影；

  (3)由均值漂移算法进行迭代运算，收敛后，返回跟踪目标的 0 阶矩 m_{00}；

  (4)进行窗口的尺寸计算，并且按照该公式更新窗口大小。

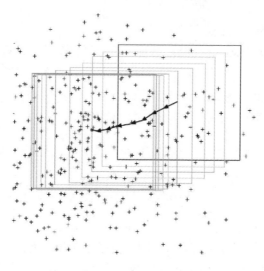

图 5.35 均值漂移算法原理

  根据更新后的窗口作为下一帧视频的初试窗口，并且将均值漂移所得到的迭代窗口中心重新作为目标初始位置，图 5.36 是采用 Camshift 算法对红外目标进行检测跟踪的结果。由结果可以看出，在存在云层、波浪等干扰因素的情况下，该算法能够有效实现对特定目标的检测和跟踪。

图 5.36 红外目标检测跟踪

5.2.3 光学目标识别技术

  水面机器人采集的海面图像中，目标的外观形态由于角度、遮挡、光照条件等因素的影响常常发生较大变化，呈现出典型的不完全弱特征状态，如果采用常规的特征提取和分类识别方法，常常无法提取稳定的目标特征而造成目标识别结果出现较大偏差，识别准确率、可靠性大幅度下降。针对存在的这一问题，可以采用基于稀疏编码的线性空间金字塔匹配方法实现海面目标的识别。

  目前特征袋(bag of features，BoF)模型[32]在目标分类识别中得到了较广泛的应用，它将图像看作局部区域的无序外观描述子的集合，生成描述图像语意的全局直方图作为特征，但由于丢失了分布特征的空间信息，因此其性能具有一定的局限性。而空间金字塔匹配(spatial pyramid matching, SPM)[33]较好地克服了这一问题，将图像在不同尺度上进行分块，统计各子块上的特征分布并形成完整的特征表达，为了进一步降低计算复杂度，利用尺度不变特征变换(scale invariant feature transform, SIFT)特征稀疏编码计算图像的空间金字塔表达，对于图像的空间变化具有更好的鲁棒性和自适应性。

若 X 代表 D 维特征空间中 SIFT 描述子的集合，即 $X = \{x_1, x_2, \cdots, x_M\} \in \mathbf{R}^{M \times D}$，向量量化(vector quantization, VQ)方法采用 K 均值聚类算法解决如下问题：

$$\min_V = \sum_{m=1}^{M} \min_{k=1,2,\cdots,K} \|x_m - v_k\|^2 \tag{5.117}$$

式中，$V = \{v_1, v_2, \cdots, v_K\}$ 是 K 个聚类中心。

上述优化问题能够看作一个具有聚类元素标志 $U = \{u_1, u_2, \cdots, u_M\}$ 的矩阵分解问题：

$$\min_{U,V} = \sum_{m=1}^{M} \|x_m - u_m V\|^2 \tag{5.118}$$
$$\forall m, \mathrm{Card}(u_m) = 1, \quad \|u_m\| = 1, \quad u_m \geqslant 0$$

式中，$\mathrm{Card}(u_m) = 1$ 是基数约束，即 u_m 仅有一个非零元素；$u_m \geqslant 0$ 代表 u_m 的所有元素都是非负值；$\|u_m\|$ 是 u_m 的 L_1 范数，即所有元素绝对值之和。

在完成优化后，u_m 中唯一的非零元素代表了向量 x_m 所属的聚类。在 VQ 的训练阶段，需要关于 U 和 V 求解上述优化问题，而在编码阶段则需要根据学习得到的 V 关于 U 对于一个新的集合 X 求解上述优化问题。然而，约束条件 $\mathrm{Card}(u_m) = 1$ 的限制比较严格，导致 X 的重建结果比较粗略，因此可以引入 u_m 的 L_1 范数规则化以松弛约束，从而允许 u_m 中有少量非零元素，则 VQ 方程将转化为稀疏编码(sparse coding, SC)问题：

$$\min_{U,V} = \sum_{m=1}^{M} \|x_m - u_m V\|^2 + \lambda \|u_m\|, \quad \|v_k\| \leqslant 1, \quad k = 1,2,3,\cdots,K \tag{5.119}$$

式中，v_k 的单位 L_2 范数约束是为了避免产生平凡解。

一般情况下，V 是一个过完备基集合，即 $K > D$，因为 u_m 的符号不再重要，因此可去除约束条件 $u_m \geqslant 0$。与 VQ 类似，SC 也包括训练阶段和编码阶段，首先从图像中随机选择图像块生成描述集 X 以求解关于 U 和 V 的优化方程，然后在编码阶段将学习得到的 V 作为字典，每幅图像可以表示为描述子集合 X，关于 U 求解优化方程即可得到 SC 编码。

采用 SC 进行图像表达的主要原因是其具有几方面的有利特性：其一，与 VQ 编码相比，由于约束条件的松弛，SC 编码的重建误差显著降低；其二，稀疏性能够允许特殊化的表达，以突出图像的某些显著特性；其三，图像统计学的研究成果明确揭示了图像块属于稀疏信号，因此稀疏编码特别适用于图像数据。

对于表示为描述子集合的任意图像，可以根据描述子编码的某些统计特性计算得到一个特征向量，例如，对于求解优化方程得到的 U，可以计算其直方图：

$$z = \frac{1}{M} \sum_{m=1}^{M} u_m$$

目标分类识别的词袋(bag of words)方法就是将每幅图像表示为局部描述子的无序集合，并将直方图作为图像的分布特征进行辨识，而更有效的 SPM 方法则将不同尺度下图像块的局部直方图进行联合，形成图像空间金字塔的直方图表示 z，在归一化后 z 可以看作直方图，若 z_i 为图像 I_i 的直方图表示，对于两类分类问题，支持向量机(support vector machine，SVM)的目标是学习决策函数：

$$f(z) = \sum_{i=1}^{n} \alpha_i \kappa(z, z_i) + b \tag{5.120}$$

式中，$\{(z_i, y_i)\}_{i=1}^{n}$ 是训练样本集，$y_i \in \{-1, 1\}$ 代表类别标签；α_i 是权值系数；b 是偏置项。

对于测试图像 z，若 $f(z) > 0$，则图像被分类为 $y = 1$，否则分类为 $y = -1$。理论上核函数 $\kappa(\cdot, \cdot)$ 可以是任何合理的 Mercer 核函数，但实际应用中发现交叉核和 Chi-square 核最适合直方图表示。一般情况下，VQ 由于量化误差较大，使用这两种非线性核的 SVM 训练和存储代价都较高，因此不适用于对实时性要求较高的海面环境。

在本节中采用了线性 SVM 对 SIFT 描述子的稀疏编码进行分类，在预先学习得到字典 V 的情况下，若 U 是描述子集合 X 的稀疏编码结果，可以通过预先选择的池化函数计算如下图像特征：

$$z = \Gamma(U) \tag{5.121}$$

式中，池化函数 Γ 在 U 的列方向上定义。

由于 U 的每一列代表所有局部描述子对字典 V 中特定项的响应，因此不同池化函数将产生不同的图像统计特性，本节定义池化函数为绝对稀疏编码上的最大池化函数：

$$z_j = \max \left\{ |u_{1j}|, |u_{2j}|, \cdots, |u_{Mj}| \right\} \tag{5.122}$$

式中，z_j 是 z 的第 j 个元素；u_{ij} 是 U 中位于第 i 行第 j 列的矩阵元素；M 是区域中局部描述子的数量。

这种最大池化机制建立在视觉皮层的生物物理证据基础上，已经在许多图像分类算法中得到了合理验证，其性能显著优于其他池化方法。与 SPM 中直方图的构建类似，在构建的图像空间金字塔上进行最大池化，通过不同位置和不同空间尺度上的最大池化，得到的池化特征对于局部变换比直方图的平均统计特性具有更好的鲁棒性，然后不同位置和尺度上的池化特征被级联形成图像的空间金字塔表示。

若图像 I_i 可以用 z_i 表示，则采用简单线性 SPM 核：

$$\kappa\left(z_i,z_j\right)=z_i^{\mathrm{T}}z_j=\sum_{l=0}^{2}\sum_{s=1}^{2^l}\sum_{t=1}^{2^l}\left\langle z_i^l(s,t),z_j^l(s,t)\right\rangle \tag{5.123}$$

式中，$\left\langle z_i,z_j\right\rangle=z_i^{\mathrm{T}}z_j$ 且 $z_i^l(s,t)$ 是图像 I_i 在尺度 l 上分块 (s,t) 的描述子稀疏编码的最大池化统计特性。

则二类 SVM 决策函数变化为

$$f\left(z\right)=\left(\sum_{i=1}^{n}\alpha_iz_i\right)^{\mathrm{T}}z+b=w^{\mathrm{T}}z+b \tag{5.124}$$

此时线性核 SVM 的训练和测试计算代价都是 $O(n)$，能够完全满足海面环境对算法的实时性要求。尽管基于直方图的线性 SPM 性能较差，但基于稀疏编码统计的线性 SPM 核却达到了较高的分类准确率，其原因包括三方面：其一，SC 的量化误差比 VQ 显著减小；其二，自然界中获取的图像块是稀疏的，因此稀疏编码特别适用于图像数据；其三，最大池化计算得到的统计特性对于局部变换更加显著和鲁棒。

稀疏编码的优化问题对于 U（V 固定）或 V（U 固定）是凸的，但同时对于 U 和 V 是非凸的，解决这一问题的常规方法是轮流在 U 或 V 上（相应地固定 V 或 U）迭代地进行优化。在固定 V 的情况下，优化问题可通过分别优化 u_m 的每个系数解决：

$$\min_{u_m}=\left\|x_m-u_mV\right\|_2^2+\lambda\left\|u_m\right\|$$

这实质上是一个系数 L_1 范数规则化的线性回归问题，即统计学中著名的 Lasso 问题，该优化问题可采用诸如特征符号搜索等算法高效地求解。而在固定 U 的情况下，该优化问题退化为二次约束条件下的最小二乘问题：

$$\min_{V}=\left\|X-UV\right\|_F^2$$
$$\text{s.t. } \left\|v_k\right\|\leqslant1,\ \forall k=1,2,3,\cdots,K \tag{5.125}$$

这种优化可通过拉格朗日对偶有效求解。

给定训练样本集 $\left\{\left(z_j, y_i\right)\right\}_{i=1}^{n}$, $y_i \in \Upsilon = \{1, 2, 3, \cdots, L\}$, 线性 SVM 需要学习 L 个线性函数 $\left\{\boldsymbol{w}_c^{\mathrm{T}} \boldsymbol{z} \mid c \in \Upsilon\right\}$, 对于任意测试项 $\boldsymbol{z}$, 其类别标签可通过以下公式预测:

$$y = \max_{c \in \Upsilon} \boldsymbol{w}_c^{\mathrm{T}} \boldsymbol{z}$$

可采用 1-vs-all 策略来训练 L 个二类线性 SVM, 每个 SVM 求解如下非约束凸优化问题:

$$\min_{\boldsymbol{w}_c}\left\{J\left(\boldsymbol{w}_c\right) = \left\|\boldsymbol{w}_c\right\|^2 + C\sum_{i=1}^{n} \ell\left(\boldsymbol{w}_c; y_i^c, z_i\right)\right\} \tag{5.126}$$

式中, 若 $y_i = c$, 则 $y_i^c = 1$, 否则 $y_i^c = -1$; $\ell\left(\boldsymbol{w}_c; y_i^c, z_i\right)$ 是一个 hinge 损失函数, 采用二次可微 hinge 损失函数:

$$\ell(\boldsymbol{w}_c; y_i^c, z_i) = (\max\{0, \boldsymbol{w}_c^{\mathrm{T}} \boldsymbol{z} \cdot y_i^c - 1\})^2$$

因此样本训练可采用简单的梯度优化方法实现, 例如共轭梯度法和有限内存拟牛顿算法都可以解决该问题。

表 5.10 是用海面采集的民用船舶数据作为训练和测试样本得到的分类识别统计结果。由结果可以看到, 本节提出的基于空间金字塔稀疏编码的线性 SPM 的性能显著优于其他同类方法, 并且在应用于复杂海面环境时具有较好的实时性。

表 5.10　民用船舶目标的分类识别统计结果　　　　单位: %

方法	50 幅训练图像	100 幅训练图像	150 幅训练图像
基于直方图的非线性 SPM	60.60±0.60	74.10±0.80	87.40±1.14
基于直方图的线性 SPM	53.23±0.73	68.64±0.91	81.30±1.20
基于稀疏编码的线性 SPM (本节方法)	69.00±0.58	78.65±0.88	93.32±1.51

参 考 文 献

[1] Matthews H F P. Department of the Navy[J]. Marine Corps Institute, 2007, 169 (4): 301-306.

[2] Unmanned system integrated roadmap: FY 2013-2038[S]. U.S. Department of Defense, 2013.

[3] Briggs J N. 航海雷达目标检测[M]. 席泽敏, 夏886诚, 等, 译. 北京: 电子工业出版社, 2009.

[4] 秦志远, 吴冰, 王艳, 等. 图像平滑算法比较研究及改进策略[J]. 测绘科学技术学报, 2005, 22 (2): 103-106.

[5] Arbeláez P, Maire M, Fowlkes C, et al. Contour detection and hierarchical image segmentation[J]. IEEE Transactions on Pattern Analysis & Machine Intelligence, 2011, 33 (5): 898-916.

[6] Kittler J, Illingworth J. Minimum error thresholding[J]. Pattern Recognition, 1986, 19 (1): 41-47.

[7] Pun T. A new method for gray-level picture threshold using the entropy of the histogram[J]. Signal Processing, 1985, 2 (3): 223-237.

[8] Pal S K, King R A, Hashim A A. Automatic grey level thresholding through index of fuzziness and entropy[J]. Pattern Recognition Letters, 1983, 1(3): 141-146.

[9] Ostu N. A threshold selection method from gray-histogram[J]. IEEE Transactions on Systems Man, and Cybernetics, 2007, 9(1): 62-66.

[10] 徐正光, 鲍东来, 张利欣. 基于递归的二值图像连通域像素标记算法[J]. 计算机工程, 2006, 32(24): 186-188.

[11] 周建成. 无人艇雷达数据处理及其特征提取的研究[D]. 大连: 大连海事大学, 2014.

[12] Hu M K. Visual pattern recognition by moment invariants[J]. IRE Transactions on Information Theory, 1962, 8(2): 179-187.

[13] Mukundan R, Ramakrishnan K R . Moment Functions in Image Analysis—Theory and Applications[M]. Singapore: World Scientific, 1998.

[14] Liu J S, Rong C, Wong W H. Rejection control and sequential importance sampling[J]. Publications of the American Statistical Association, 1998, 93(443): 10.

[15] Gordon N. A hybrid bootstrap filter for target tracking in clutter[J]. IEEE Transactions on Aerospace & Electronic Systems, 1997, 33(1): 353-358.

[16] 胡士强, 敬忠良. 粒子滤波原理及其应用[M]. 北京: 科学出版社, 2010.

[17] 康崇禄. 蒙特卡罗方法理论和应用[M]. 北京: 科学出版社, 2015.

[18] Rubin D B. A noniterative sampling/importance resampling alternative to the data augmentation algorithm for creating a few imputations when the fraction of missing information is modest: the SIR algorithm (discussion of Tanner and Wong)[J]. Journal of the American Statistical Association, 1987, 82(398): 543-546.

[19] Arulampalam M S, Maskell S, Gordon N, et al. A tutorial on particle filters for online nonlinear/non-Gaussian Bayesian tracking[J]. IEEE Transactions on Signal Processing, 2002, 50(2): 174-188.

[20] Kotecha J H, Djuric P M. Gaussian particle filtering[J]. IEEE Transactions on Signal Processing, 2003, 51(10): 2592-2601.

[21] Wu Y X, Hu D W, Wu M P, et al. Quasi-Gaussian particle filtering[C]. International Conference on Computational Science, 2006: 689-696.

[22] 梁琳, 何卫平, 雷蕾, 等. 光照不均图像增强方法综述[J]. 计算机应用研究, 2010, 27(5): 1625-1628.

[23] 盛道清. 图像增强算法的研究[D]. 武汉: 武汉科技大学, 2007.

[24] 于天河, 郝富春, 康为民, 等. 红外图像增强技术综述[J]. 红外与激光工程, 2007, 36(s2): 335-338.

[25] 赵春燕, 郑永果, 王向葵. 基于直方图的图像模糊增强算法[J]. 计算机工程, 2005, 31(12): 185-186.

[26] Zadeh L A. Outline of a new approach to the analysis of complex systems and decision processes[J]. IEEE Transactions on Systems, Man, and Cybernetics, 1973, 3(1): 28-44.

[27] 陈武凡. 小波分析及其在图像处理中的应用[M]. 北京: 科学出版社, 2003.

[28] 张燕红, 齐玉东, 王卫玲, 等. 直方图均衡化在图像增强中的应用及实现[J]. 世界科技研究与发展, 2010, 32(1): 36-38.

[29] 唐娅琴. 几种图像平滑去噪方法的比较[J]. 西南大学学报(自然科学版), 2009, 31(11): 125-128.

[30] Nowak E, Jurie F, Triggs B. Sampling strategies for bag-of-features image classification[C]. European Conference on Computer Vision, 2006: 490-503.

[31] 徐磊. 基于 Mean Shift 算法的 Camshift 跟踪技术研究[J]. 价值工程, 2015(29): 202-204.

[32] Jégou H, Douze M, Schmid C. Hamming embedding and weak geometric consistency for large scale image search[C]. European Conference on Computer Vision, 2008: 304-317.

[33] 高常鑫, 桑农. 整合局部特征和滤波器特征的空间金字塔匹配模型[J]. 电子学报, 2011, 39(9): 2034-2038.

6

水面环境建模技术

　　水面机器人在实现对水面环境和目标的检测、识别、跟踪并获得必要信息之后，需要支撑路径规划、障碍规避、行为决策等子系统完成相应子任务，因此需要构建计算机系统能够理解的数字环境模型，包含各种必要环境因素以及其中目标的关键信息。为了满足水面机器人的实际应用需求，数字环境模型需要能够快速构建和更新，从而满足在实际复杂环境中应用的实时性、可靠性、准确性要求。

6.1　水面局部环境建模方法

　　水面机器人对与本体关联的局部环境(包括该局部环境中存在的各类目标、障碍物等)的准确理解和建模是其自主性技术的基础，也是水面机器人准确完成诸如路径规划、态势评估、危险规避、信息收集之类的自主行为的关键技术保障。一般情况下，水面机器人需要配备雷达、摄像机、红外成像仪等不同类型的传感器以获取一定范围内的局部环境的传感器数据并对其进行分析和处理，检测、识别和理解其中的目标、障碍物、环境特征等要素，构建与水面机器人本体关联的局部环境的模型并进行实时更新，从而实现对局部环境的理解和建模。然而，典型海洋环境中包含的海浪、运动目标、海岸或礁石、静止目标或障碍物、云层、天空、山峦等因素在不同的天气(如雨雪、雾霾、阴晴等)和海况作用下呈现出较高的复杂性和不确定性，因此与水面机器人本体关联的局部环境是一种非结构化的不确定环境，使得水面机器人利用各种传感器实现对局部环境的理解和建模的任务面临极大的困难与挑战。例如，海面波浪对各种波长的电磁波的反射作用使雷达图像中出现大量杂波干扰，在红外和光学图像中也会出现大量鱼鳞状的散射光干扰，并且其分布特性和强度随着海况等级发生较大变化；在雾霾天气，红外和光学图像的对比度和清晰度显著降低，图像中的类高斯噪声显著增多；在雨雪天气，红外和光学图像中会出现局部图像被雨雪遮挡、模糊、扭曲的现象，同时清晰度也会降低；在晴朗天气，红外和光学图像中会出现阳光直射和云层辐射形成的强烈的背景辐射干扰。在这种情况下，在结构化环境中取得较好效果的前沿的图像处理、模式识别和机器学习理论方法往往无法有效实现对目标、障碍物、环境特征等要素的检测、识别和理解，对不可预知的环境或传感器数据处理得到的不准确结果可能导致水面机器人放弃任务或者执行错误的行为决策。

本节主要介绍水面机器人根据各种类型传感器数据实现对周围环境信息的理解，利用获得的目标和障碍物信息实现环境建模的方法。完善的环境模型不仅要包括基本的可通行区域、场景分类、距离方位等信息，还要包括重要目标的尺度、运动、识别结果等信息，才能够为顶层决策系统提供必要的信息支持，重点介绍环境模型的种类及其表示方法、快速构建与更新方法。

复杂海洋环境中水面机器人缺乏足够的环境先验知识，只能通过自身携带的雷达、光电等传感器感知外部环境。水面机器人为了在未知海洋环境中自主航行和避障，需要构建环境模型，所采用的方法主要包括度量模型表示、拓扑模型表示以及结合两种特点的混合模型表示。

1. 度量模型表示方法

可以采用世界坐标系中的坐标信息来描述环境的特征，它包含了空间分解（spatial decomposition）方法和几何表示（geometric representation）方法。空间分解方法把环境分解为局部单元并用它们是否被障碍占据来进行状态描述。空间分解常采用基于栅格的均匀分解（uniform decomposition）方法与递阶分解（hierarchical decomposition）方法。几何表示方法利用几何基元（geometric primitives）来表示环境。

Elfes[1]提出的占用栅格地图是一种早期应用非常成功的度量模型构建方法。在占用栅格地图中，移动机器人所处的环境被分成许多大小相等的栅格，每个栅格有一个被障碍占据或没有占据的概率值，简单、直观、容易实现，特别适合于噪声传感器如立体视觉、声呐和雷达，因为很难从不确定或信息量少的传感器观测数据中定义和提取特征。占用栅格地图能够表示任意的环境，地图的精度可以通过调整栅格的分辨率来调整，在考虑不确定性原理、传感器特性和环境的可表示性的情况下具有一定优势。栅格地图的缺点是：若栅格数量较大（在大规模环境或对环境划分比较详细），对于地图的维护和更新所占据的内存和 CPU 时间迅速增长，使计算机的实时处理难以实现。

另一种度量模型是几何特征地图，指的是水面机器人收集环境的感知数据，从中提取更为抽象的几何特征描述环境，例如直线、拐点、圆和曲线等。几何特征地图更为紧凑，有利于位置估计和目标识别。几何特征的提取需要对感知信息做额外的处理，且需要一定数量的感知数据才能得到结果，比较适合于室内结构化的环境。由于室外环境的几何特征提取很难，因而在室外环境应用中受限。

2. 拓扑模型表示方法

拓扑模型是一种更为紧凑的模型表示方法，这种方法描述环境中的关键路标及其之间的联系，具有全局连贯性好、鲁棒性强的特点，特别适合对大而简单的可提取大量高级特征的结构化环境进行描述。这种方法将环境表示为一张拓扑图（graph），图中的节点对应于环境中的一个特征状态、地点（由感知决定）。如果节点间存在直接连接的路径，则相当于图中连接节点的弧。这种表示方法可以实现快速的路径规划。由于拓扑模型通常不需要水面机器人准确的位置信息，对于位置误差也就有了更好的鲁棒性。但当环境中存在两个很相似的地方时，拓扑模型表示方法将很难确定这是否为同一节点（特别是机器人从不同的路径到达这些节点时）。拓扑节点在空间上的离散使得机器人无法在非拓扑节点位置进行定位。

3. 混合模型表示方法

混合模型表示方法综合了度量模型和拓扑模型的优点。Choset 等[2]提出了一种从全局度量模型中提取拓扑特征的方法，在水面机器人自主航行过程中，采用传感器获取的距离信息建立反映环境特征的节点，将定位与环境拓扑的生成同时进行。可采用一种从局部度量模型中提取全局拓扑结构图的方法，即局部地图采用占用栅格地图表示，在路径规划中采用局部的与全局的两个层次规划，即把规划分为基于占用栅格的区域规划与基于拓扑连接关系的全局规划。这种混合方法在全局空间采取拓扑描述以保证全局连续性，而具体局部环境中采用几何表述则使移动机器人精确定位的优势得以发挥，但是由于运动物体的存在，这种方法在动态环境中提取路标时容易出现问题。

6.2　多传感器融合的模型改进方法

采用单一传感器往往具有一定的局限性，本节主要介绍采用多传感器信息融合的方法实现对环境模型的构建，对来自多种传感器的信息采用概率关联、非线性滤波、神经网络等方法进行有效的信息融合，从而提高环境模型的准确性、可靠性和可信度。

6.2.1　多传感器立体标定方法

参与像素级信息融合的摄像机之间的安装位置、姿态均存在一定程度的差异，两种传感器获取的图像之间存在一定量的视差，因此不能够直接进行融合处理，否则会造成融合后的结果中出现多个虚假目标或者目标的虚假信息。British Columbia 大学的 Lowe[3]提出了一种基于尺度空间的对图像缩放、旋转甚至仿射变换保持不变性的 SIFT 特征,并利用这种特征实现了对不同视角下图像中特征点的精确匹配,验证了 SIFT 特征的独特性、丰富性的特点。然而利用图像中 SIFT 特征进行匹配时,需要对原始图像中的每一个特征点,在待匹配图像中全局搜索可能的匹配点,计算量十分巨大,匹配速度较慢,无法满足对实时性要求比较高的应用需求。因此本项目针对水面多传感器的信息融合提出了一种新的图像匹配算法,预先对摄像机和微光摄像机分别进行标定以获取传感器的内部参数,然后进行立体标定获得传感器之间的位置和姿态参数。在对多传感器进行图像信息融合时,首先根据立体标定的结果对多传感器图像进行校正,使得多传感器图像根据对极线原理实现行对准;然后提取出边缘上的 SIFT 特征点,并且对于原始图像中的每一个特征点,在待匹配图像中沿对极线搜索可能的匹配点;再次通过随机抽样一致性算法消除错误的匹配点,得到多传感器图像之间的视差关系;最后将多传感器图像变换到同一空间视角下,利用 Haar 小波分解后对小波系数进行加权融合,通过小波重构得到融合后的结果。其主要流程如图 6.1 所示。

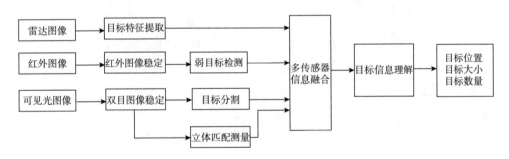

图 6.1　多传感器图像的小波融合方法

摄像机由脉冲激光器发射激光照射目标,利用摄像机采集反射回来的激光图像,其成像机理与微光摄像机类似,都是通过光学透镜组将光线投射到成像 CCD 上形成数字图像。因此可以利用普通摄像机的标定方法对两种传感器分别进行标定。

假定一空间点 Q 通过针孔成像模型在图像平面上的投影点是 q,即 q 是光心 O 与 Q 点之间的连线 OQ 与图像平面的交点,根据相似三角形得

$$\begin{cases} u = \dfrac{fx}{z} \\ v = \dfrac{fy}{z} \end{cases} \tag{6.1}$$

式中，(u,v) 是 q 点的像平面坐标；(x,y,z) 是 Q 点的摄像机坐标；f 是摄像机的焦距，即摄像机坐标系的 xy 平面与图像平面之间的距离。将上式表示为齐次坐标和矩阵形式有

$$s\begin{bmatrix} u \\ v \\ 1 \end{bmatrix} = \begin{bmatrix} f & 0 & 0 & 0 \\ 0 & f & 0 & 0 \\ 0 & 0 & 1 & 0 \end{bmatrix}\begin{bmatrix} x \\ y \\ z \\ 1 \end{bmatrix} = \boldsymbol{P}_{\text{proj}}\begin{bmatrix} x \\ y \\ z \\ 1 \end{bmatrix} \tag{6.2}$$

式中，s 为缩放比例因子；$\boldsymbol{P}_{\text{proj}} = \begin{bmatrix} f & 0 & 0 & 0 \\ 0 & f & 0 & 0 \\ 0 & 0 & 1 & 0 \end{bmatrix}$ 为摄像机的透视投影矩阵。

如图 6.2 所示，得 Q 点的世界坐标 $(X_w,Y_w,Z_w,1)$ 与其投影点 q 的图像坐标 $(u,v,1)$ 之间的关系为

$$s\begin{bmatrix} u \\ v \\ 1 \end{bmatrix} = \begin{bmatrix} \dfrac{1}{\mathrm{d}X} & 0 & u_0 \\ 0 & \dfrac{1}{\mathrm{d}Y} & v_0 \\ 0 & 0 & 1 \end{bmatrix}\begin{bmatrix} f & 0 & 0 & 0 \\ 0 & f & 0 & 0 \\ 0 & 0 & 1 & 0 \end{bmatrix}\begin{bmatrix} \boldsymbol{R} & \boldsymbol{t} \\ \boldsymbol{O}^{\mathrm{T}} & 1 \end{bmatrix}\begin{bmatrix} X_w \\ Y_w \\ Z_w \\ 1 \end{bmatrix}$$

$$= \begin{bmatrix} \alpha_x & 0 & u_0 & 0 \\ 0 & \alpha_y & v_0 & 0 \\ 0 & 0 & 1 & 0 \end{bmatrix}\begin{bmatrix} \boldsymbol{R} & \boldsymbol{t} \\ \boldsymbol{O}^{\mathrm{T}} & 1 \end{bmatrix}\begin{bmatrix} X_w \\ Y_w \\ Z_w \\ 1 \end{bmatrix} = \boldsymbol{M}_1\boldsymbol{M}_2 X_w = \boldsymbol{M}X_w \tag{6.3}$$

式中，$\boldsymbol{M} = \begin{bmatrix} \alpha_x & 0 & u_0 & 0 \\ 0 & \alpha_y & v_0 & 0 \\ 0 & 0 & 1 & 0 \end{bmatrix}\begin{bmatrix} \boldsymbol{R} & \boldsymbol{t} \\ \boldsymbol{O}^{\mathrm{T}} & 1 \end{bmatrix}$；$\boldsymbol{M}_1 = \begin{bmatrix} \alpha_x & 0 & u_0 & 0 \\ 0 & \alpha_y & v_0 & 0 \\ 0 & 0 & 1 & 0 \end{bmatrix}$；$\boldsymbol{M}_2 = \begin{bmatrix} \boldsymbol{R} & \boldsymbol{t} \\ \boldsymbol{O}^{\mathrm{T}} & 1 \end{bmatrix}$；

$\alpha_x = \dfrac{f}{\mathrm{d}X}$ 为 u 轴上的尺度因子；$\alpha_y = \dfrac{f}{\mathrm{d}Y}$ 为 v 轴上的尺度因子；$\boldsymbol{M}$ 称为投影矩阵；$\boldsymbol{M}_1$ 由参数 α_x、α_y、u_0、v_0 确定，而参数 α_x、α_y、u_0、v_0 是摄像机内部的固有参数，所以 $\boldsymbol{M}_1$ 称为摄像机内参数矩阵；$\boldsymbol{M}_2$ 由摄像机坐标系相对于世界坐标系的旋转矩阵 $\boldsymbol{R}$ 和平移向量 $\boldsymbol{t}$ 确定，称为摄像机外参数矩阵。

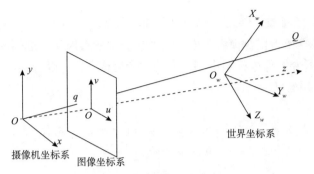

图 6.2　摄像机投影成像原理

由于制造工艺等各种不确定性因素的影响，特征点在真实的摄像机成像过程中会出现各种各样的畸变，导致特征点的实际图像坐标 (X',Y') 与理想的图像坐标 (X,Y) 之间存在一定的偏差，可用下式来表示：

$$\begin{cases} X = X' + \delta_x \\ Y = Y' + \delta_y \end{cases} \tag{6.4}$$

式中，δ_x、δ_y 是摄像机的非线性畸变值。非线性畸变会影响摄像机的标定精度。在实际应用中，由透镜曲率沿径向变动引起的径向畸变是畸变主要成分。径向畸变量可用下式来表示：

$$\begin{cases} \delta_x = (X' - u_0)(k_1 r^2 + k_2 r^4 + \cdots) \\ \delta_y = (Y' - v_0)(k_1 r^2 + k_2 r^4 + \cdots) \end{cases} \tag{6.5}$$

$$r^2 = (X' - u_0)^2 + (Y' - v_0)^2$$

非线性畸变参数 k_1、k_2 与摄像机线性模型的内参数 α_x、α_y、u_0、v_0 一同构成摄像机非线性模型的内参数。

CCD 摄像机产生的数字图像会产生像素畸变，棋盘标定法把像素畸变考虑在内。令 γ 为像素点的倾斜角，则被标定的摄像机的内部参数矩阵可写为

$$\boldsymbol{K} = \begin{bmatrix} \alpha & \gamma & u_0 \\ 0 & \beta & v_0 \\ 0 & 0 & 1 \end{bmatrix}$$

式中，α 和 β 分别是坐标轴 u 和 v 方向的畸变参数。这里假设模板在世界坐标系的 $Z_w = 0$ 的平面上，$\boldsymbol{r}_i$ 是 $\boldsymbol{R}$ 的第 i 个向量，则模板平面上的每一个点都应该符合下面的关系式：

$$s \begin{bmatrix} u \\ v \\ 1 \end{bmatrix} = \boldsymbol{K} \begin{bmatrix} \boldsymbol{r}_1 & \boldsymbol{r}_2 & \boldsymbol{r}_3 & \boldsymbol{T}_0 \end{bmatrix} \begin{bmatrix} X \\ Y \\ 0 \\ 1 \end{bmatrix} = \boldsymbol{K} \begin{bmatrix} \boldsymbol{r}_1 & \boldsymbol{r}_2 & \boldsymbol{T}_0 \end{bmatrix} \begin{bmatrix} X \\ Y \\ 1 \end{bmatrix} \tag{6.6}$$

式中，T_0 是平移向量。令 $C = [X, Y, 1]^T$，$m = [u, v, 1]^T$，则 $sm = HC$，其中 $H = K[r_1 \quad r_2 \quad T_0]$，它代表棋盘模板平面与摄像机获取的对应像点之间的单应性矩阵，根据空间坐标系和图像坐标系中相应点的两个坐标，就可以得到 m 和 C，进而可以求解单应性矩阵 H。

由 $s\begin{bmatrix} u \\ v \\ 1 \end{bmatrix} = H\begin{bmatrix} X \\ Y \\ 1 \end{bmatrix}$，令 $H = \begin{bmatrix} h_{11} & h_{12} & h_{13} \\ h_{21} & h_{22} & h_{23} \\ h_{31} & h_{32} & h_{33} \end{bmatrix}$ 且 $s = h_{33}$，则有

$$\begin{cases} u = \dfrac{h_{11}X + h_{12}Y + h_{13}}{h_{31}X + h_{32}Y + 1} \\ v = \dfrac{h_{21}X + h_{22}Y + h_{23}}{h_{31}X + h_{32}Y + 1} \end{cases}$$

令 $h' = [h_{11}, h_{12}, h_{13}, h_{21}, h_{22}, h_{23}, h_{31}, h_{32}, 1]^T$，则有

$$\begin{bmatrix} X & Y & 1 & 0 & 0 & 0 & -uX & -uY & -u \\ 0 & 0 & 0 & X & Y & 1 & -vX & -vY & -v \end{bmatrix} h' = 0 \tag{6.7}$$

把从图像中检测到的多个对应点的方程叠加，用最小二乘法求解该方程组可得到 h，进而得到 H。

获得矩阵 H 后，接着求取摄像机的内部参数。首先令 h_i 表示 H 的每一列向量，于是应有

$$[h_1 \quad h_2 \quad h_3] = \lambda K[r_1 \quad r_2 \quad T_0]$$

又因为单位向量 r_1 和 r_2 正交，所以有如下两个约束方程：

$$h_1^T (K^{-1})^T K^{-1} h_2 = 0$$

$$h_1^T (K^{-1})^T K^{-1} h_1 = h_2^T (K^{-1})^T K^{-1} h_2$$

$$B = (K^{-1})^T K^{-1} = \begin{bmatrix} B_{11} & B_{12} & B_{13} \\ B_{21} & B_{22} & B_{23} \\ B_{31} & B_{32} & B_{33} \end{bmatrix}$$

$$= \begin{bmatrix} \dfrac{1}{\alpha^2} & -\dfrac{\gamma}{\alpha^2 \beta} & \dfrac{v_0 \gamma - u_0 \beta}{\alpha^2 \beta} \\ -\dfrac{\gamma}{\alpha^2 \beta} & \dfrac{\gamma^2}{\alpha^2 \beta^2} + \dfrac{1}{\beta^2} & -\dfrac{\gamma(v_0 \gamma - u_0 \beta)}{\alpha^2 \beta^2} - \dfrac{v_0}{\beta^2} \\ \dfrac{v_0 \gamma - u_0 \beta}{\alpha^2 \beta} & -\dfrac{\gamma(v_0 \gamma - u_0 \beta)}{\alpha^2 \beta^2} - \dfrac{v_0}{\beta^2} & \dfrac{(v_0 \gamma - u_0 \beta)^2}{\alpha^2 \beta} + \dfrac{v_0^2}{\beta^2} + 1 \end{bmatrix} \tag{6.8}$$

由于 B 为对称矩阵，所以元素重新排列的向量如下：

$$b = \left[B_{11}, B_{12}, B_{22}, B_{13}, B_{23}, B_{33} \right]^{\mathrm{T}}$$

令 H 的第 i 列向量为 $h_i = \left[h_{i1}, h_{i2}, h_{i3} \right]^{\mathrm{T}}$，则

$$h_i^{\mathrm{T}} B h_j = V_{ij}^{\mathrm{T}} b$$

$$V_{ij} = \left[h_{i1}h_{j1}, h_{i1}h_{j2} + h_{i2}h_{j1}, h_{i2}h_{j2}, h_{i3}h_{j1} + h_{i1}h_{j3}, h_{i3}h_{j2} + h_{i2}h_{j3}, h_{i3}h_{j3} \right]^{\mathrm{T}}$$

$$\begin{bmatrix} V_{12}^{\mathrm{T}} \\ \left(V_{11} - V_{22} \right)^{\mathrm{T}} \end{bmatrix} b = 0 \tag{6.9}$$

在获得 n 幅不同的标定图像后，我们可以求出 n 个单应性矩阵，从而可以求出摄像机的各个内部参数：

$$\begin{aligned} v_0 &= \left(B_{12}B_{13} - B_{11}B_{23} \right) / \left(B_{11}B_{22} - B_{12}^2 \right) \\ \lambda &= B_{33} - \left[B_{13}^2 + v_0 \left(B_{12}B_{13} - B_{11}B_{23} \right) \right] / B_{11} \\ \alpha &= \sqrt{\lambda / B_{11}} \\ \beta &= \sqrt{\lambda B_{11} / \left(B_{11}B_{22} - B_{12}^2 \right)} \\ \gamma &= -B_{12}\alpha^2 \beta / \lambda \\ u_0 &= \gamma v_0 / \alpha - B_{13}\alpha^2 / \lambda \end{aligned} \tag{6.10}$$

下面把镜头的畸变和失真等非线性情况考虑进去。

设 (u, v) 为理想的图像像素坐标，$(\tilde{u}, \tilde{v})$ 为加入非线性失真后的图像像素坐标，把像素坐标进行归一化处理获得理想图像像素坐标为 (x, y)，同样对畸变后的图像坐标进行归一化处理得到 $(\tilde{x}, \tilde{y})$，则有

$$\begin{aligned} \tilde{x} &= x + x \left[k_1 \left(x^2 + y^2 \right) + k_2 \left(x^2 + y^2 \right)^2 \right] \\ \tilde{y} &= y + y \left[k_1 \left(x^2 + y^2 \right) + k_2 \left(x^2 + y^2 \right)^2 \right] \end{aligned} \tag{6.11}$$

式中，k_1、k_2 表示摄像机镜头的径向失真系数。

由于畸变中心为图像的中心点，则

$$\begin{aligned} \tilde{u} &= u + \left(u - u_0 \right) \left[k_1 \left(x^2 + y^2 \right) + k_2 \left(x^2 + y^2 \right)^2 \right] \\ \tilde{v} &= v + \left(v - v_0 \right) \left[k_1 \left(x^2 + y^2 \right) + k_2 \left(x^2 + y^2 \right)^2 \right] \end{aligned} \tag{6.12}$$

我们可以用线性摄像机模型先估算出无失真影响的 5 个内参数，然后再估算非线性模型的径向失真系数 k_1、k_2。

$$\begin{bmatrix} (u-u_0)(x^2+y^2) & (u-u_0)(x^2+y^2)^2 \\ (v-v_0)(x^2+y^2) & (v-v_0)(x^2+y^2)^2 \end{bmatrix} \begin{bmatrix} k_1 \\ k_2 \end{bmatrix} = \begin{bmatrix} \tilde{u}-u \\ \tilde{v}-v \end{bmatrix}$$

式中，$\boldsymbol{k} = [k_1, k_2]^{\mathrm{T}}$，采用最小二乘法即可实现求解。

利用标准棋盘格模式对微光摄像机和摄像机进行标定，其标定图像数据如图 6.3 和图 6.4 所示。

图 6.3　微光摄像机标定图像数据

图 6.4　摄像机标定图像数据

对各传感器分别进行标定可以得到其内部参数和畸变参数，对于微光摄像机，其参数为

$$K = \begin{bmatrix} 970.5 & 0 & 362.8 \\ 0 & 974.2 & 318.4 \\ 0 & 0 & 1 \end{bmatrix}, \quad k = [-0.3056, -1.8845, 0.0056, 0.0087, 0]^{\mathrm{T}}$$

对于摄像机，其参数为

$$K = \begin{bmatrix} 1460.8 & 0 & 268.8 \\ 0 & 1526.7 & 386.9 \\ 0 & 0 & 1 \end{bmatrix}, \quad k = [-0.1284, 0.7881, 0.0181, -0.0094, 0]^{\mathrm{T}}$$

6.2.2　多传感器立体校正方法

SIFT 算法是一种在尺度空间寻找极值点，提取位置、尺度、旋转不变量等局部特征的算法。SIFT 特征对平移、旋转、尺度缩放、亮度变化保持不变性，对光照变化、视角变化、仿射变换、噪声也保持一定程度的稳定性和鲁棒性，并且 SIFT 特征的独特性好，具有能够与其他特征向量进行联合的可扩展性。

当摄像机、微光摄像机都参与像素级信息融合时，在对这两种传感器分别完成标定，即可进行立体标定获得传感器之间的空间位置、姿态参数。假设两种传感器与真实世界坐标系的旋转和平移变换关系分别表示为

$$\begin{bmatrix} x_l \\ y_l \\ z_l \end{bmatrix} = R_l \begin{bmatrix} x_w \\ y_w \\ z_w \end{bmatrix} + t_l$$

$$\begin{bmatrix} x_r \\ y_r \\ z_r \end{bmatrix} = R_r \begin{bmatrix} x_w \\ y_w \\ z_w \end{bmatrix} + t_r \tag{6.13}$$

式中，(x_l, y_l, z_l) 和 (x_r, y_r, z_r) 分别是世界坐标点 (x_w, y_w, z_w) 在左传感器和右传感器中的投影点；R_l 和 R_r 分别是左传感器和右传感器的旋转矩阵；t_l 和 t_r 分别是左传感器和右传感器的平移向量。因此由真实世界中每一点的空间坐标即可推算出两种传感器中像素点坐标的对应关系，则两种传感器之间的几何位置关系可以用以下旋转矩阵和平移向量表示：

$$R = R_l R_r^{-1}$$
$$T = \left[T_x, T_y, T_z \right]^{\mathrm{T}} = t_l - R_l R_r^{-1} t_r \tag{6.14}$$

式中，R 和 T 分别表示旋转矩阵和平移向量。要把两种传感器图像中的特征点匹配起来，在整幅图像上进行全局搜索是非常耗费计算量的，因此利用对极线约束使得特征点的搜索匹配由二维降到一维，大大减少了搜索范围，提高了匹配的速度。对极线约束的条件是：

（1）空间中的任意一点在图像平面上的投影点必然位于该点和两种传感器光心组成的平面上；

（2）对于图像中的任意特征点，其在另一视图上的匹配特征点必然处于对应的对极线上。

双传感器成像的对极线约束如图 6.5 所示。

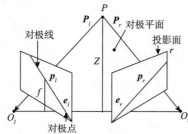

图 6.5　双传感器成像的对极线约束

左右传感器组成的图像信息融合系统的基础矩阵 F 和本征矩阵 E 可以根据以下公式得出：

$$
\begin{aligned}
F &= (K_r^{-1})^{\mathrm{T}} E K_l^{-1} \\
E &= RS = R \begin{bmatrix} 0 & -T_z & T_y \\ T_z & 0 & -T_x \\ -T_y & T_x & 0 \end{bmatrix}
\end{aligned}
\tag{6.15}
$$

式中，K_l 和 K_r 分别是左传感器和右传感器的内参矩阵；R 和 S 分别是旋转和平移矩阵。即对极线方程可以表示为

$$p_r^{\mathrm{T}} E p_l = 0$$

式中，p_l 与 p_r 分别是空间中一点 P 在两个传感器坐标系中的观察点的物理位置向量。在对多传感器图像进行融合处理时，实际上需要得到图像的像素坐标之间的变换关系，因此对极线方程在像素坐标系下可以表示为

$$(K_r^{-1} q_r)^{\mathrm{T}} E (K_l^{-1} q_l) = q_r^{\mathrm{T}} F q_l = 0 \tag{6.16}$$

式中，q_l 与 q_r 分别是空间中一点 P 在两个传感器坐标系中的观察点的像素坐标。

在对摄像机的图像进行匹配特征点搜索时，首先采用 Bouguet 方法对两种传

感器的图像进行校正，其目的是使两图像中每一幅重投影次数最小化，其步骤主要如下：

(1)将两种传感器之间的旋转矩阵 $\boldsymbol{R}$ 分离成两个旋转矩阵 $\boldsymbol{R}_l$ 与 $\boldsymbol{R}_r$，其结果使两种传感器的光轴平行；

(2)将摄像机的极点变换到无穷远，使得与微光摄像机的极线水平对准。

将摄像机的极点变换到无穷远的矩阵如下：

$$\boldsymbol{R}_{\mathrm{rect}} = \begin{bmatrix} \boldsymbol{e}_1^{\mathrm{T}} \\ \boldsymbol{e}_2^{\mathrm{T}} \\ \boldsymbol{e}_3^{\mathrm{T}} \end{bmatrix}$$

式中，$\boldsymbol{e}_1 = \boldsymbol{T}\boldsymbol{T}^{-1}$；$\boldsymbol{e}_2 = \dfrac{\begin{bmatrix} -T_y, & T_x, & 0 \end{bmatrix}^{\mathrm{T}}}{\sqrt{T_x^2 + T_y^2}}$；$\boldsymbol{e}_3 = \boldsymbol{e}_1 \times \boldsymbol{e}_2$。

两种传感器获取的图像即可通过以下变换实现行对准：

$$\boldsymbol{R}_l = \boldsymbol{R}_{\mathrm{rect}}\boldsymbol{r}_l \quad \boldsymbol{R}_r = \boldsymbol{R}_{\mathrm{rect}}\boldsymbol{r}_r \tag{6.17}$$

式中，$\boldsymbol{r}_l$ 和 $\boldsymbol{r}_r$ 分别是左右传感器的合成旋转矩阵；$\boldsymbol{R}_{\mathrm{rect}}$ 是极线水平对准矩阵；$\boldsymbol{R}_l$ 和 $\boldsymbol{R}_r$ 分别是左右传感器的校正矩阵。

(1)尺度空间的生成。为了使特征具有尺度不变性，特征点的检测是在多尺度空间完成的。尺度空间理论最早出现于计算机视觉领域时，其目的是模拟图像数据的多尺度特征。高斯卷积核是实现尺度变换的唯一变换核，并且是唯一的线性核，所以一幅二维图像的尺度空间定义为

$$L(\boldsymbol{x},\sigma) = G(\boldsymbol{x},\sigma) * I(\boldsymbol{x}) \tag{6.18}$$

式中，$\boldsymbol{x}$ 代表特征点的图像坐标向量；$G(\boldsymbol{x},\sigma)$ 是尺度可变高斯函数，

$$G(\boldsymbol{x},\sigma) = \frac{1}{2\pi\sigma^2} \mathrm{e}^{-\boldsymbol{x}^{\mathrm{T}}\boldsymbol{x}/2\sigma^2}$$

符号*表示卷积；σ 是尺度空间因子，值越小表示图像被平滑的越少，相应的尺度也就越小。大尺度因子对应于图像的概貌特征，小尺度因子对应于图像的细节特征。

为了有效地在尺度空间检测到稳定的关键点，本节提出了高斯差分尺度空间。本节利用不同尺度的高斯差分核与图像卷积生成高斯差分尺度空间：

$$D(\boldsymbol{x},\sigma) = \left[G(\boldsymbol{x},k\sigma) - G(\boldsymbol{x},\sigma) \right] * I(\boldsymbol{x}) = L(\boldsymbol{x},k\sigma) - L(\boldsymbol{x},\sigma) \tag{6.19}$$

式中，k 是尺度变化比例因子。选择高斯差分函数主要有两个原因：第一，

它计算效率高；第二，它可作为尺度归一化的高斯拉普拉斯函数 $\sigma^2 \nabla^2 G$ 的一种近似。

构造 $D(x,\sigma)$ 的一种有效方法步骤如下：

首先采用不同尺度因子的高斯核对图像进行卷积以得到图像的不同尺度空间，将这一组图像作为金字塔图像的第一层。

接着对第一层图像中的 2 倍尺度图像(相对于该层第一幅图像的 2 倍尺度)以 2 倍像素距离进行下采样来得到金字塔图像的第二层中的第一幅图像，对该图像采用不同尺度因子的高斯核进行卷积，以获得金字塔图像中第二层的一组图像。

再以金字塔图像中第二层中的 2 倍尺度图像(相对于该层第一幅图像的 2 倍尺度)以 2 倍像素距离进行下采样来得到金字塔图像的第三层中的第一幅图像，对该图像采用不同尺度因子的高斯核进行卷积，以获得金字塔图像中第三层的一组图像。

依此类推，从而获得金字塔图像的每一层中的一组图像。

将每两层相邻的高斯图像相减，就得到了高斯差分图像。

因为高斯差分函数是归一化的高斯拉普拉斯函数的近似，所以可以从高斯差分金字塔分层结构提取出图像中的极值点作为候选的特征点。对高斯差分尺度空间每个点与相邻尺度和相邻位置的点逐个进行比较，得到的局部极值位置即为特征点所处的位置和对应的尺度。

(2)空间极值点检测。为了寻找尺度空间的极值点，每一个采样点要和它所有的相邻点比较，看其是否比它的图像域和尺度域的相邻点大或者小。如图 6.6 所示，中间的检测点与它同尺度的 8 个相邻点和上下相邻尺度对应的 9×2 个点共 26 个点比较，以确保在尺度空间和二维图像空间都检测到极值点。

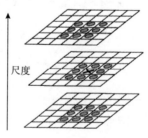

图 6.6　高斯差分尺度空间局部极值检测

通过拟合三维二次函数以精确确定关键点的位置和尺度(达到亚像素精度)，同时去除低对比度的关键点和不稳定的边缘响应点(因为高斯差分算子会产生较强的边缘响应)，以增强匹配稳定性，提高抗噪声能力。

获取关键点处拟合函数如下式所示：

$$D(\boldsymbol{x},\sigma) = D(\boldsymbol{x},\sigma) + \frac{\partial D^{\mathrm{T}}(\boldsymbol{x},\sigma)}{\partial \boldsymbol{x}}\boldsymbol{x} + \frac{1}{2}\boldsymbol{x}^{\mathrm{T}}\frac{\partial^2 D(\boldsymbol{x},\sigma)}{\partial \boldsymbol{x}^2}\boldsymbol{x} \qquad (6.20)$$

求导并令方程等于零，可以得到极值点

$$\hat{\boldsymbol{x}} = -\frac{\partial^2 D^{-1}(\boldsymbol{x},\sigma)}{\partial \boldsymbol{x}^2}\frac{\partial D(\boldsymbol{x},\sigma)}{\partial \boldsymbol{x}}$$

把极值点坐标代入方程(6.20)得到

$$D(\hat{\boldsymbol{x}},\sigma) = D(\boldsymbol{x},\sigma) + \frac{1}{2}\frac{\partial D^{\mathrm{T}}(\boldsymbol{x},\sigma)}{\partial \boldsymbol{x}}\hat{\boldsymbol{x}} \qquad (6.21)$$

$D(\hat{\boldsymbol{x}},\sigma)$ 的值对于剔除低对比度的不稳定特征点十分有用，通常将 $|D(\hat{\boldsymbol{x}},\sigma)| <$ 0.03 的极值点视为低对比度的不稳定特征点，将其剔除。同时，在此过程中获取了特征点的精确位置以及尺度。

一个定义不好的高斯差分算子的极值在横跨边缘的方向有较大的主曲率，而在垂直边缘的方向有较小的主曲率。

高斯差分算子会产生较强的边缘响应，需要剔除不稳定的边缘响应点。获取特征点处的 Hessian 矩阵，主曲率通过一个 2×2 的 Hessian 矩阵 $\boldsymbol{H}_{\mathrm{hess}}$ 求出：

$$\boldsymbol{H}_{\mathrm{hess}} = \begin{bmatrix} D_{xx} & D_{xy} \\ D_{xy} & D_{yy} \end{bmatrix} \qquad (6.22)$$

$\boldsymbol{H}_{\mathrm{hess}}$ 的特征值 α 和 β 代表 x 和 y 方向的梯度，其中导数由采样点相邻差估计得到。

$$\mathrm{tr}(\boldsymbol{H}_{\mathrm{hess}}) = D_{xx} + D_{yy} = \alpha + \beta, \ \det(\boldsymbol{H}_{\mathrm{hess}}) = D_{xx}D_{yy} - (D_{xy})^2 = \alpha\beta \qquad (6.23)$$

式中，$\mathrm{tr}(\boldsymbol{H}_{\mathrm{hess}})$ 表示矩阵 $\boldsymbol{H}_{\mathrm{hess}}$ 对角线元素之和；$\det(\boldsymbol{H}_{\mathrm{hess}})$ 表示矩阵 $\boldsymbol{H}_{\mathrm{hess}}$ 的行列式。假设 α 是较大的特征值，而 β 是较小的特征值，令 $\alpha = r\beta$，则

$$\frac{\mathrm{tr}(\boldsymbol{H}_{\mathrm{hess}})^2}{\det(\boldsymbol{H}_{\mathrm{hess}})} = \frac{(\alpha+\beta)^2}{\alpha\beta} = \frac{(r\beta+\beta)^2}{r\beta^2} = \frac{(r+1)^2}{r} \qquad (6.24)$$

式中，$\boldsymbol{D}$ 的主曲率和 $\boldsymbol{H}_{\mathrm{hess}}$ 的特征值成正比，令 α 为最大特征值，β 为最小特征值，则 $(r+1)^2/r$ 的值在两个特征值相等时最小，随着 r 的增大而增大。$(r+1)^2/r$ 的值越大，说明两个特征值的比值越大，即在某一个方向的梯度值越大，在另一个方向的梯度值越小，而边缘恰恰就是这种情况。所以为了剔除边缘响应点，需要让 $(r+1)^2/r$ 的值小于一定的阈值，因此，为了检测主曲率是否在某域值 r 下，只需检测

$$\frac{\text{tr}(\boldsymbol{H}_{\text{hess}})^2}{\det(\boldsymbol{H}_{\text{hess}})} < \frac{(r+1)^2}{r}$$

（3）关键点方向分配。为了使描述子具有旋转不变性，需要利用图像的局部特征给每一个关键点分配一个方向。利用关键点邻域像素的梯度及方向分布的特性，可以得到梯度模值和方向如下：

$$m(x,y) = \sqrt{\left[L(x+1,y) - L(x-1,y)\right]^2 + \left[L(x,y+1) - L(x,y-1)\right]^2}$$

$$\theta(x,y) = \arctan \frac{\left[L(x,y+1) - L(x,y-1)\right]}{\left[L(x+1,y) - L(x-1,y)\right]} \tag{6.25}$$

式中，尺度 L 为每个关键点各自所在的尺度。

在以关键点为中心的邻域窗口内采样，并用直方图统计邻域像素的梯度方向。梯度直方图的范围是 $0°\sim360°$，其中每 $10°$ 一个方向，总共 36 个方向。在计算方向直方图时，需要用一个参数 σ 等于关键点所在尺度 1.5 倍的高斯权重窗对方向直方图进行加权，直方图的峰值代表该关键点处邻域梯度的主方向，即作为该关键点的方向，保留峰值大于主方向峰值 80% 的方向作为该关键点的辅方向。因此，对于同一梯度值的多个峰值的关键点，在相同位置和尺度将会有多个关键点被创建但方向不同。

（4）特征点描述子生成。通过以上步骤，每一个关键点拥有三个信息：位置、尺度以及方向。接下来就是为每个关键点建立一个描述子，使其不随各种变化而改变，比如光照变化、视角变化等。并且描述子应该有较高的独特性，以便于提高特征点正确匹配的概率。

首先将坐标轴旋转至关键点的方向，以确保旋转不变性。

接下来以关键点为中心取 16×16 的窗口，然后在每 4×4 的小块上计算 8 个方向的梯度方向直方图，绘制每个梯度方向的累加值，即可形成一个种子点（图 6.7）。

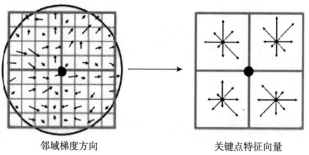

邻域梯度方向　　　　　　　　关键点特征向量

图 6.7　计算旋转不变性

对 16 个小块 8 个方向上的加权直方图进行规范化即可得到关键点的 128 维特征描述子。这种邻域方向性信息联合的思想增强了算法抗噪声的能力，同时对于含有定位误差的特征匹配也提供了较好的容错性。

在对水面激光图像与微光图像中的特征点进行匹配时，选择特征向量之间的欧几里得距离作为判别函数。即对于水面激光图像中的每一个特征点的特征向量，计算微光图像中同一行上的特征点的特征向量与前者的欧几里得距离，选择欧几里得距离最小且不大于某个阈值的一对特征点作为匹配特征点。用公式可以表述为

$$\hat{\boldsymbol{x}}_j = \underset{\boldsymbol{x}_j}{\operatorname{argmin}} \left\| \boldsymbol{x}_i - \boldsymbol{x}_j \right\|$$

式中，$\boldsymbol{x}_i$ 是水面激光图像中特征点的特征向量；$\boldsymbol{x}_j$ 是微光图像中待匹配特征点的特征向量；$\hat{\boldsymbol{x}}_j$ 是最终得到的与 $\boldsymbol{x}_i$ 匹配的特征点的特征向量。

6.2.3 多传感器融合方法

1. Mallat 小波基本算法

Mallat 等[4]在 Burt 和 Adelson 的塔形图像分解和重构算法的启发下，提出了小波变换 Mallat 算法。若设 $\boldsymbol{H}'$（低通）和 $\boldsymbol{G}$（高通）为两个一维镜像滤波算子，其下标 r 和 c 分别对应于图像的行和列，则按照二维 Mallat 算法，在尺度 $j-1$ 上有如下的 Mallat 分解公式：

$$\begin{cases} \boldsymbol{C}_j = \boldsymbol{H}_c' \boldsymbol{H}_r' \boldsymbol{C}_{j-1} \\ \boldsymbol{D}_j^1 = \boldsymbol{G}_c \boldsymbol{H}_r' \boldsymbol{C}_{j-1} \\ \boldsymbol{D}_j^2 = \boldsymbol{H}_c' \boldsymbol{G}_r \boldsymbol{C}_{j-1} \\ \boldsymbol{D}_j^3 = \boldsymbol{G}_c \boldsymbol{G}_r \boldsymbol{C}_{j-1} \end{cases} \tag{6.26}$$

式中，$\boldsymbol{C}_j$、$\boldsymbol{D}_j^1$、$\boldsymbol{D}_j^2$、$\boldsymbol{D}_j^3$ 分别对应于图像 $\boldsymbol{C}_{j-1}$ 的低频成分、垂直方向上的高频成分、水平方向上的高频成分、对角方向上的高频成分。与之相应的二维图像的 Mallat 算法为

$$\boldsymbol{C}_{j-1} = \boldsymbol{H}_r^* \boldsymbol{H}_c^* \boldsymbol{C}_j + \boldsymbol{H}_r^* \boldsymbol{G}_c^* \boldsymbol{D}_j^1 + \boldsymbol{G}_r^* \boldsymbol{H}_c^* \boldsymbol{D}_j^* + \boldsymbol{G}_r^* \boldsymbol{G}_c^* \boldsymbol{D}_j^3 \tag{6.27}$$

式中，$\boldsymbol{H}^*$ 和 $\boldsymbol{G}^*$ 分别是 $\boldsymbol{H}'$、$\boldsymbol{G}$ 的共轭转置矩阵。

2. 基于小波分解的图像融合

若对二维图像进行 N 层的小波分解，最终将有 $(3N+1)$ 个不同频带，其中包含 $3N$ 个高频带和一个低频带。基于小波多尺度分解图像融合的方案如图 6.8 所示。

这里以两幅图像的融合为例，对于多幅图像的融合方法可由此类推。设 A、B 为两幅原始图像，F 为融合后的图像。其融合的基本步骤如下：

(1)对每一幅原始图像分别进行小波变换，建立各图像的小波塔形分解。

(2)对各分解层分别进行融合处理。各分解层上的不同频率分量采用不同的融合算子进行融合处理，最终得到融合后的小波金字塔。

(3)对融合后所得小波金字塔进行小波逆变换(即进行图像重构)，所得的重构图像即为融合图像。

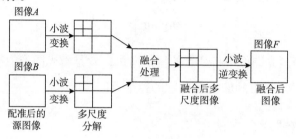

图 6.8　小波融合算法

由此看来，小波变换的目的是将原始图像分别分解到一系列频率通道中，利用其分解后的塔形结构，对不同分解层、不同频带分别进行融合处理，可有效地将来自不同图像的细节融合在一起。融合时，将被融合图像各自携带的不同特征与细节在多个分解层、多个频带上分别以不同算子进行融合。基于小波分解的图像融合恰恰是在不同的频率通道上进行融合处理的，因而可能获得与人的视觉特性更为接近的融合效果。

3. 图像融合规则及融合算子

在图像融合过程中，融合规则及融合算子的选择对于融合的质量至关重要，如何选择融合规则及融合算子是图像融合领域至今尚未很好解决的难点问题。目前，广为采用的融合规则可被概括为"基于像素"的融合规则。但是由于图像的局域特征往往不是一个像素能表征的，它是由某一局域的多个像素来表征和体现的；同时，图像中某一局部区域内的各像素间往往有较强的相关性。因此，基于像素的简单融合规则有其片面性，其融合效果有待改善。基于以上考虑，为了获得视觉特性更佳、细节更丰富、更突出的融合效果，这里给出了一种基于区域特性测量的、新的融合规则及融合算子：

(1)对分解后图像的低频部分(位于最高分解层)采取平均算子；

(2)对于高频带，采用基于区域(矩形窗口)特性测量的选择及加权平均算子；

(3)对于三个方向的高频带，分别选用不同的特性选择算子。

对于各高频分量，基于区域特性测量的融合算子的确定方法如下。

(1)分别计算两幅图像对应局部区域的能量 $E_{j,A}^{k}$ 及 $E_{j,B}^{k}$:

$$E_{j}^{k}(n,m) = \sum_{n' \in L, m' \in K} \omega^{k}(n',m')[D_{j}^{k}(n+n',m+m')]^{2}, \quad k=1,2,3 \tag{6.28}$$

式中，$E_{j}^{k}(n,m)$ 表示 2^{-j} 分辨率下，k 方向上，以 (n,m) 为中心位置的局部区域能量；D_{j}^{k} 表示 2^{-j} 分辨率下三个方向的高频分量；$\omega^{k}(n',m')$ 表示与高频分量对应的权系数；L、K 定义了局部区域的大小。

(2)计算两幅图像对应局部区域的匹配度 $M_{j,AB}^{k}$:

$$M_{j,AB}^{k}(n,m) = \frac{2\sum_{n' \in L, m' \in K} \omega^{k}(n',m')D_{j,A}^{k}(n+n',m+m')D_{j,B}^{k}(n+n',m+m')}{E_{j,A}^{k} + E_{j,B}^{k}} \tag{6.29}$$

(3)确定融合算子：

先定义一匹配度阈值 α ，若 $M_{j,AB}^{k} < \alpha$ ，则

$$\begin{cases} D_{j,F}^{k} = D_{j,A}^{k}, & 当 E_{j,A} \geqslant E_{j,B} \\ D_{j,F}^{k} = D_{j,B}^{k}, & 当 E_{j,A} < E_{j,B} \end{cases} \quad (k=1,2,3) \tag{6.30}$$

若 $M_{j,AB}^{k} \geqslant \alpha$ ，则

$$\begin{cases} D_{j,F}^{k} = W_{j,\max}^{k}D_{j,A}^{k} + W_{j,\min}^{k}D_{j,B}^{k}, & 当 E_{j,A} \geqslant E_{j,B} \\ D_{j,F}^{k} = W_{j,\min}^{k}D_{j,A}^{k} + W_{j,\max}^{k}D_{j,B}^{k}, & 当 E_{j,A} < E_{j,B} \end{cases} \quad (k=1,2,3) \tag{6.31}$$

式中，$W_{j,\min}^{k}$ 和 $W_{j,\max}^{k}$ 分别表示融合权值的最小值和最大值，

$$\begin{cases} W_{j,\min}^{k} = \frac{1}{2} - \frac{1}{2}\frac{1-M_{j,AB}^{k}}{1-\alpha} \\ W_{j,\max}^{k} = 1 - W_{j,\min}^{k} \end{cases}$$

开展多传感器图像信息融合技术研究工作的目的在于利用冗余数据增强系统的可靠性和数据可信度，利用互补数据获得对海面目标多方位全面的判断与评估，从而提高系统对海面目标的辨识能力。因此，采用传统的分类器对多传感器像素级融合的结果进行分类辨识的正确率可以从侧面反映融合效果的优劣程度。可以采用基于高斯核函数的非线性支持向量机、随机森林分类器和广义回归神经网络三种分类器，利用球体、三棱柱、椭球体、立方体和圆柱体五类目标，对每类目标采集 3000 个样本进行训练，再利用训练得到的分类器对每类目标的像素级融合的结果进行辨识，在训练和辨识过程中采用了 Otsu 阈值分割法，提取出目标的小

波矩作为辨识特征，分类的统计结果如表 6.1 所示。

表 6.1　多类目标分类性能对比　　　　　　单位：%

分类器	数据来源	球体	三棱柱	椭球体	立方体	圆柱体
支持向量机	可见光	92.5	88.5	85.4	91.8	91.5
	红外	83.4	89.1	88.3	92.6	90.8
	融合结果	97.1	96.3	90.6	96.7	94.4
随机森林	可见光	90.6	84.2	86.4	92.5	90.6
	红外	81.3	83.9	82.7	89.8	89.7
	融合结果	93.9	88.7	89.6	97.9	92.9
广义回归神经网络	可见光	87.2	82.5	81.6	88.8	87.6
	红外	86.7	86.7	79.2	83.7	88.4
	融合结果	91.0	89.0	89.7	90.2	90.3

由表中数据的分析可以得到，采用多传感器信息融合技术能够有效提高对海面目标进行分类和辨识的可靠性和准确率。

参 考 文 献

[1] Elfes A. Robot navigation: integrating perception, environmental constraints and task execution within a probabilistic framework[J]. Lecture Notes in Computer Science, 1995, 1093: 91-130.

[2] Choset H, Lynch K, Hutchinson S, et al. Topology and Metric Spaces[M]. Cambridge: MIT Press, 2005.

[3] Lowe D G. Distinctive image features from scale-invariant keypoints[J]. International Journal of Computer Vision, 2004, 60(2): 91-110.

[4] Mallat S G, Treil N, Zhong S. Image coding from the wavelet transform extrema[C]. Multidimensional Signal Processing Workshop, 1989.

7

自主决策与规划技术

7.1　水面机器人自主性

7.1.1　无人系统自主性

在无人系统研究过程中人们发现，无人系统之所以能够"无须"操作者的干预，其关键就在于它具有一定程度的自主性(autonomy)，即能够进行自我管理。因此要进行无人系统研究，首先需要明确自主性的定义。

关于自主性的定义，在很多相关研究中都有涉及，但是以无人系统自主性等级(Autonomy Levels for Unmanned Systems，ALFUS)工作组提出的定义比较全面和规范。该工作组于 2003 年 7 月在美国国家标准技术研究所(National Institute of Standards and Technology，NIST)成立，由美国的商业部、国防部、能源部、运输部以及这些部门支持的客户共同参与，该工作组提出自主性定义如下[1]：自主性是指无人系统拥有感知、观察、分析、交流、计划、制定决策和行动的能力，能够完成人类通过人机交互布置给它的任务。自主性可以根据任务的复杂性、环境的困难度和完成任务所需的人机交互程度等因素来区分其等级，进而表示出无人系统自我管理的状态和质量。

基于以上对自主性的定义，自主性与传统的智能性相比：前者体现了无人系统更好的自我管理能力，这种能力具有动态性，能够处理意外发生的问题，最小化人类的干预，即具有自主性的无人系统必须具备生存能力和完成指定任务的能力；后者是系统设计者设计的静态能力，其智能性是在设计阶段就已经确定的，遇到和处理的问题的类型都是预先由程序决定的。此外，也可以把传统的智能性看作是低等级的自主性，因为它也能够进行简单的自我管理，如智能导航。只是传统的智能性需要较多的操作者监督管理，而自主性是智能性系统的高级模块，需要建立在基本的智能功能基础上。

7.1.2　水面机器人自主性等级的划分及评价

根据自主性的定义，能够看出自主性是系统自我管理的能力，这种能力是有强弱之分的。自主性等级（autonomy level）就是对自主性强弱的一种量化，这种量化和系统需要的交互信息之间成反比，可以参看图 7.1。无人系统需要的交互信息越多，对人类的依赖性就越强，那么其自主性的等级就越低；无人系统完全由外界控制，就变成遥控系统；如果无人系统需要的交互信息很少，对外界的依赖越弱，就说明其自主性越强，自主性等级越高。

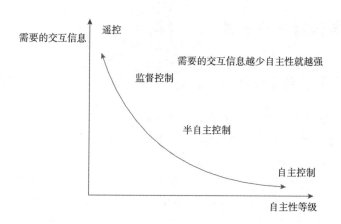

图 7.1　自主性等级和需要的交互信息之间的关系

不同的智能系统具有不同的自主性等级，同一个系统在不同的时刻也可能有不同的自主性等级。为了便于衡量自主性的等级，对比自主性的差异，需要定义等级划分标准，该标准应有较好的通用性。

ALFUS 工作组从 2003 年开始，一直致力于开发一个通用的自主性等级框架。他们通过三个轴来衡量无人系统的自主性等级：任务难度、环境复杂性、人类接口（干涉）。用这三个轴来描述自主性等级这个概念，每一个轴各有一套衡量标准，如图 7.2[1] 所示。

在对无人系统进行定级的时候，首先要进行任务逐级分解，根据详细模型中对三种视角等级的详细描述为其分配权值。概要模型是在详细模型的基础上进行总结和概括，将其自主性等级线性化为 0～10 或者 1～10 的一个范围，评估结果是概念上的自主性等级，一般只作为参考。

参考无人飞行器自主性等级划分[2]，定义水面机器人 6 级自主性水平，见表 7.1。

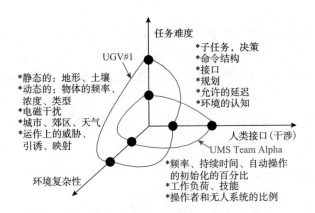

图 7.2 自主性等级详细模型的结构和样例图[1]
UGV#1、UMS Team Alpha 均为典型的无人系统

表 7.1 水面机器人自主性水平

主要特征	详细描述
完全自主	系统不需要人员干预，就能完成所有规划的环境条件范围内的任何有计划任务
混合启动	人员和系统都能根据感知的数据启动行为。针对人员明确和不完全明确的行为，系统可以调整它的行为。人员能以同样的方式理解系统的行为，提供的许多方法能调整系统关于人员操作的职权
人员监督	一旦由人员给定最高级许可或指示，系统就能完成更多的活动。系统提供足够的洞察内部操作和行为的能力，这些操作和行为可以由人员监督并适当地改变。在当前被控制的任务范围内，系统不能自行启动
人员委派	按照人员委派的指示，系统可以完成有限的控制活动。这个水平包括自动航行控制、发动机控制和其他低级的自动操作，它们由人员决定活动或不活动，共同点是排除了人员的操作
人员辅助	针对人员输入，系统可以和人员并行完成活动。因此，增加了人员完成期望活动的能力。但是，没有人员附加的输入，系统就不能活动
人员操作	系统内所有活动都是人员启动控制输入的直接结果。系统并不自主控制它的环境，仅能够对响应的感知数据进行报告

7.2 水面机器人任务规划

　　水面机器人的任务规划系统能根据预设任务进行规划，可输出执行该任务的任务序列，而且能对在海洋调查等任务执行过程中遇到的突发事件进行有效分析并实时调整策略。任务规划在一定程度上标志着水面机器人的智能水平，是进行决策和规划的重要组成部分，科学合理的任务规划能够最大限度地发挥水面机器

人集群的任务执行能力[3,4]。

水面机器人单艇任务规划是为了在水面机器人最优航行线路的基础上，规定搭载任务载荷的任务执行动作，完成上级下发的指定任务。同时，任务规划生成的任务执行序列要满足安全性约束、平台机动能力约束、载荷设备性能约束、通信能力约束、传感器探测能力约束、环境条件约束等要求。水面机器人多艇集群任务规划重点研究如何使任务目标合理分解到单艇，充分发挥单艇的最大优势，保证多艇间安全、高效地执行相应任务[5]。

7.2.1 任务规划类型

水面机器人的任务类型主要包括情报侦察、海洋调查、中继通信、警戒巡逻、反水雷、火力打击、信息对抗七大类，其中各任务类型可详细分为多个典型任务，任务规划则需要根据具体的典型任务类型给出不同的策略和任务规划方案。任务规划模块可在任务执行前和任务执行中根据不同的任务类型和预设、探测到的典型目标进行单艇或水面机器人集群的任务规划。其中编队协同任务规划包含各执行节点水面机器人与母船协同规划以及预先规划的各节点水面机器人任务分配，单艇任务规划则是分解分配到的任务，得到任务执行序列。

从执行任务规划的设备属性方面将任务规划分为航行路径规划和任务载荷规划。航行路径规划的主要目的是保证平台状态可以满足任务载荷有效工作的要求，任务载荷规划的主要目的是在任务执行过程中的不同阶段为任务载荷设备提供执行动作方案。除此之外的通信链路规划、系统应急响应规划等可以划分至航行路线规划和任务载荷规划范围内。

按任务阶段划分，任务规划可分为任务分析、规划方案生成、规划推演及效能评估、方案下达及任务执行、任务执行中实时规划，以及在线重新规划等具体规划过程。其中任务执行中实时规划主要是水面机器人根据外部实时情况，对航行路线的自主规划。在线重新规划则由于外部实时情况比预计规划方案变化多，需要在远程控制台处对任务进行重新规划并进行推演评估，然后重新下达任务规划方案并执行。在整个任务执行完毕后，任务规划系统应具备实际任务完成与预先任务规划的对比功能，为后续规划模型提供数据支撑。

7.2.2 任务规划特点

水面机器人真正具有自主能力的代表性表现是能够与外部环境进行实时交互，表现为能够在执行任务之前完成基于全局信息的全局任务规划，且在任务执行过程中遇到突发事件后进行实时的规划，也表现在能够突破未知、不可预测的外界环境干扰，完成预定的复杂使命。

水面机器人能够在复杂的、不确定的环境下完成特定使命，必须规划出一个有效的任务序列，这对完成任务是必不可缺的。任务规划是水面机器人系统的重要组成部分，在一定程度上标志着水面机器人的工作水平，也是提升水面机器人智能化水平的重要方向。而水面机器人任务规划的难度会随着海洋环境信息复杂性特点而增加，这些特点包括：

(1)不确定性。水面机器人面对的不确定性包括环境信息不确定、突发情况不确定、探测信息不确定和预测行为不确定等。虽然先进的探测仪器和探测手段能够在环境数据获取中给予很大帮助，但海洋环境的不确定性和随机性却是无法进行准确探测和预测的。安装在水面机器人上的传感器种类和数量不同，使得返回的环境信息是不确定的。另外，水面机器人在进行行为决策时可能会采用不同的行为选择机制，这也会造成行为选择及行为影响的不确定性。

(2)有限的资源约束。各个系统使用的统一资源量的总和不能超过水面机器人所提供的这种资源的总量。

(3)实时性要求。指的是任务的实时性要求，比如在水面机器人遇到障碍物时，必须要求水面机器人能尽快采取动作，保证其安全。

(4)运动性能约束。根据水面机器人自身性能确定的运动情况，比如水面机器人的最大续航能力、最大转角半径等运动约束情况。

(5)活动之间并发性约束。如对目标进行探测时要求水面机器人调整姿态同时将视野调整为对准目标的方向。

(6)故障情况。水面机器人在复杂多变的海洋环境中执行任务，其系统、设备、零部件的损耗及软件方面的故障是不可避免的。

(7)任务目标的多样性。水面机器人需要兼顾探测、跟踪、取证、打击等多种类型的任务，任务目标多样，既包括在水面航行的动静态、高低速、全方位的水面目标，也包括水下目标，不同的目标类型决定了水面机器人必须具备处理多样性目标的能力。

(8)船舶感知数据分析与处理。水面机器人运行过程中收集到的数据类型复杂多样、时空耦合且变异特性显著、随机性强、离散性高，需要建立合理的存储机制和检索分析算法，满足基于海量数据的任务规划。

以上各种环境特点的约束决定了进行任务规划时要统筹全局，不仅要做到任务的合理分解，还要对资源、效率、时间、难易程度等方面进行合理的优化。

7.2.3 任务规划方法

层次任务网络规划[6]是任务规划领域使用最为广泛的方法，面向动态环境的任务规划的相关的热点问题包括高效重规划和基于经验学习的任务规划。在动态变化的环境中执行复杂任务的机器人涉及多任务规划和重规划。重规划在人工智能领域有着悠久的历史,其核心思想是用可以进行前置条件检查的"受保护规划活动链"将规划、重规划和规制执行集成在一起。

基于活动图式引导搜索是使用学习的任务知识进行任务规划的一种有效手段。Mokhtari 等提出的基于活动图式的规划器是一种经过改进的 A*搜索规划器,旨在利用图式定义搜索活动的优先级和启发函数,在类似情况下制定规划[7]。

专家系统是人工智能领域的早期成果,其以规则的形式表达领域专家的知识,采用推理机对当前事实进行推理,在某一个狭窄领域获得与领域专家相似的能力。专家系数是任务规划系统实现自主决策的重要理论支撑,主要用于构建指挥决策模型,提高任务规划系统的自主化水平[8]。

新一代智能规划技术最大的特点在于对人工智能及大数据的应用,这是任务规划技术发展的一个巨大跨越。该技术提高特定任务中的数据计算准确性、缓解指挥系统中指挥员的决策压力。未来通过开发更高效的语言处理系统,可让机器基于任务规划系统更好地执行人类的命令以进一步提高任务规划系统的可信度[9]。

基于任务规划技术形成的方案决策结果需不断更新调整,仿真推演技术可提供真实作业的模拟环境,将任务规划与仿真推演相结合能够实时检验方案决策结果的准确性。仿真推演与任务规划深度融合构建闭环联合规划体系是未来任务规划技术发展的重要方向之一。

当前,以深度学习、数据挖掘等理论为代表的人工智能方兴未艾,其对任务规划技术发展的推动毋庸置疑,未来任务规划技术必将结合人工智能领域的最新成果。从浅层计算到深度神经推理,从单纯依赖于数据驱动的模型到数据驱动与知识引导相结合学习,从领域任务驱动智能到更为通用条件下的强人工智能(从经验中学习),人工智能、大数据等技术改变了计算本身,也促使任务规划技术从自主化进一步向智能化发展。

7.3 水面机器人路径规划

路径规划技术是机器人研究领域中的一个重要部分。典型的路径规划问题是指在有障碍物的工作环境中,按照一定的评价标准(行走路线最短、所用时间最少等)为机器人寻找一条从起点到终点的运动路径,让机器人在运动过程中能安全、无碰撞地通过所有的障碍物。因而路径规划问题又可以称为避碰规划问题。根据规划体对环境信息知道的程度不同,路径规划可分为两种类型:环境信息完全已知的全局路径规划,又称静态或离线路径规划;环境信息完全未知或部分未知,通过传感器在线地对机器人的工作环境进行探测，以获取障碍物的位置、形状和尺寸等信息的局部路径规划，又称动态或在线路径规划。

7.3.1 路径规划系统

水面机器人路径规划系统主要包括监控系统、全局路径规划、局部路径规划和近域危险规避四个模块，以及围绕四个主要模块的外围功能模块，如图 7.3 所示。

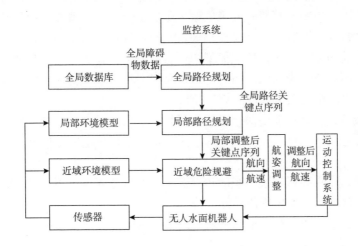

图 7.3 水面机器人路径规划系统

(1)监控系统模块。监控系统模块是实现操作者和水面机器人路径规划系统之间信息交互的功能模块，即在操作者和全局路径规划模块之间起到接口的作用，用户通过此模块实现全局路径起终点的设置、全局路径优化目标选择、约束条件设置以及对规划好的多条路径进行选择。它实现了系统与操作者之间的交互，使得水面机器人在操作者的帮助之下更好地完成任务。

(2)全局数据库。全局数据库存储了水面机器人进行全局路径规划的所有数据信息，其中包括：从电子海图中提取的全局障碍物信息；水面机器人自身内在的约束条件信息；水面机器人航行环境的外部数据信息，如海流、季风、海浪等；水面机器人进行全局路径规划所考虑的优化目标，如时间、能耗、平滑度和距离等。

(3)全局路径规划模块。全局路径规划通过读取全局数据库提供数据信息，采用多目标约束优化算法规划出一条满足多个约束目标和约束条件的全程安全路径，输出全局路径的关键点序列，并将关键点序列传输给局部路径规划模块。

(4)局部环境模型。局部环境模型通过读取雷达、船舶自动识别系统(automatic identification system，AIS)等传感器数据信息，获得周围环境中障碍物分布以及运动状态，同时通过读取水面机器人内部传感器数据信息获得水面机器人当前的状态数据，采用碰撞检测理论对水面机器人当前运动状态做出评价，并将评价结果以及水面机器人和目标障碍物的状态信息传输给水面机器人局部路径规划模块。

(5)局部路径规划模块。水面机器人局部路径规划模块首先读取全局障碍数据库模块所得到的危险检测信息。如果信息显示不冲突，则局部路径规划模块不做任何动作，保持原来的航迹；若信息显示水面机器人与障碍物将会发生冲突，则局部路径规划模块根据危险检测模块中提供的相关冲突信息构建局部环境模型，对全局路径进行局部调整并向近域危险规避模块输出调整后的路径关键点。

(6)近域环境模型。近域环境模型通过对局部环境模型中多节拍传感器信息进行连续融合处理，形成包含环境模型中所有障碍物位置和运动趋势的态势感知模型，结合水面机器人当前状态信息与跟踪路径对可能发生的碰撞做出预判，并将结果传输给水面机器人近域危险规避模块。

(7)航姿调整模块。航姿调整模块根据优化结果对近域危险规避模块中生成的规避行为进行调整优化，并将优化的结果传输给水面机器人导航器，进而实现自适应安全航行。

(8)传感器。水面机器人装载的传感器为水面机器人提供周围环境障碍物数据信息，传感器分为内部传感器和外部传感器两种。

内部传感器：用于检测水面机器人内部状态的传感器，包括油耗传感器、速度传感器、GPS、角度传感器等。

外部传感器：用于探测水面机器人外部环境数据的传感器，包括远域传感器(雷达)和近域传感器(单目视觉、立体视觉、红外视觉、激光测距仪等)。

水面机器人路径规划系统工作流程为：岸基监控系统下达起始点和目标点指令，从全局数据库提取全局障碍物数据，通过全局路径规划算法生成全局路径关键点序列。由航海雷达感知中远距离障碍物信息，建立局部环境模型，通过局部路径规划算法实时调整与全局路径发生冲突的部分。通过对连续多节拍传感器信息融合处理，建立近域环境模型，以此为基础进行危险规避。综合考虑水面机器人运动状态和环境信息，通过航姿调整输出航向、航速等目标指令到运动控制系统，通过跟踪期望航姿完成水面机器人复杂环境下的路径规划。

7.3.2 路径规划方法

7.3.2.1 传统路径规划方法

传统路径规划方法主要有可视图法、栅格法、位形空间法、拓扑法、人工势场法等。

1. 可视图法

可视图法由美国学者 N. J. Nilsson 在 1969 年首次提出[10]。图 7.4 中以左下角圆点代表水面机器人，以虚线连接此二维平面内左下角圆点以及障碍物的顶点，再以虚线连接障碍物的顶点到右上角的终点。上述的这些包含三点的连线若不交于障碍物，则定义为连线是"可视"的。"可视"连线代表当水面机器人沿该连线航行时不会与障碍物发生碰撞。

使用可视图法来进行路径规划的主要流程：首先水面机器人对海洋环境信息进行采集，提取出几何模型描述环境中存在的障碍物。然后对环境中存在的障碍物进行识别与匹配后构造地图模型。

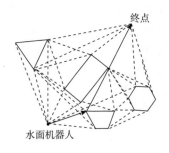

图 7.4　可视图法路径规划示意图

具体的实施方案是以点或者圆代表起始位置与目标终点位置，以多边形近似描述形状不规则的障碍物。在已构建完成的地图模型中，绘制所有的"可视"连线。最后从"可视"的连线中寻找出最短的连线即为可视图法规划出的最优路径。

可视图法的优点在于，将复杂的路径规划问题分解成了简单的几何数学模型后转变成了水面机器人如何从起点通过可视的连线达到终点目标的最短路径问题。对于最短路径的寻找，可以通过现有的计算机图论技术，在已构造出的完整的可视图中，搜索出最短的避碰路径。由于可视图法中需要障碍物具有端点，因此可视图法无法处理圆形的障碍物。如果环境中存在多个形状不规则的障碍物时，可视图法的计算总量过高，且构成的可视图中存在大量的可视线，提高了最优路径搜索的难度。可视图法属于全局路径规划领域，由于路径规划的全过程依赖于建立的可视图，而当环境局面发生变化如改变终点目标或出现动态障碍物时，需要重新构造可视图，因此，可视图法存在计算用时较长、实时性差、规划效率低的缺点。

2. 栅格法

栅格法在 1968 年由 W. E. Howden 提出[11]。栅格法把规划空间分解成一系列的单元，并把这些单元用满、空和混合标记。如果一个单元完全在障碍物内则标记为满，而空则意味着不与障碍物相交，否则记为混合。工作空间分解成单元后，使用启发式算法在单元中搜索安全路径。单元分解方法在路径存在的情况下能够确保找到一条路径，但在很复杂的工作空间中为了求一条可行路径，单元的体积就很可能非常小，这就增加了搜索的复杂度。有几种不同的单元分解方法。最简单的单元分解方法是生成等大小单元，虽然具有快速、方便地生成单元的优点，但由于生成的单元数量很大，搜索过程费时。较合适的方法是使用四叉树或八叉树表示工作空间，这种树结构虽然使单元易于表达，但由于一个混合单元往往被分解成其他混合单元，又可能增加单元分解的数量。通过使满或空单元最大化的方法分割混合单元虽然解决了这一问题，但又增加了图的连通复杂性。空间的栅格表达是将规划空间分成均等的栅格网。由于栅格的一致性和规范性较好，栅格空间中的邻接关系表达简单，路径搜索可用 A*算法或 Dijkstra 动态规划算法来完成。由于搜索空间表达的一致性、规范性和简单性，路径搜索很容易实现，如图 7.5 所示。

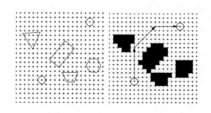

图 7.5　栅格法路径规划示意图

通过用栅格法构造环境模型，其优势在于：首先克服了可视图法无法处理边界不规则障碍物的问题[12]，通过栅格对环境的划分越精细，即矩阵的元素越多，则对水面机器人当前所处的环境中障碍物的描述就越准确，规划后得到的路径就越接近最优路径。然而，随着矩阵中元素的增多，矩阵越来越复杂，路径规划中使用数学方法对矩阵进行运算的计算量就越大，算法的计算量就越大。与之相对的是，如果使用颗粒较大的栅格来记录环境的信息，得到的栅格矩阵则较为简单，大大降低了搜索路径的复杂程度，只是最终规划出的路径将偏离最终路径，而且路径将会变得不平滑。另外，如果多个障碍物都占据了过多的栅格，可能会使水面机器人面临前进路线均被堵死，无法进行路径规划的局面[13]。

3. 位形空间法

位形空间(configuration space)法[14]的实质是把运动物体的位姿(位置和姿态)的描述简化为位形空间中的一个点，对工作空间进行膨胀处理。由于环境中障碍物的存在，运动物体在位形空间中就有一个相应的禁区，称为位形空间障碍(C-obstacle)。这样就构造了一个虚拟的数据结构，将运动物体、障碍物及其几何约束关系做了等效的变换，简化了问题的求解。运动物体 A 与障碍物 B 发生碰撞的所有状态在位形空间中构成了位形空间障碍，记为 $\mathrm{CO}_A(B)$，表示为

$$\mathrm{CO}_A(B) = \left\{ p \in C\text{-space} \middle| A(p) \bigcap B \neq \varnothing \right\} \tag{7.1}$$

式中，$A(p)$ 表示欧几里得空间的一个子集，对应于 A 在位形空间中的位姿。引入了位形空间的概念，可将二维或三维空间中刚体的运动表达为三维或六维空间中点的运动，这就将多边形或多面体的无碰路径规划问题表示为高维空间中点的无碰路径规划问题。位形空间法是一种相对成熟和比较常用的路径规划方法，但如何快速有效地进行位形空间建模和在位形空间内进行路径搜索是实现位形空间法的关键，有待于进一步研究。

4. 拓扑法

拓扑法[15]是由清华大学张钹教授等提出的一种路径规划算法。拓扑法的基本思想是：将规划空间分割成拓扑特性一致的子空间，并建立拓扑网络，在拓扑网络上寻找起点到终点的拓扑路径，最终由拓扑路径求出几何路径。

拓扑法将空间划分为三种类型：第一是自由空间，运动体在此空间中可以自由转动而不发生碰撞；第二是半自由空间，运动体只能做有限度的运动；第三是障碍空间。在障碍较多的情况下，空间的划分算法极其复杂，用解析法很难甚至不可能实现。一般只能通过人机交互，利用图形学知识计算若干特征参数，从而得出区域分割的结果。经过区域分割，每个子区域对应旋转映射图的一种方向分支机构。逐个跟踪每个子空间的边界，搜索与其相邻的每个子空间，计算彼此的连通性，形成连通网络。

拓扑法的优点在于利用拓扑特征大大缩小了搜索空间。但是，在障碍物较多的情况下，空间的划分算法极其复杂。

5. 人工势场法

人工势场法属于局部规划算法领域。Khatib 首先引入了广义势场概念，并基于此提出了虚拟人工势场思想[16]。人工势场法的基本原理是水面机器人作为在二维空间下运动的一个质点，在构造出的虚拟的人工势场的作用下进行运动。由于水面机器人的终点目标具有负势能，对水面机器人具有吸引力，因此终点目标在势场中呈现一个形如凹陷的山谷的形状，吸引水面机器人抵达终点目标位置。与之相对的，水面机器人当前所处环境中分布的障碍物则具有

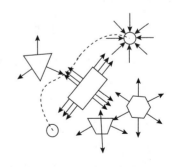

图 7.6　人工势场法路径规划示意图

正势能，对水面机器人产生排斥力，因此障碍物在势场中呈现一座高山的形状，

阻止水面机器人向障碍物靠近。图 7.6 中虚线为通过人工势场法规划的路径。在路径规划中水面机器人从起点开始运动，同时受到来自形如低谷的终点目标的引力与来自形如高山的障碍物的斥力影响，并根据势场势能差航行至终点目标，如图 7.6 所示。

根据人工势场的性质，当在路径规划过程中出现了运动的障碍物时，运动障碍物自身的斥力势场将阻碍水面机器人与其发生碰撞，因此使用人工势场法进行路径规划的水面机器人具有实时的局部避障能力。水面机器人在环境中的避碰能力的高低取决于构造的人工势场模型的好坏。人工势场法的优势为实时性强，其构造的虚拟人工势场模型结构简单、计算量低，最终由人工势场法规划出的路径为光滑路径。然而，由于人工势场法的特性，障碍物的分布位置会影响人工势场法进行路径规划的可行性，如当障碍物与终点目标的位置太靠近时，将可能导致水面机器人无法抵达终点目标位置。

6. 快速行进法

A. James 于 1996 年首次提出快速行进法（fast marching method），通过数值方法求解程函方程（eikonal equation）的黏性解，以解决界面的传播问题[17]。Garrido 等使用快速行进法构建人工势能场并完成了机器人路径规划。快速行进法最初是为了模拟电磁波传播的过程以解决程函方程的黏性解[18]。因为整个势能场是依据电磁波传递过程来建立的，相对于传统的势能法更加平滑。由于全局的最小值在电磁波的源头，有效地避免了局部最优问题。使用快速行进法的缺点是生成的路径距离障碍物太近，影响编队行驶的安全性。针对这一问题，Gómez 等将快速行进法改进为快速行进平方法，使得机器人尽可能在远离障碍物的区域行驶，极大地保证了编队行驶的安全性[19]。

7. 快速扩展随机树算法

快速扩展随机树（rapidly-exploring random tree，RRT）算法由 LaValle 首次提出[20]。用树结构代替有向图结构，树中的顶点不再通过对配置空间的随机采样获得，可以在给定控制律的条件下，解决高维多自由度机器人的复杂约束下的运动规划问题，能直接应用到非完整动力学约束或非完整约束规划中。该算法能够根据当前环境快速有效地搜索高维空间，把搜索导向空白区域。RRT 算法的主要思想是逐步、快速地降低一个随机选择的节点与树之间的距离，直至达到其预期的距离。目标是搜索到一条从起始点到目标点的路径，如图 7.7 所示。

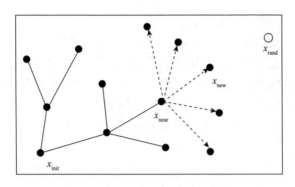

图 7.7　基本的 RRT 构建过程

　　RRT 算法在完成对未知环境探索并完成规划的同时，也存在一些问题[21]：

　　(1)随机搜索均匀一致在全局空间，导致算法耗费代价较大；

　　(2)先全局搜索构建随机树，再一次性规划路径，导致算法通常应用在已知环境中，实时应用性较差；

　　(3)路径的搜索树由随机采样点生成，对同一条件下的规划缺乏可重复性，导致规划出的路径经常不是最优路径。

7.3.2.2　智能路径规划方法

　　近年来，路径规划算法的研究越来越深入，人工智能领域发展迅速，很多学者不再满足于传统路径规划算法，从而引入智能路径规划算法来解决愈加复杂的问题。智能路径规划算法具有不确定性，其不确定性源于算法本身是模拟自然界中某种生物群体的行为，由于其遵循自然规律，因此无法在进行计算前直观判断出一个定解，且计算中需要大量参数进行调节，很多参数只能通过经验指定，导致算法的效率往往难以调节。此类基于仿生优化的智能路径规划算法，适用于解决各种复杂局面的优化问题，同时由于算法本身具有的不确定性与随机性，在求解某些特定的问题时往往比确定性算法有更好的效果。

1. 模糊逻辑算法

　　基于模糊逻辑的路径规划[22]方法参考人的驾驶经验，通过查表的方法，实现实时局部路径规划。这种方法通过机器人上装配的感应器来分辨障碍物，克服了其他方法的缺点，在动态变化的未知环境中能够进行实时规划。该方法最大的优点是实时性非常好，但是模糊隶属函数的设计、模糊控制规则的制定主要靠人的经验，如何得到最优的隶属函数以及控制规则是该方法最大的问题。近年来一些学者引入神经网络技术，提出一种模糊神经网络控制的方法，效果较好，但复杂度较高。

在水面机器人的路径规划中，往往很难完整无误地描述清楚当前所处的环境模型，或完全通过数学模型描述环境。此时可将模糊控制应用于水面机器人的路径规划中。模糊控制算法的具体实施方式是：首先根据人类已有的驾驶规律和常识构建模糊控制的规则，通过水面机器人自身携带的传感器来实时采集周围环境的数据，之后使用模糊语言将采集到的环境信息进行处理，最后根据构建的模糊控制规则输出具体的控制信号来实现水面机器人的路径规划。

2. 遗传算法

遗传算法(genetic algorithm，GA)是由密歇根大学 J. Holland 教授提出，基于自然界中优胜劣汰的规则与生物之间的遗传机制的仿生优化算法[23]。遗传算法的核心是模拟出一个人工种群在自然规则下的进化历程。在开始时随机生成种群，通过选择、交叉和变异等机制进行算法迭代，每迭代一次即可获得一代的遗传种群，即一组解。通过构造适应函数，在每次迭代中有选择性地保留一组适应度最优的个体为候选个体。重复上述过程，通过算法迭代模拟种群经过人工干预发生的有选择性的遗传进化过程。在理想情况下，通过遗传算法甚至可以得到适应度近似最优的解。

遗传算法可用于在水面机器人的路径规划问题中解决最优解问题。在使用遗传算法进行路径规划时，首先由计算机系统产生初始路径种群，对于种群中个体的编码可采用栅格数组索引号。将所有个体分别代入设定的适应度函数计算，选择其中得到的适应度较优的个体，并遵循遗传规则进行遗传进化。重复上述步骤，不断选择种群中拥有更高适应度的个体。根据遗传规律，遗传过程中优秀个体之间会发生染色体交叉，部分个体还可能会出现变异，一般交叉概率较大而变异概率极低。从理论上来说，随着遗传算法的不断迭代，总能找到对应适应度函数最优的解，但是由于现实中的算法时间有限，因此一般在得到一个相对较优的解后，就停止遗传算法的迭代计算。

遗传算法中对种群中每个个体都只采取一次搜索，搜索结果通过适应度函数直接评估。但是如果种群中的个体数目太多，个体的染色体基因编码又冗余，会占用大量存储空间从而降低了路径规划的速度。另外，遗传算法中适应度函数的选取将直接影响最终路径规划的质量。

3. 蚁群算法

蚁群算法是通过模拟蚂蚁觅食原理来实现路径规划的一种仿生算法，由Marco Dorigo 于 1992 年首次提出[24]。在自然界中，蚁群之间的交流合作需要通过一种信息素作为媒介。这种信息素具有挥发性，它在被分泌后会缓慢挥发直至消失。蚁群算法的原理是在一段时间内，由于某条路径之上具有比其他路径更多的信息素，这条路径更容易吸引蚂蚁，即蚂蚁选择此条路径的概率会增高，而经过这条路径的蚂蚁越多，信息素的含量也会越多。上述循环构成了一种正反馈机制，最终累积信息素最多的路径即为蚁群算法路径规划中寻找的最短路径。

蚁群算法的特征在于：蚁群算法具有和遗传算法相同的种群搜索能力，很多蚂蚁个体可以并行搜索地图，并行搜索效率较高，因此蚁群算法可以解决一些复杂的动态问题且不容易收敛或陷入地图中的局部最优解。在遗传算法中，种群初期个体数较少时拥有极快的路径搜索速度，而到后期由于个体数目的增多搜索速度会降低。蚁群算法正相反，在计算前期信息匮乏导致路径搜索速度缓慢，然而到后期由于不同路径之间存在信息素量的差距，路径的搜索会快速收敛到最优路径上。

蚁群算法既可以用于解决如旅行商问题这种还没有找到精确解的问题，也可以作为一种基于蚂蚁种群的分布式并行搜索算法，解决复杂局面下路径优化问题。当前蚁群算法系统的参数调节也多靠经验确定，导致蚁群算法计算复杂度递增，实时搜索效率低，很难规划得出最优路径。

4. 人工智能方法

神经网络法[25]作为人工智能方法中的重要部分是在现代神经生物学和认识科学对人类信息处理研究的基础上提出来的，具有很强的学习能力、非线性映射能力和很高的自适应性、鲁棒性和容错性。它的决策、规划和学习能力越来越受到人们的重视，它被广泛应用于机器人路径规划。其能量函数的定义利用了神经网络结构，根据路径点位于障碍物内外的不同位置选取不同的动态运动方程，可规划出最短无碰路径，计算简单、收敛速度快。

近几年随着人工智能的快速发展，深度学习(deep learning，DL)和强化学习(reinforcement learning，RL)在众多领域的应用取得了广泛的成功。深度学习能够识别文字、图像和声音等数据，具有很强的环境感知能力。而强化学习可以用于描述和解决智能体(agent)在与环境的交互过程中通过学习策略以达成回报最大化或实现特定目标的问题。深度强化学习(deep reinforcement learning，DRL)结合了二者的优势，是一种更接近人类思维方式的人工智能方法。

深度确定性策略梯度(deep deterministic policy gradient，DDPG)是一种DRL算法，适用于解决连续状态行为空间问题。该算法结合了深度Q网络(deep Q-network，DQN)的经验回放机制和目标网络结构，以及演员评判家（actor-critic，AC)算法的策略梯度(policy gradient)，同时具有深度神经网络的强大的函数拟合能力和更好的泛化学习能力。DDPG的拟合能力使其能够在处理水面机器人路径规划的过程中实现更高的精度，而学习能力能够使机器人像人一样根据环境做出所需的行为[26]。

7.3.3 全局路径规划

在水面机器人全局路径规划时，以能耗少、耗时少、路径短和路径平滑度高为四个优化目标，同时以水面机器人的速度、最小回转半径和离障碍物的安全距离为约束。在以上所描述的多个优化目标和约束条件中存在着相互矛盾的情况，因此水面机器人的全局路径规划是为了得出一条满足多个约束条件的路径，同时实现多个目标尽可能优化的折中解，即得到一组最优解。我们可以根据对各个目标的偏好性从这组最优解中选出一条路径作为最后的输出，而通过多目标运算所得到的这组路径在整体上都是最优的[27]。

1. 全局路径规划优化目标和约束条件分析

优化目标：

$$\min F(P) = \{D(P), S(P), T(P), E(P)\} \tag{7.2}$$

式中，$D(P)$ 为路径长度；$S(P)$ 为路径平滑度；$T(P)$ 为航行时间；$E(P)$ 为航行过程的能耗。

约束条件：

$$0 < |v_i| \leqslant V_{\max} \tag{7.3}$$

$$R_i \geqslant R_i^{\min} \tag{7.4}$$

$$d_i \geqslant d_{\min} \tag{7.5}$$

式中，v_i 为水面机器人在 D_i 段路径的速度；$V_{\max}$ 为水面机器人所能达到的最大速度；$R_i^{\min}$ 为水面机器人在速度 v_i 下的最小回转半径；d_i 为水面机器人与障碍物的距离；$d_{\min}$ 为水面机器人与障碍物的最小安全距离。

2. 基于 GA 的多目标全局路径规划算法

通过对水面机器人的优化目标和约束条件进行分析，本节采用一种基于 Pareto 强度的 GA 的多目标约束优化算法处理水面机器人全局路径规划问题。

具体算法流程如下：

步骤 1：置 $t = 0$，初始化种群 $P(t)$，种群规模为 POPSIZE。

步骤 2：计算各路径个体的 Pareto 强度值和约束违反程度。

步骤 3：从 $P(t)$ 中随机选择 μ 个个体作为父体。

步骤 4：(选择操作)根据 Pareto 强度值从 μ 个父体中选择产生 λ 个后代路径个体。

步骤 5：(移入操作)依概率从 μ 个父体中选择 σ 个违反约束最小的不可行解

加入到后代个体中。

步骤 6：对于步骤 4 和步骤 5 中的 $\lambda+\sigma$ 个个体，随机选择两个个体，其中一个个体由该 λ 个个体中 Pareto 强度值最大的个体替换，若 Pareto 强度值最大的个体不唯一，则选择约束违反程度小的个体；另一个个体由剩下的 $\lambda-1$ 个个体根据约束违反程度，采用择优选择法产生的约束违反程度最小的路径个体替换。

步骤 7：重复步骤 3~步骤 6，直至产生 POPSIZE 个后代。

步骤 8：(交叉操作、变异操作、平滑操作)以交叉和变导概率选择个体进行交叉操作、变异操作、平滑操作。上述操作结束后的群体作为新的种群 $P(t+1)$，置 $t=t+1$。

步骤 9：判断是否满足结束条件(是否到达最大进化代数 N)，是，则结束；否，则转步骤 2。

步骤 10：根据具体的偏好从最后的种群中选择一个解作为最优路径输出。

3. 引入偏好信息的全局多目标路径规划算法

根据水面机器人全局路径规划的特点提出了一种基于 Pareto 强度的约束优化算法进行全局路径的寻优，在水面机器人的全局路径规划中包括了四个优化目标：路径短、耗时少、耗能少和平滑度高。在进化的过程中采用支配的方式对多个目标同时考虑，最后得到的是一组 Pareto 最优解，并且解个体也是相互非支配的，因此单从解个体来说很难得出一个最优的。解个体为一组向量，因此它们之间存在偏向关系，而用户也可以将自己的偏好性引入全局路径的寻优中，根据具体的偏好从多目标规划结果的最后种群中选择一组偏好解进行输出，得到的路径则为满足用户偏好的全局最优路径。

4. 全局路径规划实验结果

水面机器人全局路径规划根据不同的偏好性得出不同的规划结果，如表 7.2 所示。

表 7.2 基于不同偏好性的多目标规划结果

偏好性选择	能耗	距离/m	平滑度/rad	航行时间/s	规划时间/ms
距离	499304.76	25826.43	5.23	4751.87	6218.00
能耗	491283.28	26248.11	7.35	4829.46	7609.00
平滑度	562434.31	29566.79	5.19	5440.07	4829.00
时间	498685.69	26215.57	8.98	4823.47	6187.00

7.3.4 局部路径规划

当水面机器人按已规划的全局路径航行时，需要根据当前传感器感知的局部环境进行动态局部路径规划。航海雷达作为水面机器人主要的环境感知设备可以准确地感知到水面机器人中远距离内的碍航物，并以雷达图像的形式显示在接收机上。水面机器人航速快、机动性强、对局部路径规划算法实时性要求较高。本节引入优化的 Dijkstra 算法以当前雷达图像为环境模型完成了水面机器人动态局部路径规划，通过对规划航线的优化处理，在保证规划航线安全的同时，使优化后航线相对航程最短且光顺可行[28]。

7.3.4.1 Dijkstra 算法基本思想

Dijkstra 算法由 Dijkstra 首次提出[29]，该算法是典型的单源最短路径算法，按长度递增的次序产生最短路径，以起始点为中心向外扩展，直到终点为止，适用于非负权值网络。具体算法描述如下：

对于一个具有 m 个顶点 n 条边的有权值的有向图 $G(V,E)$，V 为 G 中所有顶点的集合，E 为所有边的集合，(u,v) 表示顶点 u 到顶点 v 有路径连接，边的权值由权值函数 $w:E \to [0,\infty)$ 确定，记为 $w(u,v)$。G 中有一个起点 s，x 是 G 中任意一点，D 为 s 到 x 的一条路径，D 的权值记为 $w(D)$。Dijkstra 算法可以找到一条连接 s 和 x 权值最小的路径 D_0。

(1)设置 2 个顶点的集合 S 和 T，其中 $T = V - S$，集合 S 中存放已知最短路径的顶点，集合 T 中存放当前还未找到最短路径的顶点，u_0 为初始顶点，则 $S = \{u_0\}$。

(2)计算每个顶点 $t_i(t_i \in T)$ 对应的 $D(t_i)$，$D(t_i)$ 表示从 u_0 到 t_i 的不包含 T 中其他顶点的最短路径的长度。

(3)根据 $D(t_i)$ 值寻找 T 中距离 u_0 最近的顶点 v，写出 u_0 到 v 的最短路径长度 $D(v)$。

(4)置 S 为 $S + \{v\}$，T 为 $T - \{v\}$，如果 $T = \varnothing$，则退出算法；否则转(2)继续进行。

Dijkstra 算法流程图如图 7.8 所示。

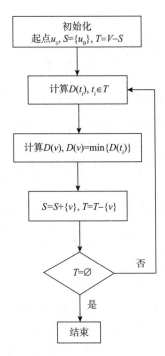

图 7.8 Dijkstra 算法流程图

7.3.4.2 Dijkstra 算法的优化

根据 Dijkstra 算法流程，集合 S 的大小直接影响着算法的速度，由于 Dijkstra 算法的贪心策略，无方向地寻找最短路径点，在计算一个起点到一个终点的最短路径时，执行了许多与最短路径无关顶点的计算，尤其当环境模型中网格节点较多时，算法的效率急剧下降。水面机器人局部路径规划功能的实现涉及大量的数据和计算，由于嵌入式计算机硬件计算能力相对受限（CPU 和内存等硬件资源限制），在设计局部路径规划方法时，必须充分考虑算法的复杂度，尽可能减少算法对内存资源的占用并提高时间效率。因此，有必要对传统 Dijkstra 算法进行优化。

至今，已有不少国内外学者提出了 Dijkstra 算法的改进和优化算法，分析对比以往的研究结果，主要在以下三个方面对 Dijkstra 算法进行优化：

(1)基于搜索策略的优化，如直线加速搜索、限制区域搜索等。

(2)基于数据存储结构的优化，如对邻接链表、邻接矩阵的存储优化，滚动存储等。

(3)基于环境模型规模控制的优化，包括分层搜索思想、分块搜索思想等。

综合以上优化算法的优缺点，根据嵌入式系统的硬件条件，为减少参与运算的节点，降低与最短路径无关的搜索，使用一种距离寻优的 Dijkstra 搜索算法，以解决航海雷达图像的局部路径规划问题。距离寻优是指在两个指定顶点之间寻找一条最短路径。

距离寻优 Dijkstra 算法实现过程如下：

任意两点 $u(x_u, y_u)$、$v(x_v, y_v)$ 间的直线距离记为

$$J(u,v) = \sqrt{(x_u - x_v)^2 + (y_u - y_v)^2} \tag{7.6}$$

2 个指定顶点 u_0 与 v_0 间最短距离为 $d(u_0, v_0)$，则两点间的直线距离为最短距离的下限：

$$J(u_0, v_0) = \sqrt{(x_{u_0} - x_{v_0})^2 + (y_{u_0} - y_{v_0})^2} \leqslant d(u_0, v_0) \tag{7.7}$$

假设已经求得 u_0 到 u_i 的距离为 $L(u_i)$，那么 u_0 经过 u_i 到达 v_0 的距离下限为

$$L(u_i) + J(u_i, v_0) = L(u_i) + \sqrt{(x_{u_i} - x_{v_0})^2 + (y_{u_i} - y_{v_0})^2} \tag{7.8}$$

在距离寻优 Dijkstra 算法中，优化的目标就是提高集合 S 的效率，最大限度地减少 S 中与最短距离路径无关的顶点的计算。优化方法如下。

(1) 计算顶点 v 的距离值 $L(v)$ $(v \in T)$，即计算 v 与目标点 v_0 之间的直线距离 $J(v, v_0)$，并认为从 u_0 经过 v 而到 v_0 的距离下限为 $L(v) + J(v, v_0)$。

(2) T 中顶点加入集合 S 的规则为：在集合 T 中寻找一个点 u_{i+1}，从 u_0 经过 u_{i+1} 到 v_0 的距离下限为最小值，即满足

$$L(u_{i+1}) + J(u_{i+1}, v_0) = \min\{L(v) + J(v, v_0)\}, \quad v \in T \tag{7.9}$$

则将顶点 $u_{i+1}(u_{i+1} \in T)$ 加入集合 S。具体算法过程如图 7.9 所示。

(1) 初始化：

$$J(u_0, v_0) = \sqrt{(x_{u_0} - x_{v_0})^2 + (y_{u_0} - y_{v_0})^2} \tag{7.10}$$

$$L(u_0) = 0, \quad L(v) = \infty (v \neq u_0), \quad S = \{u_0\}, \quad i = 0$$

(2) 若 $u_i = v_0$，则转到 (4)；否则，转到 (3)。

(3) 添加顶点 u_{i+1} 到集合 S：

$$L(v) = \min\{L(v), L(u_i) + W(u_i, v)\} \tag{7.11}$$

$$J(v, v_0) = \sqrt{(x_v - x_{v_0})^2 + (y_v - y_{v_0})^2} \tag{7.12}$$

$\forall v \in T$，且 $\exists e, \varphi(e) = u_i v$，$\varphi(e)$ 为关联函数，计算 $\min\{L(v) + J(v, v_0)\}$，$v \in T$，存在 u_{i+1} 使得

$$L(u_{i+1}) + J(u_{i+1}, v_0) = \min\{L(v) + J(v, v_0)\}, \quad v \in T$$
$$S = S + \{u_{i+1}\}, \quad i = i + 1 \tag{7.13}$$

(4) $d(u_0, v_0) = L(v_0)$。

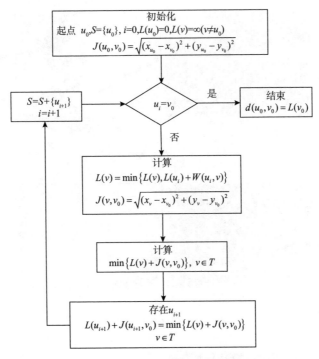

图 7.9　距离寻优 Dijkstra 算法流程图

由以上算法过程可以看出：在传统 Dijkstra 算法中，不断把距离 u_0 最近的顶点加入集合 S 而没有使 u_0 与 v_0 相关，距离寻优 Dijkstra 算法是以 u_0 到 v_0 的最短路径不断逼近目标而选择顶点加入集合 S 的。因此，集合 S 中的顶点基本在 u_0 到 v_0 的最短路径的局部范围内，而那些与最短路径相距较远的顶点几乎不会计算到。在这种情况下，距离寻优 Dijkstra 算法比传统 Dijkstra 算法的集合 S 小得多，进而提高了计算效率。

7.3.4.3　局部路径规划试验结果

为验证算法的有效性，选取三种典型试验中的实际雷达图像进行试验。

试验 1：港口内自主出港试验，起始点 S_P 为水面机器人当前位置，目标点 G_P 为港口外一点。

试验 2：湖泊内一个障碍物规避试验，起始点为水面机器人当前位置，目标点为障碍物后一点。

试验 3：海上两个障碍物规避试验，起始点为水面机器人当前位置，目标点为右前方两个障碍物中间一点。

以处理后的雷达图像为环境模型。使用传统 Dijkstra 算法和优化 Dijkstra 算法完成局部路径规划。试验结果如图 7.10～图 7.12 所示。

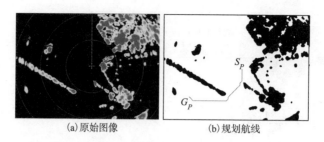

(a)原始图像　　　　　　　　(b)规划航线

图 7.10　试验 1 规划航线

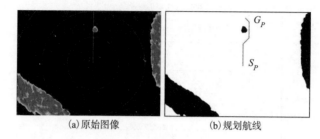

(a)原始图像　　　　　　　　(b)规划航线

图 7.11　试验 2 规划航线

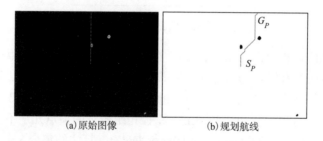

(a)原始图像　　　　　　　　(b)规划航线

图 7.12　试验 3 规划航线

三种试验结果比较如表 7.3 所示。

表 7.3　三种试验规划结果比较

	试验 1		试验 2		试验 3	
	传统 Dijkstra	优化 Dijkstra	传统 Dijkstra	优化 Dijkstra	传统 Dijkstra	优化 Dijkstra
规划时间/s	1.245	0.625	0.962	0.516	0.893	0.531
航点数	36		25		28	
规划距离/m	671.29		447.12		519.88	

对传统 Dijkstra 算法的优化主要体现在搜索效率上，以减少规划时间为主要

优化目标。从三种试验的规划结果可以看出，传统 Dijkstra 搜索算法和本章算法均可以生成一条由起始点到目标点的安全航线，且在规划航点数和规划距离相同的情况下，优化算法耗费的规划时间更少，更适用于实时性要求高的水面机器人嵌入式系统。

7.3.4.4　规划路径的优化处理

规划航线中的多余航点是指那些去除后不会影响航线有效性和安全性的航点。如果将规划结果直接作为水面机器人航行路径，多余航点造成的阶梯形和锯齿形线段会对水面机器人的运动控制提出很高的机动性要求，因此必须对规划的路径进行优化，去除路径中不必要的航点，仅保留转向点，以适应水面机器人的实际航行路线。

可以采用二分查找法逐次判定线段安全性对航点序列进行多余航点去除。多余航点去除过程如图 7.13 所示。

步骤 1：取航点序列中第 1 个点作为第 1 个转向点 P_1，取航点序列中最后一个航点作为第 2 个临时转向点 P_2。

步骤 2：对线段 P_1P_2 进行安全性检验，即 P_1P_2 是否穿过障碍。如果 P_1P_2 穿过障碍，则线段 P_1P_2 处于不安全状态，从航点序列中选取航点 P_1 和航点 P_2 的中间航点作为第 2 个临时转向点 P_2，检测 P_1P_2 的安全性，如此循环，直至在航点序列中找到这样一个航点，它到第一转向点 P_1 的线段是安全的，但它的下一个航点到 P_1 的线段却是不安全的。此时，取该点为确定第二转向点 P_2。

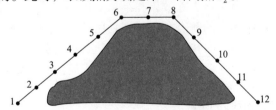

图 7.13　多余航点去除示意图

步骤 3：航点 P_1、P_2 加入最终航点序列，原航点序列中去除 P_1 到 P_2 的所有航点。继续步骤 1 和步骤 2 的判定，直到原航点序列中只剩最后一个航点。

步骤 4：给出多余航点去除后的航点序列 $\{P_1,P_2,\cdots,P_n\}$。

按上述方法对图 7.13 中规划航点进行多余航点去除过程如下：

第一个转折点为 1，判定线段 1-12 的安全性，显然不安全；取 1 和 12 的中间航点 7，判断线段 1-7 的安全性，不安全；取 1 和 7 的中间航点 4，判断线段 1-4 的安全性，安全。如此进行循环判断操作，找到航点 6 为第二个转折点，同样找到第三个转折点为航点 8，第四个转折点为航点 12，最后得到的去除多余航点后的航点序列为{1,6,8,12}。

按上述方法对优化 Dijkstra 算法在三种不同试验中的搜索规划航线进行多余航点去除，去除多余航点后的结果如图 7.14 所示。图中虚线为去除多余航点后的规划航线。

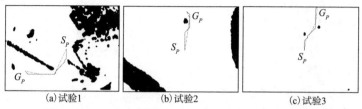

(a)试验1　　(b)试验2　　(c)试验3

图 7.14　多余航点去除优化效果对比

去除多余航点后航点数与规划距离比较如表 7.4 所示。

表 7.4　航点数与规划距离比较

	试验 1	试验 2	试验 3
优化前航点数	36	25	28
优化后航点数	4	3	5
优化前规划距离/m	671.29	447.12	519.88
优化后规划距离/m	636.03	415.01	494.42

通过三种试验的多余航点去除效果和结果对比可以看出，二分查找法可以有效地去除原规划路径中多余的航点，减少规划后的航行距离。经过多余航点处理后的规划航线仅保留了必要的转折点，降低了对水面机器人运动控制系统的要求，使得水面机器人在跟踪规划后新航点的过程中完成局部路径规划。

7.3.5　近域反应式危险规避

水面机器人近域危险规避模块是水面机器人在复杂海洋环境中进行自适应航行的模块之一，它位于水面机器人路径规划系统的最下层。水面机器人近域危险规避模块根据水面机器人全局和局部路径规划模块所获得的无碰路径关键点，再基于近域传感器所获取的数据信息，以无碰路径关键点为指引，动态地规避在航行过程中遇到的障碍物。水面机器人近域危险规避模块通过反应式规避方法，根据环境中障碍物分布情况输出一系列规避行为，其行为主要基于速度和方向，即输出一系列能够规避局部环境中障碍物的航速和航向。

7.3.5.1 避碰规则

水面机器人在海上自主航行过程中，对障碍物的避碰应满足一定规则。虽然水面机器人在世界范围内有日益广泛的应用，但至今为止并没有专门针对水面机器人海上航行规则的相关法律法规，而现有的法律法规也没有明确指明水面机器人在海洋环境中的航行规则，这样可能威胁到水面机器人自身的航行安全和海上其他海上人员、财产安全。船舶是能航行或停泊于水域进行运输或作业的交通工具，水面机器人本质上仍具备"船"的性质。目前对水面机器人的航行规则大多选择遵守国际海上避碰规则(International Regulations for Preventing Collisions at Sea，COLREGs)[30]，直至适用于水面机器人的航行规则法规的颁布。COLREGs是为防止海上船舶之间的碰撞，由国际海事组织制定的海上交通规则。我国于1957年同意接受COLREGs。

水面机器人在自主航行过程中可能遇到的碰撞局面可以分为追越局面、正面相遇局面、交叉相遇局面。COLREGs分别在第十三条、第十四条、第十五条对以上三种局面船舶应遵守的规则做出了规定。

1. 水面机器人追越避碰规则

COLREGs第十三条对追越避碰规则规定如下：一船正从他船正横后大于22.5°的某一方向赶上他船时，即该船对其所追越的船所处位置，在夜间只能看见被追越船的尾灯而不能看见它的任一舷灯时，应认为是在追越中。

COLREGs对追越船舶的转向方向并没有明确规定，实际的海上追越中，据文献[31]中统计，77.7%的驾驶员在右追越中选择右转避让，近一半驾驶员在左追越中选择右转避让。船舶在航道中航行时遵守右侧通行原则，在内河狭航道中，对向无来船情况下应左转追越。追越过程中，被追越船只如发出汽笛信号，应按信号对应方向转向追越(此局面不做讨论)。

图7.15给出了根据COLREGs第十三条所述的追越相遇局面示意图。如图所示，右侧圆形为在水面机器人前方的障碍物，左侧圆点上下两侧 22.5°的弧线代表水面机器人与障碍物判定为追越相遇局面的范围，箭头所示的方向指代各自的运动方向。定义追越相遇局面要求水面机器人航行方向与障碍物航行方向相差不超过 22.5°，且障碍物在其前方。

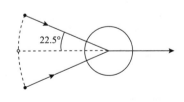

图 7.15 追越局面示意图

图 7.16 为水面机器人在追越相遇局面时符合 COLREGs 要求的避碰策略，左侧的质点为水面机器人，箭头所示的方向指代各自的运动方向，虚线表示水面机器人原运动路径，实线表示采取的避碰路径。当水面机器人与障碍物处于追越相遇局面，且水面机器人的艏向角小于障碍物航向角时，应调整水面机器人自身的航速以及航向从障碍物运动方向的右侧方通过，以实现避碰。水面机器人的艏向角大于障碍物航向角时，应调整水面机器人自身的航速以及航向从障碍物运动方向的左侧方通过，以实现避碰。

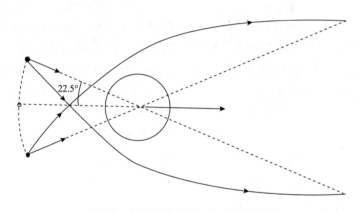

图 7.16　追越相遇局面的避碰示意图

2. 水面机器人正面相遇避碰规则

COLREGs 第十四条对正面相遇避碰规则规定如下：当两艘机动船在相反的或接近相反的航向上相遇，导致有碰撞危险时，应各自向右转向，从而各自从他船的左舷驶过。当一船看见他船在正前方或接近正前方，在夜间能看见他船的前后桅灯成一直线或接近一直线和(或)两盏舷灯，在白天能看到他船的上述相应形态时，则应认为存在这样的局面。

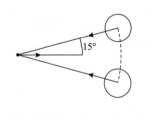

图 7.17　正面相遇局面示意图

图 7.17 给出了根据 COLREGs 所述的正面相遇局面的示意图。如图所示，左侧的质点为水面机器人，箭头所示的方向指代其运动方向，右侧表示障碍物与水面机器人处于正面相遇局面的判定范围。当水面机器人如图所示向某一方向航行，障碍物的速度方向与水面机器人的航行方向相差 165°～195°时，定义为水面机器人与障碍物处于正面相遇局面。

图 7.18 为水面机器人在正面相遇局面时
的避碰示意图，左侧的质点为水面机器人，箭
头所示的方向指代各自的运动方向，虚线表示
水面机器人应采取的避碰路径。在正面相遇局
面，水面机器人应调整自身的航速以及航向，
从障碍物运动方向的左侧方通过。

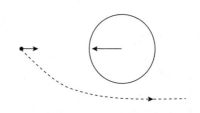

3. 水面机器人交叉相遇避碰规则

图 7.18　正面相遇局面的避碰示意图

COLREGs 第十五条对交叉相遇避碰规则规定如下：当两艘机动船交叉相遇，
导致有碰撞危险时，有他船在本船右舷的船舶应给他船让路，如当时环境许可，
还应避免横越他船的前方。

对于水面机器人与障碍物的碰撞局面，当障碍物的速度方向与水面机器人的
航行方向相差的绝对值为 22.5°～165°时，定义为水面机器人艇与障碍物处于交叉
相遇局面。

图 7.19 为水面机器人在交叉相遇局面时的避碰示意图，右侧的质点为水面机
器人，虚线表示水面机器人应采取的避碰路径。当水面机器人与障碍物处于交叉
相遇局面时，水面机器人应调整自身的航速以及航向，从障碍物运动方向的后方
通过。

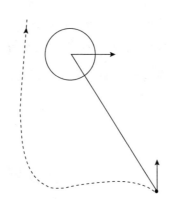

图 7.19　交叉相遇局面的避碰示意图

7.3.5.2　规避算法

1. 碰撞局面预测模型

水面机器人在自主航行过程中，需要对可能发生的碰撞做出判断，并采取相
应的规避措施，因此对碰撞局面的准确判断及如何遵守 COLREGs，是水面机器
人智能规避任务中重要组成部分。对碰撞模型定义如图 7.20 所示。

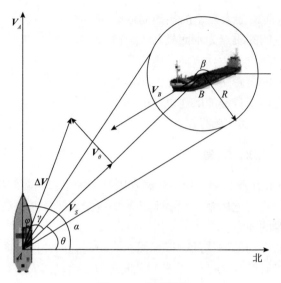

图 7.20 碰撞模型

图中 A 为水面机器人当前位置,以航速 V_A、艏向 α 前进(在海洋环境中,水面机器人简化为一个点)。B 为半径为 R、中心在 B 的圆形障碍物,以航速 V_B、艏向 β 前进。ΔV 为 V_A 与 V_B 的合速度,方向为 φ,与视线 AB 连线夹角为 γ。将 ΔV 分解为沿视线 AB 方向分速度 V_S 和垂直于 AB 方向分速度 V_θ,如下式:

$$\begin{cases} V_S = V_A\cos(\alpha-\theta) - V_B\cos(\beta-\theta) \\ V_\theta = V_A\sin(\alpha-\theta) - V_B\sin(\beta-\theta) \end{cases} \tag{7.14}$$

以水面机器人当前位置为原点,艏向为 X 轴正向,左舷为 Y 轴正向建立与障碍物相对运动坐标系,如图 7.21 所示。

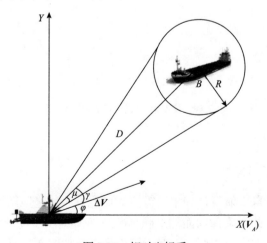

图 7.21 相对坐标系

水面机器人到障碍物直线距离为 D，障碍物半径为 R，则安全角 μ 为

$$\mu = \arctan\left(\frac{R}{\sqrt{R^2 + D^2}}\right) \tag{7.15}$$

通过比较相对速度 ΔV 与视线 AB 夹角 γ 和安全角 μ 的相对关系，即可判定是否会发生碰撞：

$$\begin{cases} \gamma \leqslant \mu, & \text{collision\_flag=1} \\ \gamma > \mu, & \text{collision\_flag=0} \end{cases} \tag{7.16}$$

collision_flag=0 时，水面机器人保持当前航速和航向不会与障碍物发生碰撞；collision_flag=1 时，水面机器人需要按照 COLREGs 要求改变航向或航速以避免与障碍物发生碰撞。

2. 算法原理

由碰撞模型，V_S 和 V_θ 分别为合速度 ΔV 沿视线 AB 方向分速度和垂直于 AB 方向分速度，γ 为 ΔV 与 AB 夹角，则

$$\tan\gamma = \frac{V_\theta}{V_S} = \frac{V_A \sin(\alpha - \theta) - V_B \sin(\beta - \theta)}{V_A \cos(\alpha - \theta) - V_B \cos(\beta - \theta)} \tag{7.17}$$

即 $\tan\gamma$ 为关于 V_A、V_B、α、β 的函数：

$$\tan\gamma = f(V_A, \alpha, V_B, \beta) \tag{7.18}$$

$$\gamma = \arctan f(v_a, \alpha, v_b, \beta) \tag{7.19}$$

$$\mathrm{d}\gamma = \frac{1}{1 + f^2}\mathrm{d}f \tag{7.20}$$

$$\frac{1}{1 + f^2} = \frac{K^2}{V_A^2 + V_B^2 - 2V_A V_B \cos(\alpha - \beta)} \tag{7.21}$$

式中，

$$K^2 = \left[V_B \cos(\beta - \theta) - V_A \cos(\alpha - \theta)\right]^2 \tag{7.22}$$

$$\mathrm{d}f = \frac{\partial f}{\partial V_A}\mathrm{d}V_A + \frac{\partial f}{\partial \alpha}\mathrm{d}\alpha + \frac{\partial f}{\partial V_B}\mathrm{d}V_B + \frac{\partial f}{\partial \beta}\mathrm{d}\beta \tag{7.23}$$

水面机器人在实际规避过程中，只能对自身航速和航向做出调整，不能改变障碍物的运动行为，式 (7.23) 可近似为

$$\mathrm{d}f = \frac{\partial f}{\partial V_A}\mathrm{d}V_A + \frac{\partial f}{\partial \alpha}\mathrm{d}\alpha = \mathrm{d}V_A \tag{7.24}$$

式中，

$$\frac{\partial f}{\partial V_A} = \frac{-V_B \sin(\alpha - \beta)}{K^2} \tag{7.25}$$

$$\frac{\partial f}{\partial \alpha} = \frac{V_A \left[V_A - V_B \cos(\alpha - \beta) \right]}{K^2} \tag{7.26}$$

式(7.20)可改写为

$$\mathrm{d}\gamma = \frac{-V_B \sin(\alpha - \beta)\mathrm{d}V_A + V_A \left[V_A - V_B \cos(\alpha - \beta) \right]\mathrm{d}\alpha}{V_A^2 + V_B^2 - 2V_A V_B \cos(\alpha - \beta)} \tag{7.27}$$

以差分形式来近似式(7.27):

$$\Delta\gamma = \frac{-V_B \sin(\alpha - \beta)\Delta V_A + V_A \left[V_A - V_B \cos(\alpha - \beta) \right]\Delta\alpha}{V_A^2 + V_B^2 - 2V_A V_B \cos(\alpha - \beta)} \tag{7.28}$$

由碰撞模型可得如下速度关系:

$$V_B \sin(\alpha - \beta) = \Delta V \sin\varphi \tag{7.29}$$

$$V_A - V_B \cos(\alpha - \beta) = \Delta V \cos\varphi \tag{7.30}$$

$$V_A^2 + V_B^2 - 2V_A V_B \cos(\alpha - \beta) = \Delta V^2 \tag{7.31}$$

综合式(7.29)、式(7.30),式(7.31)可改写为

$$\Delta\gamma = \frac{\Delta V_A \sin\varphi + V_A \Delta\alpha \cos\varphi}{\Delta V} \tag{7.32}$$

即

$$V_A \Delta\alpha = -\tan\varphi \Delta V_A + \frac{\Delta V \Delta\gamma}{\cos\varphi} \tag{7.33}$$

式中,ΔV_A 为水面机器人速度的改变量;$\Delta\alpha$ 为水面机器人航向的改变量,则 $V_A\Delta\alpha$ 可近似为垂直于 ΔV_A 方向的速度改变量:

$$V_A \Delta\alpha = \cot\varphi \Delta V_A \tag{7.34}$$

由相对坐标系,$\Delta\gamma = 0$ 为当前水面机器人艏向,如果 $\gamma \leqslant \mu$,则有碰撞危险,需要调整 $\Delta\gamma$,使 $\gamma > \mu$,水面机器人才能脱离碰撞危险。$\Delta\gamma$ 的调整范围为

$$\begin{cases} \Delta\gamma = \mu - \gamma \\ \Delta\gamma = \mu + \gamma \end{cases} \tag{7.35}$$

综合式(7.33)、式(7.34)可得合速度改变量与水面机器人速度改变量的关系如下:

$$\begin{cases} V_A \Delta\alpha = \Delta V \Delta\gamma \cos\varphi \\ \Delta V_A = \Delta V \Delta\gamma \sin\varphi \end{cases} \tag{7.36}$$

由式(7.35)综合 COLREGs,计算合速度调整的大小和方向,再通过式(7.36)将合速度的调整转化为水面机器人航速和航向的调整,以达到危险规避的目的。

7.3.5.3 规避策略

1. 单运动障碍物避碰策略

1) 追越相遇局面的避碰策略

当水面机器人艏向角小于障碍物艏向角，且当前为追越相遇局面时，水面机器人应调整自身的航速以及航向，从障碍物运动方向的右侧通过，如图 7.22 所示，图中虚线为水面机器人根据避碰规则应采取的避碰策略。相对速度调整如式(7.37)所示，其中 ϕ 为相对速度的艏向角：

$$\begin{cases} \Delta\gamma = -(\mu+\gamma), & \alpha \leqslant \beta, \phi \geqslant \theta \\ \Delta\gamma = -(\mu-\gamma), & \alpha \leqslant \beta, \phi < \theta \end{cases} \tag{7.37}$$

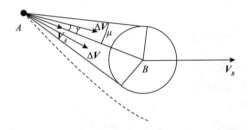

图 7.22　追越相遇局面避碰策略示意图（$\alpha \leqslant \beta$）

当水面机器人艏向角大于障碍物艏向角，且当前为追越相遇局面时，水面机器人应调整自身的航速以及航向，从障碍物运动方向的左侧通过，如图 7.23 所示，图中虚线为水面机器人根据避碰规则应采取的避碰策略。相对速度调整如式(7.38)所示：

$$\begin{cases} \Delta\gamma = \mu-\gamma, & \alpha > \beta, \phi \geqslant \theta \\ \Delta\gamma = \mu+\gamma, & \alpha > \beta, \phi < \theta \end{cases} \tag{7.38}$$

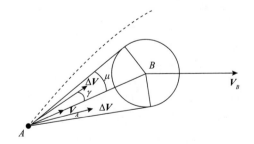

图 7.23　追越相遇局面避碰策略示意图（$\alpha > \beta$）

2)正面相遇局面的避碰策略

水面机器人应调整自身的航速以及航向，从障碍物运动方向的左侧方通过。图 7.24 为水面机器人在正面相遇局面的避碰策略示意图，图中虚线为水面机器人根据避碰规则应采取的避碰策略。相对速度调整如式(7.39)所示：

$$\begin{cases} \Delta\gamma = -(\mu+\gamma), & \phi \geqslant \theta \\ \Delta\gamma = -(\mu-\gamma), & \phi < \theta \end{cases} \tag{7.39}$$

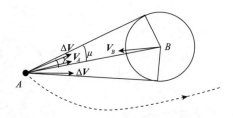

图 7.24　正面相遇局面避碰策略示意图

3)交叉相遇局面的避碰策略

当水面机器人与障碍物处于交叉相遇局面时，根据避碰规则水面机器人应调整自身的航速以及航向，从障碍物运动方向的后方通过。而障碍物的后方的定义，使避碰策略分成了两种情况，相对速度艏向角增大与减小。图 7.25 为交叉相遇局面相对速度艏向角增大的避碰策略示意图，图中虚线为水面机器人根据避碰规则应采取的避碰策略。相对速度调整如式(7.40)所示：

$$\begin{cases} \Delta\gamma = -(\mu+\gamma), & \alpha \geqslant \phi, \phi \geqslant \theta \\ \Delta\gamma = -(\mu-\gamma), & \alpha \geqslant \phi, \phi < \theta \end{cases} \tag{7.40}$$

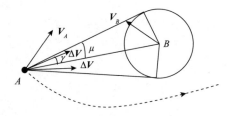

图 7.25　交叉相遇局面避碰策略($\alpha \geqslant \phi$)

图 7.26 为交叉相遇局面相对速度艏向角减小的避碰策略示意图，图中虚线为水面机器人根据避碰规则应采取的避碰策略。相对速度调整如式(7.41)所示：

$$\begin{cases} \Delta\gamma = \mu-\gamma, & \alpha < \phi, \phi \geqslant \theta \\ \Delta\gamma = \mu+\gamma, & \alpha < \phi, \phi < \theta \end{cases} \tag{7.41}$$

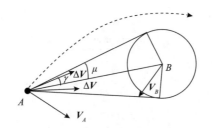

图 7.26　交叉相遇局面避碰策略（$\alpha < \phi$）

2. 多运动障碍物避碰策略

当水面机器人同时遇到多个运动障碍物时，需要根据避碰规则计算针对每个运动障碍物的航向和航速改变量。当针对不同运动障碍物的航向改变方向出现不一致时，无法保证每个运动障碍物的规避均满足避碰规则要求，此时水面机器人的安全将放在首要位置，可以采用一种参考障碍物的策略来实现多运动障碍物的危险规避。具体流程如图 7.27 所示。

步骤 1：初始化水面机器人当前航速 V_A 和航向 α、障碍物数量 obs_num、每个障碍物航向 β_i 和航速 V_{Bi}。

步骤 2：更新当前节拍 t、机器人航速 V_A 和航向 α，航行安全标志置为安全，safe_flage=0。

步骤 3：计算水面机器人相对每个障碍物 Obs_i 的相对速度 ΔV_i。

步骤 4：通过碰撞模型判断是否发生碰撞，若未发生碰撞，转步骤 6。

步骤 5：按避碰策略计算相对每个障碍物的航速改变量 ΔV_{Ai} 和航向改变量 $\Delta \alpha_i$，航行安全标志置为危险，safe_flage=1。

步骤 6：计算下一个障碍物，$i = i + 1$。如果 $i \leqslant \text{obs\_num}$，转步骤 3。

步骤 7：判断航行安全标志，如当前航速、航向安全，safe_flage=0，转步骤 10。

步骤 8：选取航向改变量最大的障碍物 $\text{Obs}_{\max}$ 作为参考障碍物。

步骤 9：按下式计算期望航速 V_A 和期望航向 α，转步骤 2。

$$\begin{cases} V_A = V_A + \Delta V_{A\max} \\ \alpha = \alpha + \Delta \alpha_{\max} \end{cases} \tag{7.42}$$

步骤 10：进入下一节拍循环，$t = t + 1$。输出期望航速 V_A 和期望航向 α，转步骤 2。

7.3.5.4　危险规避试验结果

1. 单运动障碍物仿真试验结果

为验证避碰规则和避碰算法的有效性，分别对追越、正面相遇、交叉相遇三

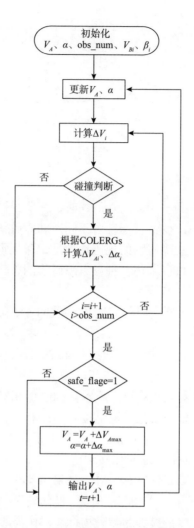

图 7.27 多运动障碍物危险规避流程

种局面进行仿真试验验证。试验结果如图 7.28～图 7.30 所示。水面机器人近似为一个点，箭头方向为水面机器人航向，蓝色曲线为规避航线，障碍物近似为圆形，紫色直线为障碍物运动航迹。圆点为机器人目标点。

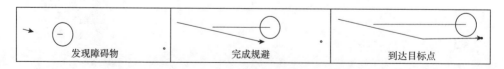

图 7.28 单运动障碍物追越相遇仿真试验结果(见书后彩图)

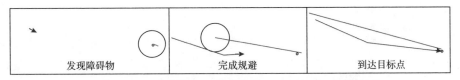

图 7.29   单运动障碍物正面相遇仿真试验结果(见书后彩图)

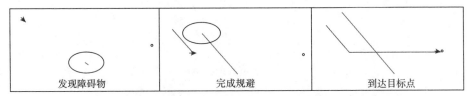

图 7.30   单运动障碍物交叉相遇仿真试验结果(见书后彩图)

通过三种仿真试验结果可以看出，规避航线均符合 COLREGs 要求，追越局面在障碍物右侧通过，正面相遇局面向右转向，交叉相遇局面向障碍物运动相反方向转向避让。在水面机器人发现障碍物后，危险规避方法可以迅速计算规避方向并做出相应规避动作，规避航线安全合理，验证了避碰规则和规避算法的有效性。

2. 多运动障碍物仿真试验结果

为进一步验证避碰规则和避碰算法对复杂局面危险规避的有效性，本节设计了多种碰撞局面同时存在的多运动障碍物仿真试验。机器人同时面对障碍物 1 和障碍物 2 的交叉相遇局面，以及相对障碍物 3 的正面相遇局面，仿真试验结果如图 7.31 所示。障碍物 1 与水面机器人距离最小，规避需要改变的航向角最大，因此机器人选择障碍物 1 作为参考障碍物，按照避碰策略左转，直到安全避开所有障碍物后继续航行至目标点。

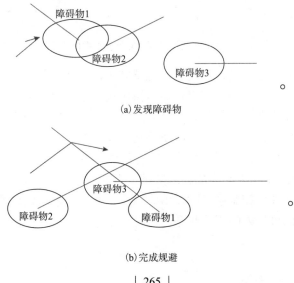

(a)发现障碍物

(b)完成规避

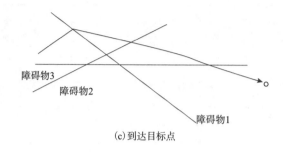

(c)到达目标点

图 7.31 多运动障碍物仿真试验结果(见书后彩图)

3. 半实物仿真试验结果

图 7.32 为水面机器人半实物仿真平台,深色虚线框内为虚拟仿真部分,浅色虚线框内为实物仿真部分。虚拟仿真部分包括工作站、采用 X86 体系的传感器仿真计算机和视觉仿真计算机。

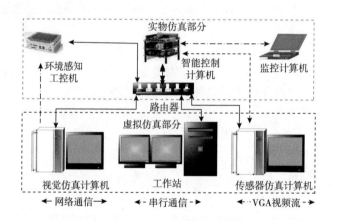

图 7.32 水面机器人危险规避半实物仿真平台

实物仿真部分包括监控计算机、环境感知工控机和智能控制计算机。监控计算机主要是通过网络通信协议和串行通信协议接收水面机器人的状态信息并做记录,以便监控水面机器人工作状态和以后的数据分析。实物仿真部分主要实现水面机器人的路径规划、自主规避、运动控制等任务要求。

半实物仿真试验数据流环路由以下部分组成:

(1)工作站是虚拟仿真平台的物理基础,大部分的仿真计算工作都由它承担。其上运行的仿真软件以控制系统的输出为输入,通过求解水面机器人的动力学方程,不断更新水面机器人的当前状态,同时根据一定的接口协议转换相应的视景信息。

(2)视觉仿真根据工作站提供的障碍物位置信息,绘制仿真航海雷达、可见光、红外图像,同时输出视频图形阵列(video graphics array,VGA)视频流至环境感知工控机。

(3)环境感知工控机通过视频采集卡实时采集环境图像,计算获得当前时刻障碍物位置、速度信息并以网络通信方式发送至智能控制机。

(4)智能控制机结合当前障碍物信息和历史信息建立环境模型,计算水面机器人下一时刻指令信息(期望艏向、速度),通过控制算法将其解算为基础控制指令(期望舵角、发动机油门)返回至工作站。

静态障碍物规避仿真试验结果如图 7.33 所示,在码头以北的 3km 范围内设置了多个静态障碍物。试验内容为水面机器人从码头出发沿着预定航线航行,经过整个航行区域到达终点。

(a)出港　　　　　(b)第一次规避　　　　(c)第二次规避　　　　(d)到达目标点

图 7.33　静态障碍物规避仿真试验

运动障碍物规避仿真试验结果如图 7.34 所示,设置了一艘交叉相遇局面的运动船舶作为障碍物。水面机器人从码头出发沿着预定航线航行,发现运动障碍物后,采取符合 COLREGs 的避碰策略,从障碍物运动方向后方绕过障碍物,并安全到达终点。

(a)发现障碍物　　　　　(b)后方绕过到达目标点

图 7.34　运动障碍物规避仿真试验

4. 外场试验结果

为检验危险规避方法的可行性和可靠性,本节以哈尔滨工程大学研制的"天行一号"水面机器人为试验平台,开展了海上多障碍物自主危险规避试验与高速自主危险规避试验。图 7.35 为"天行一号"水面机器人进行自主危险规避外场试验。

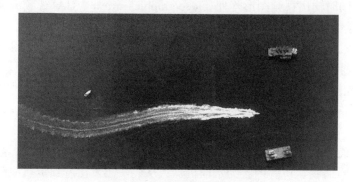

图 7.35　自主危险规避外场试验

1）多障碍物自主危险规避试验

在某海域选择多个锚泊船舶作为静止障碍物进行自主危险规避试验，试验结果如图 7.36 所示。虚线为规划航线，实现为实际航线，圆形为障碍物位置。S 为起始点，G 为目标点。

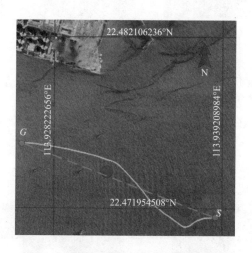

图 7.36　多障碍物自主危险规避试验结果

试验过程如图 7.37 所示，航向变化曲线如图 7.38 所示，深色曲线为实际航向变化，浅色曲线为期望航向指令变化。分析试验结果可以看出在海洋环境中，由于风、浪、流等环境干扰的存在，从传感器得到的水面机器人运动信息参数呈现一定波动。主要原因在于试验当天海况较差，规避试验过程中需要不断实时调整水面机器人航向和航速，尤其在进入规避阶段和规避结束阶段的期望航速和航向均有较大变化，这样对控制系统提出了较高的要求，同时试验平台"天行一号"

的控制具有时滞性，也会造成规避阶段定向定速控制存在一定的滞后和超调。本次规避试验做出两次规避动作，分别为初始阶段和第 356 节拍，完成了预定航线的自主安全航行。初始阶段发现第一个障碍物后，航向由 273°左转至 231°，在第 180 节拍完成第一个障碍物的规避，转向至 296°向目标点航行。第 356 节拍发现第二个障碍物，航向由 302°右转至 316°完成规避，在第 697 节拍，第二次危险规避动作完成，水面机器人继续向目标点航行。

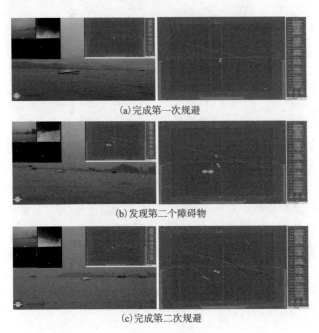

(a)完成第一次规避

(b)发现第二个障碍物

(c)完成第二次规避

图 7.37　多目标自主危险规避试验过程(见书后彩图)

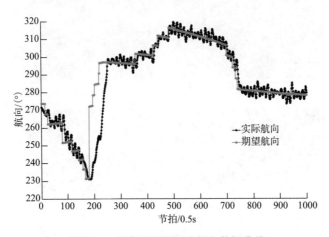

图 7.38　多障碍规避试验航向数据曲线

2) 高速自主危险规避试验

试验平台"天行一号"最高航速可达 50kn,开展了巡航速度 40kn 下的高速自主危险规避试验。试验结果如图 7.39 所示。

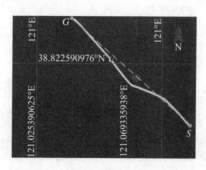

图 7.39　高速自主危险规避试验结果

　　试验过程如图 7.40 所示,航向变化曲线如图 7.41 所示。本次规避试验中,水面机器人以 40kn 巡航速度 310°期望航向自主航行,在第 120 节拍时发现障碍物后做出左转规避动作,期望航向调整至 305°,在规避过程中由于控制滞后与障碍物检测结果不稳定的影响,期望航向由 305°持续调整至 276°。水面机器人成功完成规避后在第 280 节拍转向至 320°航向继续向目标航行。由图 7.42 航速变化曲线可以看出,试验平台航速在航向调整过程中会出现一定降低,但降速幅度不超过 2kn,在控制系统误差允许范围内。此次规避试验,对水面机器人高航速下对障碍物的规避能力进行了验证,同时进一步检验了各分系统的工作稳定性以及整个自主决策与规划系统的实时性。

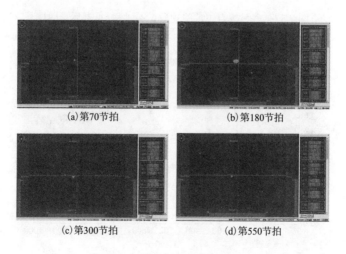

(a) 第70节拍　　　　　　　　(b) 第180节拍

(c) 第300节拍　　　　　　　　(d) 第550节拍

图 7.40　高速自主危险规避试验过程(见书后彩图)

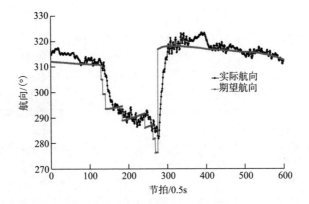

图 7.41　高速规避试验航向数据曲线

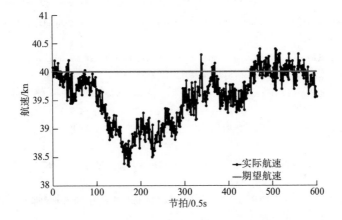

图 7.42　高速规避试验航速数据曲线

参 考 文 献

[1]　Huang H M. Autonomy levels for unmanned systems（ALFUS）[EB/OL]. [2020-05-10]. https://www.nist.gov/system/ files/documents/el/isd/ks/ALFUS-BG.pdf.

[2]　Adaptive level of autonomy（ALOA）for UAV supervisory control[R]. U.S. National Technical Information Service, 2005.

[3]　孙鑫, 陈晓东, 严江江. 国外任务规划系统发展[J]. 指挥与控制学报, 2018, 4(1): 8-14.

[4]　胡中华, 赵敏. 无人机任务规划系统研究及发展[J]. 航天电子对抗, 2009(4): 49-51,54.

[5]　马向峰, 韩玮, 谢杨柳. 水面无人艇任务规划系统分析[J]. 舰船科学与技术, 2019, 41(12): 54-57.

[6]　Ghallab M, Nau D, Traverso P. Automated Planning: Theory and Practice[M]. Amsterdam: Elsevier, 2004.

[7]　Mokhtari V, Lopes L S, Pinho A J, et al. Planning with activity schemata: closing the loop in experience-based planning[C]. Autonomous Robot Systems and Competitions（ICARSC）, 2015: 9-14.

[8]　孙鑫, 陈晓东, 曹晓文, 等. 军用任务规划技术综述与展望[J]. 指挥与控制学报, 2017, 3(4): 289-298.

[9]　Barella A, Valero S, Carrascosa C. Jgomas: new approach to AI teaching[J]. IEEE Transactions on Education, 2009,

52(2)：228-235.

[10] 张捍东, 郑睿, 岑豫皖. 移动机器人路径规划技术的现状与展望[J]. 系统仿真学报, 2005, 17(2)：439-443.

[11] 马兆青. 基于栅格方法的移动机器人实时导航避障[J]. 机器人, 1996, 18(6)：344-348.

[12] 吴博, 文元桥, 吴贝, 等.水面无人艇避碰方法回顾与展望[J].武汉理工大学学报(交通科学与工程版), 2016, 40(3)：456-461.

[13] Boschian V, Pruski A. Grid modeling of robot cells: a memory-efficient approach[J]. Journal of Intelligent and Robotic Systems, 1993, 8(2)：201-223.

[14] Lozano-Pérez T, Wesley M A. An algorithm for planning collision free paths among polyhedral obstacles[J]. Communications of the ACM, 1979, 22(10)：560-570.

[15] 艾海舟, 张钹. 基于拓扑的路径规划问题的图形解法[J]. 机器人, 1990, 12(5)：20-24.

[16] Khatib O. Real-time obstacle avoidance for manipulators and mobile robots[J]. International Journal of Robotics Research, 1986, 5(1)：90-98.

[17] 王跃午. 基于快速行进法的无人艇编队路径规划技术研究[D]. 哈尔滨: 哈尔滨工程大学, 2015.

[18] Garrido S, Moreno L, Lima P U. Robot formation motion planning using fast marching[J]. Robotics & Autonomous Systems, 2011, 59(9)：675-683.

[19] Gómez J V, Lumbier A, Garrido S, et al. Planning robot formations with fast marching square including uncertainty conditions[J]. Robotics & Autonomous Systems, 2013, 61(2)：137-152.

[20] LaValle S M. Rapidly-exploring random trees: a new tool for path planning[D]. Ames, USA: Iowa State University, 1998.

[21] 庄佳园, 张磊, 孙寒冰, 等. 应用改进随机树算法的无人艇局部路径规划[J]. 哈尔滨工业大学学报, 2015, 47(1)：112-117.

[22] 苏治宝, 陆际联. 用模糊逻辑法对移动机器人进行路径规划的研究[J]. 北京理工大学学报, 2003, 23(3)：290-293.

[23] 张毅, 代恩灿, 罗元. 基于改进遗传算法的移动机器人路径规划[J]. 计算机测量与控制, 2016, 24(1)：313-316.

[24] 柳长安, 鄢小虎, 刘春阳, 等. 基于改进蚁群算法的移动机器人动态路径规划方法[J]. 电子学报, 2011, 39(5)：1220-1224.

[25] 禹建丽, 孙增圻. 一种快速神经网络径规划算法[J]. 机器人, 2001, 23(3)：201-205.

[26] Guo S Y, Zhang X G, Zheng Y S, et al. An autonomous path planning model for unmanned ships based on deep reinforcement learning[J]. Sensors, 2020, 20(2)：426.

[27] 唐平鹏. 复杂海况下水面无人艇分层危险规避方法研究[D]. 哈尔滨: 哈尔滨工程大学, 2014.

[28] 庄佳园, 苏玉民, 廖煜雷, 等. 基于航海雷达的水面无人艇局部路径规划[J]. 上海交通大学学报, 2012(9)：27-31, 37.

[29] Dijkstra E W. A note on two problems in connexion with graphs[J]. Numerische Mathematik, 1959(1)：269-271.

[30] Convention on the international regulations for preventing collisions at sea, 1972 (COLREGs)[EB/OL]. [2020-05-10]. http://www.imo.org/en/About/Conventions/ListOfConventions/Pages/COLREG.aspx.

[31] 孙立程, 王逢辰, 夏国忠, 等. 驾驶员避碰行为的统计研究[J]. 大连海事大学学报, 1996, 22(1)：1-6.

8

水面机器人协同技术

8.1 水面机器人协同技术概述

8.1.1 水面机器人协同技术进展

USV 主要用于执行危险以及不适于有人船只执行的任务。二战时期，USV 曾被作为火炮和靶船[1]。直到 20 世纪 90 年代，关于 USV 项目的研究才开始大量出现。在众多无人驾驶运载工具中，无人机(unmanned aerial vehicle，UAV)的发展应用较为成熟，无人地面车辆(unmanned ground vehicle，UGV)和无人潜水器(unmanned underwater vehicle，UUV)次之，而 USV 的发展相对较晚。由于具有较高的智能化程度、较好的隐身性能、较强的机动能力以及较低的造价，USV 被认为是一种作战用途广泛的新概念武器。2001 年，美国海军提出利用 USV、UUV 和 UAV 共同构成其濒海战斗舰(littoral combat ship，LCS)的无人作战体系，用以完成情报收集、反潜、反水雷、侦察与探测、精确打击等作战任务。面对动态复杂的环境、不可预知的潜在危险和多样化的使命任务，单一 USV 受限于自身搭载的有限的载荷与系统，显得势单力薄。与此同时，由多艘 USV 联合起来构成的协同系统，具有更强的鲁棒性、通信能力、机动性、灵活性以及更高的作业效率和更广的作业范围。考虑到现代战争对于多兵种、多武器、多方位的综合协同作战需要，应更完善多 USV 协同系统无人作战系统的发展使用。

对于具有独立行动能力，并能感知外部环境，能够发送和接收通信信号，从而主动做出相应操作的运动智能机器人平台，如无人航行器、导弹、卫星等，因为单个运动体所能获得的资源有限，当面对复杂环境下的任务时，人们自然而然地想到了将多个运动体的资源共享，相互通信，这一理念下所建立的系统就是多运动体系统。多运动体系统并不是简单地将多个运动体放在一起，它是由多个单独的运动体通过相互通信组成的复杂系统，它能够通过感知环境的变化进行内部交流，从而做出集体行为来完成复杂的任务。比如多无人航行器编队系统、多机器人任务系统都是多运动体系统。和单个运动体相比，这种多运动体所组成的系统具有更好的鲁棒性和扩张性。

按照美国海军《海军水面机器人主计划》提出的水面机器人"高回报"任务场景设想，越来越多具备不同功能的异构水面机器人将会诞生，这将不断推动水面机器人艇型的演化。从高性能艇型到复合杂交艇型，甚至到水陆、水空两栖艇型，新型 USV 将层出不穷。多 USV 协同编队呈现出多样性，可以和多 UAV、多 UUV、多 UGV 等其他智能无人运载工具进行合作，形成新的监视和通信网络，获得强大的环境感知能力和多维空间的信息获取能力。水面机器人作为通信的中继端，将连接空中和水下两种介质，具备更强的信息采集能力与分析处理能力。因此，无线电通信技术不仅是多 USV 协同系统集成的技术保障，也是多无人运载工具协作的关键。将多 USV 间的显式通信和隐式通信结合起来，是未来一种发展趋势。此外，随着多 USV 面对使命任务难度不断增大，如何实现动态地协同任务分配与再分配，最大限度地发挥每个 USV 的特点，有的放矢，避免协同编队内部产生冲突与干扰，是未来多 USV 协同系统的研究热点。

多 USV 协同系统可以用于海上补给、水上安全保护、无人作战系统、水文气象信息采集以及水面搜救。它在民用和军用领域均展现出广阔的发展前景，特别是军事意义日趋凸显。面对 21 世纪复杂多变的海洋环境，各国已发现 USV 在海上的潜力，必将加快其研发进程，这也将极大地促进各国国防科技现代化和信息化的建设。可以想象，随着机器人、通信工程、计算机、自动化、控制理论等相关学科交叉、融合范围的扩大和各项技术的日趋成熟，USV 将呈现出更高水平的智能化、效费比、可靠性和鲁棒性，多 USV 协同系统也将逐步完善。

8.1.2 水面机器人的协同任务

2014 年 8 月，美国海军在弗吉尼亚州詹姆斯河进行了一次 USV 的"蜂群"作战演示，如图 8.1 所示，共有 13 艘 USV 参加，其中 5 艘 USV 具有自主驾控能力，另外 8 艘 USV 由工作人员远程遥控。它们在直升机提供威胁警报后，依靠雷达和红外传感器探测目标，以集群作战模式完成一系列复杂机动动作后，实施了对"可疑船只"的包围与拦截，保护本方船只安全撤离，成功完成了协同护航作战任务，如图 8.2 所示。10 月 5 日，美国海军宣布在 USV 技术领域取得重大突破，USV 不仅具备保护本方舰艇的能力，而且能以"蜂群战术"向敌方舰艇发起自主攻击。

图 8.1　美国海军多 USV "蜂群" 作战演示[2]

图 8.2　多 USV 协同护航示意图[3]

　　所谓 "蜂群战术"，即像蜜蜂一样成群结队地攻击同一个目标。这样的攻击具有快速、机动和密集等特点。在海上实施 "蜂群" 攻击，通常是指利用多艘 USV 对单一大型舰艇进行攻击的作战行动。据美国海军透露，普通的巡逻艇需要 3～4 名海员操控，但安装机器人智能指挥与感知的控制体系架构 (control architecture for robotic agent command and sensing，CARACaS) 系统和故障自动防护系统后，1 名海员就可以完成对 20 艘 USV 的操控。

　　截至目前，美国海军已经在 USV 和 UUV 上对 CARACaS 系统进行了长期的全面测试，旨在开展和测试更多、更复杂的 USV 协同行动。从美国海军的最新尝试中可以看出多 USV 编队协同作业的潜力。同样我们可以推断，在未来，随着水面机器人智能化和自主化程度的提高，USV 协同作业可实现的功能也将呈现多样化：扫描水雷、探测深潜器、探测可疑蛙人、海上情报收集、监视与侦察、水面活动靶标、水面巡逻、海洋调查、海底测绘等。面对这些不同的任务场景，多艘异构 USV 协同作业，将在军民领域真正做到 "低投入、高回报"。

8.2 水面机器人智能集群协同作业技术

8.2.1 水面区域协同搜索技术

8.2.1.1 任务描述

作为典型的水面机器人，美国的"斯巴达侦察兵""拦截者""水虎鱼"，以色列的"保护者""银色马林鱼"，英国的"哨兵"等，都将"监视与侦察"视为重要的任务之一[4]。事实上，对于重要的港口、海岸或是训练水域，水面安全都是一个足够引起重视的问题。对这些水域进行搜索，可以形成有效的监视与侦察，并将可疑情况及时反馈回岸基，如图 8.3 所示。

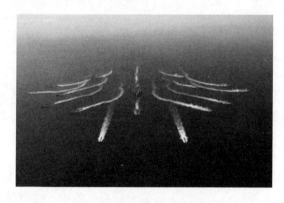

图 8.3　水面机器人协同搜索[5]

在完成这类任务时，单一的 USV 携带的任务模块、能源系统、感知系统有限，很难在一次出航的情况下完成整个任务。多个 USV 可以携带不同设备和载荷，通过区域划分，可以将各自有限的能源充分利用。同时，这样扩大了一些传感器的感知范围，而且将形成庞大的水面通信网，使得岸基与 USV 之间的通信更为紧密，各 USV 各司其职，高效地完成协同搜索任务。然而，多个 USV 进行协同搜索时，势必要考虑到各自的有效路径和协调问题，否则会事倍功半。对每个 USV 来说，最短的航行路径意味着：航行时间最短，能源损耗最低。考虑到水面机器人在执行搜索任务时最主要的路径约束就是回转半径，这与无人机在飞行时产生最短路径的约束是转弯半径或有限的曲率很相似。因此，这里引入无人机路径规划中经典的 Dubins 路径[6]：最简单形式的路径是由直线段和常曲率圆弧段组成，将这些直线段和圆弧段连接起来就产生一条连接空间两位姿点间的飞行器最短可行路径。Dubins 路径的定义为：在最大曲率限制下，平面内两个有方向的点间的最短可行路径为 CLC 或 CCC 路径，或是它们的子集。其中，C 表示圆弧段，L 表示与圆弧相切的直线段(图 8.4)。Dubins 路径最短在很多文献中都给出了数学证明[6,7]，这里不再展开。

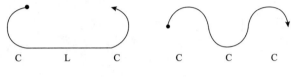

图 8.4 Dubins 路径

8.2.1.2 水面机器人协同搜索策略

基于 Dubins 路径的前提，水面机器人协同搜索策略主要包括以下三类：平行协同搜索、分批次协同搜索和象限协同搜索。

平行协同搜索是以搜索区域(默认为矩形区域)横向边界为多个 USV 出发端，初始航向平行于该区域的纵向边界，USV 同时向另外一个横向边界平行航行搜索，当航行至搜索区域边界时再做回转运动平行于原路径返回。每艘 USV 的完整路径都是一个 Dubins 路径。平行协同搜索如图 8.5 所示。各 USV 沿同一方向平行进行搜索，每艘 USV 之间互不影响、同步作业。考虑到摄像、激光测距传感器和声呐等设备的搜索范围限制，为保证相邻的 USV 得到的感知信息重复率低，覆盖密度高，多个平行作业的 USV 在航行至搜索区域纵向边界返回时，需要统一回转方向，统一向右(或向左)进行回转返回。此外，为保证搜索区域没有盲点，USV 的最大定常回转半径需小于侧扫声呐水平扫描范围，通常小型船用侧扫声呐的水平扫描范围为 50~100m，因此本章提出的新型 USV 的回转性能可以满足这一要求。设 N_{USV} 为完成协同搜索任务所需的 USV 数量，d 为单艘 USV 侧扫声呐的水平扫描范围，那么相邻的每艘 USV 出发时的横向间距则为 $4d$，USV 结束搜索时的终点分别位于每艘 USV 起点右侧的 $2d$ 处，若该搜索水域的横向距离为 B，纵向距离为 L：

$$N_{USV} = \frac{B}{4d} \tag{8.1}$$

该协同搜索策略主要的适用条件为 $B \gg L$，即适用于横向距离较大的搜索区域。

分批次协同搜索首先将搜索区域(默认为矩形区域)划分为左右对称的两个子区域，然后每个子区域再沿纵向划分为 n 个单元，为显著区分，左右区域里各单元自下而上分别记为 $L_1, L_2, \cdots, L_n$ 和 $R_1, R_2, \cdots, R_n$。每一批次 USV 的出发点位于横向距离的垂直平分线的垂足左右两侧 d 处，左右下方边界顶点为 USV 结束任务的终点。每一批次有两艘 USV 同时出发，两艘 USV 的横向间距为 $2d$。

第一批次的两艘 USV(USV$_1$ 和 USV$_2$)同时出发，航行至 L_1、R_1 和 L_2、R_2 边

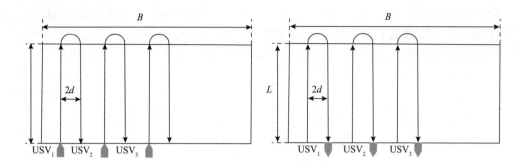

图 8.5　平行协同搜索

界时，分别向左、右回转，对 L_1 和 R_1 单元区域进行搜索，如图 8.6(a)所示；在第一批次的 USV 到达 L_1 和 R_1 边界进行第一次回转时，第二批次的两艘 USV(USV$_3$ 和 USV$_4$)同时出发，航行至 L_2、R_2 和 L_3、R_3 边界时，分别向左、右回转，对 L_2 和 R_2 单元区域进行搜索，如图 8.6(b)所示；在第二批次的 USV 到达 L_2 和 R_2 边界进行第一次回转时，第三批次的两艘 USV(USV$_5$ 和 USV$_6$)同时出发，航行至 L_3、R_3 和 L_4、R_4 边界时，分别向左、右回转，对 L_3 和 R_3 单元区域进行搜索，如图 8.6(c)所示；以此类推，在第 $n-1$ 批次的 USV 到达 L_{n-1} 和 R_{n-1} 边界进行第一次回转时，

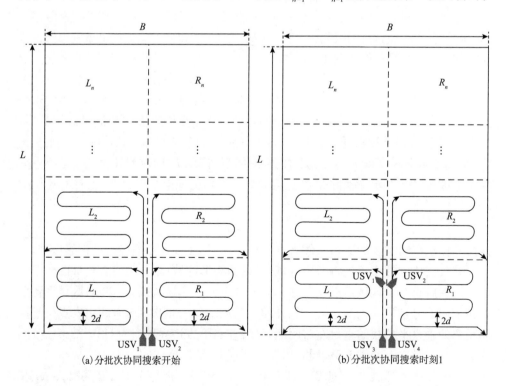

(a)分批次协同搜索开始　　　　　　　(b)分批次协同搜索时刻1

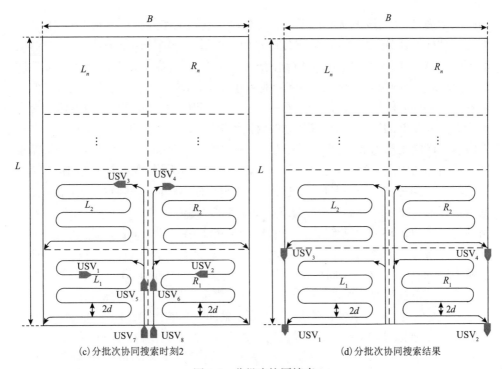

(c) 分批次协同搜索时刻2　　　　　　(d) 分批次协同搜索结果

图 8.6　分批次协同搜索

第 n 批次的两艘 USV 同时出发，航行至整个搜索区域的纵向边界时，分别向左、右回转，对 L_n 和 R_n 单元区域进行搜索。以上各批次 USV 在各自搜索单元区域内的路径均为多个 Dubins 路径的组合。每艘 USV 完成单元区域搜索后，航行至搜索区域的左右边界处，沿纵向返回，如图 8.6(d) 所示。

　　每一艘 USV 在各自单元区域内进行搜索时，其 Dubins 路径的直线段之间的距离为 $2d$。设 Dubins 路径直线段的数量为 N，为保证单艘 USV 在完成单元区域搜索时能沿纵向边界航行至终点，这里需要保证 N 为奇数，N 的具体取值根据各单元区域的大小而定。显然，该协同搜索策略所需的 USV 数量与单元区域个数相同，即

$$N_{\mathrm{USV}} = 2n \tag{8.2}$$

分批次协同搜索策略主要的适用条件为 $L \gg B$，即适用于纵向距离较大的搜索区域。

　　象限协同搜索与上两种策略的不同之处为：平行协同搜索是多艘 USV 同步、同时进行搜索，分批次协同搜索是相对应的左右单元内的两艘 USV 同步，但多批次的 USV 之间不同时地进行搜索。两者整体上均是从搜索区域的一边界出发，向对面另一边界方向进行协同搜索作业，这样的策略更适合港口或海岸区域的协同搜索。而在 USV 编队航行的过程中，很可能突然收到对海洋或水域中的某区域进行协同搜索任务。这里提出一种象限协同搜索策略，并以一个由 5 艘 USV 组成的倒 V 形航行编队进行说明。该编队中，每两艘相邻 USV 的横向距离均为 $2d$，纵

向距离均为 $2d$。当该编队航行至某一时刻时，基站工作人员对领航 USV（USV_1）下达水域搜索任务。USV_1 在进行分析以后，将指令分别传递给随航 USV（USV_2、USV_3、USV_4、USV_5），各 USV 收到信息后再反馈给领航的 USV_1。此时，以领航 USV_1 发布指令的位置坐标点为中心，将原航行方向看为 Y 轴，与其正交的方向为 X 轴，将其四周的搜索区域划分为一、二、三、四象限，如图 8.7(a) 所示。参考美国航母战斗群的展开队形，提出的具体策略为：领航水面机器人 USV_1 将继续直航，对横向距离为 $2d$，纵向距离为 $L/2$ 的区域进行搜索，停驻终点位于该搜索区域上边界的中点。距离中心较近的 USV_2 和 USV_3 沿原来的航迹继续向前，其中右侧的 USV_3 将驶入第一象限，进入第一象限后向右转向，然后对该象限内的区域进行搜索，搜索结束后 USV_3 的终点位于距离 USV_1 停驻点的右侧 $2d$ 处。航行路径为多个 Dubins 路径的组合，每个 Dubins 路径直线段之间的距离为 $2d$，但与分批次协同搜索中 N 的取值恰好相反，这里需要保证 N 为偶数，其终点为 X 轴上领航 USV 右侧的 $2d$ 处。同理，与中心相距较近的左侧的 USV_2 在第二象限的搜索路径与之左右对称，其终点位于 USV_1 停驻点的左侧 $2d$ 处。对初始位置距离中心较远的左侧的 USV_4 来说，在接受指令后，将向左打舵，按 Dubins 航行路径对第三象限进行搜索，Dubins 路径直线段的个数为 N，仍然为偶数。与第一、二象限不同的是，在完成最后一个回转运动后，该 USV 将沿接受指令前的航向航行，并穿越第二象限，其终点位于 USV_1 停驻点左侧 $4d$ 处。同样的，与中心相距较远的右侧的 USV_5，其搜索区域为第四象限，搜索路径与第三象限的 USV 的路径左右对称，其终点位于 USV_1 停驻点右侧 $4d$ 处。以上过程中，5 艘 USV 是同步、同时进行搜索任务的。在结束象限协同搜索策略以后，5 艘 USV 的队形由倒 V 形变为一字形，但通过调整仍可恢复倒 V 形编队，并继续航行，以待下一指令，如图 8.7(b) 所示。设整片搜索水域的横向距离为 B，纵向距离为 L，那么阴影部分的面积 S 为

$$S = 4d(L - 4d) \tag{8.3}$$

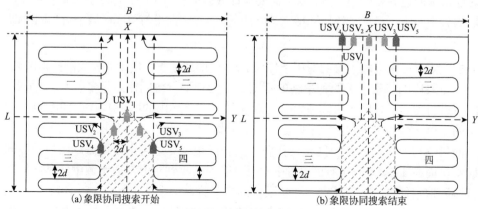

(a) 象限协同搜索开始　　　　　　　(b) 象限协同搜索结束

图 8.7　象限协同搜索

因此，实际上在第三、四象限的 USV$_4$ 和 USV$_5$，其搜索面积并不是整个象限，相比于 USV$_2$ 和 USV$_3$，少搜索了 $S/2$ 即 $2d(L-4d)$。因为对于阴影部分水域，在领航 USV 下达任务前，该编队的搜索范围已经覆盖此区域。象限协同搜索策略主要适用于航行过程中的倒 V 形 USV 编队在接到任务指令后进行的分区域搜索[8]。

8.2.2　水面目标协同围捕技术

8.2.2.1　任务描述

多水面机器人围捕问题场景设定为多个具有自主性、智能性的移动水面机器人在动态未知环境内进行漫游巡逻，依托本身探测设备探测该区域是否有可疑目标，若出现可疑目标，则对其实施动态围捕，从而成功完成作战任务。环境对于水面机器人和目标水面机器人都是未知。假设围捕双方均能准确识别敌我，当探测到可疑目标后，即可得知对方准确位置信息。

当一个水面机器人探测到可疑目标后，会向所有水面机器人发布任务，各个水面机器人会通过某种手段组成针对该目标的围捕团队，合作执行围捕活动。此时每个水面机器人是否需要参加围捕，或者参加针对哪个目标的围捕任务就是需要考虑的问题，这是一个关于任务分配的问题。在多水面机器人围捕系统中，每个水面机器人面临的都是一个实时变化的动态环境，每个水面机器人都会根据自身获得的各种信息，综合分析后，采取自己的最优策略，去执行最合适的任务。即将任务分配的过程转化为单个水面机器人进行任务选择的过程。在任务分配过程中，需要考虑的因素主要有围捕水面机器人以及目标的位置、速度、能力等信息。所以多水面机器人围捕系统中的围捕双方可以是异构的，扩大了适用范围。任务分配之后，面对目标需要考虑采用何种方法执行围捕，这是目标协同围捕技术研究的第二个问题。围捕的过程就是围捕团队不断靠近目标的过程，此过程主要针对围捕团队中水面机器人的运动行为进行研究。综上所述，目标协同围捕技术所描述的围捕问题有两个阶段：任务分配，协作围捕。任务分配阶段：通过任务分配，各个水面机器人选择任务，组成围捕团队。协作围捕阶段：围捕团队组建完成后，通过协作捕获目标。在围捕问题中某个围捕团队组建完成后，团队成员一般不发生变化，除非有特殊情况发生，例如团队成员失联或者损坏[9]。

总结以上描述，围捕问题整体设计流程如图 8.8 所示。

根据性质，任务可以分为动态任务和静态任务。静态任务是指在执行任务之前已经知悉所需的全部信息并对其做出分配。动态任务是指任务存在与否，或者存在任务但与任务有关的信息是在动态变化的，不能准确地确定下来。动态任务分配需要随时关注任务变化。

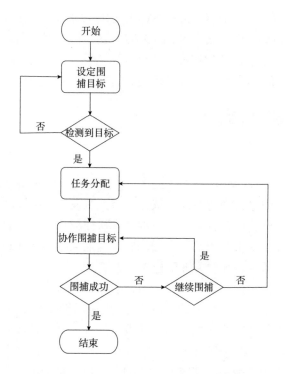

图 8.8　目标协同围捕技术整体流程图

8.2.2.2　协同围捕的任务分配

对于围捕过程中的任务分配问题，围捕任务是在水面机器人进行不断探测、发现目标后出现的。它没有固定的位置，没有固定的时间，是涌现出来的。任务分配主要体现在每个水面机器人根据自身、环境以及目标的信息自主做出决策，选择所要参加的任务。所以，各个水面机器人选择任务的过程就是多水面机器人围捕系统任务分配的过程。要实现多水面机器人系统的自主任务选择，各个水面机器人之间就需要合适的通信方式以及快速的、稳定的相互作用。关于通信方式，第 3 章已经给出方法，此处介绍任务选择过程中，水面机器人群与任务之间的相互作用。

在这里对影响水面机器人信息和水面机器人选择行为与任务的匹配程度的因素进行形式化的描述，以便于将围捕问题转化为数学问题。

1. 水面机器人形式化描述

围捕水面机器人的集合为 $H = \{h_1, h_2, \cdots, h_m\}$，$m$ 表示围捕水面机器人的总个数，h_i 表示第 i 个水面机器人 $(1 < i < m)$。

单个水面机器人形式描述用六元组表示：

$$h_i=<\text{NumID, TeamID, Location, Charcter, } V,S>$$

式中，NumID 表示每个水面机器人的编号，在围捕系统中唯一；TeamID 表示水面机器人所在的围捕团队，若不在编队则为 0；Location 表示当前水面机器人的位置信息；Charater 表示当前水面机器人的角色信息；V 表示水面机器人的速度；S 表示水面机器人的剩余航程。

2. 任务形式化描述

目标集合或者任务集合为 $E=\{e_1,e_2,\cdots,e_n\}$，共有 n 个目标，e_j 表示第 j 个目标($i<j<n$)。任务的形式化描述用六元组表示：

$$e_j=<\text{ENumID,Pos,Speed,Status,Time,NeedNum}>$$

式中，ENumID 表示目标的编号，在围捕过程中也是唯一的，与水面机器人形式化描述里的 TeamID 对应；Pos 表示目标的位置信息；Speed 表示目标的速度；Status 表示当前目标所处的状态，有被围捕中、公布但未被围捕、丢失三种状态，其中丢失表示该任务被公布过，但没有被选择或者选择后没有成功围捕；Time 表示围捕过程执行的时间；NeedNum 表示完成该任务需要的围捕水面机器人个数。

在以上描述中，任务的相关描述信息实时上传，供漫游角色水面机器人在进行任务选择时参考。而水面机器人的相关信息，除了自身掌握，还需在协作围捕阶段与团队成员共享。

水面机器人任务选择算法主要完成水面机器人对围捕任务的选择。以单个漫游角色的免疫水面机器人 h_i 为例，算法过程形式化描述如下。

步骤 1：水面机器人处于漫游角色中，任务序列表为空。

步骤 2：查看黑板上任务信息，计算对所有任务产生抗体的浓度，按照浓度大小对任务进行排序，更新任务序列表。

步骤 3：统计与自己的最优任务相同的水面机器人个数，并按照这些水面机器人与该任务产生的关系的紧密程度，对所有水面机器人进行排序。

步骤 4：如果步骤 3 中个数小于 N(N=NeedNum−1)，转步骤 6。

步骤 5：通过排序，判断自己是否需要加入围捕团队。若需要，转步骤 10；若不需要，则转步骤 9。

步骤 6：统计漫游状态水面机器人的个数 M，取消所有需要超过 M 个水面机器人才能完成的任务。若取消，则更新自身的任务序列表。转步骤 3。

步骤 7：若其他漫游状态水面机器人的任务序列表更新，则转步骤 3。

步骤 8：统计所有漫游角色水面机器人的任务序列表中的各自最优任务，将出现次数最多的任务列为第一目标。若自己的最优任务与第一目标相同，则其他漫游角色水面机器人的任务序列表更新后，转步骤 3。若不相同，则将第一目标更改为最优任务，更新任务序列表。转步骤 3。

步骤 9：删除最优任务，更新任务序列表，转步骤 3。

步骤 10：确定选择该任务，加入围捕团队，变为追捕角色，清空任务序列表，黑板上将该任务标为"被围捕中"。开始围捕。

任务选择流程图如图 8.9 所示。

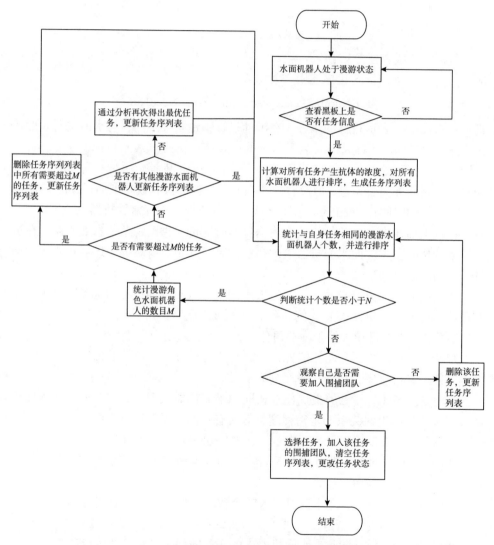

图 8.9　漫游水面机器人任务选择算法流程图

8.2.2.3 协同围捕协作围捕方法

对于围捕问题的第二阶段——协作围捕阶段，在完成围捕团队的组建后，就开始针对各个目标的围捕，此时将该任务的状态改为执行中，协作围捕过程为多围一。对目标展开围捕的过程是多个围捕水面机器人按照某种方法不断地靠近目标的过程，基于围捕水面机器人对目标实时的探测，继续引用免疫理论相关知识，规划自身每一步的行为。假定当多个围捕水面机器人均匀分布在目标周围且与目标距离小于最小目标逃脱距离时，认定为围捕成功。

协作围捕方法整体算法以单个水面机器人为例，流程图如图 8.10 所示，围捕步骤如下。

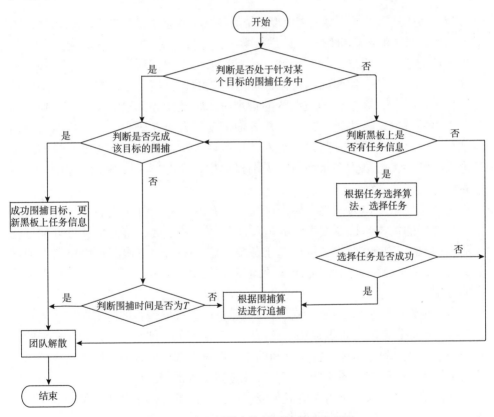

图 8.10　水面机器人协同围捕算法流程图

步骤 1：判断现在是否处于针对某个目标的追捕任务中，若是，则转步骤 4。
步骤 2：查看黑板上是否有任务信息，若否，则转步骤 8。
步骤 3：根据任务选择算法，选择某任务参加。若不成功，则转步骤 8；若成功，转步骤 6。

步骤 4：判断是否完成对该目标的围捕，若是，则转步骤 7。

步骤 5：判断围捕团队围捕时间是否达到 T，若是，转步骤 8。

步骤 6：根据选用的围捕算法进行追捕，转步骤 4。

步骤 7：成功围捕目标，更新黑板任务信息。

步骤 8：围捕团队解散。

步骤 9：结束。

根据以上协同围捕算法流程结构，下面介绍一种基于免疫理论的多水面机器人围捕算法。

8.2.2.4 基于免疫网络协同围捕方法

"人工免疫系统"是借鉴生物免疫系统的各项功能建立起来的一种智能系统[10]。对生物免疫系统的运行机理和特性进行学习，并将其用于解决工程问题[11,12]。免疫理论广泛应用于机器人控制领域，使机器人可以根据所处环境，实时规划自己的行为[13,14]，免疫控制结构可以保证分布式的多机器人系统在高度动态的环境中稳定运行[15]，在多机器人系统的自主协作以及任务分配中应用[16]。免疫理论在工程领域内，与机器人控制应用方面高度契合。在研究多水面机器人围捕问题过程中，可以发现其与生物免疫系统有许多相似的地方，免疫系统的许多理论以及特性都可以为多水面机器人围捕提供参考[17,18]。故将免疫理论引入多水面机器人围捕系统中。

生物免疫系统作为生物机体内部高度复杂的、完全分布式的系统，可以自主选择合适的抗体与抗原发生特异型反应[19-22]。基于此，首先将任务分配过程中的围捕双方免疫模型化，然后基于免疫理论，提出个体漫游水面机器人的任务选择算法并求解，完成围捕团队的组建，从而实现任务在多水面机器人系统中的分配。

生物免疫系统是保护机体不受外界病原体或者抗原侵害的防御系统。当有病原体或者抗原侵入时，根据独特型免疫网络理论，免疫细胞之间是相互联系的，它会通过抗体之间、抗体与抗原之间的相互反应来选择最合适的抗体消灭抗原，从而维持系统的稳定。图 8.11 为多免疫水面机器人的模型。

该模型由多个水面机器人组成免疫水面机器人组合，在设计该免疫水面机器人模型时，主要对以下因素做出考虑。

(1)抗原：在任务分配的免疫模型中，指的就是能够刺激水面机器人做出选择行为的任务及其约束。所以，抗原就是任务或目标[23]。

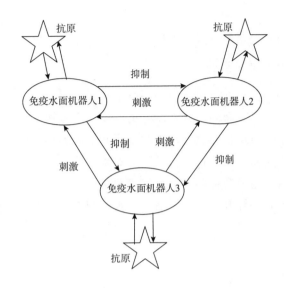

图 8.11　多免疫水面机器人

(2)抗体：对任务分配免疫模型来说，抗体就是水面机器人做出的选择行为。假设有 m 个任务，则水面机器人会产生 m 个选择的行为，即有 m 个抗原，针对这些抗原产生 m 个抗体[24]。

(3)B 细胞：产生抗体并做出选择行为的主体。所以水面机器人就是任务分配免疫模型中的 B 细胞。描述水面机器人信息的因素主要有水面机器人的位置信息、角色信息、速度信息、剩余航程等。

(4)抗体与抗原之间的亲和度：在任务分配问题中，就是水面机器人做出的选择行为与任务的匹配程度。在选择任务的过程中，影响水面机器人选择行为与任务的匹配程度的主要因素有目标的位置信息、速度信息、围捕目标所需要的水面机器人数目信息等。亲和度就是这些因素共同作用后的影响系数。

(5)抗体与抗体之间的刺激系数和抑制系数：多个水面机器人产生的抗体之间表现为刺激系数，单个水面机器人产生的多个抗体之间表现为抑制系数。这部分将在之后详细阐述。

各个免疫水面机器人感知抗原信息，将信息与其他免疫水面机器人共享，受到抗原激励，产生抗体。然后根据免疫理论，选择合适的抗体与抗原发生反应。任务分配过程就是免疫水面机器人选择最合适的抗体去和抗原反应的过程。

免疫水面机器人任务的亲和度求解，需要考虑影响水面机器人选择行为与任务的亲和度的因素，在亲和度的计算中，各个因素所占权重的大小是需要考虑的一个方面。另外，这些影响因素量纲不同、单位不同、性质也不同，综合计算时，需要进行规范化，是需要着重考虑的另一个方面。下文采用多属性决策理论进行求解。

多属性决策问题是指对有多种属性的方案进行选择、排序或者评价的问题。

1. 多属性决策的基本特征

待选方案：它是决策的对象。根据问题的不同，还可以称为行为、策略、选项等。方案一般具有很多属性，有的属性相互促进，有的属性相互冲突。

多个属性：所需要决策的问题都有两个或两个以上的属性，该属性与方案的属性相通。数量与问题的性质有关。

不同量纲：属性的类型有多个，量化的准则不同。

属性权重：在对多种方案进行评估时，属性的重要性都是相对的，需要根据具体问题进行确定。

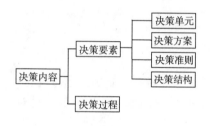

图 8.12　决策内容组成图

2. 决策的内容

决策内容组成如图 8.12 所示。

决策要素中决策单元是决策的执行者，它对自身、外界信息以及给出的任务信息进行加工，做出决策。决策方案是决策单元的决策对象。决策方案的某些指标达到决策单元的要求时，就有可能变为备选方案。决策准则就是对备选方案进行评估的一些依据。按照决策准则，给出最优方案。决策结构就是指决策问题的组成、结构和约束，它需要从量和质两方面来表明决策问题，也需要表明方案、属性，以及它们的标度类型，同时还需要表明方案、属性、准则之间的关系。

决策过程可以用流程图 8.13 来表示。

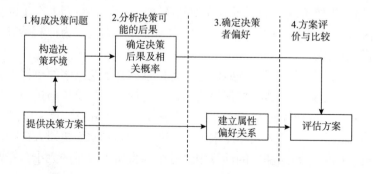

图 8.13　多属性决策过程流程图

3. 多属性决策问题的求解

多属性决策问题的求解过程如图 8.14 所示。

当计算出所有任务抗原对水面机器人做出的选择行为抗体的亲和度后，为了判断漫游水面机器人对所有任务的适合程度，即产生抗体的浓度，还需要考虑抗体之间的相互作用。此时，以单个漫游水面机器人对某一任务的选择来说，主要有三种影响因素：任务、自身以及该任务的局部领航角色。任务，即抗原的影响作用，在上节已经描述，本节主要研究水面机器人受到多个任务抗原刺激后，产生的抗体之间的相互作用以及

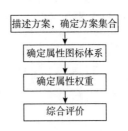

图 8.14　多属性决策问题求解过程图

各个任务的局部领航角色产生的抗体对该水面机器人产生抗体的影响。

对于水面机器人受到多个任务抗原刺激产生的多个抗体之间的相互作用，因为每个水面机器人一次只能执行一个任务，则针对某一抗体，其他抗体对其均是抑制作用。假设抗体 i 和抗体 j 为某个漫游免疫水面机器人分别对任务 i_e 和 j_e 产生的抗体，则定义抗体 j 对抗体 i 的抑制系数为

$$m_{ij} = \frac{c_j}{c_i} \tag{8.4}$$

式中，c_j 为抗体 j 与任务抗原 e_j 的亲和度；c_i 为抗体 i 与任务抗原 e_i 的亲和度。两者可根据上节内容求出，由此求得免疫水面机器人产生的多个抗体之间的抑制系数。假设针对任务 e_k 的局部领航角色为 h_j，某最优任务为 e_k 的漫游水面机器人 h_i。追捕团队依据的原则是能够快速组建，快速围捕。局部领航角色发现目标后，将任务公布在黑板上，此时由于其无法独自对目标进行捕获，所以需要其他水面机器人的加盟。为了防止欲进入该团队的某个水面机器人因为距离目标太远，在接近目标过程中耗费大量的时间，从而影响围捕的进程，引入局部领航者到目标的距离与漫游水面机器人到目标的距离差值的影响。这相当于同一个目标抗原刺激多个水面机器人 B 细胞对其产生了抗体，而局部领航角色水面机器人产生的抗体依据漫游水面机器人到目标的距离以及速度还有剩余航程，对其产生了刺激或者抑制的作用。因为引入了局部领航者到目标的距离与漫游水面机器人到目标的距离差值的作用，除了局部领航角色水面机器人，其他水面机器人产生的抗体对 h_i 产生抗体的影响，不再考虑。局部领航者对漫游者的刺激系数为

$$m_{h_i h_j} = w_1 \cdot \frac{d_j^{\min}}{\left| d_{ij} \right|} + w_2 \cdot \frac{v_i}{v_{\max}} + w_3 \cdot \frac{s_i}{s_{\max}} \tag{8.5}$$

式中，$d_{ij} = d_i^k - d_j^k$ 为 h_i 到 h_j 的距离，d_j^k 为局部领航角色 h_j 到目标 k 的距离；$d_j^{\min}$ 为所有抗体中距第 j 个目标抗原最小的距离；v_i、s_i 分别为水面机器人 h_i 的速度和

剩余航程；$v_{\max}$ 为所有围捕系统中，速度最大的围捕艇的速度；$s_{\max}$ 为每艘水面机器人预定的最大航程；$w_1+w_2+w_3=1$，本章取 $w_1=0.4$，$w_2=0.3$，$w_3=0.3$。

将独特型免疫网络的动力学模型公式改动如下，假设现在黑板上共有 N 个任务，有 M 个漫游免疫水面机器人，则

$$\frac{\mathrm{d}A_i(t+1)}{\mathrm{d}t}=\left[\alpha\frac{\sum\limits_{j=1}^{N}m_{h_ih_j}a_j(t)}{\sum\limits_{j=1}^{N}m_{h_ih_j}}-\alpha\frac{\sum\limits_{j=1}^{M}m_{h_ih_j}a_j(t-1)}{\sum\limits_{j=1}^{N}m_{h_ih_j}}+\beta g_i^k-k_i\right]a_j(t) \qquad (8.6)$$

$$a_j(t-1)=\frac{1}{1+\exp(0.5-A_i(t-1))} \qquad (8.7)$$

式中，$A_i(t)$ 表示 t 时刻抗体 i 的激励水平；$a_j(t)$ 表示 t 时刻抗体 j 的浓度；α 表示抗体 i 对其他抗体的作用系数；β 表示抗体 i 对抗原的作用系数；k_i 表示抗体 i 的自然死亡率。

将之前计算得到的抗原与抗体亲和度和刺激系数、抑制系数代入公式求得抗体的浓度。

在任务选择算法步骤 2 中按照浓度高低对所有任务进行排序，得出各自的任务序列表，选出最优任务。步骤 3 中按照针对该最优任务的浓度大小，对所有最优任务为该任务的漫游水面机器人进行排序，各个水面机器人观察自己是否在前 NeedNum–1 位，若是，则选择该任务；若否，则继续按照任务选择算法执行。

协作围捕阶段的免疫网络模型如图 8.15 所示。

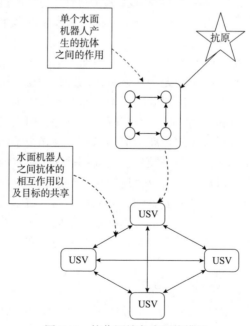

图 8.15　协作围捕免疫网络模型

在该免疫网络模型中，将水面机器人的运动方向定义为 8 个，正前方定义为 0°，则 8 个方向组成的集合如图 8.16 所示。在水面机器人上安装 8 个传感器用来检测障碍物，分别为 $S_1, S_2, \cdots, S_8$。传感器检测方向与水面机器人运动方向一一对应。将检测到的障碍物信息以及目标信息当作抗原，把自主移动的水面机器人当作产生抗体的 B 细胞，水面机器人向可能运动的方向上分泌抗体，设定 8 个运动方向，所以每艘水面机器人能产生 8 个抗体。在整个免疫网络模型中存在两种性质的抗体：同一个水面机器人产生的抗体和不同水面机器人产生的抗体。不仅要考虑单个水面机器人感知到的抗原信息以及产生的抗体之间的相互作用，还要考虑多个水面机器人之间的抗体之间的相互作用以及抗原信息的共享[23]。

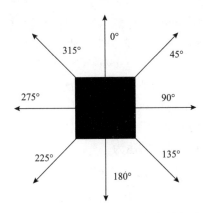

图 8.16　水面机器人运动方向示意图

此时，对某个围捕团队来说，目标只有一个。所以对协作围捕免疫网络模型做如下形式化描述：

$$HNet=<H,T,Antibody,effect>$$

式中，HNet 表示协作围捕免疫网络模型；H 表示水面机器人 B 细胞；T 表示抗原，包括障碍物与目标；Antibody 表示 B 细胞产生的抗体；effect 表示抗原与抗体之间、单个水面机器人产生的多个抗体之间、多个水面机器人产生的抗体之间的相互作用。免疫系统与协作围捕免疫网络模型对比见表 8.1。

表 8.1　免疫系统与协作围捕免疫网络模型的对比

免疫系统	多水面机器人协作围捕免疫网络模型
抗原	任务(目标)位置信息，障碍物
抗原决定基	有无目标或者障碍物
B 细胞	水面机器人
抗体	水面机器人的动作行为
抗体的浓度	水面机器人动作行为的强度

续表

免疫系统	多水面机器人协作围捕免疫网络模型
抗体的浓度、抗体与抗原的亲和度	水面机器人的动作行为受目标或者障碍物的影响程度
同一 B 细胞抗体之间的相互作用	单个水面机器人两个动作行为之间的相互影响程度
不同 B 细胞抗体之间的相互作用	多个水面机器人动作行为之间的相互影响程度

对抗原、抗体信息进行数学描述，然后基于 Fammer 的免疫网络动力学模型[25]选择水面机器人产生的浓度最大的抗体来激励。浓度最大的抗体对应的动作就是水面机器人围捕时的行为。

抗原信息主要包括围捕环境中的障碍物信息以及目标的信息。假定围捕水面机器人与目标水面机器人的感知范围相同，围捕水面机器人探测的目标点分为两种情况：第一是当围捕水面机器人至少有一个探测到目标水面机器人时，以实时探测的目标位置为目标点。第二是当所有围捕水面机器人都探测不到目标水面机器人时，即在围捕过程中出现目标丢失的情况，以最后一个丢失目标的围捕水面机器人对目标轨迹的预测点为目标点。若出现目标丢失情况，则采用动态预测目标轨迹法进行解决。将抗原信息描述为

$$A = (A', A'')$$
$$A' = (\theta_{sj}, d_{oj}) \tag{8.8}$$
$$A'' = (\theta_e, \text{Location}_e)$$

式中，A'、A'' 分别为障碍物抗原信息和目标抗原信息；θ_{sj} 为探测到障碍物抗原的传感器的角度；d_{oj} 为第 j 个传感器测得的障碍物抗原与水面机器人的距离信息；θ_e 为目标抗原所处的方向；Location_e 为目标抗原的位置信息，$\text{Location}_e = (x_e, y_e)$。

抗原信息描述如图 8.17 所示。

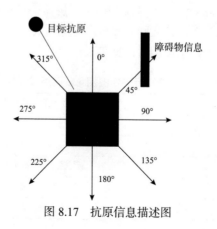

图 8.17　抗原信息描述图

抗体定义如表 8.2 所示。

表 8.2　抗体定义表

抗体	各方向是否有障碍物								运动方向/(°)
	0°	45°	90°	135°	180°	225°	270°	315°	
抗体 1	0	*	*	*	*	*	*	*	0
抗体 2	1	0	*	*	*	*	*	*	45
抗体 3	1	1	0	*	*	*	*	1	90
抗体 4	1	1	1	0	*	*	1	1	135
抗体 5	1	1	1	1	0	1	1	1	180
抗体 6	1	1	*	1	1	0	1	1	225
抗体 7	1	1	1	*	*	*	0	1	270
抗体 8	1	*	*	*	*	*	*	0	315

注：0 表示无障碍物，1 表示有障碍物，*表示障碍物是否存在都与运动不相关。

由上表可知，运动中的水面机器人，例如，对 0°方向，不管其他方向是否有障碍物，只要 0°方向上无障碍物，则朝该方向运动。对 45°方向，需要保证 0°方向上有障碍物，45°方向上无障碍物，与其他方向有无障碍物无关。对于 90°方向，需要保证 0°方向、45°方向、315°方向有障碍物，90°方向无障碍物，与其他方向有无障碍物无关。所以这三个方向所对应的抗体，抗体 2 受到抗体 1 的影响较大，抗体 3 受到抗体 1、抗体 2 和抗体 8 的影响较大。这些表明单个水面机器人产生的多个抗体之间会相互影响。多个水面机器人产生的抗体之间的相互作用将在后文中描述。

第 j 个传感器检测出的障碍物抗原对抗体 i 的亲和度主要与两个方面有关：一是两者之间的夹角差。夹角差为 180°时，障碍物抗原对抗体的亲和度最大。当夹角差为 0°时，亲和度最小。二是抗体 i 与障碍物之间的距离 d_{ij}。由于抗体 i 到水面机器人的距离以及障碍物抗原到水面机器人的距离已知，则 d_{ij} 可由余弦公式求得。d_{ij} 为效益型属性，距离越大，亲和度越大。将 d_{ij} 按如下公式进行变换：

$$d_{ij}^* = \frac{d_{ij}}{d_{ij}^{\max}} \tag{8.9}$$

式中，$d_{ij}^{\max}$ 为所有抗体中与第 j 个传感器检测出的障碍物之间的最大距离。则障碍物抗原对抗体 i 的亲和度为

$$g_j' = \frac{1-\cos(\theta_i - \theta_{sj})}{2} d_{ij}^* \tag{8.10}$$

目标抗原对抗体 i 的亲和度也与两个方面有关：一是两者之间的夹角差。夹角差为 180°时，抗体 i 与目标抗原的亲和度最小。当夹角差为 0°时，亲和度最大。二是抗体 i 与目标抗原之间的距离 d_{ie}，也可由余弦公式求得。d_{ie} 为成本型属性，d_{ie} 越小，亲和度越大。将 d_{ie} 按如下公式进行变换：

$$d_{ie}^* = \frac{d_e^{\min}}{d_{ie}} \tag{8.11}$$

式中，$d_e^{\min}$ 为所有抗体与目标抗原的最小距离。

则目标抗原对抗体 i 的亲和度为

$$g_i'' = \frac{1-\cos(q_i - q_e)}{2} d_{ie}^* \tag{8.12}$$

在单个水面机器人进行任务选择之后，转化成了各个目标的围捕团队对其围捕的问题，每个围捕团队都是多对一的关系。多个水面机器人产生的抗体间刺激系数 m_{ij} 与抑制系数 m_{li} 影响产生抗体浓度的大小。这种抗体间的作用在围捕过程中主要体现在各个水面机器人之间的相互协作上。

本章以三个水面机器人对一个目标追捕来做说明。其中 h_1 为发现目标水面机器人的水面机器人，即局部领航角色。以局部领航者 h_1 与目标的连线为 0°方向，按逆时针的方向将团队中的水面机器人进行编号，用 num 表示，本例中为 h_1、h_2、h_3。围捕水面机器人形成一个以目标水面机器人为中心的正 n 边形，对目标水面机器人进行包围，包围半径小于最小脱逃距离，最终使之无法逃脱，最终局势描述如图 8.18 所示。

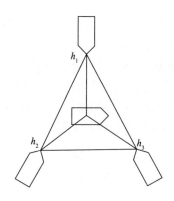

图 8.18　围捕任务最终局势描述图

根据最终描述图所示，三者之间的夹角为 120°，h_2 与目标的连线和 h_1 与目标的连线的夹角为 120°，h_3 与目标的连线和 h_1 与目标连线的夹角为 240°。h_2 和 h_3

在围捕的过程中要围绕这个局势进行。所以多个水面机器人 B 细胞产生的抗体之间的刺激和抑制主要体现在如何控制好这个围捕态势。如图 8.19 所示，以 h_2 为研究对象，当其与 h_1 的夹角小于 120°时，就主要表现为 h_1 对其的刺激。当其与 h_1 的夹角大于 120°时，就表现为 h_1 对其的抑制。

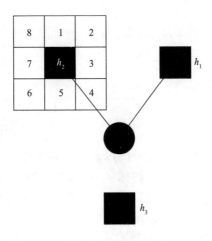

图 8.19   三围一描述图

针对 h_2 与 h_1 定义刺激系数与抑制系数为

$$m_{h_2 h_1} = \frac{\theta}{120°}, \quad 0° \leqslant \theta \leqslant 120°$$

$$m_{h_1 h_2} = \frac{120° - \theta}{120°}, \quad 120° < \theta \leqslant 180°$$

(8.13)

则针对 N 围一问题，h_j 对 h_i 的刺激系数与 h_l 对 h_i 的抑制系数分别为

$$m_{h_i h_j} = \frac{\theta}{\frac{360°}{N}|i - j|}, \quad 0° \leqslant \theta \leqslant \frac{360°}{N}|i - j|$$

$$m_{h_l h_i} = \frac{\theta - \frac{360°}{N}|l - i|}{\frac{360°}{N}|l - i|}, \quad \frac{360°}{N}|l - i| \leqslant \theta \leqslant 360°$$

(8.14)

各个参数确定以后，就可以计算出各个抗体的浓度，水面机器人向浓度最大的抗体对应的方向移动。

Fammer 的免疫网络动力学模型如下式：

$$\frac{\mathrm{d}A_i(t+1)}{\mathrm{d}t} = \left\{ \alpha \left[\frac{\sum\limits_{j=1}^{8} m_{ij} a_j(t)}{\sum\limits_{j=1}^{8} m_{ij}} + \frac{\sum\limits_{j=1}^{N} m_{h_i h_j} a_j(t)}{\sum\limits_{j=1}^{N} m_{h_i h_j}} - \frac{\sum\limits_{j=1}^{8} m_{li} a_1(t-1)}{\sum\limits_{j=1}^{8} m_{li}} \varphi \right. \right.$$

$$\left. \left. - \frac{\sum\limits_{j=1}^{M} m_{h_i h_i} a_j(t-1)}{\sum\limits_{j=1}^{M} m_{ij}} \right] + \beta g_i' + \gamma g_i'' - k_i \right\} a_j \quad (8.15)$$

$$a_j(t-1) = \frac{1}{1+\exp(0.5 - A_i(t-1))} \quad (8.16)$$

式中，m_{ij} 表示抗体 j 对抗体 i 刺激系数，此时抗体 i、j 之间表现为亲和力；m_{li} 表示抗体 l 对抗体 i 的抑制系数，此时抗体 i、l 之间表现为排斥力；$m_{h_i h_j}$ 表示抗体 h_j 对抗体 h_i 的刺激系数；$m_{h_i h_i}$ 表示抗体 h_l 对抗体 h_i 的抑制系数；γ 表示抗体 i 对目标抗原的作用系数；g_i' 表示障碍物抗原与抗体的激励(亲和度)；g_i'' 表示目标抗原与抗体的激励(亲和度)；N 表示抗体个数。

围捕过程中，对于不属于本围捕团队的个体水面机器人，围捕团队的成员将其视为障碍物。需要考虑一种情况，当目标行进到离障碍物特别近，由于障碍物对水面机器人运动的排斥作用，水面机器人很难朝障碍物快速移动，此时障碍物能起到辅助围捕的作用。若出现此情况，首先判定目标与障碍物的接近程度，采取适当增大抗体对目标抗原作用系数 γ 的方法，但在接近障碍物的过程中，还需要考虑水面机器人与障碍物之间的安全距离，水面机器人与障碍物距离不能小于安全距离。另外，围捕过程不能一直持续下去，设定围捕团队最长围捕时间 T，若时间超出 T，则围捕团队自动解散。

8.2.2.5 水面机器人围捕过程仿真及结果分析

多水面机器人对目标的动态围捕仿真案例是多个水面机器人在规定的区域内进行漫游巡逻，探测发现可疑目标后，对其实施动态围捕，从而成功完成作战任务。设定该区域为 $800\text{m} \times 800\text{m}$ 的正方形区域。在该区域内随机设定障碍物，边界区域也认为是障碍物。投放 7 艘水面机器人，设定三个目标，为验证所提出的任务分配方法以及协作围捕方法的可行性，本次仿真假定初始时三个目标的围捕任务信息均已出现在黑板上，即三个目标均已被探测到。水面机器人的初始信息如表 8.3 所示。目标的初始信息如表 8.4 所示，其中 e_1 被 h_4 探测到，e_2 被 h_5 探测到，e_3 被 h_6 探测到，探测到目标的水面机器人都加入各自的围捕团队，目标与围捕艇的感知半径均为 50m。围捕过程中与障碍物安全距离为 10m，围捕半径为 15m。目标逃跑时采用人工势场法逃脱。

表 8.3　水面机器人初始信息表

水面机器人	初始位置[①]	速度/(m/s)	剩余航程/m
h_1	(100,400)	2	400
h_2	(150,200)	2	300
h_3	(250,350)	2	400
h_4	(350,200)	3	300
h_5	(400,300)	2	400
h_6	(600,275)	2	300
h_7	(750,50)	2	300

注：①初始位置中各数值的单位为 m。

表 8.4　目标初始信息表

任务(目标)	初始位置[①]	速度/(m/s)	所围捕艇数目/艘
e_1	(350,150)	3	4
e_2	(400,350)	2	3
e_3	(620,275)	2	3

注：①初始位置中各数值的单位为 m。

　　围捕水面机器人以及目标初始时刻位置在 MATLAB 中的仿真结果如图 8.20 所示，其中"•"表示围捕水面机器人，"×"表示探测到的目标，圆表示水面机器人的感知范围，黑色填充方框表示障碍物。

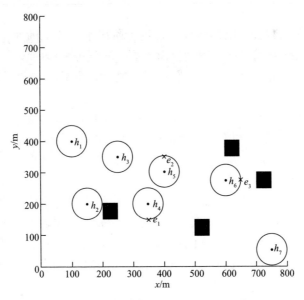

图 8.20　水面机器人以及目标初始位置图

　　任务分配方法相关参数如表 8.5 所示。

表 8.5　参数设定表

参数	值
α	0.5
β	0.8
γ	0.2
k_i	0.01
$A_i^k(0)$	0.5
$a_i^k(0)$	0.5

由初始状态下各个参数以及任务分配方法可知各个围捕团队成员组成，如表 8.6 所示。

表 8.6　围捕团队组成

任务(目标)	围捕团队组成
e_1	未组成围捕团队
e_2	h_1、h_3、h_5
e_3	h_2、h_6、h_7

任务分配完成后进入围捕阶段。在这个阶段中，各个围捕团队成员之间通过相互合作，共同完成目标的围捕。由于第一次任务分配时没有组成 e_1 的围捕团队，所以在本次仿真中为了不让图形过于复杂，不显示 e_1 以及跟踪它的 h_4 的运动轨迹。

图 8.21 为围捕开始 30s 后，围捕双方的运动情况。其中 e_2 向上运动。h_5 沿相同方向追捕，h_1、h_3 在 e_2 以及 h_5 的影响下，朝 e_2 的方向移动。e_3 向右下运动，同时 h_6 对其进行追捕。h_2、h_7 在 h_6 和 e_3 以及相互之间的影响下朝 e_3 运动。此时 h_2 表现出避障的特性。

如图 8.22 所示，e_3 被成功捕获，h_2、h_6、h_7 转为漫游角色。此时 e_2 还需要三个围捕艇，但 h_2、h_6、h_7 三者剩余航程已不足，故不参加 e_2 的围捕。h_1 还在围捕过程中，h_3 也与 e_2 相互感知到，此时 h_1 在 h_3、h_5 以及目标 e_2 的相互作用下，继续规划自己每步最合适的行为。h_1、h_3、h_5 之间的相互作用已有所体现。

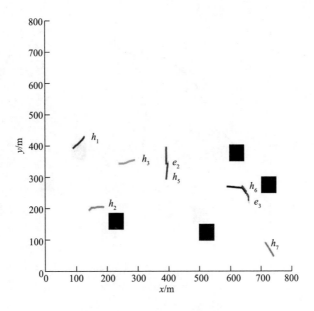

图 8.21　围捕开始 30s 后局势图

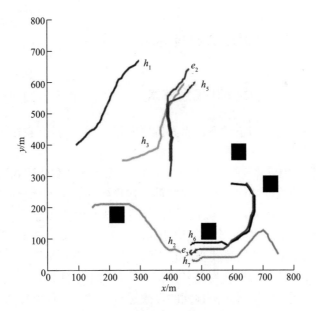

图 8.22　e_3 围捕团队最终局势图

如图 8.23 所示，e_2 被成功捕获。h_1、h_3、h_5 转为漫游角色。本次围捕从任务分配到 e_2、e_3 的成功围捕共耗时 226.532s。

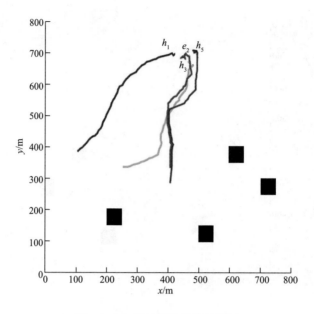

图 8.23　e_2 围捕团队最终局势图

8.3　水面机器人编队规划技术

8.3.1　水面机器人全局编队规划技术

在外界环境全局已知条件下，水面机器人群实现全局规划时，应考虑水域环境建模、全局路径搜索、全局路径执行这三个方面的内容。

（1）水域环境建模。将现有的全局外界环境(无碰水域和障碍物)转换为计算机可以识别、表达的数据结构。通过水域环境建模建立起了实际水域环境和计算机环境之间的映射，从而使得利用计算机进行避碰规划变为可能。

（2）全局路径搜索。根据当前测得的环境信息(无碰水域和障碍物)，利用一种或者几种全局避碰规划算法寻找当前时刻的全局最优规划路径。

（3）全局路径执行。根据全局路径搜索的结果给予水面机器人底层控制器相应的控制量，从而使水面机器人按预期的设想进行运动。全局路径执行与水面机器人的底层控制器的自动化程度直接关联，涉及水面机器人的操纵性与控制问题。

8.3.1.1　位姿空间的表示方法

在进行水面机器人全局规划时，通常假设航行区域的环境信息已知，即在水面机器人执行任务之前，能通过先验的环境信息进行离线路径规划，以避免重复进行全局规划，减少执行任务时的计算量。在通过某些方式将环境信息离散化后，可采用不同的方法将其转换成位姿空间进行表示。

位姿空间的表示法包括凸多边形表示法、广义泰森多边形图、网格图法、四叉树表示法(三维空间中为八叉树表示法)、栅格法等。这些表示方法采用不同方式对可行区域(free space)进行划分，其中可行区域是指任何不被其他物体(如岛屿、海岸、其他船舶)占用的开阔空间，能够允许机器人安全自由地行驶，与其相反的是障碍物区域(occupied space)。

1. 凸多边形表示法

凸多边形表示法是一种能够应用于先验环境信息的位姿空间表示法，将可行区域划分成一系列凸多边形，在该表示法下，如果水面机器人从边界上某一点沿直线运动到边界上其他任意一点，在这过程中水面机器人始终在凸多边形范围内，即可行区域内。凸多边形表示的是水面机器人能够通过的安全区域。路径规划问题因此转换为如何选取最优的一组供水面机器人通过的凸多边形的问题。

凸多边形表示法的实施步骤如下。

步骤 1：对实际环境进行定量表示。在这个步骤中以水面机器人尺寸的半径来增加障碍物的尺寸，称为障碍物的膨化过程，在膨化过程中，假定水面机器人是各向同性的，可忽略其方位，只考虑其在水平面内的平移运动。这使得路径搜索算法能够将水面机器人当作二维空间中的一个点，而不是一个二维物体，水面机器人的自由度由 3 维降至 2 维。实际环境及其膨化如图 8.24[26]所示。

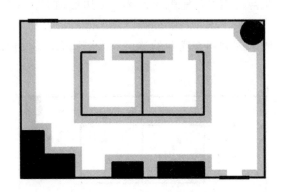

图 8.24 实际环境及其膨化(灰色区域为膨化区域)

步骤 2：连接重要特征对应的点对组成线段。在室内环境中，这些特征通常是转角、门口和物体的边界；在海洋环境中则是岛屿、海岸和礁石的边界。凸多边形进一步决定如何排列组合这些线段，将可行区域划分为一系列凸多边形。凸多边形表示的可行区域如图 8.25[25]所示。

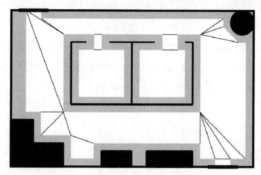

图 8.25　凸多边形表示的可行区域

步骤 3：考虑到水面机器人群的运动学特性，需做一些细节上的调整。图 8.25 中每个凸多边形均代表着水面机器人能够行驶的安全通道。有些组成边界的线段（比如障碍物的边界）并没有和其他凸多边形相连，所以在水面机器人群路径规划时需要排除这类边界。

2. 广义泰森多边形图

广义泰森多边形图是一种常见的位姿空间表示方法。与凸多边形表示法不同的是，因为计算量较小，广义泰森多边形图能够在水面机器人进入新环境中的过程中实时构建。其基本思想是生成与所有点等距的线段(包括直线和曲线)。从图 8.26[25]中可看出，每条线段均位于过道或开口的正中间，两条或多条线段的交点称作泰森多边形顶点。需要注意的是，泰森多边形顶点往往能够和水面机器人的位姿在物理上对应起来。这一特性使得机器人能够较容易地沿着广义泰森多边形图生成的路径行驶，因为存在简单的让机器人同所有障碍物保持相同距离的控制策略。

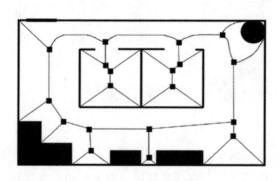

图 8.26　广义泰森多边形图

如果水面机器人沿着广义泰森多边形图的边界运动，它始终与周围的障碍物保持着最远的距离，不会与其相撞。因此，采用广义泰森多边形图表示位姿空间时，可以省去凸多边形表示法中对障碍物的"膨化"处理。广义泰森多边形图的边界可类比为现实世界中的高速公路或主干道，其线段对图论或与图相关的算法来说完全适用，但起决定性作用的是线段的长度，而不是其形状。

3. 网格图法

网格图法是划分实际环境的方法。网格图是在实际环境上附加一个二维的笛卡儿坐标系网格。如果某个网格被障碍物占据了一部分，则这个网格被标记为"占用"，可看作障碍物区域的另一种"膨化"方式，如图 8.27[25]中的灰色网格所示。

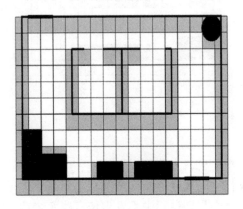

图 8.27　网格图

网格图的实现非常直观。每个网格的中心可看作一个节点，可组成高度连通的图。网格图可以是 4 连或 8 连的，取决于是否允许在对角线方向上进行连接。8 连中，对角线连接的距离既可以当作 1 倍网格距离，也可以当作 $\sqrt{2}$ 倍网格距离，根据实际需要选择。

4. 四叉树表示法

四叉树表示法作为网格图的一种变种，很好地解决了网格图中可行区域的浪费问题。四叉树表示法的核心思想是通过递归的方式表示实际环境，从较大的网格单元开始，逐渐减小网格单元的尺寸。每个网格可能是以下三种情况之一：全部范围均为可行区域，全部范围均为障碍物区域，部分范围被障碍物占据。四叉树表示法如图 8.28[25]所示。

当一个网格中有部分区域被障碍物占据时，则将该网格平均地划分为 4 个小正方形，四叉树表示法的名称因此而来。如果某个小正方形没有被障碍物完全占据，则进一步将其划分为 4 个更小的正方形。重复上述过程，直到所有表示障碍物区域的网格均被障碍物完全占据，或网格大小达到指定的最小尺寸。三维空间中的四叉树表示法则相应地称为八叉树表示法。与网格图相比，四叉树表示法的主要缺点在于数据结构较为复杂。

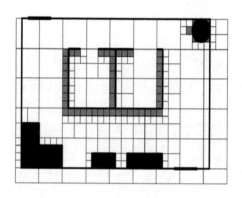

图 8.28　四叉树表示法

5. 栅格法

栅格法也是解决水面机器人路径规划的一种广泛应用的环境构建方法，该方法主要通过栅格来进行空间规划。栅格法的基本思想原理是：把空间中的障碍物信息看作已知条件，且在规划过程中不发生信息改变，然后将路径规划空间化为带有二值信息的栅格单元。栅格的大小参照水面机器人尺寸大小设定，之后将这些栅格进行编码，将障碍物栅格和自由栅格进行颜色区分，可以得到自由栅格空间和障碍物栅格空间。

栅格的标识方法有如下两种：

(1)直角坐标法。将栅格空间中的每一个栅格用直角坐标(x,y)来表示，首先设定一个起始点，然后按照一个长度单元为一个栅格大小的原则，向右为 X 轴正方向，向上为 Y 轴正方向进行坐标表示。

(2)序号法。从栅格中的一个角开始，本着由上至下、由左及右的原则进行栅格编号，直至对所有栅格完成编号。

上述两种标识方法互为映射关系：

$$N = x + 10y \tag{8.17}$$

或

$$x = N\mathrm{mod}(10) \tag{8.18}$$

$$y = \text{round}(N/10) \tag{8.19}$$

式中，mod 表示取舍运算；round 表示取整运算。

在进行水面机器人的路径规划时，常常运用序号法，因为序号法的运算简单，表述起来也较为方便。当然，在进行路径长度计算时，往往将序号法转化为直角坐标系法，因为在直角坐标系下对路径的位置进行观察较为方便，也较容易计算路径长短，这种方法具有良好的可行性。

栅格法的核心思想是将空间转化为多个栅格，因此每个栅格的面积越小，得到的路径长度越精细，栅格的面积越大，路径长度就越粗略。然而栅格的大小也会影响内存空间，栅格越小占的空间越大，反之，栅格越大占的空间越小。所以，合理选取栅格的大小也是栅格法在路径规划上的关键。

8.3.1.2 水面机器人群的路径搜索

水面机器人群的路径搜索环节可分成两部分：第一部分为建立环境势场；第二部分为通过迭代算法对所建立的环境势场进行求解，从而生成最优规划路径。

常用的建立环境势场的方法有人工势场法、快速行进法等。其中人工势场法路径规划是由 Khatib[27]提出的一种虚拟力法。它的基本思想是将机器人在周围环境中的运动，设计成一种抽象的人造引力场中的运动，目标点对移动机器人产生"引力"，障碍物对移动机器人产生"斥力"，最后通过求合力来控制移动机器人的运动。应用势场法规划出来的路径一般比较平滑并且安全，但是这种方法存在局部最优点问题。而快速行进法却不存在这样的问题，它是最为常用的一种方法，该方法描述如下。

快速行进法是 Sethian[28]于 1999 年首次提出，其本质为通过数值方法求解程函方程的黏性解，以解决界面的传播问题。

程函方程如下：

$$\left|\nabla(T(x))\right|W(x) = 1 \tag{8.20}$$

式中，x 表示定量位姿空间中的点，二维空间中的形式为 $x = (x, y)$，三维空间中的形式为 $x = (x, y, z)$；$T(x)$ 表示界面到达点 x 的时间；$W(x)$ 表示界面在点 x 处的局部传播速度。快速行进法的求解过程和 Dijkstra 方法相似，区别在于前者应用于连续的物理系统中，后者应用于离散的物理系统中。

一维空间中的到达时间 $T(x)$ 十分容易计算，如图 8.29 所示，因为距离 x 是局部传播速度 $W(x)$ 和到达时间 $T(x)$ 的乘积，如下：

$$x = W(x) \cdot T(x) \tag{8.21}$$

以空间导数的形式表示到达时间 $T(x)$，如下：

$$1 = W(x)\frac{\mathrm{d}T(x)}{\mathrm{d}x} \tag{8.22}$$

因此能够得知到达时间 $T(x)$ 函数的梯度的大小与局部传播速度 $W(x)$ 成反比：

$$\frac{1}{W(x)} = |\nabla T(x)| \tag{8.23}$$

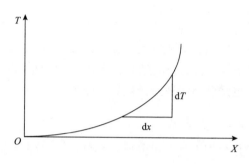

图 8.29　一空间的界面传播情况

对于多维空间，因为某点的梯度和到达时间 $T(x)$ 的水平集是正交的，上述推导过程也能适用，其在二维空间内的推导如下。

通过离散化梯度 $\nabla T(x)$ 能够在空间中每点 x 求解程函方程，x 对应网格表示的规划空间中 i 行 j 列的网格。先通过下式简化某点的梯度表达式：

$$\begin{aligned} T_1 &= \min\{T(i-1,j), T(i+1,j)\} \\ T_2 &= \min\{T(i,j-1), T(i,j+1)\} \end{aligned} \tag{8.24}$$

再将上式代入程函方程并平方，得到程函方程的离散化形式：

$$\left[\frac{T(i,j)-T_1}{\Delta x}\right]^2 + \left[\frac{T(i,j)-T_2}{\Delta y}\right]^2 = \frac{1}{W(i,j)^2} \tag{8.25}$$

用快速行进法持续求解上式，式中只有 $T(i,j)$ 是未知的。求解过程是迭代循环的，从初始界面，即 $T(i_0,j_0)=0$ 的区域开始计算。后续的迭代过程为对上次迭代中已求解过的点的邻接点求解 $T(i,j)$。用二值图表示的网格图为输入，其中 $W(i,j)=0$ 的区域为障碍物区域（黑色部分），$W(i,j)=1$ 的区域为可行区域（白色部分）。

当多个界面同时进行传播时，上述求解过程仍然适用。在这种情况下，会存在很多 $T(i_0,j_0)=0$ 的区域。需要指出的是，界面已经传播过的区域可当作障碍物区域，即 $W(i,j)=0$，且不会再被其他的界面传播。当两个界面彼此相交时，虽然界面在交界处的传播立即停止，但并不会影响在其他方向上的传播。

当将快速行进法应用于路径规划问题时，从势场的角度能够对其进行直观的解释。

在图 8.30[29]所示网格图中，4 个形状各不相同的障碍物(圆形、矩形、三角形和不规则图形)位于地图的中心区域，路径规划的起始点位于地图的左上角，目标点位于地图的右下角。地图的表示形式为二进制网格，网格的数值非 0 即 1，处在可行区域的网格被赋值为 1，在障碍物区域的网格被赋值为 0。

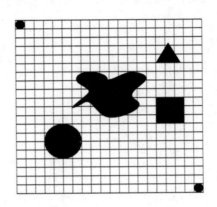

图 8.30　网格图表示的位姿空间

通常，采用梯度下降法对所建立的势场进行求解，该方法也称作最速下降法(steepest descent method)，是求解无约束优化问题的经典方法。在理论上，梯度下降法十分重要，因为它自身是一个易于实现的优化算法，大量效率更高、实用性更强的优化算法均是以其作为基本算法而建立的。自梯度下降法出现以来，其在最优化问题和非线性方程组求解等领域始终有着广泛的应用。

函数的梯度方向是函数值增加的最快方向，与之相反，负梯度方向是函数值减小的最快方向。于是可以将负梯度方向作为一维搜索的方向，用于解决优化问题，这种方法因此被称作梯度下降法。

梯度下降法的迭代公式是

$$\boldsymbol{x}^{k+1} = \boldsymbol{x}^k - a^k \boldsymbol{g}^k \tag{8.26}$$

式中，$\boldsymbol{g}^k$ 是目标函数 $F(x)$ 在迭代点 $\boldsymbol{x}^k$ 处的梯度；a^k 通常都使用优化步长，即通过一维极小化 $\min F(\boldsymbol{x}^k - a\boldsymbol{g}^k)$ 求得。

通常，梯度下降法的迭代方向是用单位梯度矢量来表示的，即取

$$S^k = -\frac{\boldsymbol{g}^k}{\left\| \boldsymbol{g}^k \right\|} \tag{8.27}$$

则梯度下降法的另一种迭代形式为

$$x^{k+1} = x^k - a^k \frac{g^k}{\|g^k\|} \tag{8.28}$$

按照任意一种迭代公式进行求解，每次迭代的初始点选取为上次迭代的终点，即能够让迭代点逐步逼近目标函数 $F(x)$ 的最优点 x^*。

迭代求解过程的终止条件可以采用点距准则，即当前后 2 次迭代点之间的距离小于预期值时，认为已经找到了最优点 x^*。但比点距准则更常见的是梯度准则，即当 $\|g^k\| \leqslant \varepsilon$ 时终止迭代。

梯度下降法的迭代求解过程如下：

(1)任选初始迭代点 x^0，选定收敛精度 ε。

(2)确定 x^k 点的梯度（k 从 0 开始取值）

$$g^k = \left[\frac{\partial F}{\partial x_1}, \frac{\partial F}{\partial x_2}, \cdots, \frac{\partial F}{\partial x_n} \right]^{\mathrm{T}} \tag{8.29}$$

(3)判断是否满足梯度准则 $\|g^k\| \leqslant \varepsilon$，若满足，则输出最优解 $x^k \to x^*$，$F(x^*) \to F^*$，结束计算。否则转(4)。

(4)从当前迭代点 x^k 开始，沿着负梯度方向 g^k 做一维搜索，求最优步长 a^k：

$$\min F(x^k - a g^k) = F(x^k - a^k g^k) \tag{8.30}$$

得到下一个迭代点：

$$x^{k+1} = x^k - a^k g^k \tag{8.31}$$

令 $k \leftarrow k+1$，返回(2)。

梯度下降法的优点是程序流程简单，每次迭代过程的计算量及内存消耗也较小，而且当迭代点离最优点较远时目标函数值的下降速度很快。但梯度下降法的缺点也很明显，即当迭代点逐渐接近最优点时，逼近速度十分缓慢，而且一维搜索的步长误差可能会产生扰动，导致无法取得较高的收敛精度。梯度下降法中的"最速下降"方向并不是最理想的迭代路径。其原因在于梯度下降法的最速下降性质只是迭代点领域内的局部性质，就整体而言，该方法的收敛速度并不快。

如图 8.31[28]所示，求解界面传播过程的快速行进法可看作是梯度下降法的逆过程。界面沿着边界法线方向传播，法线方向即梯度下降法中的正梯度方向，而后者只在负梯度方向上进行迭代搜索，寻找最优点。由于梯度下降法最初是用来寻找极值点，它只能保证算法能够收敛到人工势场的全局最小值，即界面传播的源，而无法保证连接这一系列迭代点的路径的安全性以及平滑性。具体编程进行路径规划时，界面的源既可以选在起始点，如图 8.31(a)所示，也可以选在目标点，如图 8.31(b)所示。虽然最终生成的路径有所不同，但这种情况下生成的人工势场是等价的，均可以用于路径规划及进一步的路径跟踪。值得注意的是，在水面机器人执行任务的过程中，目标点始终不发生改变，而当前点（起始点）在不停地发生变化。考虑到海洋环境中风、浪、流的干扰，水面机器人可能偏离预定的路径，此时需要重新为其实时地、动态地更新路径，而不是使水面机器人恢复至初始时规划的路径，如图 8.32[28]所示。如果每个控制周期都以当前点作为界面的源，则每次均需要使用一次快速行进法和梯度下降法，如图 8.32（a）所示。如果将任务的目标点作为界面的源，只需在任务开始时使用一次快速行进法，每个控制周期中只需使用梯度下降法求解路径，如图 8.32（b）所示。所以在实际进行路径规划时，将任务的目标点作为界面的源比较合适，能够显著地减少计算量。

(a) 起始点作为界面的源　　　　　　　(b) 目标点作为界面的源

图 8.31　通过梯度下降法得到的规划路径

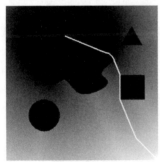

(a) 当前点作为源　　　　　　　　　　(b) 目标点作为源

图 8.32　水面机器人行驶过程中实时更新路径

除了梯度下降法外，在势场求解中，也可采用粒子群优化算法、Dijkstra 算法、遗传算法等更为智能的优化算法。相较于梯度下降法，这类算法通常可以得到更好的优化结果，但同时，也因为算法更为复杂，计算量较大，在工程应用上会存在一定的困难。因此，本节仅对这类方法进行简要介绍。

粒子群优化算法是一种智能优化算法，它的思想来源于人工生命和进化计算理论，主要受鸟群觅食行为的启发。粒子群优化算法的特点是模拟群聚动物一起进行觅食、追捕和逃避，在这些动物当中，每一个个体行为都是建立在集体行为基础上，即群体中的各种信息相互间都可以获取，共同享有。该算法就是通过模拟鸟群捕食行为设计的，来获知变量优化问题的一个智能方法。

粒子群优化算法是区别于蚁群算法的另一种群体智能算法，但是它与遗传算法有些相同之处，都是依靠个体间的协作和竞争来进行路径规划的。系统先随机初始化一组随机数据，称为粒子。和遗传算法不一样的是，粒子通过跟随最佳粒子的路径进行探索，利用数学中的迭代思想，最终形成一条最优路径。粒子群优化算法的优点是参数调整较少，是一种全面的避碰方法。

算法流程图如图 8.33[28]所示。

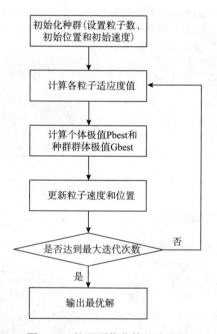

图 8.33　粒子群优化算法流程图

设定在一个 D 维的探索区域内，由 n 个粒子构成的种群 $\boldsymbol{X}=[\boldsymbol{X}_1,\boldsymbol{X}_2,\cdots,\boldsymbol{X}_n]$，其中，第 i 个粒子设为一个 D 维的向量 $\boldsymbol{X}_i=[X_{i1},X_{i2},\cdots,X_{in}]^{\mathrm{T}}$，表示为第 i 个粒子在 D 维搜索区域内的方位，也表示为问题的一个隐藏解。通过目标函数便可得出所有粒子位置 $\boldsymbol{X}_i$ 对应的适应度。第 i 个粒子的速度 $\boldsymbol{V}_i=[V_{i1},V_{i2},\cdots,V_{in}]^{\mathrm{T}}$，其个体极值 P_{best}，种群的群体极值 $\boldsymbol{P}_i=[P_{i1},P_{i2},\cdots,P_{in}]^{\mathrm{T}}$。每个粒子根据自己的速度在 D 维空间中飞行，并根据自己的经验、粒子邻域的经验以及群体的经验更新自己的位置与速度，从而趋向全局最优解。

在整个的迭代进程中，粒子都会通过个体极值和群体极值更新其速度和方

位，即

$$V^{k-1} = wV_{id}^k + c_1 r_1 (P_{id}^k - X^k) + c_2 r_2 (P_{gd}^k - X^k) \qquad (8.32)$$

$$X^{k+1} = X^k + V^{k+1} \qquad (8.33)$$

式中，k 为当前迭代次数；P_{id}^k 为个体最优粒子位置；P_{gd}^k 为全局最优粒子位置；c_1 和 c_2 为加速度因子；r_1 和 r_2 是分布于[0,1]区间的随机数；V 为粒子的速度；X 为粒子位置；w 为惯性权重，相对来说，越大的 w 值可以使算法具有更高的搜索能力，越小的 w 值可以使算法具有更高的探索精度。为了更好地平衡算法的全局搜索与局部搜索能力，通常采用线性递减动态调整策略：

$$z_{\alpha_e} = f(\alpha_e, \bar{\alpha}_e, \underline{\alpha}_e) = \frac{\alpha_e}{(\bar{\alpha}_e - \alpha_e)(\underline{\alpha}_e + \alpha_e)} \qquad (8.34)$$

$$w = w_{max} - \text{iter} \times \frac{w_{max} - w_{min}}{\text{iter}_{max}} \qquad (8.35)$$

式中，w_{max} 为初始惯性权重；w_{min} 为增加至最大次数的惯性权重；iter 为当前迭代次数；iter_{max} 为最大迭代次数；w 为第 iter 代时的惯性权重。一般来说，w_{max}=0.9、w_{min}=0.4 时算法性能最好。

Dijkstra 算法的基本思想为：对于一个全是正权边的有向图，先设定起始点和目标点，然后将有向图所有的顶点分为两组，分别用 S 和 U 表示。其中，S 中存放已经求出其最短距离的顶点，而 U 中存放未求出其最短距离的顶点。接着定义有向图各顶点的距离值，S 中各顶点距离值为起始点到该点最短路径的距离，而 U 中各顶点距离值为：从起始点开始，以 S 中一个或多个顶点为中间点，然后到达该顶点的最短路径的距离。算法开始时，S 中只有起始点，其距离为零；然后将 U 中顶点按照距离递增的顺序逐个加入到 S 中，直到 U 为空。在将 U 中顶点逐个加入 S 的过程中，要一直满足 S 中各顶点的距离值不大于 U 中各顶点的距离值这个条件。Dijkstra 算法的优点是搜索最短路径的成功率较高，它的搜索方式是通过不断地比较和计算各点到起始点的距离，并将各点的距离值更新为最小值，由此得到起始点到目标点的最短路径。这是一种遍历了有向图中所有的顶点的算法，故搜索最短路径成功率很高。Dijkstra 算法的流程如图 8.34[30]所示。

近些年，伴随着遗传算法在各大领域特别是智能化方面和概率选择搜索方面的普遍应用，人们开始重点关注和研究此算法。该算法的应用主要是以进化论为核心，着重采用自然选择，更新迭代按照优胜劣汰的方式进行，也就是把智能避碰当作自然界中的物种，经过适者生存的自然淘汰法则，最终实现水面机器人的智能避碰。

遗传算法的基本步骤如下。

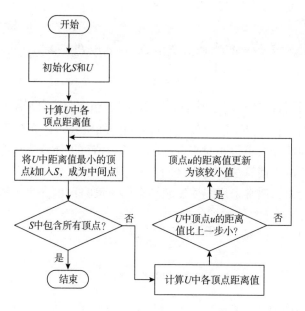

图 8.34 Dijkstra 算法流程图

步骤 1：种群初始化。

步骤 2：生成目标函数，对群体的单个物种进行评价。

步骤 3：采用选择、交叉及变异等方式对群体做相关操作，从而获得群体的下一代。

8.3.2 水面机器人编队避碰规划技术

水面机器人群在运动过程中可能遭遇动态障碍物，此时局部动态路径规划方法均是通过传感器信息对障碍物建模，并对全局静态路径进行局部修正，同时考虑水面机器人群自主航行模式下必定会存在相互碰撞的情况。因此，为了确保水面机器人群航行任务的安全，在水面机器人编队中某个成员进行局部动态路径规划时，也将其他成员看作动态障碍物，在每个动态障碍物的避碰领域内应用避碰算法，与全局静态路径规划中的安全地图叠加，用于生成最终的优化路径。

8.3.2.1 水面机器人群动态避碰方式

水面机器人群的动态避碰算法主要考虑在全局路径规划中结合局部避障算法，同时还需要考虑 COLREGs，即当水面机器人之间存在碰撞危险，要求必须遵守 COLREGs 来规划自身的避碰行为。

水面机器人群动态障碍物避碰策略可分为如下几部分：

（1）识别障碍物，即识别外界障碍物或分析水面机器人群内部之间的相互影响，并通过传感器确定其航行状态；

（2）依靠水面机器人采集的环境信息计算出安全航行距离；

（3）确定是否到达碰撞范围并采取相应行为；

（4）确定避让行动的方式；

（5）复航。

水面机器人的避让决策部分主要是基于传感器信息的采集与处理。

8.3.2.2　水面机器人避碰理论

常用局部动态避碰算法有人工势场法、拟态物理学方法、狼群算法、速度障碍法，接下来重点介绍速度障碍法理论。

速度障碍算法[31]是一种较流行的一阶避碰算法，其主要思路是通过计算水面机器人和其余碰撞艇的速度矢量差，得到相对速度并判断其是否处于碰撞速度区域。如果处于碰撞速度区域则存在碰撞可能，之后以远离碰撞速度区域为目标，通过改变双方的速度矢量来进行避碰行为。速度障碍法的主要优势是在一阶速度空间通过改变水面机器人的速度来完成碰撞威胁的规避，十分方便地将水面机器人的航速以及航向作为最基本的调整变量，大大降低了工程实现的难度和复杂性。

在图 8.35 所示的全局坐标系 $\{x,y\}$ 中，水面机器人 A 和运动障碍物水面机器人 B 分别以速度矢量 V_A 和 V_B 向一定方向航行，两者的相对速度表示为 V_A-V_B。以障碍物水面机器人 B 所在位置为圆心将其膨胀为一个圆，该膨胀圆即为水面机器人在位置空间需躲避的危险区域，膨胀半径为 R，碰撞半径为水面机器人与相遇水面机器人之间的安全距离，该距离取决于两者的相对速度和转向角度。以水面机器人 A 所在位置为起点向障碍船膨胀圆作两条切线，则膨胀圆与两条切线所夹区域即为速度空间的避碰区域。若相对速度在该避碰区域内，则水面机器人必将和障碍水面机器人发生碰撞；若相对速度在避碰区域外，则认为水面机器人以当

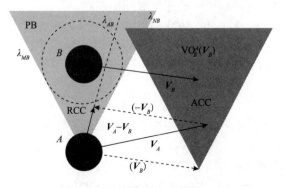

图 8.35　速度障碍法示意图

前速度和方向航行不会与障碍艇发生碰撞。改变水面机器人航速与航向，使相对速度脱离锥形避碰区即可完成避碰过程。将膨胀后的障碍物水面机器人称为一个位置障碍 PB，定义从一点 P 沿 V 方向发出的射线为 $\lambda(P,V)=\{P+Vt\,|\,t>0\}$，图中射线 λ_{MB} 和 λ_{NB} 分别是水面机器人 A 到位置障碍 PB 两侧的切线。

相对速度：水面机器人 A 和障碍物水面机器人 B 之间的相对速度为 $V_{AB}=V_A-V_B$，如果将动态避碰时水面机器人的速度视为 V_{AB}，就可以把水面机器人躲避动态水面机器人的过程视为水面机器人避让静态障碍物艇，则两水面机器人发生碰撞的条件为

$$\lambda_{AB} \bigcap \mathrm{PB} = \varnothing \tag{8.36}$$

当从 A 点发出沿着与 V_B 垂直方向的射线与障碍物 B 相交，即射线 λ_{AB} 落在障碍物 B 相对于水面机器人 A 的两条切线夹角内时，可认为水面机器人会在将来某一时刻与障碍物发生碰撞。

相对锥形碰撞区（relative collision cone，RCC）：速度空间中的相对锥形碰撞区定义为使 A 会与 B 碰撞的相对速度 V_{AB} 的集合，即

$$\mathrm{RCC} = \left\{V_{AB}\,\middle|\,\lambda(P_A,P_B)\bigcap\mathrm{PB}=\varnothing\right\} \tag{8.37}$$

由图可知射线 λ_{MB} 和 λ_{NB} 之间的区域就是相对锥形碰撞区。如果水面机器人的相对速度存在 $V_{AB}\in\mathrm{RCC}$，则水面机器人 A 将与运动障碍物水面机器人 B 发生碰撞。

绝对锥形碰撞区（absolute collision cone，ACC）：RCC 表现的是一种相对轨迹和由相对速度 V_{AB} 导致的碰撞，间接定义了水面机器人 A 可能与障碍物水面机器人 B 发生碰撞时的水面机器人速度的集合。把 RCC 沿 V_B 平移后得到的区域称为绝对锥形碰撞区：

$$\mathrm{ACC} = \mathrm{RCC}\oplus V_B \tag{8.38}$$

式中，$\oplus$ 表示闵可夫斯基矢量和运算。当存在多个障碍物时，需要将每个障碍物的水面机器人的速度转换到统一的速度空间里表述。

速度障碍（velocity obstacle，VO）：从绝对锥形碰撞区的定义可知，$V_{AB}\in\mathrm{RCC}$ 等价于 $V_A\in\mathrm{RCC}$，即绝对锥形碰撞区直接定义了水面机器人与运动障碍物发生碰撞的速度集合，我们把该集合定义为速度障碍，即

$$\mathrm{VO}_{AB} = \left\{V_A\,\middle|\,\lambda(P_A,V_{AB})\bigcap\mathrm{PB}\neq\varnothing\right\} \tag{8.39}$$

上面讨论了水面机器人和单个运动障碍物避碰的情况，运动障碍水面机器人 B 对水面机器人 A 产生速度障碍 VO_{AB}，如果存在任意 $V_A\in\mathrm{VO}_{AB}$，则水面机器人将在某一时刻与运动障碍物发生碰撞。水面机器人 A 与单个运动障碍物 B 相遇时，避碰条件为 $V_A\notin\mathrm{VO}$。当存在多个运动障碍物 $\{O_1,O_2,O_3,\cdots,O_n\}$，求出所有障碍物

的集合 $MVO \in \bigcup_{i=1}^{N} VO_i$，则避碰条件为 $V_A \notin MVO$。图 8.36 为水面机器人和两个运动障碍物的情况。

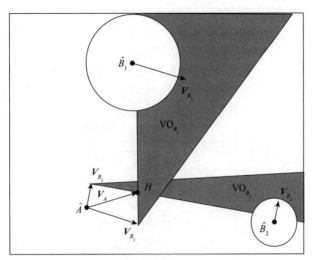

图 8.36　速度障碍法示例

8.3.3　水面机器人群编队规划流程

本小节对水面机器人协同规划的整体流程[32]进行说明，该算法基于受约束的快速行进法，可应用于动态环境中的操作。受约束的快速行进法能够以有效的计算时间对运动中船舶的动态行为进行建模，通过一系列在模拟环境中的测试，证明水面机器人可以在复杂的导航环境中有效工作。具体的流程如下。

步骤 1：全局静态地图生成。

步骤 2：领航者角色的水面机器人的地图生成，其中包括当前水面机器人所处环境的静态地图和遇到的动态障碍物信息。

步骤 3：使用快速行进法计算领航者 USV 的路径。

步骤 4：生成领航者角色的水面机器人 i 的地图，其中包括当前水面机器人 i 所处环境的静态地图和遇到的动态障碍物信息。

步骤 5：计算跟随者水面机器人 i 的子目标。

步骤 6：判断子目标是否为障碍，是，进行下一步；不是，转步骤 9。

步骤 7：根据子目标信息重新规划。

步骤 8：跟随 i 使用快速行进法计算路径。

步骤 9：i 自增。

步骤 10：判断 i 是否等于 S，等于，进行下一步；不等于，转步骤 4。

步骤 11：水面机器人群移动到下一点。

步骤 12：判断该点是否为最终目标点，是，结束；不是，转步骤 2 继续循环。

其中，i 为水面机器人编队号码，S 为领航者水面机器人编号。算法总体流程如图 8.37 所示。

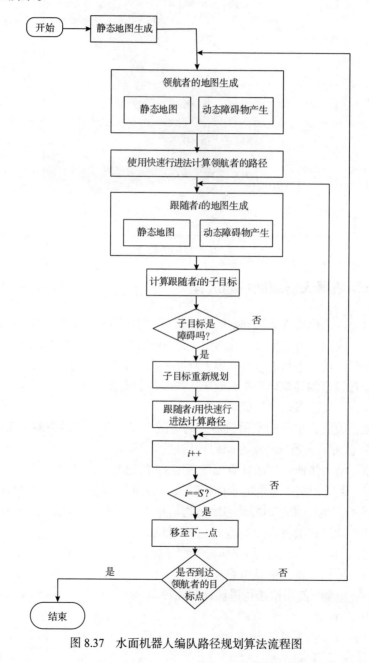

图 8.37 水面机器人编队路径规划算法流程图

8.3.4　水面机器人编队规划仿真试验

8.3.4.1　编队全局规划仿真

仿真实验场景模拟为水面机器人编队对一艘匀速航行的船只进行护航任务。本次护航任务中,监控人员下达的指令是编队以被护航船只为中心,并与其保持100m 的平均距离。在航行过程中,需要同时考虑到水面机器人之间以及与被护航船只的避碰问题,被护航船只可以按照移动障碍物进行处理。假设被护航船只的长度为 80m,则可以在其中点建立禁区与缓冲区半径分别为 $R_0 = 50$m 和 $R_0 = 100$m 的环形斥力场。

采取 6 艘水面机器人的仿真配置,各水面机器人的初始位置分别定义为(150m,100m)、(100m,50m)、(50m,50m)、(50m,100m)、(0,100m)、(0,150m)。各水面机器人的初始航速和航向设置为5m/s 和45°,被护航船只的初始航速和航向为7m/s和45°。按照以上基本设置,水面机器人编队护航的仿真结果如图8.38~图8.40所示。图 8.38 展示了各水面机器人执行护航任务时在不同时间节点的位置和航迹情况。在该图中,为了便于清晰观察,对水面机器人的外形轮廓进行了适当放大处理。被护航船只周围绘制了一个圆形线,该圆形线表示以被护航船中心为原点的100m 禁区边界线。

图 8.38(a)展示了在初始时刻,水面机器人编队航行位于被护航船只的后方一定距离的位置。图 8.38 (b)则展示了各水面机器人各自从不同方位追赶上被护航船只,并逐渐将其围绕在编队的中心。图 8.38(c)、图 8.38(d)体现了各水面机器人在完成了与被护航船只的间距控制后,保持相对稳定的队形伴随着该船以稳定的航速一同航行。从各分图中可以观察出,在追逐—包围—随行的整个过程中,6艘水面机器人均与被护航船只保持着一定的安全距离,没有水面机器人进入禁区。此外,各水面机器人之间也保持着必要的间距,没有发生碰撞。因此,可以判断所提出的人工势场法在护航作业下是有效可行的。

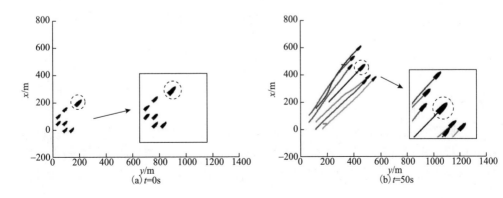

(a) t=0s　　　　　　　　　　(b) t=50s

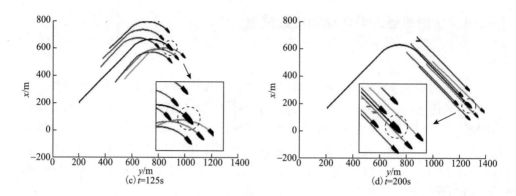

图 8.38　编队护航规划轨迹

图 8.39 与图 8.40 从数据方面展示了编队对护航任务的完成情况。其中，图 8.39 为各水面机器人与被护航船只间距的时间历程曲线。由于设置了避障缓冲区域半径为 100m，在初始阶段进入缓冲区域的 1、3、4 号水面机器人会逐渐被虚拟斥力向外排挤，最终间距保持在接近 100m 的位置。图 8.40 展示了编队位置误差具有良好的收敛性，图中 80～140s 时间段内船只转向导致较小幅值的稳态误差，但不影响护航任务的完成。

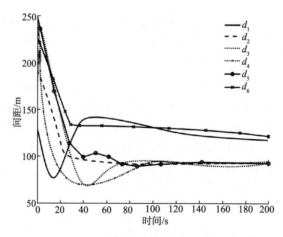

图 8.39　各水面机器人与被护航船只的间距

d_i-编队中 i 号水面机器人与被护航船只的距离

8.3.4.2　编队避碰规划仿真

为验证水面机器人编队自主规避不同形状障碍物的能力，又进行了一次目标跟踪过程中水面机器人自主避障的仿真。本次仿真模拟的情景如下：6 艘水面机器人自主跟踪一个水下目标，同时在水下目标的航线周围会出现多个水面障碍物，

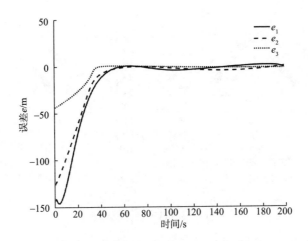

图 8.40　编队位置误差-时间历程曲线

e_i-编队中 i 号水面机器人与被护航船只的位置误差

并假设目标的航行不受障碍物影响。本次仿真中，各水面机器人的初始位置以及其他运动状态与 8.3.4.1 小节中的仿真的设置保持不变。根据该情景模拟。

图 8.41 展示了各水面机器人在航行跟踪水下目标过程中的航迹及避障情况，水下目标使用"×"记号表示。在图 8.41(a)中，由于编队前方存在两个长 200m、宽 50m 的椭圆形障碍物，6 艘水面机器人根据自身与障碍物的相对位置自主选择从左、中、右三个不同的方向绕过障碍物。在绕过椭圆障碍物后，6 艘水面机器人开始往中心聚集，如图 8.41(b)所示。在图 8.41(c)中，由于水下目标穿过圆形障碍物(直径 80m)底部，水面机器人只能采取从两侧绕过的方式继续跟踪目标。观察图中各水面机器人的位置可知，水面机器人并未与障碍物发生碰撞，而是以较为灵活的方式自主选择适当的航行方向，达到了预期的自主避障任务目标。

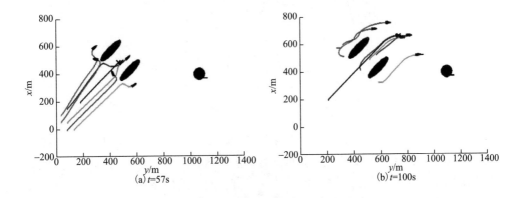

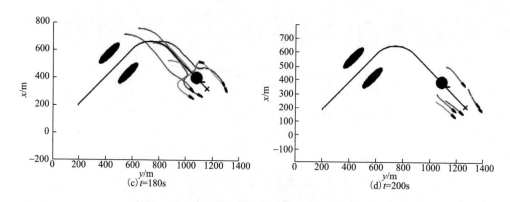

图 8.41　编队自主避障航行轨迹

图 8.42 的编队位置误差曲线显示了避障过程中对目标跟踪指令和群体间距的影响。在 50～100s 和 140～200s 两个时间段内，位置误差持续存在。结合航迹图分析可知，由于避障势函数的影响，水面机器人编队以暂时牺牲任务目标的代价换取必要的航行安全，即避碰行为比跟踪行为和间距保持行为具有更高的优先级，这种优先级设置是合理可行的。图 8.43 及图 8.44 以水面机器人 1 为例，展示了其航速以及舵角实际情况，可以判断出水面机器人的航行状态正常。

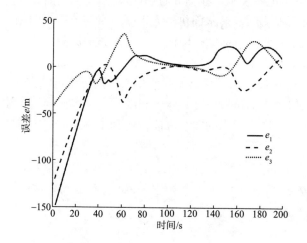

图 8.42　编队位置误差-时间历程曲线

从以上两个仿真结果来看，所设计的控制框架实现了编队运动控制的目标，所设计的运动制导律能够满足多水面机器人协调航行的需求。在仿真中，监控人员仅对水面机器人下达了跟踪目标以及保持群体间距这两条指令。然而在航行过程中，具体保持怎样的队形，怎样调整航速与航向则由各水面机器人根据当前位

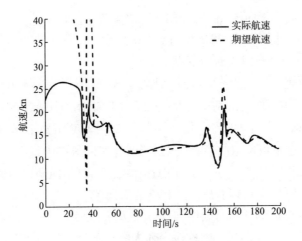

图 8.43　水面机器人 1 的航速-时间历程曲线

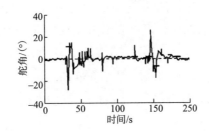

图 8.44　水面机器人 1 的舵角-时间历程曲线

置以及附近船只航行情况自主决定，不需要人为干预，从而赋予了整个编队自主
航行的能力。

8.4　水面机器人编队控制技术

8.4.1　水面机器人编队系统组织方式

8.4.1.1　图论基础

　　图论作为一种简单有效建立智能体间通信结构的工具，被广泛应用于智能体
编队系统信息交互的数学建模中[33]。假设编队系统中的各个智能体通过通信网络
来获得对方的状态信息。我们将 USV 编队系统中单个艇体视为一个节点，船之间
的信息交互视为边，则整个 USV 编队系统中各艇之间的信息交互关系可用有向图

(directed graph)或者无向图(undirected graph)来表示。具体地，对含有 M 艘 USV 的多机器人系统，将第 i 艘 USV 用节点 i 来表示，如果 USV$_i$ 能读取 USV$_j$ 的状态信息，那么就有一条有向边通向节点 i。

设图 $G = G(V, \varepsilon)$，其中集合 $V = \{1, 2, 3, \cdots, M\}$ 用来表示有限非空节点集，$\varepsilon \subseteq V \times V$ 用来表示有序节点对的边集。边集中的边 (i, j) 用来表示从 USV$_j$ 能读取 USV$_i$ 的状态信息，即信息的流向是从 i 到 j。如果满足 $(i, j) \in \varepsilon \Leftrightarrow (j, i) \in \varepsilon$，则称 (i, j) 为双向边，这里可用双向箭头线段来表示。如果图 G 中每一个边都是双向边，则称该图为无向图；反之，如果图 G 中存在一个边是单向的，则称之为有向图。值得注意的是，无向图可以看成一类特殊的有向图。

对于由节点构成的一组有向序列 $(i_1, j_2), (i_2, j_3), \cdots, (i_{M-1}, j_M)$，如果该序列中任意连续的节点都为图 G 的边，则称该序列为图 G 的路径。对于双向图，如果任意两节点都存在一条路径，则称该图是连通的；对于单向图，若任意两个节点都存在一条路径，则该图是强连通的[34,35]。如果 $(j, i) \in \varepsilon$，则我们称 USV$_j$ 是 USV$_i$ 的一个邻居，所以 USV$_i$ 邻居的集合可以表示为 N_i。定义有向图的邻接矩阵(adjacency matrix) $\boldsymbol{A} = \begin{bmatrix} a_{ij} \end{bmatrix} \in \mathbf{R}^{M \times M}$，如果 $(j, i) \in \varepsilon$ $(i \neq j)$，则有 $a_{ij} = 1$；反之，则有 $a_{ij} = 0$。需要注意的是，"自连"(self-connection)是不允许的，即 $a_{ii} = 0$ 是不允许的。定义图 G 的入度矩阵(in-degree matrix) $\boldsymbol{D} = \begin{bmatrix} d_{ij} \end{bmatrix} \in \mathbf{R}^{M \times M}$，如果 $i \neq j$，则 $d_{ij} = 0$；如果 $i = j$，则 $d_{ij} = \sum_{j \in N_i} a_{ij}$。

进一步，定义图 G 的 Laplacian 阵 $\boldsymbol{L} = \begin{bmatrix} l_{ij} \end{bmatrix} \in \mathbf{R}^{M \times M}$，其满足

$$L = D - A \tag{8.40}$$

由上述矩阵定义可知，针对无向图 G，$\boldsymbol{L}$ 是对称的且被称作 Laplacian 阵；针对有向图 G，$\boldsymbol{L}$ 不必是对称的且被称作非对称 Laplacian 阵或者有向 Laplacian 阵。

图论法是指将图论知识应用于多智能体编队控制中，用拓扑图来描述智能体间的信息交互，并结合 Lyapunov 稳定性理论设计出合适的控制器，验证设计方案的可行性以及系统稳定性。当利用图论法对编队系统建模时，其中每个智能体等效为图中的顶点，相邻智能体间的信息交互关系等效于图中的边，这样便能方便地利用拓扑图增删顶点，描述交互关系的变化。图论法的优点是拥有完整的知识体系，可扩展性好，适用于大规模编队；缺点是物理实现的难度较大，应用范围主要限制于仿真实验。早在研究领航者-跟随者法的经典文献中，便有研究者用有向图描述了非完整移动机器人编队以及队形的变换[36,37]。后来，文献[38]讨论了在动态无向图下的一阶多智能体系统的群集和编队问题，且验证了在分散式控制律的作用下编队拓扑图始终是连通图。文献[39]中使用横截函数(transverse function)将欠驱动水面机器人系统进行坐标转换，采用误差转换技术讨论在有向通信图下具有通信约束的 USV 系统的通信连接保持和避碰问题，最后利用 Lyapunov 稳定性理论设计出分布式控制器。类似地，文献[40]中利用图论法研究了多智能系统的碰撞避免和通信连接保持的问题。近年来，控制领域出版了一些关于代数图论的专著[41,42]。基于这些研究成果，可方便地采用图论法设计出使系统性能更好的编队控制算法。

8.4.1.2　水面机器人编队的拓扑结构

在任何对水面机器人协同任务规划的研究中，首先必须明确其研究的任务背景是什么，再根据该任务背景要求进行进一步的分解与细化，形成水面机器人可以完成的工作任务框架，进而根据任务指标并考虑某些因素进行问题建模与求解。协同任务规划问题以多 USV 系统总体性能最大化或代价最小化为指标，其一般形式为将若干工作指派给多个 USV 执行。因为现实中存在着极其多样化的任务背景以及复杂的影响因素，目前存在的任务规划方法无不是针对特定的任务背景进行研究。

由于多水面机器人协同任务规划问题的复杂性，一般采用递阶控制(hierarchical control)的方式将其分解成决策层、协调层、执行层等若干个子问题，再对这些子问题进行求解，从而降低解决这个复杂问题的难度。有了递阶控制的思路之后，需要对多机协同任务规划问题进行建模与求解。从数学(运筹学)角度看，该问题属于一类复杂的组合优化问题，需要对多 USV 机群内各个成员进行任务指派和资源分配。对该优化问题进行建模与求解的方法有很多种，抛开具体研究对象的不同，多智能体编队系统主要分为集中式控制(centralized control)、分散式控制(decentralized control)和分布式控制(distributed control)。

(1)集中式控制[43,44]是指多智能体编队系统中有一个智能体作为控制中心，它能接收到来自所有个体的状态信息，进行信息处理后便将下一步的运动轨迹方案反馈给这些个体，从而达到控制整个队形的效果。集中式控制的优点是控制精度较高，缺点是对控制中心依赖度太高，当控制中心出现故障时会导致整个系统崩溃，不适合大规模编队。

(2)分散式控制[45]是指编队系统中并不存在控制中心，编队系统中的每个个体也并不和其他个体进行信息交换，而只通过与系统中特定点的相对关系来规划自身下一步轨迹，这种控制方法虽然简单，但系统对外部环境的自适应性和鲁棒性却是最差的。

(3)分布式控制[46-53]是指编队系统中的个体相对独立，个体在与邻居进行信息交互后，利用接收到的局部邻居信息规划它自己接下来的运动轨迹，然后将这些个体行为进行组合便可实现编队系统的整体目标。虽然分布式控制较集中式控制的效果稍差，但由于分布式控制一般对设备配置的要求较低，即使在有限的带宽和有限的通信范围等限制条件下也可以保证整个系统正常工作，因此具有很大的应用潜力，很适合大规模编队。如今绝大部分编队系统都使用分布式控制理论设计控制器。文献[45]～[51]提出了一些分布式控制的开创性工作，其中文献[46]～[48]中提出的一致性问题是研究编队控制的基础，经过简单的线性变换后，一致性算法便可用于编队控制中。

8.4.2 水面机器人编队控制器结构

8.4.2.1 水面无人编队结构

编队控制问题是多水面机器人系统协调、合作的基础和难点。在现有的国内外研究成果中，常用的编队控制方法可分为领航者-跟随者法(leader-follower)、虚拟结构(virtual structure)法、基于行为法(behavior-based method)和基于图论法(graph-based method)等，其中基于图论法因具有成熟的理论体系，且逐步融入了上述三种控制方法，成为目前研究编队运动控制方式的一种重要方法。

领航者-跟随者法是指选定编队结构中的某个或多个个体作为领航者，产生整个编队的参考轨迹，剩余的个体则作为跟随者，按照与领航者保持的理想距离和(或)角度跟随领航者运动，从而形成特定的编队队形。其中领航者是整个系统的基准，常用于产生理想参考轨迹，它可以是真实存在的实物，也可以为虚拟的。领航者-跟随者法的优点是控制简单、容易实现，缺点是当领航者失去执行能力后整个编队系统会崩溃，所以通常做法是与其他编队控制方法结合使用。Wang[54]在20世纪90年代初首次将领航者-跟随者法应用于机器人编队控制中，并设计出了 l-l (跟随者与两个领航者间保持理想距离)和 l-ψ (跟随者与领航者间保持理想距离和理想角度)两种编队控制器。文献[55]针对基于视觉的领航者-跟随者编队系统提出全状态、鲁棒以及输出反馈三种形式的控制算法。文献[56]讨论了具有预设性能和碰撞避免的领航者-跟随者编队控制问题，考虑了外部干扰和模型未知的情况，采用动态面、神经网络等方法，使编队误差始终满足预设性能且最终收敛至零点的小领域内。文献[57]～[61]主要基于图论法对多智能体领航者-跟随者编队系统设计出了分布式同步控制算法。

虚拟结构法是指将整个编队系统看成一个刚体，将编队中的个体视为刚体上对应的点，为每个编队个体设计合适的轨迹跟踪控制律，则当编队个体与对应顶点重合时便形成了固定的队形。1997年，Lewis 等[62]第一次利用虚拟结构法实现机器人的编队控制，后来文献[63]中也运用此编队方式对飞行器设计了控制算法。在文献[62]、[63]的基础上，文献[64]利用 Lyapunov 函数定义队形误差，并通过反馈机制提高系统稳定性。

　　基于行为法是指将控制目标分解为编队个体各自的基本行为，如保持队形和避免碰撞等，再将这些基本行为进行设计后组合起来，从而形成整体行为。基于行为法往往对具体的问题十分有效，但由于缺乏系统的数学分析方法来预测全局编队行为，故难以保持整体队形。文献[65]首次提出基于行为法的编队控制方法，并利用循环策略对无人车平台设计了队形保持控制器。文献[66]则进一步引入了动态耦合方法，很好地解决了初始任务分配问题。文献[67]、[68]则在基于行为法的框架下增加了避障问题。

　　基于图论法是指将图论知识应用于多智能体编队控制中，用拓扑图来描述智能体间的信息交互，并结合 Lyapunov 稳定性理论设计出合适的控制器，验证设计方案的可行性以及系统稳定性。

8.4.2.2　水面机器人编队控制器的设计方法

　　水面机器人编队系统在复杂多变的海洋环境中航行时面临着许多不确定性，如：

　　(1)水面机器人本身是一个与水文系统强耦合的非线性时变系统，导致模型中的水动力参数难以获得，因此便无法建立精确的数学模型。

　　(2)系统易受海风、海浪、洋流等外部自然因素的影响，而这些时变干扰因素均无法精确测得。

　　(3)在考虑通信设备的限制条件下，如何实时保证系统航行过程中的通信连接和避免碰撞发生等问题。为解决上述问题，必须提出合适的应对控制策略，从而确保系统的稳定性、鲁棒性和适应性。

　　对于系统模型不确定的情况，目前主要采用参数自适应控制和神经网络控制，其中参数自适应控制技术主要用于解决系统模型中含有不确定参数的问题；而当模型中含有连续非线性的未知函数时，则利用神经网络在线逼近未知动态，神经网络需要不断地更新权值直至估计权值最终收敛至理想真值。参数自适应控制最初由麻省理工学院的 Whitaker 教授等[69]提出，后来 Kanellakopoulos 等[70]基于此方法并结合反步法，有效地解决了一类具有严格反馈结构的非线性系统的不匹配问题和系统全局稳定问题，其中反步法是基于 Lyapunov 函数发展起来的，普遍应用于非线性系统的一种递归设计方法。文献[71]采用自适应控制器，实现了在未知常量扰动下水面机器人系统的渐近路径跟踪。文献[72]采用自适应技术来估计速度和扰动的上界，并证明了闭环系统内所有状态最终一致有界。文献[73]则在采用参数自适应控制方法时，在参数更新率中增加了邻居对系统未知常参数的估计值，充分体现了分布式控制的思想。文献[74]讨论了在鲁棒自适应控制器作用下的路径跟随问题，其中仅模型参数未知，外部扰动也假设为定常干扰。文献[75]在文献[74]的基础上，进一步考虑将欠驱动水面机器人模型中的不确定部分划分为参数和非参数两部分，未知参数仍采用参数自适应控制技术，而未知的非参数化动态则采用自适应神经网络去逼近。早在 1995 年，文献[76]中便通过在线训练神经网络去逼近未知动态，文献[77]中还证明了神经网络对系统中的未知函数具有在线学习能力。随后在很多文献中，研究人员均利用神经网络去逼近非线性不确定项[77-79]。

针对风、浪、流等外部时变海洋干扰，目前通常采取的方法有两种：

(1)设计扰动观测器[78]对未知扰动进行估计和补偿，实现对系统的有效控制。

(2)假设扰动是有界的，采用参数自适应控制技术估计扰动的上界[72,76]，并在设计的控制器中加入扰动上界的估计值，减小扰动对系统性能造成的影响。

本章也是利用这两种方法来对抗扰动。

对编队系统而言，碰撞避免和通信连接保持也是核心问题。文献[79]采用类 Lyapunov 屏障函数设计分布式协调控制算法，用于解决碰撞避免与通信连接保持问题。考虑到通信干扰以及传感器测量的不确定性，他们基于参数优势垒 Lyapunov 函数[80]的方法进行了控制器的设计。文献[81]中采用一种新颖的势函数(potential function)实现编队系统的队形保持、碰撞避免、通信连接保持和渐近跟踪的控制目标。此外，采用预设性能控制技术也可将碰撞避免和通信连接保持等约束问题通过转换函数转换成不受约束的问题，使控制设计过程变得更加简单[39, 40, 81]。

要构建水面机器人集群运动的控制框架，首先需要对水面机器人集群航行过程的控制流程进行分析，并确定控制指令的传递流程。在现阶段，暂时无法实现水面机器人控制的完全自主化，但是能够实现在基本指令条件下(如给定期望路径或跟踪目标等)的半自主化运动控制。因此，本章所指的集群自主运动是指有人监控下的多水面机器人半自主协同运动。

根据半自主运动的基本假设，水面机器人集群的运动控制可以按照控制指令的传递顺序划分为如下几个部分：

(1)由岸基监控人员下达水面机器人集群的基本目标指令，如护航船只位置、集群期望间距或拦截目标等。

(2)基本指令通过无线电通信下达到各水面机器人，通过设计集群位置函数，将目标指令转化为期望的位置信息。

(3)期望位置指令或位置误差指令传递至运动规划模块，由各水面机器人根据当前环境独立完成各自的运动规划任务，并输出期望的航向以及航速指令。

(4)各水面机器人独立完成控制输入量的设计，即分别控制自身的推力和舵角，使水面机器人达到期望的航速和航向。

完成以上几个步骤，即可完成对水面机器人集群的基本运动控制。按照以上的控制指令传递顺序，可以设计如图 8.45 所示的闭环控制框架。

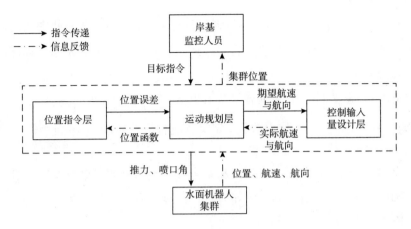

图 8.45 水面机器人编队的控制系统结构

根据集群控制中功能任务的不同，控制器被划分为三个层次，分别为位置指令层、运动规划层和控制输入量设计层。其中位置指令层对应的研究内容是水面机器人集结策略的设计；运动规划层则对应的是包含自主避碰任务的航速与航向实时制导律设计；控制输入量设计层对应的内容是对水面机器人的动力执行机构进行控制，而该部分内容已经在第 4 章中通过设计相应的滑模控制算法来完成。通过对集群控制任务的分层设计，并分别完成各任务层的算法设计，即可实现水面机器人集群的自主运动控制。

8.4.3 水面机器人编队控制器设计

在很多实际应用中需要编队系统的跟随船以一定期望队形跟踪期望参考点，且该参考点的位置信息仅一部分跟随船才能获得。本小节结合文献[82]的研究成果，利用 Lyapunov 设计方法，对领航者-跟随者组织结构下的水面机器人编队的鲁棒控制器设计方法进说明，具体如下。

8.4.3.1 问题描述

考虑 N 艘全驱动 USV 组成的编队系统，引用单 USV 的运动模型，对于多水面机器人编队，其系统模型可描述如下：

$$\dot{\boldsymbol{\eta}}_i = \boldsymbol{R}(\psi_i)\boldsymbol{v}_i$$
$$\boldsymbol{M}_i\dot{\boldsymbol{v}}_i = -\boldsymbol{C}(\boldsymbol{v}_i)\boldsymbol{v}_i - \boldsymbol{D}(\boldsymbol{v}_i)\boldsymbol{v}_i + \boldsymbol{\tau}_i + \boldsymbol{\tau}_{wi} \tag{8.41}$$

$$\boldsymbol{R}(\psi_i) = \begin{bmatrix} \cos\psi_i & -\sin\psi_i & 0 \\ \sin\psi_i & \cos\psi_i & 0 \\ 0 & 0 & 1 \end{bmatrix} \tag{8.42}$$

式中，$\boldsymbol{\eta}_i = [x_i, y_i, z_i]^T$ 表示跟随船的位置信息；$\boldsymbol{v}_i = [u_i, v_i, r_i]^T$ 表示跟随船的速度信息；$\boldsymbol{\tau}_i = [\tau_{ui}, \tau_{vi}, \tau_{ri}]^T$ 表示实际控制输入；$\boldsymbol{\tau}_{wi} = [\tau_{wui}, \tau_{wvi}, \tau_{wri}]^T$ 表示由外界环境引起的干扰力与力矩。

定义 8.1　定义领航者-跟随者的队形为 $\boldsymbol{\Lambda} = \{\boldsymbol{P}_i\}$，其中 $\boldsymbol{P}_i = [P_{ix}, P_{iy}, P_{i\psi}]^T$（$i=1$, $2,\cdots,N$），且 P_{ix}、P_{iy}、$P_{i\psi}$ 均为常数。定义领航者位置为 $\boldsymbol{\eta}_r = [x_{xr}, y_{yr}, z_{\psi r}]^T$ 且满足 $\dot{\boldsymbol{\eta}}_r = 0$。

定义 8.2　定义对角阵 $\boldsymbol{B} = \text{diag}(b_1, b_2, \cdots, b_N)$ 为领航者的邻接矩阵。其中当且仅当跟随船 USV_i 是领航者的一个邻居时，有 $\|b_i\| > 0$；反之，$\|b_i\| = 0$。进一步，定义矩阵 $\boldsymbol{H} = \boldsymbol{L} + \boldsymbol{B}$。

进一步，给出编队控制器的控制目标：

考虑 N 艘全驱动 USV 组成的编队系统且其每艘船的模型为式(8.41)。针对每艘船设计一个鲁棒协调控制律 $\boldsymbol{\tau}_i$，使得这些船以一定期望队形 $\boldsymbol{\Lambda} = \{\boldsymbol{P}_i\}$ 跟踪期望参考点 $\boldsymbol{\eta}_r$，即满足

$$\lim_{t\to\infty} |\boldsymbol{\eta}_i - \boldsymbol{P}_i - \boldsymbol{\eta}_r| = \delta_{0i} \tag{8.43}$$

式中，δ_{0i} 为可任意小的正常数。

在进行控制设计之前给出以下假设与图论相关的引理。

假设 8.1　假设 N 艘全驱动 USV 组成的通信拓扑结构图 G 无向且连通。

假设 8.2　本章假设干扰变化律有上界，即满足 $|\dot{\tau}_{wi}| \leqslant C_d$。

引理 8.1[57, 83]　如果拓扑结构图 G 是无向连通的且至少存在一个跟随船能够获得领航船的状态信息，则矩阵 $\boldsymbol{H}$ 是正定的。

8.4.3.2　编队控制器设计

基于领航者-跟随者的编队拓扑结构，控制律设计流程如下。

1. 编队控制律设计

步骤 1：运动环设计。

首先，定义以下跟踪误差变量：

$$z_{i3} = \boldsymbol{\eta}_i - \boldsymbol{P}_i - \boldsymbol{\eta}_r \tag{8.44}$$

对上式两边同时求导可得

$$\dot{z}_{i3} = \boldsymbol{R}(\psi_i)\tilde{\boldsymbol{v}}_i \tag{8.45}$$

为了镇定式(8.45)，设计一个协调虚拟控制律 $\boldsymbol{\alpha}_{i3}$：

$$\boldsymbol{\alpha}_{i3} = -\boldsymbol{K}_{i3}\boldsymbol{R}^{\mathrm{T}}(\psi_i)\boldsymbol{s}_{i3} \tag{8.46}$$

式中，$\boldsymbol{K}_{i3}=\mathrm{diag}(k_{i31},k_{i32},k_{i33})$ 是一个对角阵且满足 $k_{i31},k_{i32},k_{i33}>0$；$\boldsymbol{s}_{i3}$ 表示协调跟踪误差，

$$\boldsymbol{s}_{i3} = \sum_{j=1}^{N} \boldsymbol{a}_{ij}\left(\boldsymbol{\eta}_i - \boldsymbol{P}_i - \boldsymbol{\eta}_j - \boldsymbol{P}_j\right) + \boldsymbol{b}_i \boldsymbol{z}_{i3} \tag{8.47}$$

在进行下一步之前，利用 DSC 技术解决严格反馈形式系统中出现的"项数膨胀"问题。此时，令 $\boldsymbol{\alpha}_{i3}$ 通过时间常数 T_0 的一阶低通滤波器：

$$T_0\dot{\boldsymbol{v}}_{id} + \boldsymbol{v}_{id} = \boldsymbol{\alpha}_{i3}, \ \boldsymbol{v}_{id}(\boldsymbol{0}) = \boldsymbol{\alpha}_{i3}(\boldsymbol{0}) \tag{8.48}$$

式中，常数 $T_0>0$；$\boldsymbol{v}_{id}$ 为 $\boldsymbol{\alpha}_{i3}$ 的滤波后输出。

注：由虚拟控制律(8.46)的定义可知虚拟控制律的导数可描述如下：

$$
\begin{aligned}
\dot{\boldsymbol{\alpha}}_{i3} = {} & -\boldsymbol{K}_{i3}\dot{\boldsymbol{R}}^{\mathrm{T}}(\psi_i)\left[\sum_{j=1}^{N}\boldsymbol{a}_{ij}(\boldsymbol{\eta}_i-\boldsymbol{P}_i-\boldsymbol{\eta}_j-\boldsymbol{P}_j)+\boldsymbol{b}_i\boldsymbol{z}_{i3}\right] \\
& -\boldsymbol{K}_{i3}\boldsymbol{R}^{\mathrm{T}}(\psi_i)\left\{\sum_{j=1}^{N}\boldsymbol{a}_{ij}\left[\boldsymbol{R}^{\mathrm{T}}(\psi_i)\boldsymbol{v}_i-\boldsymbol{R}^{\mathrm{T}}(\psi_j)\boldsymbol{v}_j\right]+\boldsymbol{b}_i\dot{\boldsymbol{z}}_{i3}\right\}
\end{aligned} \tag{8.49}
$$

显然上述表达式结构比较复杂，因此本节通过引入动态面控制(dynamic surface control，DSC)技术对其进行简化，进而可以估计虚拟控制律及其导数的表达式。

步骤 2：动力环设计。

定义以下跟踪误差：

$$\boldsymbol{z}_{i4} = \boldsymbol{v}_i - \boldsymbol{v}_{id} \tag{8.50}$$

对上式两边同时求导并结合式(8.41)可得

$$
\begin{aligned}
\boldsymbol{M}_i\dot{\boldsymbol{z}}_{i4} &= \boldsymbol{M}_i\dot{\boldsymbol{v}}_i - \boldsymbol{M}_i\dot{\boldsymbol{v}}_{id} \\
&= -\boldsymbol{C}_i(\boldsymbol{v}_i)\boldsymbol{v}_i - \boldsymbol{D}_i(\boldsymbol{v}_i)\boldsymbol{v}_i + \boldsymbol{\tau}_i + \boldsymbol{\tau}_{wi} - \boldsymbol{M}_i\dot{\boldsymbol{v}}_{id}
\end{aligned} \tag{8.51}
$$

为了镇定 $\boldsymbol{z}_{i4}$，选择如下控制输入：

$$\boldsymbol{\tau}_i = -\boldsymbol{K}_{i4}\boldsymbol{z}_{i4} + \boldsymbol{C}_i(\boldsymbol{v}_i)\boldsymbol{v}_i + \boldsymbol{D}_i(\boldsymbol{v}_i)\boldsymbol{v}_i - \hat{\boldsymbol{\tau}}_{wi} + \boldsymbol{M}_i\dot{\boldsymbol{v}}_{id} \tag{8.52}$$

式中，$\boldsymbol{K}_{i4}=\mathrm{diag}(k_{i41},k_{i42},k_{i43})$ 是一个对角阵且满足 $k_{i41},k_{i42},k_{i43}>0$。进一步，将式(8.52)代入式(8.51)可得

$$\boldsymbol{M}_i\dot{\boldsymbol{z}}_{i4} = -\boldsymbol{K}_{i4}\boldsymbol{z}_{i4} + \tilde{\boldsymbol{\tau}}_{wi} \tag{8.53}$$

综上，闭环系统表示如下：

$$\begin{cases} \dot{z}_{i3} = -K_{i3}s_{i3} + R(\psi_i)(z_{i4} + q_{i3}) \\ M_i\dot{z}_{i4} = -K_{i4}z_{i4} + \tilde{\tau}_{wi} \end{cases} \tag{8.54}$$

式中，$q_{i3} = v_{id} - \alpha_{i3}$ 表示滤波器的估计误差。进一步，对 q_{i3} 求导可得

$$\begin{aligned} \dot{q}_{i3} &= \dot{v}_{id} - \dot{\alpha}_{i3} \\ &= \frac{1}{T_0}q_{i3} + B_{i2}\left(z_{i3}, z_{i4}, z_{j3}, z_{j4}, q_{i3}, q_{j3}\right) \end{aligned} \tag{8.55}$$

式中，$i = 1, 2, 3, \cdots, N$；$B_{i2}(\cdot)$ 为连续函数且满足

$$\begin{aligned} B_{i2}(\cdot) &= -K_{i3}\dot{R}^{\mathrm{T}}(\psi_i)\sum_{j=1}^{N}a_{ij}(z_{i3} - z_{i3}) - K_{i3}R^{\mathrm{T}}(\psi_i)\left[-K_{i3}s_{i1} + R(\psi_i)(z_{i4} + q_{i3})\right] \\ &\quad - K_{j3}s_{j3} + R(\psi_j)(z_{j4} + q_{j3}) \end{aligned} \tag{8.56}$$

为了便于后面系统的稳定性，定义以下向量：

$$\begin{aligned} &Z_3 = \left[z_{13}^{\mathrm{T}}, \cdots, z_{N3}^{\mathrm{T}}\right]^{\mathrm{T}}, Z_4 = \left[z_{14}^{\mathrm{T}}, \cdots, z_{N4}^{\mathrm{T}}\right]^{\mathrm{T}}, R = \mathrm{diag}\left(R(\psi_i)\right), M = \mathrm{diag}\left(M_i\right) \\ &S_3 = \left[z_{13}^{\mathrm{T}}, \cdots, z_{N3}^{\mathrm{T}}\right]^{\mathrm{T}}, K_3 = \mathrm{diag}\left(K_{13}, \cdots, K_{N3}\right), K_4 = \mathrm{diag}\left(K_{14}, \cdots, K_{N4}\right) \end{aligned} \tag{8.57}$$

值得注意的是 $S_3 = (H * I_3)Z_3$。

2. 稳定性分析

定理 8.1 考虑 N 个全驱动水面船模型(8.41)组成的编队系统，在假设 8.1 与假设 8.2 满足的情况下受到未知海洋环境的干扰。对于任意初始状态，存在适当的控制参数使闭环系统的所有信号一致最终有界，可实现控制目标。

证明 定义以下 Lyapunov 能量函数：

$$V_2 = \frac{1}{2}Z_3^{\mathrm{T}}\left(H \ddot{A} I_3\right)Z_3 + \frac{1}{2}Z_4^{\mathrm{T}}MZ_4 + \frac{1}{2}\sum_{i=1}^{N}q_{i2}^{\mathrm{T}}q_{i2} + \frac{1}{2}\sum_{i=1}^{N}\tilde{\tau}_{wi}^{\mathrm{T}}\tilde{\tau}_{wi} \tag{8.58}$$

对上式两边同时求导可得

$$\begin{aligned} \dot{V}_2 = \sum_{i=1}^{N}\Big[&-s_{i3}^{\mathrm{T}}K_{i3}s_{i3} + s_{i3}^{\mathrm{T}}R(\psi_i)(z_{i4} + q_{i3}) - z_{i4}^{\mathrm{T}}K_{i3}z_{i4} + z_{i4}^{\mathrm{T}}\tilde{\tau}_{wi} \\ &- \frac{1}{T_0}q_3^{\mathrm{T}}q_3 + q_3^{\mathrm{T}}B_{12} + \tilde{\tau}_{wi}^{\mathrm{T}}\dot{\tau}_{wi} - \tilde{\tau}_{wi}^{\mathrm{T}}K_{i0}\tilde{\tau}_{wi}\Big] \end{aligned} \tag{8.59}$$

利用 Young 不等式可得

$$\begin{cases} \boldsymbol{s}_{i3}^{\mathrm{T}} \boldsymbol{R}(\psi_i) \boldsymbol{z}_{i4} \leqslant 0.5 \|\boldsymbol{s}_{i3}\|^2 + 0.5 \|\boldsymbol{z}_{i4}\| \\ \boldsymbol{s}_{i3}^{\mathrm{T}} \boldsymbol{R}(\psi_i) \boldsymbol{q}_{i3} \leqslant 0.5 \|\boldsymbol{s}_{i3}\|^2 + 0.5 \|\boldsymbol{q}_{i3}\|^2 \\ \boldsymbol{z}_{i4}^{\mathrm{T}} \tilde{\boldsymbol{\tau}}_{wi} \leqslant 0.5 \|\boldsymbol{z}_{i4}\|^2 + 0.5 \|\tilde{\boldsymbol{\tau}}_{wi}\|^2 \\ \boldsymbol{q}_3^{\mathrm{T}} \boldsymbol{B}_{12}(\cdot) \leqslant \|\boldsymbol{q}_{i3}\|^2 \|\boldsymbol{B}_{12}(\cdot)\|^2 / (2\varepsilon) + \varepsilon / 2 \\ \tilde{\boldsymbol{\tau}}_{wi} \dot{\boldsymbol{\tau}}_{wi} \leqslant 0.5 \|\dot{\boldsymbol{\tau}}_{wi}\|^2 + 0.5 \|\tilde{\boldsymbol{\tau}}_{wi}\|^2 \end{cases} \tag{8.60}$$

结合假设 8.2 与式(8.59)和不等式(8.60)可得

$$\begin{aligned} \dot{V}_1 &= \sum_{i=1}^{N} \Big[-\lambda_{\min}(\boldsymbol{K}_{i3}) \|\boldsymbol{s}_{i3}\|^2 + 0.5 \|\boldsymbol{s}_{i3}\|^2 + 0.5 \|\boldsymbol{z}_{i4}\|^2 + 0.5 \|\boldsymbol{s}_{i3}\|^2 + 0.5 \|\boldsymbol{q}_{i3}\|^2 - \lambda_{\min}(\boldsymbol{K}_{i4}) \|\boldsymbol{z}_{i4}\|^2 \\ &\quad + 0.5 \|\boldsymbol{z}_{i4}\|^2 + 0.5 \|\tilde{\boldsymbol{\tau}}_{wi}\|^2 - \|\boldsymbol{q}_{i3}\|^2 / T_0 + \|\boldsymbol{q}_{i3}\|^2 \|\boldsymbol{B}_{12}(\cdot)\|^2 / (2\varepsilon_0) + \varepsilon_0 / 2 + 0.5 \|\dot{\boldsymbol{\tau}}_{wi}\|^2 \\ &\quad + 0.5 \|\tilde{\boldsymbol{\tau}}_{wi}\|^2 - \lambda_{\min}(\boldsymbol{K}_{i0}) \|\tilde{\boldsymbol{\tau}}_{wi}\|^2 \Big] \\ &\leqslant \sum_{i=1}^{N} \Big\{ -\big[\lambda_{\min}(\boldsymbol{K}_{i3}) - 1\big] \|\boldsymbol{s}_{i3}\|^2 - \big[\lambda_{\min}(\boldsymbol{K}_{i4}) - 1\big] \|\boldsymbol{z}_{i4}\|^2 - \Big[\frac{1}{T} - \|\boldsymbol{B}_{12}(\cdot)\|^2 / (2\varepsilon_0) - 0.5\Big] \|\boldsymbol{q}_{i3}\|^2 \\ &\quad - \big[\lambda_{\min}(\boldsymbol{K}_{i0}) - 1\big] \|\dot{\boldsymbol{\tau}}_{wi}\|^2 + \varepsilon_0 / 2 + C_d / 2 \Big\} \end{aligned} \tag{8.61}$$

式中，ε_0 为 Young 不等式变换中用到的大于零的常数。

因此，存在常数 $B_{12} > 0$，使得 $\|\boldsymbol{B}_{12}(\cdot)\| \leqslant B_{12}$。令控制参数 $\boldsymbol{K}_{i3}$、$\boldsymbol{K}_{i4}$、T_0、ε_0、$\boldsymbol{K}_{i0}$ 满足

$$\begin{aligned} h_{i5} &= \lambda_{\min}(\boldsymbol{K}_{i3}) - 1 > 0 \\ h_{i6} &= \lambda_{\min}(\boldsymbol{K}_{i4}) - 1 > 0 \\ h_{i7} &= 1/T - B_{i0}^2 / (2\varepsilon_0) - 1/2 > 0 \\ h_{i8} &= \lambda_{\min}(\boldsymbol{K}_{i0}) - 1 > 0 \end{aligned} \tag{8.62}$$

进一步可得

$$\dot{V}_2 \leqslant -\mu_2 V_2 + \varepsilon_2 \tag{8.63}$$

其中

$$\begin{aligned} \mu_2 &= \min_{i=1,2,\cdots,N} \big\{ 2h_{i5} / \lambda_{\max}(\boldsymbol{H}), 2h_{i6} / \lambda_{\max}(\boldsymbol{M}_i), 2h_{i7}, 2h_{i8} \big\} \\ \varepsilon_1 &= 0.5\varepsilon_0 + 0.5C_d^2 \end{aligned} \tag{8.64}$$

显然，不等式(8.63)意味着当 $\mu_2 > \dfrac{\varepsilon_2}{\varpi}$（$\varpi$ 为大于零的常数）时有 $\dot{V}_2 < 0$，进而

可知 $\dot{V}_2 < \varpi$ 是一个不变集，即当 $\dot{V}_2(0) < 0$，有 $\dot{V}_2(t) < \varpi (\forall t > 0)$。因此，闭环系统的所有信号一致最终有界。

通过求解不等式可得

$$\dot{V}_2(t) \leqslant V_2(0)\mathrm{e}^{-\mu_2 t} + \frac{\varepsilon_3}{\mu_2}\left(1 - \mathrm{e}^{-\mu_2 t}\right) \leqslant V_2(0) + \frac{\varepsilon_3}{\mu_2} \tag{8.65}$$

由 $S_3 = (H * I_3)Z_3$ 可得

$$\frac{1}{2}Z_3^{\mathrm{T}}(H * I_3)Z_3 \leqslant V_2(0) + \frac{\varepsilon_3}{\mu_2} \tag{8.66}$$

进一步，由于 H 是正定阵，则有

$$\left\|\boldsymbol{\eta}_i - \boldsymbol{P}_i - \boldsymbol{\eta}_r\right\| \leqslant \sqrt{\frac{\mu_2 V_2(0)\varepsilon_2}{\mu_2 \lambda_{\min}(\boldsymbol{H})}} \triangleq \delta_{1i} \tag{8.67}$$

即控制目标 (8.44) 得以实现。

8.4.4 水面机器人编队控制仿真验证

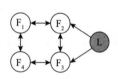

图 8.46 编队的拓扑结构
L-领航者；F_i-跟随者

本小节以 Cybership2 为研究对象展开仿真验证，其模型参数参考文献[84]。

各船与虚拟领航者之间的通信拓扑参考图 8.46。根据不等式 (8.62)，控制器的控制参数以及扰动观测器参数设计为 $K_{i0} = \mathrm{diag}(2.5, 2.5, 2.5)$，$K_{i3} = \mathrm{diag}(2, 2, 2)$，$K_{i4} = \mathrm{diag}(64, 56, 56)$，$T_0 = 0.1$。虚拟领航者的位置信息为 $\boldsymbol{\eta}_r = [0.5, 0.5, \pi/4]^{\mathrm{T}}$。整个编队系统的期望队形向量设计分别为 $\boldsymbol{P}_1 = [-0.5, -0.5]^{\mathrm{T}}$，$\boldsymbol{P}_2 = [0.5, -0.5]^{\mathrm{T}}$，$\boldsymbol{P}_3 = [0.5, 0.5]^{\mathrm{T}}$，$\boldsymbol{P}_4 = [-0.5, 0.5]^{\mathrm{T}}$。每艘船的初始状态分别为

$$X_1 = (-1.8, -0.5, \pi/6, 0.4, 0.3, 0.02),\ X_2 = (3.7, -1.7, \pi/4, -0.6, 0.22, 0.4)$$
$$X_3 = (1.5, 3.5, \pi/2, -0.4, 0.18, -0.2),\ X_4 = (-1, 3, 0, 0.34, -0.23, -0.24)$$

接下来将通过两组试验验证编队控制策略的有效性。

1. 常值干扰下的领航者-跟随者编队控制

本部分假设船受到的外界干扰为 $\hat{\boldsymbol{\tau}}_{wi} = \mathrm{diag}(2.5, 2.5, 1.5)(i = 1, 2, 3, 4)$。选择仿真时间为 50s，整个仿真结果如图 8.47～图 8.51 所示。整个编队系统在常值干扰下各船的运行轨迹如图 8.47 所示。由图可以看出，四艘跟随船以期望队形

$P_i(i=1,2,3,4)$ 收敛于领航者 $\boldsymbol{\eta}_r$ 附近，即实现了队形生成。四艘跟随船的速度随时间变化的曲线如图 8.48 所示，可以看出最终各船处于静止状态。图 8.49 展示的是常值干扰下的各跟随船在各个方向的控制输入。常值干扰下四艘跟随船的跟踪误差范数随时间变化曲线如图 8.50 所示。从图 8.50 中可以看出，各船的跟踪误差范数在 8s 左右协同一致趋向于零，即实现了控制目标，这是由于在编队控制器的设计中增加了对常值外界干扰的在线估计与补偿，使得控制策略能够抵消外界干扰对效果的影响。常值干扰及其估计值随时间变化的曲线如图 8.51 所示，可以看出各船的扰动观测器能够快速复现常值外界干扰。

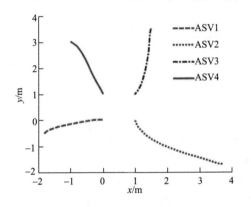

图 8.47　常值干扰下的编队轨迹
ASV-自主水面机器人

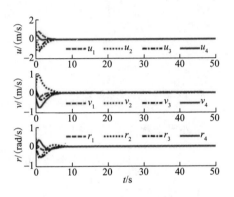

图 8.48　常值干扰下的各个方向速度

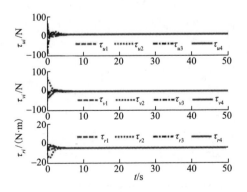

图 8.49　常值干扰下的船的实际控制输入

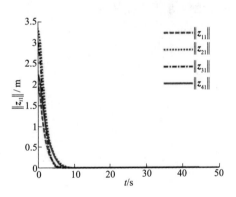

图 8.50　常值干扰下的跟踪误差的范数

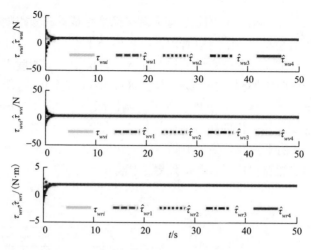

图 8.51　常值干扰及其估计值

2. 时变干扰下的无领航者编队控制

与外界干扰为常值不同，本部分将考虑船受到如下时变干扰力矩：

$$\begin{cases} \tau_{wui}(t) = 1.3 + 2\sin(1.2t) + 1.5\sin(0.06t) \\ \tau_{wvi}(t) = -0.9 + 2\sin(0.08t - \pi/6) + 1.5\sin(0.15t) \\ \tau_{wri}(t) = -\sin(0.09 + \pi/3) - 4\sin(0.05t) \end{cases} \qquad (8.68)$$

为了便于分析比较，各船的初始状态以及控制参数选择与上一组试验一致。同样选择仿真时间为 50s，整个仿真结果如图 8.52～图 8.56 所示。与上一组试验一样，在时变扰动影响下控制系统也取得了相同的控制效果。此外，干扰观测器同样可以准确地在线估计时变外界扰动。

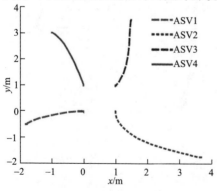

图 8.52　时变干扰下的编队轨迹

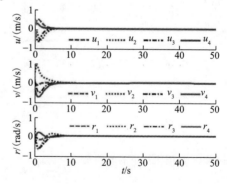

图 8.53　时变干扰下的各个方向速度

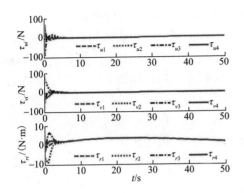

图 8.54　时变干扰下的各个方向控制输入

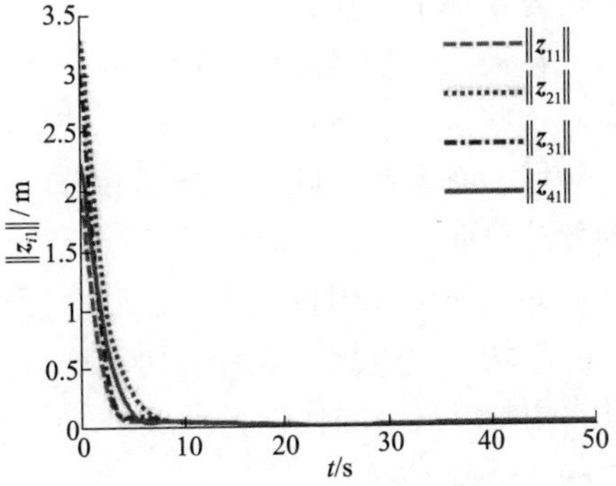

图 8.55　时变干扰下的跟踪误差的范数

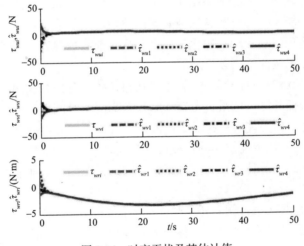

图 8.56　时变干扰及其估计值

　　综合两组试验我们可知，无论各跟随船受到常值干扰还是时变干扰，其最终都能以虚拟领航船为中心形成特定队形，并且所设计的控制器能够抑制外界未知环境干扰。

8.5　跨域多平台协同技术展望

　　"跨域协同"是指在不同领域互补性地而不是简单地叠加性运用多种能力，使各领域之间互补增效，从而在多个领域建立优势，获得完成任务所需要的行动自由。也就是说各领域互补性地运用军事力量，相互弥补脆弱性，共同提高有效性，不仅要在单个作战领域而且要在所有作战领域，建立整体作战优势。

在未来较长时间内，世界安全环境更加不可预测、更加复杂和更加危险。为应对这些挑战，将来需要实施"跨域协同"作战，其主要包括以下内容：扩大联合领域、有效使用联合功能、联合向战术层级延伸、加快作战节奏、掌握战场主动权。总而言之，"跨域协同"作战是联合作战理论在未来作战条件下的新发展，其目的是充分利用技术优势、联合优势和网络优势，在各作战领域形成高度一体化的战场，通过优劣互补和协同增效提升作战效益，确保在作战中享有完全的行动自由，以最小的代价打赢战争。由此可见，"跨域协同"已成为开发联合作战概念的新基础。

"跨域协同"虽然是一个新术语，但却不是新生事物，因为它所包含的理念仍然是以己之强击敌之弱，同时保护自己的弱点，确保以尽可能小的代价打赢战争，要求在各作战领域间无缝隙地运用作战力量。它的新颖和先进之处在于，从基于领域的视角看待能力，能够在各领域间无缝隙地应用作战力量，在更高的程度、更低的层级上实现作战行动一体化。但是，从当前的情况看，要把"跨域协同"思想落到实处，仍然面临诸多挑战：

(1)各作战领域航行性能各异，特别是执行任务时分别处在两个相邻的工作界层中。为了实现任务区域的最优覆盖，必须考虑滞空时间、续航力、环境维度、任务偏序等条件，研究能够以跨域集群的模式实现最优覆盖的方法。

(2)根据广泛的任务需求实施作战进入行动时，目标任务集往往存在随机不确定性、强偏序性约束等特点，需要进行针对性的任务规划，才能实现集群系统的任务目标。

(3)跨域航行器在执行使命任务时，依赖于集群节点所形成的特定构型。而协同过程中，由于偏序约束的存在，各个无人航行器节点往往需要根据任务需求进行相应的构型变换。同时，在实际海洋环境中，由于通信装备功率、带宽、距离等性能约束，如果需要保持集群间通信拓扑连通性以及对集群的有效控制，则可能需要根据情况改变集群通信拓扑关系。同时在任务执行过程中，各个无人航行器节点的角色可能会发生变化，此时拓扑关系是动态变化的。因此，需要考虑协同控制策略研究中动态拓扑结构关系。

(4)跨域航行器集群任务的基础是协同控制技术，其具体的实现形式可以分解为编队控制和覆盖控制两类。受执行器的物理限制，实际海空跨域无人航行器协同控制系统所能提供的控制力和力矩有一定的上界，这就需要在设计控制策略的时候考虑执行器的饱和作用。

综上可知，针对"跨域协同"作战思想，考虑各作战领域航行器差异、环境差异以及任务的不确定性和偏序性，解决各作战领域间无人航行器的协同规划、协同通信和协同控制问题，是未来无人航行器在跨域多平台协同作战运用到实际中的重要支撑和保障。

参 考 文 献

[1] Veers J, Bertram V. Development of the USV multi-mission surface vehicle III[C]. The 5th International Conference on Computer and IT Application in the Maritime Industries, 2006:345-355.

[2] 美军出动大批无人艇测试集群战术[EB/OL].(2014-10-09)[2020-05-16].http://hk.crntt.com/crn-webapp/touch/detail.jsp?kindid=0&docid=103419616.

[3] 美国海军无人艇重大突破[EB/OL]. (2014-10-19) [2020-05-16]. http://wap.eworldship.com/index.php/eworldship/news/article?id=93683.

[4] 柳晨光, 初秀民, 吴青, 等. USV 发展现状及展望[J]. 中国造船, 2014(4): 194-205.

[5] 铁血狂欢. 揭秘! 美国海军航母舰载机作战全攻略[EB/OL]. (2009-03-17) [2020-05-16]. http://blog.sina.cn/dpool/blog/s/blog_ 5214b1d80100dail.html?md=gd.

[6] Dubins L E. On curves of minimal length with a constraint on average curvature, and with prescribed initial and terminal positions and tangents[J]. American Journal of Mathematics,1957,79(3): 497-516.

[7] Shkel A M, Lumelsky V. Classification of the Dubins set[J]. Robotics and Autonomous System, 2001, 34: 179-202.

[8] Wong H, Kapila V,Vaidyanathan R. UAV optimal path planning using C-C-C class paths for target touring[C]. The 43rd IEEE Conference on Decision and Control, 2004: 1105-1110.

[9] 马天宇. 一种新型水面无人艇操纵性及协同策略研究[D]. 镇江: 江苏科技大学, 2015.

[10] 王洛泽. 多无人艇对目标的动态围捕方法研究[D]. 哈尔滨: 哈尔滨工程大学, 2019.

[11] 高云圆, 韦巍. 基于免疫机理的多机器人未知环境完全探测研究[J]. 模式识别与人工智能, 2007, 20(2): 191-197

[12] Lee D W, Sim K B. Artficial immune network-based cooperative control in collective autonomous mobile robots[C]. The 6th IEEE International Workshop on Robot and Human Communication, 1997: 58-63.

[13] Jun J H, Lee D W, Sim K B. Realization of cooperative strategies and swarm behavior in distributed autonomous robotic systems using artificial immune system[C]. IEEE International Conference on System, Man, 1999: 614-619.

[14] 方美玉, 杨火, 饶颐年. 抗独特型抗体在感染性疾病中的研究概况[J]. 细胞与分子免疫学杂志, 1987(3): 39-43.

[15] 谈英姿, 沈炯, 肖隽, 等. 人工免疫工程综述[J]. 东南大学学报(自然科学版), 2002, 32(4):676-682.

[16] Ishiguro A, Watanabe Y, Kondo T, et al. A robot with a decentralized consensus-making mechanism based on the immune system[C]. The 3rd International Symposium on Autonomous Decentralized Systems, 1997: 231.

[17] Watanabe Y, Ishiguro A, Uchikawa Y. Decentralized Behavior Arbitration Mechanism for Autonomous Mobile Robot[M]. Berlin Heidelberg: Springer-Verlag, 1999.

[18] Mitsumoto N, Fukuta T. Control of distributed autonomous robotic system based om biologically inspired immunological architecture[C]. IEEE International Conference on Robotics and Automation, 1997: 3551-3556.

[19] 高云园. 基于生物免疫机理的多机器人协作研究[D]. 杭州: 浙江大学, 2007.

[20] 高云圆, 韦巍. 未知环境中基于免疫网络的多机器人自主协作[J]. 浙江大学学报(工学版), 2006, 40(5):733-737.

[21] 徐宗本, 张讲社, 郑亚林. 计算智能中的仿生学: 理论与算法[M]. 北京: 科学出版社, 2003.

[22] Jerne N K. The immune system[J]. Scientific American, 1973, 229(1): 52-60.

[23] Jerne N K. Idiotypic networks and other preconceived ideas[J]. Innunological Reviews, 1984, 79: 5-24.

[24] 田玉玲, 段富. 免疫优化算法、模型及应用[M]. 北京:国防工业出版社, 2013.

[25] Litman G W, Rast J P, Shamblott M J, et al. Phylogenetic diversification of immunoglobulin genes and the antibody repertoire[J]. Molecular Biology and Evolution, 1993, 10(1): 60-72.

[26] 王跃午. 基于快速行进法的无人艇编队路径规划技术研究[D]. 哈尔滨: 哈尔滨工程大学, 2015.

[27] Khatib O. Real-time obstacle avoidance for manipulators and mobile robots[J]. International Journal of Robotics Research, 1986, 5(1): 90-98.

[28] Sethian J A. Fast marching methods[J]. SIAM Review, 1999, 41(2):199-235.

[29] 尚明栋. 水面无人艇智能避碰方法的研究[D]. 镇江: 江苏科技大学, 2017.

[30] 舒宗玉. 基于多目标混合粒子群算法的无人船全局路径规划[D]. 武汉: 武汉理工大学, 2017.

[31] 魏新勇. 水面无人艇自主局部避障系统关键技术研究[D]. 广州: 华南理工大学, 2019.

[32] Liu Y C, Bucknall R. Path planning algorithm for unmanned surface vehicle formations in a practical maritime environment[J]. Ocean Engineering, 2015, 97(15): 126-144.

[33] 张安慧. 大规模航天器编队协同控制性能分析与信息拓扑设计[D]. 哈尔滨: 哈尔滨工业大学, 2013.

[34] Ren W, Cao Y. Distributed Coordination of Multi-agent Networks: Emergent Problems, Models, and Issues[M]. London: Springer-Verlag, 2010.

[35] 彭周华. 舰船编队的鲁棒自适应控制[D]. 大连: 大连海事大学, 2011.

[36] Desai J P, Ostrowski J P, Kumar V. Modeling and control of formations of nonholonomic mobile robots[J]. IEEE Transactions on Robotics and Automation, 2001, 17(6):905-908.

[37] Desai J P. A graph theoretic approach for modeling mobile robot team formations[J]. Journal of Robotic Systems, 2002, 19(11): 511-525.

[38] Ji M, Egerstedt M. Distributed coordination control of multiagent systems while preserving connectedness[J]. IEEE Transactions on Robotics, 2007, 23(4): 693-703.

[39] Park B S, Yoo S J. An error transformation approach for connectivity-preserving and collision-avoiding formation tracking of networked uncertain underactuated surface vessels[J]. IEEE Transactions on Cybernetics, 2019, 49(8): 2955-2966.

[40] Verginis C K, Nikou A, Dimarogonas D V. Robust formation control in SE (3) for treegraph structures with prescribed transient and steady state performance[J]. Automatica, 2019, 103:538-548.

[41] Ren W, Beard R W. Distributed Consensus in Multi-vehicle Cooperative Control[M]. London: Springer, 2008: 25-52.

[42] Mesbahi M, Egerstedt M. Graph Theoretic Methods in Multiagent Networks[M]. Princeton:Princeton University Press, 2010: 14-33.

[43] Borhaug E, Pavlov A, Ghabcheloo R, et al. Formation control of underactuated marine vehicles with communication constraints[J]. Control of Marine, 2006, 50(3): 455-461.

[44] Brandao A S, Sarcinelli-Filho M. On the guidance of multiple UAV using a centralized formation control scheme and delaunay triangulation[J]. Journal of Intelligent and Robotic Systems, 2016, 84(1-4): 397-413.

[45] Yang A, Naeem W, Irwin G W, et al. Stability analysis and implementation of a decentralized formation control strategy for unmanned vehicles[J]. IEEE Transactions on Control Systems Technology, 2014, 22(2): 706-720.

[46] Fax J A, Murray R M. Information flow and cooperative control of vehicle formations[J]. IFAC Proceedings Volumes, 2002, 35(1): 115-120.

[47] Ren W, Beard R W. Consensus seeking in multiagent systems under dynamically changing interaction topologies[J]. IEEE Transactions on Automatic Control, 2005, 50(5): 655-661.

[48] Dunbar W B, Murray R M. Distributed receding horizon control for multi-vehicle formation stabilization[J]. Automatica, 2006, 42(4): 549-558.

[49] Olfati-Saber R, Fax J A, Murray R M. Consensus and cooperation in networked multiagent systems[J]. IEEE, 2007, 95(1): 215-233.

[50] Lin Z, Wang L, Han Z, et al. Distributed formation control of multi-agent systems using complex Laplacian[J]. IEEE Transactions on Automatic Control, 2014, 59(7): 1765-1777.

[51] Peng Z, Wang J, Wang D. Distributed containment maneuvering of multiple marine vessels via neurodynamics-based output feedback[J]. IEEE Transactions on Industrial Electronics, 2017, 64(5): 3831-3839.

[52] Yin S, Yang H, Kaynak O. Coordination task triggered formation control algorithm for multiple marine vessels[J]. IEEE Transactions on Industrial Electronics, 2017, 64(6):4984-4993.

[53] Fu M, Yu L. Finite-time extended state observer-based distributed formation control for marine surface vehicles with input saturation and disturbances[J]. Ocean Engineering, 2018, 159: 219-227.

[54] Wang P K C. Navigation strategies for multiple autonomous mobile robots moving information[J]. Journal of Robotic Systems, 1991, 8(2): 177-195.

[55] Orqueda O A A, Zhang X T, Fierro R. An output feedback nonlinear decentralized controller for unmanned vehicle co-ordination[J]. International Journal of Robust and Nonlinear Control, 2007, 17(12): 1106-1128.

[56] He S, Wang M, Dai S L, et al. Leader-follower formation control of USVs with prescribed performance and collision avoidance[J]. IEEE Transactions on Industrial Informatics, 2019, 15(1): 572-581.

[57] Hong Y G, Hu J P, Gao L X. Tracking control for multi-agent consensus with an active leader and variable topology[J]. Automatica, 2006, 42(7): 1177-1182.

[58] Meng Z, Ren W, Cao Y, et al. Leaderless and leader-following consensus with communication and input delays under a directed network topology[J]. IEEE Transactions on Systems, Man, and Cybernetics, Part B: Cybernetics, 2011, 41(1): 75-88.

[59] Ma Q, Wang Z, Miao G. Second-order group consensus for multi-agent systems via pinning leader-following approach[J]. Journal of the Franklin Institute, 2014, 351(3):1288-1300.

[60] You X, Hua C C, Peng D, et al. Leader-following consensus for multi-agent systems subject to actuator saturation with switching topologies and time-varying delays[J]. IET Control Theory and Applications, 2016, 10(2): 144-150.

[61] Huang J S, Song Y D, Wang W, et al. Smooth control design for adaptive leader-following consensus control of a class of high-order nonlinear systems with time-varying reference[J]. Automatica, 2017, 83, 361-367.

[62] Lewis M A, Tan K H. High precision formation control of mobile robots using virtual structures[J]. Autonomous Robots, 1997, 4(4): 387-403.

[63] Beard R W, Lawton J, Hadaegh F Y. A coordination architecture for spacecraft formation control[J]. IEEE Transactions on Control Systems Technology, 2001, 9(6): 777-790.

[64] Ogren P, Egerstedt M, Hu X. A control Lyapunov function approach to multi-agent coordination[J]. IEEE Transactions on Robotics and Automation, 2002, 18(5): 847-851.

[65] Balch T, Arkin R C. Behavior-based formation control for multirobot teams[J]. IEEE Transactions on Robotics and Automation, 1998, 14(6): 926-939.

[66] Lawton J R T, Beard R W, Young B J. A decentralized approach to formation maneuvers[J]. IEEE Transactions on Robotics and Automation, 2003, 19(6): 933-741.

[67] Wang J, Xin M. Integrated optimal formation control of multiple unmanned aerial vehicles[J]. IEEE Transactions on Control Systems Technology, 2013, 21(5):1731-1744.

[68] Lee G, Chwa D. Decentralized behavior-based formation control of multiple robots considering obstacle avoidance[J]. Intelligent Service Robotics, 2018, 11(1):127-138.

[69] Whitaker H P, Yamron J, Kezer A. Design of model-reference adaptive control systems for aircraft[R]. Instrucmentation Laboratory, MIT, 1958.

[70] Kanellakopoulos I, Kokotovic P M, Morse A S. Systematic design of adaptive controllers for feedback linearizable systems[J]. IEEE Transactions on Automatic Control, 1991, 36(11): 1241-1253.

[71] Almeida J, Silvestre C, Pascoal A. Cooperative control of multiple surface vessels in the presence of ocean currents and parametric model uncertainty[J]. International Journal of Robust and Nonlinear Control, 2010, 20(14): 1549-1565.

[72] Peng Z, Wang D, Chen Z, et al. Adaptive dynamic surface control for formations of autonomous surface vehicles with uncertain dynamics[J]. IEEE Transactions on Control Systems Technology, 2013, 21(2): 513-500.

[73] Bechlioulis C P, Demetriou M A, Kyriakopoulos K J. Distributed control and parameter estimation for homogeneous Lagrangian multi-agent systems[C]. 2016 IEEE 55th Conference on Decision and Control (CDC), 2016: 933-738.

[74] Wang H, Wang D, Peng Z H, et al. Adaptive dynamic surface control for cooperative path following of underactuated marine surface vehicles via fast learning[J]. IET Control Theory and Applications, 2013, 7(15): 1888-1898.

[75] Shojaei K. Leader-follower formation control of underactuated autonomous marine surface vehicles with limited torque[J]. Ocean Engineering, 2015, 105: 196-205.

[76] Burns R S. The use of artificial neural networks for the intelligent optimal control of surface ships[J]. IEEE Journal of Oceanic Engineering, 1995, 20(1):65-72.

[77] Wang C, Hill D J. Learning from neural control[J]. IEEE Transactions on Neural Networks, 2006, 17(1): 130-146.

[78] Dai S L, He S, Lin H, et al. Platoon formation control with prescribed performance guarantees for USVs[J]. IEEE Transactions on Industrial Electronics, 2018, 65(5): 4237-4246.

[79] Panagou D, Stipanovic D M, Voulgaris P G. Distributed coordination control for multi-robot networks using Lyapunov-like barrier functions[J]. IEEE Transactions on Automatic Control, 2016, 61(3): 617-632.

[80] Han D, Panagou D. Robust multi-task formation control via parametric Lyapunov like barrier functions[J]. IEEE Transactions on Automatic Control, 2019.

[81] Mondal A, Bhowmick C, Behera L, et al. Trajectory tracking by multiple agents in formation with collision avoidance and connectivity assurance[J]. IEEE Systems Journal, 2018, 12(3): 2449-2460.

[82] 马俊达. 自主水面船编队控制研究[D]. 哈尔滨: 哈尔滨工程大学, 2018.

[83] Skjetne R, Smogeli, Fossen T I. Modeling, identification, and adaptive maneuvering of CyberShip II: a complete design with experiments[J]. IFAC Proceedings Volumes, 2004, 37(10): 203-208.

索　引

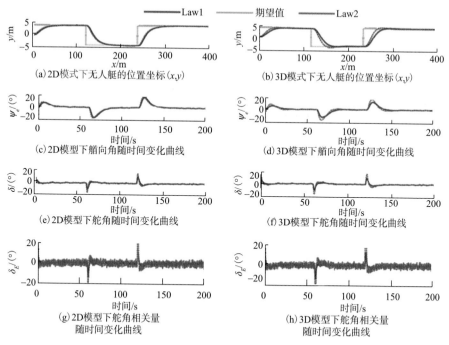

图 4.9 反步滑模控制与反步控制律在 2D 与 3D 模型下的仿真结果

Law1-4.3.1.5 小节采用的控制律；Law2-本节采用的控制律

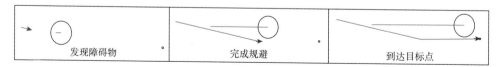

图 7.28 单运动障碍物追越相遇仿真试验结果

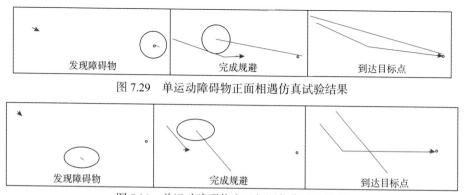

图 7.29 单运动障碍物正面相遇仿真试验结果

图 7.30 单运动障碍物交叉相遇仿真试验结果

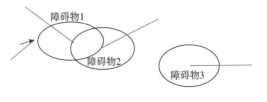

(a) 发现障碍物

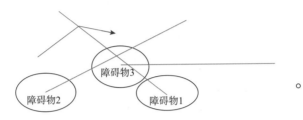

(b) 完成规避

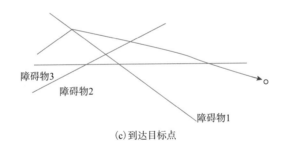

(c) 到达目标点

图 7.31 多运动障碍物仿真试验结果

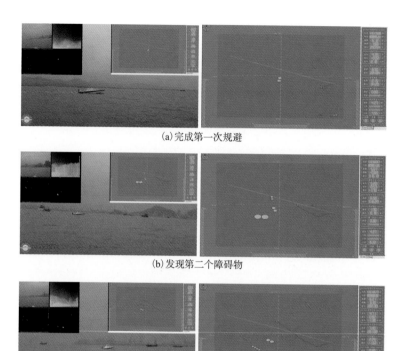

(a)完成第一次规避

(b)发现第二个障碍物

(c)完成第二次规避

图 7.37　多目标自主危险规避试验过程

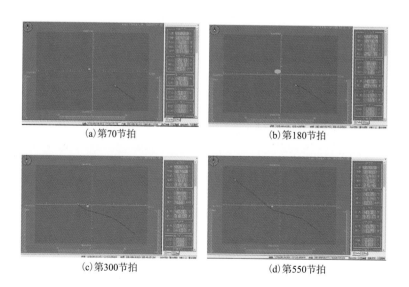

(a)第70节拍

(b)第180节拍

(c)第300节拍

(d)第550节拍

图 7.40　高速自主危险规避试验过程